市政工程施工手册

杨霖华　主编

梁 鑫　李俊涛　张洪兵　副主编

化学工业出版社

·北京·

内 容 简 介

本书共分为5篇26章，分别为道路工程基础知识、城镇道路路基施工，垫层与基层施工，路面联结层，面层，挡土墙，道路附属构造物，城镇道路工程质量检查与病害防治，城市桥梁工程，桥梁基础施工，模板、拱架及支架，桥梁下部结构施工，桥梁上部结构施工，桥梁桥面系施工，城市地道桥和人行天桥，管涵和箱涵施工，桥面及附属工程与养护抗震，桥梁工程质量检查与病害防治，市政管道工程概述，市政管道开槽施工，市政管道不开槽施工，其他市政管线工程施工，附属构筑物施工及管道维护，城市综合管廊工程，城市轨道交通工程，生活垃圾填埋处理工程施工等。本书按照"线图＋工艺流程精要＋现场图注解＋视频讲解"的形式针对市政工程施工技术要点进行系统的讲解，图表化的表达方式直观清晰，内容简单易懂，从而达到帮助读者在有限的时间内轻松学习并快速提升的目的。

本书可作为市政工程施工技术人员、管理人员和相关岗位人员的学习用书，也可作为施工人员操作的参考书籍，同时还可作为大中专院校相关专业师生的参考用书。

图书在版编目（CIP）数据

市政工程施工手册/杨霖华主编 . —北京：化学工业出版社，2022.5（2024.4重印）

ISBN 978-7-122-40894-5

Ⅰ.①市… Ⅱ.①杨… Ⅲ.①市政工程-工程施工-手册 Ⅳ.①TU990.05-62

中国版本图书馆CIP数据核字（2022）第036578号

责任编辑：彭明兰　　　　　　　　　　　文字编辑：邹　宁
责任校对：赵懿桐　　　　　　　　　　　装帧设计：韩　飞

出版发行：化学工业出版社（北京市东城区青年湖南街13号　邮政编码100011）
印　　装：三河市航远印刷有限公司
710mm×1000mm　1/16　印张40　字数826千字　2024年4月北京第1版第3次印刷

购书咨询：010-64518888　　　　　　　　售后服务：010-64518899
网　　址：http://www.cip.com.cn
凡购买本书，如有缺损质量问题，本社销售中心负责调换。

定　　价：128.00元　　　　　　　　　　　　　　　　版权所有　违者必究

编写人员名单

主　　编：杨霖华　河南鸿图智慧科技有限公司

副 主 编：梁　鑫　安阳水务集团公司

　　　　　李俊涛　鸿泰融新咨询股份有限公司

　　　　　张洪兵　郑州金达建设发展有限公司

参编人员：谢芳芳　郑州市交通规划勘察设计研究院

　　　　　何长江　河南中原鼎盛工程技术有限公司

　　　　　王　建　长江三峡勘测研究院有限公司（武汉）

　　　　　李　丹　平顶山市国智电力工程有限公司

　　　　　宋环涛　中国水利水电第五工程局有限公司

　　　　　陈　锬　长江三峡勘测研究院有限公司（武汉）

　　　　　张　瑞　郑州市公路事业发展中心

　　　　　张　慧　广东省重工建筑设计院有限公司

　　　　　戴余优　江西省地质工程（集团）公司

　　　　　毛　宁　山东建勘集团有限公司

　　　　　丁　杰　甘肃省建筑设计研究院有限公司

　　　　　郭昊龙　洛阳城市建设勘察设计院有限公司

　　　　　郑　琳　郑州市交通规划勘察设计研究院

　　　　　张亚杰　郑州华路兴公路科技有限公司

　　　　　孟莎莎　开封市英帆建筑有限公司

　　　　　夏　威　长江三峡勘测研究院有限公司（武汉）

　　　　　金火龙　广东居安建筑工程检测有限公司

　　　　　李　准　中北工程设计咨询有限公司

　　　　　李　超　长江三峡勘测研究院有限公司（武汉）

　　　　　胡亚磊　郑州金达建设发展有限公司

　　　　　赵小云　河南中鸿文化传播有限公司

　　　　　柴　宪　郑州金达建设发展有限公司

　　　　　张雪丹　郑州金达建设发展有限公司

　　　　　张国帅　郑州金达建设发展有限公司

　　　　　朱品品　郑州金达建设发展有限公司

　　　　　杨跃勤　郑州经开投资发展有限公司

　　　　　朱　峰　郑州金达建设发展有限公司

　　　　　王　伦　红树林建设有限公司

前言

随着城市建设的不断发展，市政工程的施工规模逐渐扩大，新技术、新工艺、新设备、新材料不断涌现，施工技术水平也在不断提高，这对广大市政工程建设者提出了更高的要求。但市政工程涉及的面较广，同时部分技术标准和行业规范也在不断地调整和修订，为了便于专业技术人员系统学习、查找市政工程施工技术方面的有关数据、资料，我们特组织编写了本手册。

《市政工程施工手册》书中融合了各工种工程的基本施工方法和施工要点，也介绍了近年来应用日广的新技术和新工艺。全书分为道路工程、城市桥梁工程、城市管道工程、城市地下空间工程、生活垃圾工程共五大篇，内容涵盖市政工程的全方向，包括道路工程基础知识、城镇道路路基施工，垫层与基层施工，路面联结层，面层，挡土墙，道路附属构造物，城镇道路工程质量检查与病害防治，城市桥梁工程，桥梁基础施工，模板、拱架及支架，桥梁下部结构施工，桥梁上部结构施工，桥梁桥面系施工，城市地道桥和人行天桥，管涵和箱涵施工，桥面及附属工程与养护抗震，桥梁工程质量检查与病害防治，市政管道工程概述，市政管道开槽施工，市政管道不开槽施工，其他市政管线工程施工，附属构筑物施工及管道维护，城市综合管廊工程，城市轨道交通工程，生活垃圾填埋处理工程施工等内容。本书按照"线图＋工艺流程精要＋现场图注解＋视频讲解"的形式针对市政工程施工技术要点进行了系统的讲解，图表化的表达方式直观清晰，同时配有相关视频进行讲解，内容简单易懂，从而达到帮助读者在有限的时间内轻松学习并快速提升的目的。

相比于同类书本书具有以下特色。

1. 全面性。内容全面，包括市政施工的各分部分项工程，涵盖面比较广，通俗易懂。

2. 针对性。针对施工的过程有流程操作图，清晰明了。

3. 突出性。采用现场图片加旁注文字的形式，突出明显，别出心裁。

4. 缜密性。工艺流程严格按照施工工序编写，操作工艺简明扼要，满足材料、机具、人员等资源和施工条件要求，在施工过程中可借鉴引用。

5. 知识性。对新材料、新产品、新技术、新工艺进行了较全面的介绍，淘汰已经落后的、不常用的施工工艺和方法。

6. 直观性。本书对重要的施工技术和施工工艺要点，配有视频讲解，读者可以扫书中的二维码进行观看，直观易懂。

本书在编写过程中得到了有关高等院校、建设主管部门、建设单位、工程咨询单位、设计单位、施工单位等方面的领导和工程技术、管理人员，以及对本书提供宝贵意见和建议的学者、专家的大力支持，在此向他们表示由衷的感谢！由于编者水平有限和时间紧迫，书中难免有不妥之处，望广大读者批评指正。如有疑问，可发邮件至 zjyjr1503@163.com 或是申请加入 QQ 群909591943 与编者联系。

编者

2022 年 2 月

目录

第2篇　城市桥梁工程

第 3 篇　城市管道工程

第 4 篇　城市地下空间工程

第 5 篇　生活垃圾工程

第1篇

道路工程

1

道路工程基础知识

1.1 城镇道路工程一般规定

1.1.1 城镇道路分类与分级

1.1.1.1 城镇道路分类

① 按地位分类：分为快速路、主干路、次干路及支路。

② 按对交通运输的作用分类：分为全市性道路、区域性道路、环路、放射路、过境道路等。

③ 按运输性质分类：分为公交专用道路、货运道路、客货运道路等。

④ 按环境分类：分为中心区道路、工业区道路、仓库区道路等。

1.1.1.2 城镇道路分级

城镇道路以地位、交通功能、服务功能分为快速路、主干路、次干路、支路四类。《城市道路工程设计规范（2016年版）》（CJJ 37—2012）对道路的红线宽度并没有作强制性要求，仅对道路的路幅、横断面组成及各功能带最小宽度进行了要求。

（1）快速路

快速路指城市道路中设有中央分隔带，具有四条以上机动车道，全部或部分采用立体交叉与控制出入，供汽车以较高速度行驶的道路，又称汽车专用道。快速路的设计行车速度为 60～100km/h。

（2）主干路

主干路连接城市各分区的干路，以交通功能为主。主干路的设计行车速度为40～60km/h。

（3）次干路

承担主干路与各分区间的交通集散功能，兼有服务功能。次干路的设计行车速度为 30～50km/h。

（4）支路

次干路与街坊路（小区路）的连接线，以服务功能为主。支路的设计行车速度为 20～40km/h。

1.1.1.3 城镇道路路面分类

（1）按路面结构类型分类

① 沥青路面：适用于各交通等级道路（沥青混合料面层）及中、轻交通道路

（沥青贯入式、沥青表面处治面层），如图 1-1 所示。

沥青路面是指在矿质材料中掺入路用沥青材料铺筑的各种类型的路面

图 1-1　沥青路面

② 水泥混凝土路面：适用于各交通等级道路，如图 1-2 所示。

水泥混凝土路面是指以水泥混凝土为主要材料做面层的路面，亦称刚性路面

图 1-2　水泥混凝土路面

③ 砌块路面：适用于支路、广场、停车场、人行道与步行街。砌块路面如图 1-3 所示。

砌块路面是以水泥和集料为主要原材料，经加压、振动加压或其他成型工艺制成的，可拼出多种不同的图案

图 1-3　砌块路面

城镇道路路面分类、路面等级和面层材料见表 1-1。

表 1-1　城镇道路路面分类、路面等级和面层材料

城市道路分类	路面等级	面层材料	使用年限/年
快速路、主干路	高级路面	水泥混凝土路面	30
		沥青混凝土、沥青碎石、天然石材	15
次干路、支路	次高级路面	沥青贯入式碎(砾)石	10
		沥青表面处治	8

（2）按力学特性分类

① 柔性路面：荷载作用下产生的弯沉变形较大、抗弯强度小，在反复荷载作用下产生累积变形，它的破坏取决于极限垂直变形和弯拉应变。柔性路面的主要代表是各种沥青类路面。

② 刚性路面：行车荷载作用下产生板体作用，抗弯拉强度大，弯沉变形很小，呈现出较大的刚性，它的破坏取决于极限弯拉强度。刚性路面的主要代表是水泥混凝土路面。

1.1.2　城镇道路工程施工特点

1.1.2.1　准备期短、开工急

城市道路工程通常由政府出资建设，出于减少工程建设对城市日常生活的干扰这一目的，对施工周期的要求又十分严格，工程只能提前，不准推后，施工单位往往根据工期倒排进度计划，难免缺乏周密性。

1.1.2.2　施工场地狭窄、动迁量大

由于城市道路工程一般是在市内的大街小巷进行施工，旧房拆迁量大，场地狭窄，常常影响施工路段的环境和交通，给市民的生活和生产带来了不便，也增加了对道路工程进行进度控制、质量控制的难度。

1.1.2.3　地下管线复杂

城市道路工程建设实施当中，经常遇到与供热、给水、煤气、电力、电信等管线位置不明的情况，若盲目施工极有可能挖断管线，造成重大的经济损失和严重的社会影响，同时也给道路工程进度带来负面影响，增加额外的投资费用。

1.1.2.4　原材料投资大

城市道路工程材料使用量极大，在工程造价中，所占比例达到50%左右，如何合理选材，是工程监理工作质量控制的重要环节。施工现场的分布，运距的远近都是材料选择的重要依据。

1.1.2.5　质量控制难度大

在城市道路的施工过程中，往往会出现片面追求施工进度，不求质量，只讲施工方效益的情况，给施工监理工作带来了很大困难。

1.1.2.6　地质条件影响大

城市道路工程中雨水、污水排水工程，往往受施工现场地质条件的影响，如遇现场地下水位高、土质差的情况，就需要采取井点或深井降水措施，待水位降至符合施工条件，才能组织沟槽的开挖，如管道埋设深、土质差，还需要沟槽边坡支护，方能保证正常施工。

1.1.2.7　受自然条件影响大

城市道路路基工程施工处于露天作业，容易受自然条件的影响。如遇到雨雪天气，需要暂停施工。

1.1.3　城镇道路施工原则和程序

1.1.3.1　城镇道路施工原则

（1）充分做好施工前的准备工作

在施工之前，应做好以下方面的准备：施工技术准备、施工现场准备、建筑材料准备、机械设备准备、施工力量准备、临时设施准备和后勤保障准备等。

（2）加强施工技术管理工作

① 严格执行国家颁布的现行施工规范和施工技术操作规程。

② 认真编制施工组织设计，执行正确的施工工艺和施工程序，确保工程质量。

③ 坚持预制厂预制钢筋混凝土构件和施工现场预制钢筋混凝土构件相结合的方针，逐渐提高工业化施工程度。

④ 不断提高机械化施工程度，尽可能改人工施工为机械化施工，改善工人的劳动条件，提高劳动生产率，降低工程成本。

⑤ 尽可能利用原有建筑物作为临时设施，科学合理地储备建筑物资，减少临时施工用地。

⑥ 在城市交通频繁路段，可采取夜间施工，白天放行的措施，实行分段、定时半幅道路施工，设置禁行标志，组织专人进行交通疏导，以便车辆通行。

（3）积极采用新技术，加速实现施工现代化

在城市道路施工中，应积极采用国内外已通过技术鉴定的、成熟的新技术、新工艺、新材料、新设备，目的是提高施工效率，加速实现城市道路的施工现代化。在城市道路的施工过程中，必须加强与其他单位的相互配合施工。

1.1.3.2　城镇道路施工程序

根据《城市工程管线综合规划规范》（GB 50289—2016）及《园林绿化工程施工及验收规范》（CJJ 82—2012）的要求，城市道路施工的程序一般遵循下列顺序。

（1）先地下后地上

在进行城市道路工程施工时，首先应进行地下各种管线的施工，例如电力电

缆、电信电缆、燃气配气、热力干线、燃气输气、给水输水、雨水排水、污水排水的施工，然后再进行地面以上工程的施工，以免城市道路反复开挖。

（2）先深后浅

首先进行较深的路基（土路床）的施工，然后再进行较浅的基层的施工，最后进行道路面层的施工。

（3）先道路土建工程后安装工程

首先进行道路路基、基层、面层的施工，然后再进行安装工程的施工，如雨水井盖、检查井盖和其他路灯、栏杆等工程的安装。

（4）先道路建筑物工程后绿化工程

首先应进行城市道路工程、沿道路两侧主要建筑物工程的施工，然后再进行绿化工程的施工。

1.1.4　城镇道路工程施工准备

1.1.4.1　组织准备

① 组建施工组织机构。

② 建立生产劳动组织：在满足施工进度和技术质量的前提下合理组织和安排施工队伍，应选择比较熟悉专业操作技能的人员组成骨干施工队。

1.1.4.2　技术准备

① 熟悉设计文件。

② 编制施工组织设计（施工方案）。

③ 技术交底。

④ 测量放样。

1.1.4.3　物资准备

① 材料：按照施工计划制订材料分期分批供应计划。各类原材料、成品、半成品，必须经过选择和进场检验，不合格不准用。

② 机具：分期分批进场备用。

③ 劳保用品：按照安全生产规定，配备足够的安全、消防、劳保用品。

1.1.4.4　现场准备

① 拆迁工作（如果不是施工总承包应该是建设单位负责）。

② 临时设施：包括施工用房、用电、用水、用热、燃气、环境维护等。按施工组织设计中的总平面布置图建设，要有利于施工和管理且不扰民。

③ 施工交通：按照交通疏导方案修建临时施工便线、导行临时交通，协助交通管理部门组织交通，使施工对社会生活的影响降到最低。

④ 环境保护、文明施工：必须制订周全、有效的环境保护措施，拟好有关防噪声、防粉尘、防空气污染、防止水污染等的环保措施。

1.2　城镇道路工程结构与材料要求

1.2.1　沥青路面结构组成特点

1.2.1.1　组织结构

（1）基本结构

① 城镇沥青路面结构由面层、基层和路基（水泥路面多垫层）组成，层间结合必须紧密稳定，以保证结构的整体性和应力传递的连续性。大部分道路结构组成是多层次的，但层数不宜过多。

② 行车载荷和自然因素对路面的影响随深度的增加而逐渐减弱；对路面材料的强度、刚度和稳定性的要求也随深度的增加而逐渐降低。各结构层的材料回弹模量应自上而下递减，基层材料与面层材料的回弹模量比应≥0.3；土基与基层（或底基层）的回弹模量比宜为0.08～0.4。

③ 按使用要求、受力状况、土基支承条件和自然因素影响程度的不同，在路基顶面采用不同规格和要求的材料分别铺设基层和面层等结构层。

④ 面层、基层的结构类型及厚度应与交通量相适应。交通量大、轴载重时，应采用高等级面层与强度较高的结合料的稳定类材料基层。

⑤ 基层的结构类型可分为柔性基层、半刚性基层；在半刚性基层上铺筑面层时，城市主干路、快速路应适当加厚面层或采取其他措施以减轻反射裂缝。

（2）路基与填料

① 路基分类：从材料上，路基可分为土方路基（如图1-4所示）、石方路基（如图1-5所示）、特殊土路基（如图1-6所示）。路基断面形式有：路堤、路堑、半填半挖三种。

农村公路、乡道、省道、国道一般用土方路基

图1-4　土方路基

a. 路堤。路基顶面高于原地面的填方路基，如图1-7所示。

b. 路堑。全部由地面开挖出的路基（又分全路堑、半路堑、半山峒三种形式），如图1-8所示。

c. 半填半挖。横断面一侧为挖方，另一侧为填方的路基，如图1-9所示。

铁路和高速公路一般用石方路基

图 1-5　石方路基

湿陷性黄土是一种非饱和的欠压密土，需要使用冲击碾压机进行碾压密实

图 1-6　特殊土路基（湿陷性黄土）

路堤是在天然地面上用土或石填筑的具有一定密实度的线路建筑物。路堤结构、路基填料的选择与密实度控制在路基设计、施工中最为重要

路堤

图 1-7　路堤

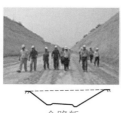

全路堑

半路堑

半山峒

起到缓和道路纵坡或越岭线穿越岭口控制标高的作用

图 1-8　路堑

半填半挖式路基兼有路堤和路堑两者的特点。但通常这种路基断面形式施工处理不便，容易出现滑塌的工程隐患，所以现在道路交通设计一般尽量少用这种形式

图 1-9 半填半挖

② 路基填料：高液限黏土、高液限粉土及含有机质细粒土，不适用做路基填料。因条件限制而必须采用上述土做填料时，应掺加石灰或水泥等结合料进行改善。

地下水位高时，宜提高路基顶面标高。在设计标高受限制，未能达到中湿状态的路基临界高度时，应选用粗粒土或低剂量石灰或水泥稳定细粒土做路基填料。同时应采取在边沟下设置排水渗沟等降低地下水位的措施。

岩石或填石路基顶面应铺设整平层。整平层可采用未筛分碎石和石屑或低剂量水泥稳定粒料，其厚度视路基顶面不平整程度而定，一般为 100～150mm。

（3）基层与材料

① 基层是路面结构中的承重层，主要承受车辆荷载的竖向力，并把面层下传的应力扩散到土基。基层可分为上基层和底基层，各类基层结构性能、施工或排水要求不同，厚度也不同。

② 应根据道路交通等级和路基抗冲刷能力来选择基层材料。湿润和多雨地区，宜采用排水基层。未设垫层，且路基填料为细粒土、黏土质砂或级配不良砂（承受特重或重交通），或者为细粒土（承受中等交通）时，应设置底基层。底基层可采用级配粒料、水泥稳定粒料或石灰粉煤灰稳定粒料等。

③ 常用的基层材料。

a. 无机结合料稳定粒料（半刚性）。无机结合料稳定粒料基层属于半刚性基层，包括石灰稳定土类基层、石灰粉煤灰稳定砂砾基层、石灰粉煤灰钢渣稳定土类基层、水泥稳定土类基层等，其强度高，整体性好，适用于交通量大、轴载重的道路。所用的工业废渣（粉煤灰、钢渣等）应性能稳定、无风化、无腐蚀。

b. 嵌锁型和级配型材料（柔性）。级配砂砾及级配砾石属于柔性基层，可用作城市次干道及其以下道路基层。为防止冻胀和湿软，天然砂砾应质地坚硬，含泥量不应大于砂质量（粒径小于 5mm）的 10%，砾石颗粒中细长及扁平颗粒的含量不应超过 20%。级配砾石作次干道及其以下道路底基层时，级配中最大粒径宜小于53mm，做基层时最大粒径不应大于 37.5mm。

（4）面层与材料

① 高等级沥青路面面层可划分为磨耗层、面层上层、面层下层，或称之为上（表）面层、中面层、下（底）面层。

② 沥青路面面层类型。

a. 热拌沥青混合料面层，如图 1-10 所示。热拌沥青混合料（HMA）包括 SMA（沥青玛蹄脂碎石混合料）和 OGFC（大空隙开级配排水性沥青磨耗层）等嵌挤型热拌沥青混合料；适用于各种等级道路的面层，其种类应按集料公称最大粒径、矿料级配、孔隙率划分。

热拌沥青混合料应采用机械摊铺。摊铺机在开始受料前应在受料斗涂刷薄层隔离剂或防黏结剂。摊铺前应提前0.5～1h预热摊铺机熨平板使其不低于100℃

图 1-10　热拌沥青混合料面层

b. 冷拌沥青混合料面层。冷拌沥青混合料适用于支路及其以下道路的路面、支路的表面层以及各级沥青路面的基层、连接层或整平层；冷拌改性沥青混合料可用于沥青路面的坑槽冷补，如图 1-11 所示。

使用沥青冷补材料，施工简单，修补时无需黏层油。备料可随用随取，不需要重型施工机械，可根据路面的不同修补情况采用压路机压实、冲击压实、人工压实

图 1-11　冷拌沥青混合料路面坑槽修补

c. 温拌沥青混合料面层，如图 1-12 所示。通过一定的技术措施，使沥青能在相对较低的温度下进行搅拌及施工，同时保持其使用性能的沥青混合料技术。搅拌温度在 120～130℃ 条件下生产的沥青混合料与热拌沥青混合料的适用范围相同。

d. 沥青贯入式面层，指的是在碎石压实之后，用沥青或嵌缝料分层浇洒，再次压实后最终形成的路面，如图 1-13 所示。沥青贯入式面层宜做城市次干路以下道路面层使用，其主石料层厚度应依据碎石的粒径确定，厚度不宜超过 100mm。

温拌沥青混合料的技术，关键是在不损伤应用性能的前提下，如何降低沥青在较低温度下的拌和黏度

图 1-12　温拌沥青混合料面层

沥青贯入式面层施工要求，如需在干燥季节开展，温度不能过高；有良好的施工秩序，加强各环节及各部门间的联系

图 1-13　沥青贯入式面层

e. 沥青表面处治面层。沥青表面处治面层的集料最大粒径与处治层厚度相匹配，主要起防水层、磨耗层、防滑层或改善碎（砾）石路面的作用。其中新型超薄沥青磨耗层为目前超薄沥青路面技术的引领型技术体系，如图 1-14 所示。

新型超薄沥青磨耗层是厚度一般为0.8～1.2cm的高性能加铺层，性能优异、施工速度快、作业效率高

图 1-14　新型超薄沥青磨耗层

1.2.1.2　结构层与性能要求

（1）路基

① 路基既为车辆在道路上行驶提供基础条件，也是道路的支撑结构物，对路面的使用性能有重要影响。路基应稳定、密实、均质，对路面结构提供均匀的支承，即路基在环境和荷载作用下不产生不均匀变形。

② 路基性能的主要指标。

a. 整体稳定性：在地表上开挖或填筑路基，必然会改变原地层（土层或岩层）的受力状态；原先处于稳定状态的地层，有可能由于填筑或开挖而引起不平衡，导致路基失稳。软土地层上填筑高路堤产生的填土附加荷载如超出了软土地基的承载力，就会造成路堤沉陷；在山坡上开挖深路堑使上侧坡体失去支承，有可能造成坡体坍塌破坏。在不稳定的地层上填筑或开挖路基会加剧滑坡或坍塌。因此，必须保证路基在不利的环境（地质、水文或气候）条件下具有足够的整体稳定性，以发挥路基在道路结构中的强力承载作用。

b. 变形量控制：路基及其下承的地基，在自重和车辆荷载作用下会产生变形，如地基软弱填土过分疏松或潮湿时，所产生的沉陷或固结、不均匀变形，会导致路面出现过量的变形和应力增大，促使路面过早破坏并影响汽车行驶的舒适性。因此，必须尽量控制路基、地基的变形量，才能给路面以坚实的支承。

（2）基层

① 基层是路面结构中的承重层，主要承受车辆荷载的竖向力，并把面层下传的应力扩散到土基，且为面层施工提供稳定而坚实的工作面，控制或减少路基不均匀冻胀或沉降变形对面层产生的不利影响。基层受自然因素的影响虽不如面层强烈，但面层下的基层应有足够的水稳定性，以防基层湿软后变形大，导致面层损坏。

② 基层性能主要指标。

a. 应满足结构强度、扩散荷载的能力以及水稳性和抗冻性的要求。

b. 不透水性好。底基层顶面宜铺设沥青封层或防水土工织物；为防止地下渗水影响路基，排水基层下应设置由水泥稳定粒料或密级配粒料组成的不透水底基层。

（3）面层

① 面层直接承受行车的作用。设置面层结构可以改善汽车的行驶条件，提高道路服务水平（包括舒适性和经济性），以满足汽车运输的要求。

② 面层是直接与行车和大气相接触的层位，承受行车荷载引起的竖向力、水平力和冲击力的作用，同时又受降水的侵蚀作用和温度变化的影响。

③ 面层适用指标。

a. 承载能力。当车辆荷载作用在路面上，使路面结构内产生应力和应变，如果路面结构整体或某一结构层的强度或抗变形能力不足以抵抗这些应力和应变时，路面便出现开裂或塌陷，如图 1-15 所示，从而降低其服务水平。路面结构暴露在大气中，受到温度和湿度的周期性影响，也会使其承载能力下降。路面在长期使用中会出现疲劳损坏和抗塑性累积变形，需要维修养护，但频繁维修养护势必会干扰正常的交通运营。为此，路面必须满足设计年限的使用需要，具有足够抗疲劳破坏

图 1-15　路面开裂或塌陷

和抗塑性变形的能力，即具备相当高的强度和刚度。

b. 平整度：平整的路表面可减小车轮对路面的冲击力，使行车产生附加的振动小，不会造成车辆颠簸，能提高行车速度和舒适性，不增加运行费用。依靠先进的施工机具、精细的施工工艺、严格的施工质量控制及经常、及时的维修养护，可实现路面的高平整度。为减缓路面平整度的衰变速率，应重视路面结构及面层材料的强度和抗变形能力。

c. 温度稳定性：路面材料特别是表面层材料，长期受到水文、温度、大气因素的作用，材料强度会下降，材料性状会变化，如沥青面层老化，弹性-黏性-塑性逐渐丧失，最终路况恶化，导致车辆运行质量下降。为此，路面必须保持较高的稳定性，即具有较低的温度、湿度敏感度。

d. 抗滑能力：光滑的路表面使车轮缺乏足够的附着力，汽车在雨雪天行驶或紧急制动或转弯时，车轮易产生空转或溜滑危险，极有可能造成交通事故。因此，路表面应平整、密实、粗糙、耐磨，具有较大的摩擦系数和较强的抗滑能力。路面抗滑能力强，可缩短汽车的制动距离，降低发生交通安全事故的概率。

e. 透水性：一般情况下，城镇道路路面应具有不透水性，以防止水分渗入道路结构层和土基，致使路面的使用功能丧失。

f. 噪声量：城市道路使用过程中产生的交通噪声，使人们出行感到不舒适，居民生活质量下降。城市区域应尽量使用低噪声路面，为营造静谧的社会环境创造条件。

近年我国城市开始修筑降噪排水路面，以提高城市道路的使用功能和减少城市交通噪声。降噪排水路面的面层结构组合一般为：上面（磨耗层）层采用 OGFC 沥青混合料，中面层、下（底）面层等采用密级配沥青混合料。这种组合既满足沥青路面强度高、高低温性能好和平整密实等路用功能，又实现了城市道路排水降噪功能。

1.2.2 水泥混凝土路面构造特点

水泥混凝土路面结构的组成包括路基、垫层、基层以及面层。

1.2.2.1 垫层

在温度和湿度状况不良的环境下，应设置垫层，以改善路面的使用性能。

① 水文地质条件不良的土质路堑，路基土湿度较大时，宜设置排水垫层。路基可能产生不均匀沉降或不均匀变形时，宜加设半刚性垫层。

② 垫层的宽度应与路基宽度相同，其最小厚度为 150mm。

1.2.2.2 基层

（1）基层作用

① 防止或减轻由于淤泥产生板底脱空和错台等病害。

② 与垫层共同作用，可控制或减少路基不均匀冻胀或体积变形。

③ 为混凝土面层提供稳定而坚实基础，并改善接缝的传荷能力。

（2）基层材料选用原则

根据道路交通等级和路基抗冲刷能力来选择基层材料。特重交通道路宜选用贫混凝土、碾压混凝土或沥青混凝土；重交通道路宜选用水泥稳定粒料或沥青稳定碎石；中、轻交通道路宜选择水泥或石灰粉煤灰稳定粒料或级配粒料。湿润和多雨地区，繁重交通路段宜采用排水基层。

（3）基层的宽度

基层的宽度比混凝土面层每侧至少宽出 300mm（小型机具），或 500mm（轨模式摊铺机），或 650mm（滑模式摊铺机）。基层摊铺机类型如图 1-16 所示。

(a) 小型机具　　　　　(b) 轨模式摊铺机　　　　　(c) 滑模式摊铺机

图 1-16　基层摊铺机类型

1.2.2.3　面层

① 面层混凝土通常分为普通（素）混凝土、钢筋混凝土、连续配筋混凝土、预应力混凝土等，目前我国多采用普通（素）混凝土。水泥混凝土路面构造如图 1-17 所示。

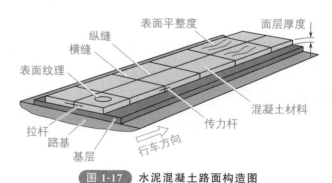

图 1-17　水泥混凝土路面构造图

② 纵向接缝根据路面宽度和施工铺筑宽度设置。一次铺筑宽度大于 4.5m 时，应设置带拉杆的假缝形式的纵向缩缝。

③ 横向接缝可分为横向缩缝、胀缝和横向施工缝。横向施工缝尽可能选在缩缝或胀缝处。快速路、主干路的横向缩缝应加设传力杆；在邻近桥梁或其他固定构筑物处、板厚改变处、小半径平曲线等处，应设置胀缝。

④ 对于特重及重交通等级的混凝土路面，横向胀缝、缩缝均设置传力杆。

⑤ 抗滑构造：可采用刻槽、压槽、拉槽或拉毛等方法形成一定的构造深度。

1.2.3 沥青混合料组成与材料

1.2.3.1 结构组成与分类

（1）材料组成

沥青混合料是一种复合材料，主要由沥青、粗集料、细集料、矿粉组成（如图1-18所示），有的还加入聚合物和木纤维素（图1-19）拌制而成。

| (a) 沥青 | (b) 粗集料 | (c) 细集料 | (d) 矿粉 |

图 1-18 沥青混合料

(a) 聚合物　　　(b) 木纤维素

图 1-19 聚合物和木纤维素

（2）基本分类

① 按材料组成及结构分类，可分为连续级配、间断级配。

② 按矿料级配组成及空隙率大小分类，可分为密级配、半开级配、开级配。

③ 按公称最大粒径的集料分类，可分为特粗式、粗粒式、中粒式、细粒式、砂粒式。

④ 按生产工艺分类，可分为热拌沥青混合料、冷拌沥青混合料、再生沥青混合料等。

（3）结构类型

沥青混合料可分为按嵌挤原则构成、按密实级配原则构成和按级配原则构成的三大结构类型。

① 按嵌挤原则构成的沥青混合料的结构强度，是以矿物质颗粒之间的嵌挤力和内摩阻力为主、沥青结合料的黏结作用为辅构成的。特点：结构强度受自然因素（温度）的影响较小。

② 按密实级配原则构成的沥青混合料的结构强度，是以沥青与矿料之间的黏结力为主、矿物质颗粒间的嵌挤力和内摩阻力为辅构成的。特点：结构强度受温度的影响较大。

③ 按级配原则构成的沥青混合料，其结构组成通常有下列三种形式。

a. 悬浮-密实结构：黏聚力较大，内摩擦角较小，如图 1-20（a）所示。代表：AC 型沥青混合料。

b. 骨架-空隙结构：内摩擦角较高，黏聚力较低，如图 1-20（b）所示。代表：AM 沥青碎石混合料、OGFC 沥青混合料。

c. 骨架-密实结构：内摩擦角较高，黏聚力较高，如图 1-20（c）所示。代表：SMA 沥青玛蹄脂混合料。

(a) 悬浮-密实结构　　　(b) 骨架-空隙结构　　　(c) 骨架-密实结构

图 1-20　沥青混合料结构组成形式

三种结构的沥青混合料由于密度 ρ、空隙率 V_V、矿料间隙率 V_{MA} 不同，使它们在稳定性和路用性能上亦有显著差别。

1.2.3.2　主要材料与性能

（1）沥青

城镇道路面层宜优先采用 A 级沥青，不宜使用煤沥青。沥青的主要技术性能如下。

① 黏结性：对高等级道路，夏季高温持续时间长、重载交通、停车场等行车速度慢的路段，宜采用稠度大（针入度小）的沥青；对冬季寒冷地区、交通量小的道路宜选用稠度小的沥青。

② 感温性：指标之一是软化点，针入度指数（PI），是应用针入度和软化点的试验结果来表征沥青感温性的一项指标。

③ 耐久性：即抗老化性，采用薄膜烘箱加热试验。

④ 塑性：在冬季低温或高、低温差大的地区，要求采用低温延度大的沥青。

⑤ 安全性：确定沥青加热熔化时的安全温度界限，使沥青安全使用有保障。有关规范规定，通过闪点试验测定沥青加热点闪火的温度闪点，确定它的安全使用范围。

（2）细集料

热拌密级配沥青混合料中天然砂用量不宜超过集料总量的 20%，SMA、OGFC 不宜使用天然砂。

1.2.4　沥青路面材料的再生应用

1.2.4.1　再生目的与意义

（1）再生机理

① 沥青路面材料的再生，关键在于沥青的再生。

② 旧沥青路面现场热再生工艺在施工过程中应注意控制温度、耙松厚度、掺料均匀性以及井周处理、压实度及周边绿化保护。

（2）再生技术

沥青路面材料再生技术是将需要翻修或者废弃的旧沥青混凝土路面，经过翻挖、回收、破碎、筛分，再添加适量的新骨料、新沥青，重新拌制成为具有良好路用性能的再生沥青混合料，用于铺筑路面面层或基层的整套工艺技术，如图1-21所示。

图 1-21 铺筑路面面层或基层的整套再生工艺技术

1.2.4.2 再生剂的选择与技术要求

（1）再生剂的选择

再生剂主要采用低黏度石油系的矿物油。

（2）技术要求

① 具有软化与渗透能力，即具备适当的黏度。

② 具有良好的流变性质，复合流动度接近1。

③ 具有溶解分散沥青质的能力，即应富含芳香酚。可用再生效果系数 K 表征恢复原沥青性能的能力。

④ 具有较高的表面张力。

⑤ 必须具有良好的耐热化和耐候性。

1.2.4.3 再生材料的生产与应用

（1）再生混合料配合比

再生沥青混合料中旧料含量：如直接用于路面面层，交通量较大，则旧料含量取低值，占30%～40%；交通量不大时用高值，旧料含量占50%～80%。

（2）生产工艺

① 分为热拌再生技术、冷拌再生技术。采用间歇式搅拌机拌制时，旧料含量一般不超过30%，采用滚筒式搅拌机拌制时，旧料含量可达40%～80%。

② 目前再生沥青混合料最佳沥青用量的确定方法采用马歇尔试验方法，并根据试验结果和经验确定。

③ 再生沥青混合料性能试验指标有：空隙率、矿料间隙率、饱和度、马歇尔稳定度、流值等。

④ 再生沥青混合料的检测项目有车辙试验动稳定度、残留马歇尔稳定度、冻

融劈裂抗拉强度比等，其技术标准参考热拌沥青混合料标准。

1.2.5　不同形式挡土墙的结构特点

按照挡土墙结构形式及结构特点，可分为重力式、衡重式、悬臂式、扶壁式、柱板式、锚杆式、自立式等不同挡土墙。

1.2.5.1　重力式挡土墙

重力式挡土墙，指的是依靠墙身自重抵抗土体侧压力的挡土墙。重力式挡土墙可用块石、片石、混凝土预制块作为砌体，或采用片石混凝土、混凝土进行整体浇筑。

（1）结构示意图与现场图

重力式挡土墙结构示意图与现场图，如图1-22所示。

路中心线

重力式挡土墙一般不配钢筋或只在局部范围内配以少量的钢筋，墙高在6m以下，开挖地层稳定

图 1-22　重力式挡土墙结构示意图与现场图

（2）结构特点

① 依靠墙身自重抵挡土压力作用。

② 一般用浆砌片石砌筑，缺乏石料地区可用混凝土浇筑。

③ 形式简单，取材容易，施工简便。

1.2.5.2　衡重式挡土墙

衡重式挡土墙是指利用衡重台上部填土的重力，而墙体重心后移以抵抗土体侧压力的挡土墙，亦是重力式挡土墙的一种。

（1）结构示意图

衡重式挡土墙结构示意图，如图1-23所示。

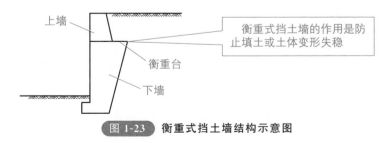

上墙

衡重式挡土墙的作用是防止填土或土体变形失稳

衡重台

下墙

图 1-23　衡重式挡土墙结构示意图

（2）结构特点

① 上墙利用衡重台上填土的下压作用和全墙重心的后移增加墙身稳定。

② 墙胸坡陡，下墙倾斜，可降低墙高，减少基础开挖。

1.2.5.3　钢筋混凝土悬臂式挡土墙

钢筋混凝土悬臂式挡土墙由底板和固定在底板上的直墙构成，主要靠底板上的填土重量来维持稳定的挡土墙，主要由立壁、墙趾板及墙踵板三个钢筋混凝土构件组成。

（1）结构示意图与现场图

钢筋混凝土悬臂式挡土墙结构示意图与现场图，如图 1-24 所示。

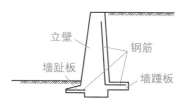

钢筋混凝土悬臂式挡土墙的优点主要体现在：结构尺寸较小、自重轻、便于在石料缺乏和地基承载力较低的填方地段使用

图 1-24　钢筋混凝土悬臂式挡土墙结构示意图与现场图

（2）结构特点

① 采用钢筋混凝土材料，由立壁、墙趾板、墙踵板三部分组成。

② 墙高时，立壁下部弯矩大，费钢筋，不经济。

1.2.5.4　钢筋混凝土扶壁式挡土墙

钢筋混凝土扶壁式挡土墙指的是沿悬臂式挡土墙的立壁，每隔一定距离加一道扶壁，将立壁与踵板连接起来的挡土墙，一般为钢筋混凝土结构。

① 钢筋混凝土扶壁式挡土墙结构示意图与现场图，如图 1-25 所示。

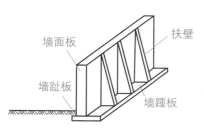

钢筋混凝土扶壁式挡土墙主要特点是构造简单、施工方便，墙身断面较小，自身质量轻，能适应承载力较低的地基

图 1-25　钢筋混凝土扶壁式挡土墙结构示意图与现场图

② 结构特点：沿墙长，隔适当距离加筑肋板（扶壁），使墙面与墙踵板连接，比悬臂式受力条件好，在高墙时较悬臂式经济。

1.2.5.5　带卸荷板的柱板式挡土墙

带卸荷板的柱板式挡土墙是指在墙背设置卸荷平台或卸荷板，以减少墙背土压力和增加稳定力矩，以填土重量和墙身自重共同抵抗土体侧压力的挡土结构。

（1）结构示意图

带卸荷板的柱板式挡土墙结构示意图，如图1-26所示。

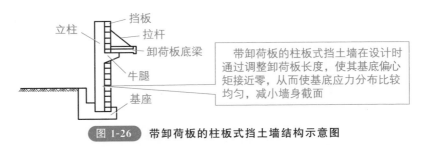

立柱　挡板　拉杆　卸荷板底梁　牛腿　基座

带卸荷板的柱板式挡土墙在设计时通过调整卸荷板长度，使其基底偏心矩接近零，从而使基底应力分布比较均匀，减小墙身截面

图 1-26　带卸荷板的柱板式挡土墙结构示意图

（2）结构特点

① 由基座、立柱、底梁、拉杆和挡板等组成，借卸荷板上的土重平衡全墙。

② 基础开挖较悬臂式少。

③ 可预制拼装，快速施工。

1.2.5.6　锚杆式挡土墙

锚杆式挡土墙是指主要由预制的钢筋混凝土柱、挡土板构成的墙面，与水平或倾斜的钢锚杆联合组成的挡土墙。锚杆的一端与立柱连接，另一端被锚固在山坡深处的岩层或土层中。墙后侧压力由挡土板传给立柱，以锚杆与岩体之间的锚固力，即锚杆的抗拔力，使墙获得稳定。

（1）结构示意图与现场图

锚杆式挡土墙结构示意图与现场图，如图1-27所示。

肋柱　岩层分界线　锚杆　岩石　预制挡板

锚杆式挡土墙适用于墙高较大、石料缺乏或挖基困难地区，具有锚固条件的路基挡土墙，一般多用于路堑挡土墙

图 1-27　锚杆式挡土墙结构示意图与现场图

（2）结构特点

① 由肋柱、挡板和锚杆组成，靠锚杆固定在岩体内拉住肋柱。

② 锚头为楔缝式或砂浆锚杆。

1.2.5.7　自立式（尾杆式）挡土墙

自立式挡土墙是利用板桩挡土，依靠填土本身、拉杆及固定在可靠地基上的锚定块维持整体稳定的挡土构筑物。

（1）结构示意图

自立式挡土墙结构示意图，如图1-28所示。

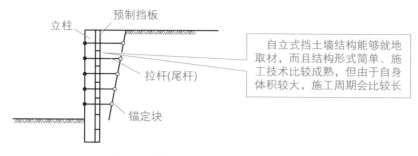

图 1-28 自立式挡土墙结构示意图

（2）结构特点

① 由拉杆、挡板、立柱、锚定块组成，靠填土本身和拉杆、锚定块形成整体稳定。

② 结构轻便、工程量节省，可以预制、拼装、快速施工。

③ 基础处理简单，有利于地基软弱处进行填土施工，但分层碾压需慎重，对填土也要有一定要求。

2

城镇道路路基施工

2.1　路基测量

2.1.1　中线测量

道路中线由直线和平曲线两部分组成。道路中线测量通过直线和平曲线的测设，将道路中心线的平面位置用木桩具体地标定在现场，并测定路线的实际里程。

（1）施工流程

道路中线测量的施工流程为：定线测量→设置里程桩→测设圆曲线→测设缓和曲线→测设复曲线→测设回头曲线→计算道路中线逐桩坐标。

（2）具体施工过程

① 定线测量，即现场标定交点和转点，如图2-1所示。

> 交点的测设一般采用穿线交点法、拨角放线法和坐标放样法。
> 转点的测设分为在两交点间测设转点、在两交点延长线上测设转点

图 2-1　标定交点和转点

② 设置里程桩是指由路线的起点开始每隔一段距离钉设木桩标志，如图2-2所示。

③ 测设圆曲线。圆曲线测设元素的计算如图2-3所示。设在交点 JD 处相邻两直线边与半径为 R 的圆曲线相切，其切点 ZY 和 YZ 称为曲线的起点和终点；分角

新线桩志打桩，不要露出地面太高，一般以5cm左右能露出桩号为宜。钉设时将写有桩号的一面朝向路线的起点方向。

对起控制作用的交点桩、转点桩以及一些重要的地物加桩，如桥位桩、隧道定位桩等桩顶钉一小铁钉表示点位

图 2-2　设置里程桩

线与曲线相交的交点 QZ 称为曲线中点，如图 2-3 所示，它们统称为圆曲线主点，其位置是根据曲线要素确定的。

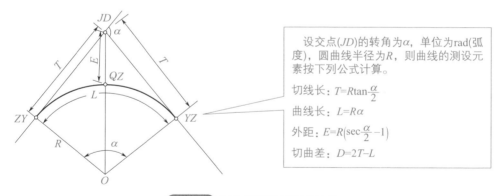

设交点(JD)的转角为α，单位为rad(弧度)，圆曲线半径为R，则曲线的测设元素按下列公式计算。

切线长：$T = R\tan\dfrac{\alpha}{2}$

曲线长：$L = R\alpha$

外距：$E = R\left(\sec\dfrac{\alpha}{2} - 1\right)$

切曲差：$D = 2T - L$

图 2-3　圆曲线测设元素的计算

④ 测设缓和曲线。为确保行车的安全和舒适，需要在直线与圆曲线之间插入一段曲率半径由无穷大逐渐变化到圆曲线半径的过渡性曲线，此曲线称为缓和曲线，如图 2-4 所示。

⑤ 测设复曲线。复曲线是由两个或两个以上不同半径的同向曲线相连而成的曲线。分为不设缓和曲线的复曲线测设和两端设有缓和曲线中间用圆曲线直接连接的复曲线测设。

⑥ 测设回头曲线。回头曲线是在同一面坡上，作相反方向的前进的曲线，用以克服高差，如图 2-5 所示。

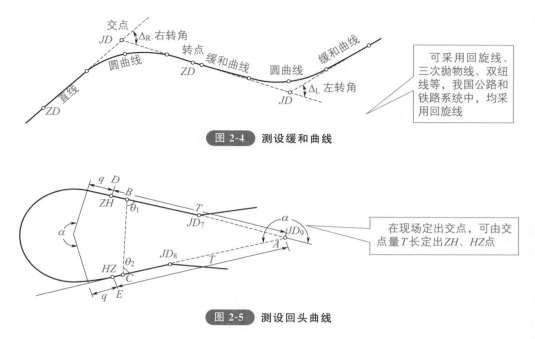

图 2-4　测设缓和曲线

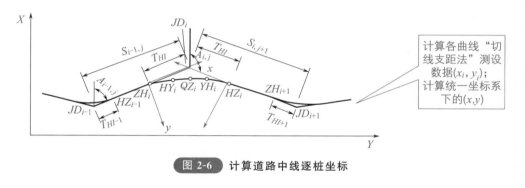

图 2-5　测设回头曲线

⑦ 计算道路中线逐桩坐标，如图 2-6 所示。

图 2-6　计算道路中线逐桩坐标

2.1.2　高程放样测量

① 在已知高程的水准点上立水准标尺，作为后视尺。

② 在路线的前进方向上的适当位置放置尺垫，在尺垫上竖立水准标尺作为前视尺。

③ 把水准仪安置在到两水准尺间的距离大致相等的地方，仪器到水准尺的最大视距不超过 100m，使圆水准器气泡居中。

④ 照准后视标尺并消除视差后，用微倾螺旋调节管水准气泡并使其精确居中，用中丝读取后视读数，并记入手簿。

⑤ 照准前视标尺后使水准管气泡居中，用中丝读取前视读数，并记入手簿。

⑥ 将仪器按前进方向迁至第二站，此时，第一站的前视尺不动，变成第二站的后视尺，第一站的后视尺移至前面适当位置成为第二站的前视尺，按第一站相同的观测程序进行第二站的测量。

⑦ 顺序沿水准路线的前进方向观测、记录直至终点。

图 2-7 所示为利用水准仪进行高程放样测量。

图 2-7 利用水准仪进行高程放样测量

2.1.3　路基边桩放样测量

① 根据各里程绘制好的路基断面图，量取地面线与设计线交点至路基中线的距离。

② 根据各绘制好的路基断面图，量取地面线与设计线交点至路基面的高差，计算出该点设计高程。

③ 根据放样断面里程图上量得的宽度，放出图上地面线与设计线交点地上位置，并测出该点实测高程。

④ 计算出实测高程与设计高程的高差，再用设计边坡坡率，计算出调整距离，在路基断面方向进行调整。

⑤ 检查所放边桩是否正确：测出调整好的桩位高程、坐标，反算出该点到线路中线的宽度，并根据该宽度、路基设计坡率，计算出高程，再与测出调整好的桩位高程比较，相一致即为开挖边桩；否则重复④、⑤步骤。测设边桩坐标如图 2-8 所示。

图 2-8 测设边桩坐标

2.2　道路施工现场准备与流程

2.2.1　施工准备

① 开工前，施工单位应在全面熟悉设计文件和设计交底的基础上，进行现场核对和施工调查，发现问题应及时根据有关程序提出修改意见、报请变更设计。

② 根据现场收集到的情况、核实的工程数量，按工期要求、施工难易程度和人员、设备、材料准备情况，编制实施性的施工组织设计，报现场监理工程师或业主批准并及时提出开工报告。重要项目应编路基施工网络计划。

③ 修建生活和工程用房，解决好通信、电力和水的供应，修建供工程使用的临时便道、便桥，确保施工设备、材料、生活用品的供应；设立必要的安全标志。

2.2.2　施工前的复查和试验

① 施工前，施工人员应对路基工程范围内的地质、水文情况进行详细调查，通过取样、试验确定其性质和范围，并了解附近既有建筑物对特殊土的处理方法。

② 施工人员应根据设计文件提供的资料，对取自挖方、借土场、料场的路堤填料进行复查和取样试验。如设计文件提供的料场填料不足时，应自行勘查寻找。

③ 挖方、借土场和料场用作填料的土应进行下列试验项目，其试验方法按《公路土工试验规程》（JTG 3430—2020）办理。

2.2.3　场地清理

① 施工前应按设计要求进行公路用地放样，由业主办理征用土地手续。施工单位可根据施工需要提出增加临时用地计划，并对增加部分进行公路用地测量，绘制用地平面图及用地划界表，送交有关单位办理拆迁及临时占用土地手续。

② 路基用地范围内的既有房屋、道路、河沟、通信和电力设施、上下水道、坟墓及其他建筑物，均应协助有关部门事先拆迁或改造；对于路基附近的危险建筑应予以适当加固；对文物古迹应妥善保护。

③ 路基用地范围内的树木、灌木丛等均应在施工前砍伐或移植清理，砍伐的树木应移置于路基用地之外，进行妥善处理。

④ 在填方和借方地段的原地面应进行表面清理，清理深度应根据种植土厚度决定，清出的种植土应集中堆放。填方地段在清理完地表面后，应整平压实到规定要求，才可进行填方作业。

2.2.4　试验路段

① 应采用不同的施工方案做试验路段，从中选出路基施工的最佳方案，指导全线施工。

② 试验路段位置应选择在地质条件、断面形式均具有代表性的地段。

③ 试验所用的材料和机具应当与将来全线施工所用的材料和机具相同。通过试验来确定不同机具压实不同填料的最佳含水量、适宜的松铺厚度和相应的碾压遍数、最佳的机械配套和施工组织。

④ 试验路段施工中及完成以后，应加强对有关指标的检测；完工后，应及时写出试验报告。如发现路基设计有缺陷时，应提出变更设计意见报审。

2.3　路基施工要求与特点

2.3.1　路基用土材料要求

① 土工合成材料，应具有质量轻、整体连续性好、抗拉强度较高、耐腐蚀和抗微生物侵蚀性好、施工方便等优点。

② 非织型的土工纤维应具备当量空隙直径小、渗透性好、质地柔软、能与土很好结合的性质。

③ 应根据出厂单位提供的幅宽、质量、厚度、抗拉强度、顶破强度和渗透系数等测试数据，选用满足设计和规范要求的土工合成材料。

2.3.2　城镇道路路基压实作业要点

土质路基压实主要以"先轻后重、先静后振、先慢后快、主轮重叠"以及直线段"先边后中"和平曲线段"先内侧、后外侧"为原则。作业时，应注意压实机具的作业安全。压路机最快速度不宜超过 4km/h。

① 压实机具的工作路线，一般应先两侧后中间，以便形成路拱，再以中间向两边顺次碾压，在弯道部分设有超高时，由低的一侧向高的一侧边缘碾压，以便形成单向超高横坡。当路基设有纵坡时，宜由低处向高处碾压。碾压时，相邻两次的轮迹（或夯印）应重叠 1/3 左右，使各点都得到压实，避免不均匀沉陷。

② 应将路基填土向两侧各加宽 50cm 的碾压宽度。碾压时，压路机轮外侧距路基填土边缘宜为 40～50cm，碾压成活后修整到设计宽度。路基边缘处不易碾压时，必须使用人工或振动夯实机等进行夯实。

③ 压实应在回填土含水量接近最佳含水量时进行。碾压应均匀一致，同时应保持土壤的含水量，不足时应洒水，稍湿时应晾晒，并经常检测土壤含水量，按规定检查压实度，做好试验记录。

④ 用双轮压路机或双轮振动压路机碾压，重叠宽度应不小于 30cm。

⑤ 路基填土要分层碾压，含水量要适度，过干应洒水翻拌均匀，过湿应进行翻晒。各种压路机碾压遍数按照要求的压实度而定，检验合格后方准继续上土。

⑥ 路基填土前应根据不同土壤种类取样做标准击实试验，以求得各种土质的最大干密度和最佳含水量，作为检验各种土质填土压实度的依据。路基填土应按规

定分段分层系统地检验压实度，并填写记录，竣工后由测试人员负责整理齐全，作为竣工验收质量的依据。

2.4　挖方路基施工

2.4.1　土质路堑的开挖

（1）流程图

土质路堑开挖作业流程图如图 2-9 所示。

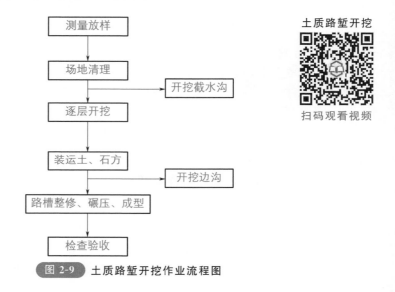

土质路堑开挖

扫码观看视频

图 2-9　土质路堑开挖作业流程图

（2）具体施工过程

① 测量放样。如图 2-10 所示，根据复测的线路中线放出开挖边线桩，放线时应定位准确，两侧各预留 0.2～0.3m 不开挖，待开挖后进行人工刷坡。

图 2-10　测量放样

② 场地清理。如图 2-11 所示，采用推土机配合人工的方式清除路基范围内的垃圾、有机物残渣及原地面以下至少 100～300mm 内的草皮、农作物的根系和表

土，并弃到指定的地点。

③ 开挖截水沟。如图 2-12 所示，截水沟设置在坡口 5m 以外，并宜结合地形进行布设。在多雨地区，视实际情况可设一道或多道截水沟，其作用是拦截路基上方流向路基的地表水，保护挖方边坡和填方坡脚不受水流冲刷。

图 2-11　场地清理

图 2-12　开挖截水沟

④ 逐层开挖。如图 2-13 所示，对于土方数量相对集中、土方调运距离在 500m 以下的路堑开挖，采用推土机配合铲运机逐层顺坡开挖施工，其中运距 100m 以内的土方采用推土机直接推送到位。

⑤ 装运土、石方，如图 2-14 所示。

图 2-13　逐层开挖

图 2-14　装运土、石方

⑥ 开挖边沟。如图 2-15 所示，测量放样定出中心桩、槽边线及堆料界线，界线至开挖线的距离应根据开挖深度确定，并不小于 5m。提前打设井点降水，在地下水位稳定在槽底以下 1m 时才进行土方开挖。采用机械开挖方式为主、人工开挖方式为辅的挖土方式。开挖应分层、分段依次进行，形成一定坡度，以利排水。

⑦ 路槽整修、碾压、成型。如图 2-16 所示，在开挖深度为 5～10m 后，及时用工具削平光滑的边坡。在容易塌方的路段采取矩形修整，必要时配合防护工程处治。最后碾压成型。

图 2-15　开挖边沟

图 2-16　路槽整修、碾压、成型

⑧ 检查验收，认真按照要求的质量检测项目、频率进行检验和控制。路堑基床换填宽度、深度必须满足设计要求。边坡坡面应平整且稳定无隐患，局部凹凸差不大于 15cm。边坡防护封闭无变形、开裂。路堑开挖至设计标高后，应核对路基面和边坡的水文地质和工程地质情况，当与设计不符时，应提出变更设计。

（3）路基开挖注意事项

路基开挖注意事项见表 2-1。

表 2-1　路基开挖注意事项

项目	内容和要求
开挖方案	开挖土方不得乱挖、超挖。严禁掏洞取土。在不影响边坡稳定的情况下采用爆破施工时，应经过设计审批，一般禁止采用爆破法施工
排水	路堑开挖前应首先处理好排水，并根据断面的土层分布、地形条件、施工方法以及土方的利用和废弃情况等综合考虑，力求做到运距短、占地少
支撑与支挡	注意边坡稳定，及时设置必要的支挡工程。开挖时必须按横断面自上而下，依照设计边坡逐层进行，防止因开挖不当导致塌方；在地质不良拟设支挡构造物的地段，应考虑在分段开挖的同时，分段修建支挡构造物，以保证安全；有效地扩大工作面，以利提高生产效率，保证施工安全
利用与弃土	开挖中应避免超挖。超挖数量不予计量及支付，路床面发生超挖，应回填并压实；开挖中，对适用的土、砂、石等材料，在经济合理的前提下，应尽量利用作混凝土集料、路面材料、填方填料及施工砌筑料等。路基开挖所产生的利用料，既不应随意为弃，也不得重复计算利用料的开采费用

（4）施工要点

① 根据测设边桩位置，用机械开挖，预留 0.2～0.3m 的保护层以利于人工修坡。施工时逐层控制，每 10m 边坡范围插杆挂线、人工修刷。边坡上若有坑穴，

采用挖台阶浆砌片石的方法嵌补。

② 接近堑底时，按设计横断面放线，开挖修整压实，并挖好侧沟，疏通排水，边坡刷好后及时进行边坡防护和排水工程施工。

③ 尽量采用顺坡开挖，长大路堑如需要采用反坡开挖时，先预留一定厚度的土层不开挖，形成顺坡开挖，挖通后再突击挖除预留的土层。

④ 不稳定的土质路堑边坡应分层加固，开挖和边坡加固有特别要求时，则应按设计要求办理。

2.4.2　土、石路堑的边坡坡度

（1）公路土质挖方边坡坡度

土质挖方边坡坡度见表 2-2。

表 2-2　土质挖方边坡坡度

密实程度	边坡高度<20m	边坡高度 20～30m
胶结	（1∶0.5）～（1∶0.3）	（1∶1.5）～（1∶0.75）
密实、中密	（1∶1.25）～（1∶0.5）	（1∶1.5）～（1∶0.75）
较松	（1∶1.5）～（1∶1.0）	（1∶1.75）～（1∶1.5）

注：1. 高速公路、一级公路挖方边坡应采用较缓的边坡坡度。

2. 边坡较缓或土质比较干燥密实的路段，可采用较陡的边坡坡度，边坡较高或土质比较潮湿的路段，宜采用较缓的边坡坡度。

3. 路基开挖后，密实程度容易变松的砂类土、砾类土以及受雨水浸湿易于失稳的土，应采用较缓的边坡或设置必要的防护工程。

4. 当土方调配出现借方时，可适当放缓边坡。

5. 砂类土、细粒土的挖方边坡高度不宜超过 20m。

（2）公路岩石挖方边坡坡度

公路岩石挖方边坡坡度见表 2-3。

表 2-3　公路岩石挖方边坡坡度

岩石种类	风化种类	边坡高度<20m	边坡高度 20～30m
各类页岩、泥岩、千枚岩、片岩等软质岩石	微风化、弱风化	（1∶0.75）～（1∶0.25）	（1∶1.0）～（1∶0.5）
	强风化、全风化	（1∶1.25）～（1∶0.5）	（1∶1.5）～（1∶0.75）
各类岩浆岩、硬质灰岩、砾岩、砂岩、片麻岩、石英岩	微风化、弱风化	（1∶0.3）～（1∶0.1）	（1∶0.5）～（1∶0.2）
	强风化、全风化	（1∶1.0）～（1∶0.5）	（1∶1.25）～（1∶0.5）

注：1. 高速公路、一级公路挖方边坡应采用较缓的边坡坡度。

2. 软质岩石当边坡稳定并防护时，可采用较陡边坡。

2.4.3　石方开挖的一般规定

① 承包人应根据地形、地质、开挖断面及施工机械配备等情况，采用能保证

边坡稳定的方法施工。若地质情况适合时，应采取预裂、光面爆破开挖边坡。

② 石方爆破作业应以小型及松动爆破为主，严禁过量爆破，并应在事前制订出计划和措施。未经监理工程师批准，不得采用大爆破施工。当的确需进行大爆破施工时，应严格按《公路路基施工技术规范》（JTG/T 3610—2019）规定编制技术设计文件，并于爆破施工前交监理工程师审批。

③ 承包人应就爆破器材的存放地点、数量、警卫、收发、安全措施及必要的工艺图纸编制报告，并应在爆破器材进入工地前报有关部门审批，同时将运入路线和时间报有关管理部门批准，待取得通行证后方可将爆破器材运入工地保管。

④ 承包人应确定爆破的危险区，并采取有效措施防止人、畜、建筑物和其他公共设施受到危害和损坏。在危险区的边界应设置明显标志，建立警戒线和显示爆破时间的警戒信号，在危险区的入口或附近道路应设置标志，并派专人看守，严禁人员在爆破时进入危险区。

⑤ 由于爆破引起的松动岩石，必须清除。当属于超挖工程量时则不予计量。

⑥ 石方路堑的路床顶面标高，应符合图纸要求，高出部分应辅以人工凿平，超挖部分应按符合要求的材料回填并碾压密实稳固，并满足路床顶面标高的允许偏差要求。

2.4.4 中、小型爆破

（1）施工流程

爆破施工工艺流程为：布孔→钻孔→装药→填塞→联网→设置防护→警戒→起爆→爆后检查→解除警戒。

（2）具体施工过程

① 布孔。由技术人员根据本设计方案的孔网参数进行布孔，布孔时如遇到裂隙或断层等地质状况时，应作适当调整，但孔排距调整一般不大于 0.5m，炮孔孔口调整时，尽可能调整炮孔方向，使每个炮孔爆破所负担的爆破方量大致平衡。

图 2-17 钻孔现场

② 钻孔。如图 2-17 所示，按设计方案所要求的布孔位置、钻孔方向和钻孔深度进行钻孔；钻孔前必须仔细检查钻孔机械是否正常，要防止碎渣等物落入孔内而堵住炮孔。

③ 装药。如图 2-18 所示，按经公安机关批准的爆破方案所允许的单孔装药量进行每次爆破作业的炮孔装药，深孔爆破的主爆孔和浅孔爆破的炮孔，采用耦合装药结构，装药过程中，应随时用炮棍测量孔深，防止装药卡孔而造成填塞长度不足；余孔使用岩屑或炮泥填塞至炮口。

装药过程中，应随时用炮棍测量孔深，防止装药卡孔而造成填塞长度不足

图 2-18　装药现场

④ 填塞。如图 2-19 所示，可利用钻孔所排出的岩屑混合部分黄泥进行填塞；堵塞长度和质量必须严格按设计要求进行。

①将填塞材料慢慢放入孔内，并用炮棍轻轻压实、堵严。
②炮孔填塞段有水时，采用粗砂等填塞。每填10～20cm后用炮棍检查是否沉到底部，并压实。重复上述作业完成填塞，防止炮泥卷悬空、炮孔填塞不密实

图 2-19　填塞现场

⑤ 联网。如图 2-20 所示，由技术人员或经验丰富的熟练爆破员根据爆破方案所确定的网络连接方式进行连接，严格控制爆破的单段起爆药量，并由专人负责复核和记录各炮孔的单孔装药量和单段起爆药量，对各孔雷管延时段位和网路连接质

起爆网路敷设时应由有经验的爆破员或爆破技术人员实施双人作业制，一人操作，另一人检查监督

图 2-20　网路敷设现场图

量进行复查，经安全监理复核确认方可进行爆破。

⑥ 设置防护。如图 2-21 所示，孔口防护采用编织带装填经筛分后的细河砂防护，再采用柔性橡胶垫进行表层防护。

采用柔性橡胶垫进行表层防护，图为常用的橡胶防护垫

图 2-21 橡胶防护垫

⑦ 警戒。如图 2-22 所示，爆破器材存放点和装药作业区域警戒范围为 50m，在此范围内严禁吸烟和动火。

在爆破区四周50m设置警戒线和岗哨，非作业人员不得越过警戒线

图 2-22 爆破警戒

⑧ 起爆。如图 2-23 所示，起爆是爆破工作的关键。爆破时由爆破现场负责人下令发出起爆信号，信号发出后，起爆员立即进行起爆。

⑨ 爆后检查。如图 2-24 所示，由起爆的爆破员或安全员进入爆区，检查是否有安全隐患，并及时制订处理措施。由于可能存在迟爆、炮烟危害人身的因素，要求有一定的爆后等待时间。露天浅孔爆破，爆后应超过 5min，规模较大的露天深孔爆破，爆后应超过 15min，方准许检查人员进入爆破地点。

图 2-23 起爆现场

图 2-24 爆后检查

⑩ 解除警戒。起爆后，经检查确认无盲炮或其他险情，检查人员向爆破工作领导人报告后方能解除爆破安全警戒。

2.5　填方路基施工

2.5.1　填方路堤基本要求

① 原地面清除。

② 注意选用填方土料。填筑路堤的土方，不得使用淤泥、腐殖土，或含杂草、树根等以及含水饱和的湿土。所用填土应与旧路堤相同最好，否则宜选用透水性较好的土，填料最小强度、最大粒径应符合要求。

③ 防止积水。填土过程中，应由路中向路边进行。可分段分层填筑，先填低洼地段，后填一般路段，须保持有一定的路拱和纵坡，随时防止雨水积聚，影响填方质量。

④ 分层填筑。填方必须根据路基设计断面分层填筑、分层压实。分层厚度一般为松铺 30cm，压实厚度约为 20cm。路基填筑压实的宽度应不小于设计宽度，以便最后削整边坡。严禁边坡不足，严禁帮宽贴坡。

⑤ 搭接。为使新、老土密结黏合，旧路帮宽必须挖成阶梯以利分层搭接，当新填土方纵向划分若干路段施工时，亦应留有阶梯，以便逐层相互搭接进行压实。

⑥ 排水清淤。当路基穿过河浜、水塘等，应在路基坡脚以外两侧筑土坝（由土袋堆筑），排除坝与坝之间积水，并清除淤泥后，在河床（或塘底）可先铺一层砾石砂、粗砂或碎石（透水性良好的材料），厚 15～30cm，作为隔离层，然后分层填筑，分层压实。

2.5.2　土方路堤的填筑

土方路堤的填筑

扫码观看视频

（1）施工流程

土方路堤的施工流程为：基底处理→分层填筑→洒水、晾晒。

（2）具体施工过程

① 基底处理。如图 2-25 所示，路基基底根据施工时的地面和地质的实际条件，按设计文件和规范要求进行处理。砍伐地面种植附着物，挖除所有树根。对因挖树根、障碍物而留下的孔洞、坑穴按有关回填、压实的条款要求处理，基底清理完后，用推土机、平地机整平，压路机碾压。

② 分层填筑。如图 2-26 所示，不同性质的填料应分别填筑，不得混填。每一摊铺层填料中的粗细粒应摊铺均匀，不应有粗集料或细集料窝，并使层厚均匀、层面平整。

③ 洒水、晾晒，如图 2-27 所示。

图 2-25 推土机平整基底图

路堤填筑采取横断面全宽、沿纵向分层填筑方式施工,不得出现纵向接缝。当原地面高低不平时,先从最低处分层填筑,每层由两边向中心填筑

图 2-26 分层填筑现场图

严格控制土的含水量,使其不超过土工试验所确定最佳含水量的±2%;土壤含水量过大时,翻晒晾干,土壤过干时洒水湿润

图 2-27 洒水、晾晒

2.5.3 填方路堤的边坡坡度

填方路堤的边坡坡度见表 2-4。

表 2-4 填方路堤的边坡坡度

填料种类	边坡高度/m			边坡坡度		
	全部高度	上部高度	下部高度	全部坡度	上部坡度	下部坡度
细粒土	20	8	12	—	1:1.5	1:1.75

续表

填料种类	边坡高度/m			边坡坡度		
	全部高度	上部高度	下部高度	全部坡度	上部坡度	下部坡度
粗粒土	12	—	—	1：1.5	—	—
巨粒土	20	12	8	—	1：1.5	1：1.75
不易风化 的块石	8	—	—	1：1.3	—	—
	20	—	—	1：1.5	—	—

注：如有可靠的资料和经验时，可不受本表限制；粉质土边坡坡度可视具体情况适当放缓；填石路基的坡面应采用大块石码砌或排列整齐；边坡采用大于25cm不易风化的硬质石干砌时，其坡度按具体情况决定；用软质块石填筑路堤的边坡坡度应根据其胶结物质成分、风化程度等决定；路堤边坡高度小于本表所列数值时，仍按表列确定。对于浸水填土路堤，设计水位至常水位部分的边坡坡度视填料情况，可采用（1：2）~（1：1.75）；常水位以下部分可采用（1：3）~（1：2）。

2.5.4　填石路堤

（1）施工流程

填石路堤的施工流程为：基底处理→填铺石料。

（2）具体施工过程

① 基底处理：路基基底根据施工时的地面和地质的实际条件，按设计文件要求砍伐地面附着物，挖除所有树根。

② 填铺石料：如图 2-28 所示，打出方格网来更好地填铺石料。

填筑路基前首先用石灰线打出方格网，方格网按路基的宽度横向从中线分开，纵向每隔5m打一道横线，即每个纵向隔5m设2个小方格，根据路基的宽度计算出每个方格的面积，按照每层不超过50cm厚度的规范要求计算出每个小方格的体积，结合运输车运石料的体积，从而确定每个方格所卸石料车数

图 2-28　利用方格网填铺石料

2.6　道路压实施工

2.6.1　土质路基压实

碾压原则：先轻后重、先静后振、先低后高、先慢后快、轮迹重叠，如图 2-29 所示。

土质路基压实

扫码观看视频

碾压时，按照"先压边缘、后压中间，先慢后快，先静压、后振动"的操作进行，第一遍静压，然后先慢、后快，先外、后内，由弱振至强振，由外向内、纵向进退式进行

图 2-29　土质路基压实

2.6.2　压实机械的选择

① 压实机械使用性能见表 2-5。

表 2-5　压实机械使用性能

类型		最佳压实厚度/cm	碾压次数/遍	适用范围
自行式光轮	5t	10～15	12～16	各类土及路面
	10t	15～25	8～10	各类土及路面
	12t	20～30	6～8	各类土及路面
拖式光轮	5t	10～15	8～10	各类土
拖式轮胎	10t	15～20	8～10	各类土
	15t	25～45	6～8	各类土
	20t	40～70	5～7	各类土
振动	0.75t	50	2	非黏性土
	6.5t	120～150	2	非黏性土

② 压实机械使用参数见表 2-6。

表 2-6　各种压实机械对不同含水率的土碾压次数参考表

名称	每层填土厚度/m	每点经过压实（或夯实）次数/遍				采用的条件
		无塑性土		塑性土壤		
		最佳含水率时	低于最佳含水率时	最佳含水率时	低于最佳含水率时	
拖式光面路碾（5t 以内）羊足碾	0.10～0.15	6	9	9	15	碾压段不小于 100m，用于压实塑性土
	0.20～0.30	4	6	8	12	

续表

名称		每层填土厚度/m	每点经过压实(或夯实)次数/遍				采用的条件
			无塑性土		塑性土壤		
			最佳含水率时	低于最佳含水率时	最佳含水率时	低于最佳含水率时	
8~12t 压路机		0.20~0.30	4	6	8	12	碾压段不小于 100m，用于压实塑性土，通常用于路堤最上层及路槽底
3000kg 重夯机		0.30~0.50	3	4	4	6	工作面受限制及构造物接头处的填土
1000kg 重夯机		0.35~0.65	3	4	4	6	
1000kg 夯击板	举高 1m	0.60~0.70	4	5	5	7	工作面受限制时，用于无塑性及石质土
	举高 2m	0.70~0.90	3	4	3	5	

注：夯板宜用于松散土砾石及石质土的压实；颗粒不同的松砂可采用洒水夯实或振动机压实；颗粒大小一致的砂，可用干夯实；用汽车、铲运机等填筑路堤时，表内数值可酌情减低。

2.6.3　填方路堤的压实

① 检查填土松铺厚度、平整度及含水量，符合要求后进行碾压。

② 采用振动压路机碾压时，第一遍不振动预压可使填土表面平整度好，经预压后振动压实效果比未预压的效果好，如图 2-30 所示。

> 压路机司机按照压实部位压实度标准、填层厚度及控制压实遍数进行碾压。碾压时，由慢到快，从路基纵向由两边向中央进行碾压，做到压实均匀，无漏压和死角

图 2-30　填方路堤的压实

2.7　冬期与雨期施工

2.7.1　冬期路基施工

（1）冬期范围

昼夜平均气温连续 10 天以上低于 −3℃ 时为冬期。

（2）施工范围

① 泥沼地带河湖冻结到一定深度后，如需换土时，可趁冻结期挖去原地面的软土、淤泥层，换填合格的其他填料；

② 含水率高的流动土质、流砂地段的路堑可利用冻结期开挖；

③ 河滩地段可利用冬期水位低的优势开挖基坑、修建防护工程，但应采取加温保温措施，注意养护；

④ 岩石地段的路堑或半填半挖地段，可进行开挖作业。

（3）施工准备

① 对冬期施工项目按次排队，编制实施性的施工组织计划；

② 冬期施工项目在冰冻前应进行现场放样，保护好控制桩并树立明显的标志，防止被冰雪掩埋；

③ 冰冻前应挖好坡地上填方的台阶，清除石方挖方的表面覆盖层、裸露岩体；

④ 维修保养冬期施工需用的车辆、机具设备，充分备足冬期施工期间的工程材料；

⑤ 准备施工队伍的生活设施、取暖照明设备、燃料和其他越冬所需的物资。

（4）施工要求

① 填筑路堤。冬期施工的路堤填料，应选用未冻结的砂类土、碎石土、卵石土、开挖石方的石块石渣等透水性良好的土；冬期填筑路堤应按横断面全宽平填，每层松铺厚度应按正常施工减少 20%～30%，且最大松铺厚度不得超过 30cm。压实度不得低于正常施工时的要求。

② 挖表层冻土，分为机械破冻法和人工破冻法，如图 2-31、图 2-32 所示。

1m以下的冻土层可选用专用破冻机械如冻土犁、冻土锯和冻土铲等，予以破碎清除

图 2-31 机械破冻法

当冰冻层较薄，破冻面积不大时，可用日光暴晒法、火烧法、热水开冻法、水针开冻法、蒸汽放热解冻法和电热法等方法胀开或融化冰冻层，并辅以人工撬挖

图 2-32 人工破冻法

③ 开挖路堑，当冻土层被开挖到未冻土后，应连续作业，分层开挖，中间停顿时间较长时，应在表面覆雪保温，避免重复被冻；挖方边坡不应一次挖到设计线，应预留30cm厚台阶，待到正常施工季节再削去预留台阶，整理达到设计边坡；路堑挖至路床面以上1m时，挖好临时排水沟后，应停止开挖并在表面覆以雪或松土，待到正常施工时，再挖去其余部分；冬期开挖路堑必须从上向下开挖，严禁从下向上掏空挖"神仙土"；每日开工时先挖向阳处，气温回升后再挖背阴处，如开挖时遇地下水源，应及时挖沟排水；冬期施工开挖路堑的弃土要远离路堑边坡坡顶堆放。弃土堆高度一般不应大于3m，弃土堆坡脚到路堑边坡顶的距离一般不得小于3m，深路堑或松软地带应保持5m以上。弃土堆应摊开整平，严禁把弃土堆于路堑边坡顶上。

2.7.2　雨期路基施工

（1）施工范围

雨期路基施工地段一般应选择丘陵和山岭地区的砂类土、碎砾石和岩石地段和路堑的弃方地段；重黏土、膨胀土及盐渍土地段不宜在雨期施工；平原地区排水困难，不宜安排雨期施工。

（2）施工准备

对选择的雨期施工地段进行详细的现场调查研究，据实编制实施性的雨期施工组织计划；应修建施工便道并保持晴雨畅通；住地、库房、车辆机具停放场地生产设施都应设在最高洪水位以上地点或高地上，并应远离泥石流沟槽冲积堆一定的安全距离；应修建临时排水设施，保证雨期作业的场地不被洪水淹没并能及时排除地面水；应储备足够的工程材料和生活物资。

（3）施工要求

土质路堑开挖前，在路堑边坡坡顶2m以外开挖截水沟并接通出水口；开挖土质路堑宜分层开挖，每挖一层均应设置排水纵横坡。挖方边坡不宜一次挖到设计高程，应沿坡面留30cm厚，待雨期过后整修到设计坡度。如图2-33所示。

以挖作填的挖方应随挖随运随填；土质路堑挖至设计高程以上30~50cm时应停止开挖，并在两侧挖排水沟。待雨期过后再挖到路床设计高程后再压实；土的强度低于规定值时应按设计要求进行处理

图 2-33　土质路堑施工要求

2.8　特殊土路基施工

2.8.1　盐渍土路基施工

（1）施工流程

基底处理→运输上料→含水率控制→碾压成型。

（2）具体施工过程

① 基底处理。疏通路基周围排水系统，以免路基浸泡。原基底土层厚度1m以内的含水量如超过液限时，必须全部换填渗水性强的土；如含水量介于液限和塑限之间时，应铺10～30cm的渗水性强的粗粒土后再填符合规定的土。当清除软弱土体达到地下水位以下时，换填渗水性强的粗粒土，并应高出地下水位30cm以上，再填符合规定的土。

② 运输上料。取土场选取并按要求处理好后，将填料运到路基，用推土机粗平后，用平地机精平。

③ 含水率控制。宜在填料处于最佳含水率时进行压实。用砾类土和砂类土填筑时，不得超过最佳含水率的±2%；用细粒土填筑时，碾压含水率不宜大于最佳含水率的1%。如果含水率过高，要进行翻晒；如果含水率过低，要进行洒水，洒水要均匀，不得有片状过湿或过干现象。雨天不宜施工。

④ 碾压成型。宜用大吨位（如选择25t以上）的压实机械，如图2-34所示。

在碾压之前先将路基边缘稳压两次，再分别由两边向中间稳压1遍，然后遵守"先边缘后中间，先轻压后重压，先慢压后快压"的原则，按压实要求遍数碾压，每次碾压的轮迹重叠宽度应不小于200mm，谨防碾压不到边的现象

图 2-34　碾压成型

2.8.2　膨胀土路基施工

（1）施工流程

基底处理→测量放样→上土→精平→碾压。

（2）具体施工过程

① 基底处理。填方前，应将路基清理干净，进行填前碾压，使基底达到规定的压实度标准。并进行全幅路基试验段施工，试验段长度不应小于200m，以便确定填方路基的施工参数、压实设备最佳组合。

② 测量放样。测量放线，恢复中线，放出路段边线桩，清理平整施工段地基表面，测量地面整平后的高程。

③ 上土，如图 2-35 所示。

利用自卸车运土至工地，在这个过程中用推土机粗平，要求推土机司机按照20cm推平。用人工挖坑检查厚度，使砂土厚度控制在合理范围之内。用体积与质量双控制，算出每层灰土方量，扣除白灰所占体积，就是上土体积，一般按1t消石灰占0.5m³换算，然后根据自卸车每车能装方量计算所需车数

图 2-35 利用自卸车上土

④ 精平，如图 2-36 所示。

平地机精平，要求平地机驾驶员要有较高的技术与责任心，减少精平次数。力求做到少下刀、大油门、低挡位、多次精平的办法实现精平。如果由于种种原因导致有薄层贴补现象的，需要进行局部处理，可以适当洒水，使上下含水率均匀，面积较大影响外观质量的用拌合机重新拌和一遍，再扫平、碾压

图 2-36 平地机精平

⑤ 碾压。采用大功率振动压路机等重型压实机械可以满足压实度要求。碾压时，在直线部分和大半径曲线路段时应先压边缘后中间；小半径曲线路段，有较大超高时，应先碾压低处后碾压高处。压路机碾压轮迹应相互搭接。后轮必须超过两段的接缝。

2.8.3 湿陷性黄土路基施工

（1）施工流程

基底处理→测量放样→摊铺黄土→地基加固。

（2）具体施工过程

① 基底处理。

② 测量放样。

③ 摊铺黄土。黄土路堤填筑时，应做好填挖界面的结合（纵向），清除坡面杂草，挖好向内倾斜的台阶。如结合面陡立，无法挖成台阶时，可采用土钉加强结合。摊铺宽度要预留宽度，如图 2-37 所示。

摊铺时先用推土机或装载机初平，再用平地机铺平，初平与铺平要同时穿插进行，以节约时间、减少水分损失。在铺平后检测其松铺厚度是否与试验段确定的松铺厚度吻合，在确认一致后准备开始碾压作业

图 2-37　摊铺黄土

④ 地基加固。当地基土层具有强湿陷性或较高的压缩性，且容许承载力低于路堤自重压力时，应考虑地基在路堤自重和活载作用下所产生的压缩下沉。可分别采用重型压路机碾压、重锤夯实、强夯、灰土桩挤密加固、换填土等措施，以提高地基承载力，减少下沉量。强夯法和换填法如图 2-38、图 2-39 所示。

强夯法，是用几十吨的重锤从高处落下，反复多次夯击，对地基进行强力夯实，使浅层、深层得到不同程度的加固。强夯施工法振动大，对附近建筑物有影响，因此应注意施工场地附近建筑物的安全

图 2-38　强夯法

挖除一定深度湿陷性黄土，换以满足要求的土或灰土分层填筑，分层夯实

图 2-39　换填法

2.9　特殊地区路基施工

2.9.1　软土、沼泽地区路基

软土、沼泽地区路基的施工要求如下。

① 准备工作。软土、沼泽地区路基路面施工前，应充分做好准备，注意解决

可能出现的路基盆形沉降、失稳和路桥沉降等问题，并做周密部署，制定各项有关措施，报送有关部门批准后开工；根据现场情况和工作等级规模，需做试验路段时，应修筑地基处理试验路段。

②排水与基地处理。路堤填筑前，应排除地表水，保持基底干燥，淹水部位填土应保持由路中心向两侧填筑，高出水面后，按要求分层并压实；软土、沼泽地基应根据软土、淤泥的物理力学性质、埋层深度、路堤高度、材料条件、公路（道路）等级等因素分别采取合理措施（如采取换土、抛石挤淤、超载预压、反压护道渗水及灰土垫层、袋装砂井、土工织物塑料排水板、碎石桩轻质路堤、深层加固等措施）。

③路堤材料。软土沼泽地区下层路堤，应采用渗水材料填筑；路堤沉陷到软土泥沼中的部分，不得采用不渗水材料填筑；其中用于砂砾垫层的砂砾最大粒径不宜大于5cm，小于0.074mm的颗粒含量不大于3%，有机质含量不大于1%，压实后最大干密度100%时，含泥量不大于5%。

2.9.2　多年冻土地区路基

（1）施工流程

地基处理→路基填筑→摊铺整平→碾压夯实。

（2）具体施工过程

①地基处理。基底处理必须与相应路段的施工方案相适应。施工过程中发现地质条件与设计不符时，应及时与设计单位沟通，制定合理的设计和施工方案。

②路基填筑。路基施工前应选择试验段，以确定土的松铺系数。路基填筑采取挂线法施工，以控制路基宽度、厚度、路拱等。对于多年冻土地段的第一层路基填筑必须采用端部卸土的方法（滚填）填筑，第一层路堤的填筑厚度应适当加厚，使路基在运土车辆行驶时不软弹。其他各层填筑按纵向法施工。

③摊铺整平。

④碾压夯实。路基土方整平后，测定土的含水量，当土的含水量不超过最佳含水量2%时方可进行碾压，否则应进行晾晒或洒水。碾压时，先用12t的振动式压路机静压两遍，再从弱振到强振碾压6～8遍，使路基碾压密实。路基石方用激振力50t以上的振动式压路机碾压6～8遍，使路基达到稳定，无轮迹。

2.9.3　滑坡地区路基

（1）施工流程

测量放样→临时排水→地表清理→挖台阶。

（2）具体施工流程

①测量放样。

②临时排水。根据设计文件做好滑坡体外的截水工程，保证滑坡体以外的地表水无法进入滑坡体内。

③ 地表清理。按设计文件对其路基基底进行处理。

④ 挖台阶。当地面横坡陡于1:5时需对原地面开挖台阶,台阶宽度按设计及规范要求进行处理并按设计要求铺设土工格栅,上述工作完成后方能进行路基填筑施工。

2.9.4　岩溶地区路基

(1)施工流程

开孔→注浆。

(2)具体施工过程

① 开孔,分为钻探孔和注浆孔。注浆孔如图2-40所示。

由于岩溶发育的复杂性,应充分利用注浆钻孔作为勘探孔探查,查明后根据实际情况,对注浆范围、钻孔布置、注浆量、注浆工艺等加固措施进行相应调整。实行"边探边灌、探灌结合"的方法,以设计注浆孔数的20%作为施工勘探孔,详细查明岩溶分布范围、岩溶通道等岩溶发育特征

图 2-40　注浆孔

② 注浆,如图2-41所示。

注浆遵循"先边排、后内排,跳孔注浆"的顺序;先稀后浓,依吸浆情况逐步加浓浆液,配比控制在(1:1)~(0.8:1);压浆压力应在0.1~0.3MPa,岩土界附近逐步加大至0.3~0.5MPa,最大应不超过1.5MPa

图 2-41　注浆

2.9.5　崩坍岩堆地区路基

崩坍岩堆地区路基施工的一般原则是:路基通过岩石容易崩坍地区,不论采用何种方法处治都必须排除崩坍地段对路基造成损坏的潜在威胁或隐患,保证公路在施工及其使用期间的安全运行;崩塌岩堆地区,应特别注意尽量避免扰动岩堆体,保持岩堆稳定,施工时不宜破坏原有的边坡率,同时应处理好岩堆地段的渗入水及地下水;在比较大而稳定性较好的岩堆上修筑路基,应采取措施治理岩堆,保持岩堆的稳定,在开挖范围内,可注水泥砂浆使岩堆稳定后开挖,但应避

免采用大、中型炮爆破，以防止岩堆体受扰动而滑移，修建护面墙或挡土墙以稳定岩堆，并应设置泄水孔排出渗入水或地下水。崩坍岩堆地区路基施工的防护设置如图 2-42 所示。

如基岩破坏严重、崩塌、落石的物质丰富，则宜采取落石平台、落石槽、拦坝石、拦石墙等拦截构造物

图 2-42 崩坍岩堆地区路基施工的防护设置

2.9.6 风沙地区路基

（1）施工流程
清理表土→填筑（挖运）整平→防护。
（2）具体施工过程
① 清理表土，如图 2-43 所示。当基底为非风积沙时，应按设计要求进行换填。风积沙填料应不含有机质黏土块、杂草和其他有害物质。

在填方和借方地段的原地面应进行表面清理，清理深度应根据现场情况决定，清理出的腐殖土应集中堆放。填方地段在清理完地表后，应整平压实到规定的要求，方可进行填方作业

图 2-43 清理表土

② 填筑（挖运）整平（图 2-44）。路堤的填筑和路堑的挖运应符合关于路堤填筑

土工布横向搭接宽度应不小于 300mm，纵向搭接长度应不小于 500mm，搭接部应用有效方法连接。土工布展铺好后，宜采用振动压路机静压一遍，增强沙基表层密度，然后方可铺筑垫层

图 2-44 填筑（挖运）整平

和路堑挖运的相关规定。路堤填筑宜采用水平分层填筑方式，按照横断面全宽推筑。

③ 防护。风沙地区路基防护包括边坡防护和路基顶面防护。路基防护应根据设计文件中的设计形式和要求进行施工，路堤填筑完成一段后，应该及时进行防护。

2.9.7　季节性冻融翻浆地区路基

（1）施工流程

原地面处理→填料→设置取土场→碾压。

（2）具体施工过程

① 原地面处理，如图 2-45 所示。

水文地质不良和湿软地段，可视情况在地表铺填厚度不小于30cm的砂砾，或作局部挖除换填处理。当路堤高度低于20cm时(包括挖方土质路段)，应翻松30～50cm并分层整形压实，其压实度为93%～95%

图 2-45　原地面处理

② 填料。宜选用水稳性良好的土填筑路基；路基上部受冰冻影响部位，应选用水稳性和冻稳性均较好的粗粒土；冻土、非渗水性过湿土、腐殖土禁止用于填筑各层路堤；压实时的含水量应控制在最佳含水量±2%内。粗粒土、腐殖土如图 2-46、图 2-47 所示。

粗粒土指碎石类土和砂土的总称，粗粒土分类以其颗粒组成及颗粒特征为主要依据。按颗粒大小划分粒组，然后按不同粒组的百分比含量作为划分粗粒土土类的主要指标；其次按颗粒的磨圆度来进一步划分亚类；有时尚需视含细粒土的类别及含量来进一步划分

图 2-46　粗粒土

③ 设置取土场。宜设置集中取土场，排水困难地段更宜集中取土。集中取土场如图 2-48 所示。

④ 碾压，一般指利用平地机平整，如图 2-49 所示。

腐殖土是传统的腐烂土由植物物质以及各类有机垃圾(如厨余)组成的一层混合物，腐殖土是森林中表土层树木的枯枝残叶经过长时期腐烂发酵后形成的

图 2-47 腐殖土

因排水困难等，设置集中取土场

图 2-48 集中取土场

各层表面碾压前应用平地机进行整平和修整路拱，切实控制松铺厚度以及填料的均匀性。压实后各层表面的平整度，用三米尺丈量其间隙高度不宜大于20mm；成型后路床顶面强度按规定进行检查或用不小于20t的压路机碾压检验有无"软弹"现象

图 2-49 利用平地机平整

2.10　软基处理施工

2.10.1　袋装砂井

袋装砂井是深层加固地基的排水固结法中的一种，适用于各种软土地基的加固，尤其是适用于工期短、受扰动条件限制的工程环境。袋装砂井的最大处理深度为30m。袋装砂井固结地层为三维排水固结，可缩短软土地基中孔隙水的排出距离，减少固结时间，提高软土地基的承载力。

（1）工艺特点

① 施工设备轻型，有利于在软弱地基上施工。

② 固结效果明显。

③ 砂柱体受袋子约束，柱体保持较小的变化，砂粒不易挤入孔壁，减少用砂量。

④ 可加快施工速度，降低工程造价。

（2）适用范围

袋装砂井适用于各种软土地基的排水固结加固以及厚度较大的饱和软土和充填土地基处理，尤其适用于深层软土地基的排水固结加固。

（3）工艺原理及设计要求

① 加固原理。利用袋装砂井排出软土地基土体中的孔隙水，以及利用一定间距的袋装砂井来缩短软土地基中孔隙水的排水距离，减少固结时间，提高软土地基的承载力。

② 工艺设计要求。竖向袋装砂井的直径和间距满足设计直径与间距的要求；竖向袋装砂井的深度符合设计要求；纵、横、竖三维袋装砂井的布置按照设计的纵横间距和深度合理布置；横向排水布置满足设计要求；砂井地基的固结度需进行计算。

（4）施工流程

测量定位→机具就位→整理桩尖→沉入导管→检查砂井深度→灌制砂袋→检查砂袋质量→下砂袋→灌水、拔导管→处理井口和砂头。

（5）具体施工过程

① 测量定位。按线路中线进行控制，准确定出每个砂井位置，钉设木桩（竹片桩）或点白灰标示。

② 机具就位。打桩机底支垫要平衡牢固（轻型柴油打桩机如图2-50所示）。定位时要保证桩锤中心与地面定位在同一点上，以确保沉管的垂直度。在打设导管成孔的过程中，如连续出现两根桩打入深度超过施工图要求时，说明桩锤过重，要更换较轻的锤。

若采用的是轻型柴油打桩机，则用卷扬机定位，并用经纬仪或其他观测办法控制桩锤导向架的垂直度

图 2-50　轻型柴油打桩机

③ 整理桩尖。桩尖有与导管相连的活瓣桩尖和分离式的混凝土预制桩尖，在导管沉入前应安装和检查，尤其是检查活瓣桩尖是否能正常开合。混凝土预制桩尖如图 2-51 所示。

④ 沉入导管。

⑤ 检查砂井深度。应在导管上部作出进深标识，砂井深度可用导管压入的长度直接控制。

图 2-51 混凝土预制桩尖

⑥ 灌制砂袋。宜使用风干砂，避免湿砂干燥后体积减小，造成砂井中砂柱高度不足，或缩径、砂体中断，甚至与排水垫层不搭接。

⑦ 检查砂袋质量。灌砂应饱满，充填要密实，袋口应扎紧，不得有中断、凝结现象；检查砂袋是否破损、漏砂；已灌制好的砂袋，在搬运施工中不得有破损，凡受损的砂袋应进行修补，否则不得使用。运至工地井位盘成圆形堆放。

⑧ 下砂袋。要用专门的运输工具运送砂袋，严禁在地上拖拉；导管入口处应装设滚轮，避免砂袋被刮破漏砂；下砂袋时，应将整根砂袋吊起，人工配合将端部放入套管口，拉住袋尾，经导管入口滚轮，平稳迅速地将砂袋送入导管内，使砂袋徐徐下放；必须保证砂袋到达导管底部，如出现砂袋下不去的现象，则检查桩尖活门和接头，排除管内杂物，处理好活门和接头。

⑨ 灌水、拔导管。灌水是为了减小砂袋与导管壁的摩擦力，保证顺利拔管，不带出砂袋；拔管前应检查砂柱的高度，必要时补充灌砂；拔管时，应先启动微振器，后提升导管，做到先振后拔；起拔时要连续缓慢地进行，中途不得放松吊绳，防止因导管下坠而损坏砂袋；当导管拔出后，若露出地面的长度大于理论值，说明砂袋有随导管拔起的现象，应进行补救处理，并从拔管速度、管壁及管口光滑情况等方面查找原因，采取预防措施；拔管过程中，应检查砂袋口，若砂袋不满，应及时向袋内补砂。

⑩ 处理井口和砂头，如图 2-52 所示。

清除井口泥土；砂袋高出井口部分可以割除，重新扎牢袋口，砂量不足应予补充；露出地面的砂袋应埋入砂垫层中，埋入长度应大于0.3m或符合施工图要求

图 2-52 处理井口和砂头

2.10.2 塑料排水板

（1）工艺特点

① 塑料排水板滤水性好，能确保排水效果并有一定的强度和延伸率，具备适应地基变形的能力。

② 排水板质量容易控制，成本较低。

③ 断面小，插放时对地基扰动小，施工方便，在施工过程中没有排水孔断面不均匀和受堵塞的情况。

④ 打设机械轻，可用于较软的地基。

（2）适用范围

适用于含水量高、压缩性大、透水性差和强度低的软弱饱和黏性土地基加固。特别适用于存在连续薄砂层的地基。

（3）施工流程

填筑工作垫层→铺设砂垫层→埋设沉降设备→插板机就位→排水板装入导管、安装靴头→导管下沉插板→拔导管→剪短板头→插板隙回填砂。

（4）具体施工过程

① 填筑工作垫层。为了保证插板机施工部位的准确性及施工过程的连续性，要再次对施工场地进行平整。

② 铺设砂垫层，如图 2-53 所示。

> 排水垫层的作用是使在预压过程中从土体进入垫层的渗流水迅速排出，使土层的固结能正常进行，防止土颗粒堵塞排水系统，因而垫层的质量将直接关系到加固效果和预压时间的长短

图 2-53 铺设砂垫层

③ 埋设沉降设备，如图 2-54 所示。

④ 插板机就位，如图 2-55 所示。

⑤ 排水板装入导管、安装靴头。将塑料排水板端部穿过预制靴头固定架，对折带子长约 10cm，固定连接。一般预制靴头可采用铁质或混凝土靴头，如图 2-56 所示。

⑥ 导管下沉插板。插板机就位后，通过振动锤驱动套管对准孔位下沉，排水板从套管内穿过，与端头管靴相连并顶住排水板插到设计深度。

⑦ 拔导管。插板机提升过程中，普遍存在不同程度的跟带，严重时会影响加

沉降板埋置于路中心、路肩和坡趾的基底，底板尺寸不小于50cm×50cm×3cm，测杆直径以4cm为宜。随着填土的增高，测杆和套管应相应接高，每节长度不宜超过50cm，接高后的测杆顶面应略高于套管上口。套管上口应加盖封住管口，避免填料落入管内而影响测杆下沉自由度。盖顶高出碾压面高度不宜大于50cm

图 2-54 埋设沉降设备

插板机进场进行机具组装完成后，将其移至测量标记位置，并使其套管对准标记

图 2-55 插板机就位

将靴头套在空心套管端部，固定塑料排水板，使其在下沉过程中能阻止泥砂进入套管，并避免提管时脱开将塑料板带出

图 2-56 排水板装入导管、安装靴头

固效果。因此施工规范规定，跟带长度不得超过40cm，跟带的根数不宜超过设计总根数的5%。在打设过程中，应保证垂直度符合要求，以满足加固地基在深度方向上的均匀性。

⑧ 剪断板头，如图 2-57 所示。

排水板外露长度不小于25cm，埋入砂垫层中并作出标记，以防塑料板随地基沉降而降至砂垫层以下，形成排水系统的脱节，同时也便于检查打设的数量和间距

图 2-57 剪断板头

⑨ 插板隙回填砂。打设形成的孔洞应用砂回填，不得用土块堵塞；将施工中形成的坑凹填平，填坑时应将排水板扶正；将排水板端头向路线外侧压倒平贴于砂垫层上并用砂覆盖。由于此项工作稍滞后于排水板施工，又需待全部排水板施打完后才铺设上层砂垫层，因此可先做成小砂堆。

2.10.3 碎石桩

（1）工艺特点

碎石桩施工现场如图 2-58 所示。

碎石桩施工技术比较成熟，机具设备简单，操作相对容易，可加快施工进度、节约投资。可以根据具体的工期要求，组织较大规模的集中施工

图 2-58 碎石桩施工现场

（2）适用范围

① 浅层处理砂土类土、非饱和黏性土和湿陷性黄土、人工填土。

② 深层处理砂土类土、非饱和黏性土和湿陷性黄土、人工填土，对饱和黏性土应慎重。

③ 深层处理各种土质，对饱和软黏土应慎重。

④ 深层处理各种砂土类土及部分黏性土。

（3）施工流程

平整场地→定桩位→桩机就位→沉桩→装料→振动提管→反插桩管留振。

① 平整场地。清理平整场地，清除高空和地面障碍物。

② 定桩位。按线路中线、边线进行控制，根据设计要求在现场采用小木桩准确定出成桩的孔位，在导管入土时再将其拔掉。

③ 桩机就位，如图2-59所示。

桩管中心对准桩中心，校正桩管垂直度不大于1.5%；校正桩管长度及投料口位置，并使之符合设计桩长。施工顺序采用围幕法，先打外围桩、再打内圈桩，并由外缘向中心推进，当邻近有构造物时，宜先从毗邻构造物的一侧开始施打

图2-59 桩机就位

④ 沉桩，如图2-60所示。

开动振动机把套管沉入土中，沉入速度控制在2～3m/min，边振动边下沉至设计深度，如遇到坚硬难沉的土层，可以辅以喷气或射水沉入

图2-60 沉桩

⑤ 装料，如图2-61所示。

⑥ 振动提管。先振动1min以后，边振动边将注满桩料的导管缓慢提起，桩管底要低于沉入的桩料顶面，套管内的桩料振动沉入或被压缩空气从套管内压出形成桩体。

⑦ 反插桩管留振。每提升1m导管反插30cm，留振10～20s，在注入一定桩料后，将套管沉入到规定的深度，并使桩料再一次挤压周围的土体。启动反插时，应及时进行孔口补料至该桩设计碎石用量全部投完为止。提升和反插速度必须均匀（拔管速度为1～2m/min）；反插深度应由深到浅，每根桩反插次数视情况而定，

稍提升桩管使桩尖打开,把加好桩料的料斗吊起插入桩管上口,向管内注入一定量的桩料(装料量一般为桩体积的1.2倍)

图 2-61 装料

一般不得少于 12 次。

2.10.4 水泥搅拌桩

(1) 施工流程

场地平整→施工放样→钻机就位及调试→浆液制作→喷浆钻进→提升搅拌→桩头处理。

(2) 具体施工过程

① 场地平整,如图 2-62 所示。

搞好场地的三通一平(清除施工现场的障碍物),查清地下管线的位置。做好施工准备,包括供水供电线路、机械设备施工线路、机械设备放置位置、运输通道等

图 2-62 场地平整

② 施工放样,如图 2-63 所示。

按设计图纸放线,准确定出各搅拌桩的位置,用竹签插入土层并在桩位处撒石灰做好标记,每根桩的桩位误差不得大于5cm。同时做好复测工作,在以后的施工中经常检查桩位标记是否被移动,确保浆体喷射搅拌桩桩位的准确性。测量场地标高,以便确定钻孔深度

图 2-63 施工放样

③ 钻机就位及调试，如图 2-64 所示。

钻机安装调试，检查转速、空压设备、钻杆长度、钻头直径等，并连接好输浆管路，将钻机移到指定位置，进行桩位对中

图 2-64 钻机就位及调试

④ 浆液制作。根据试验室室内试验提供浆液配合比进行现场浆液配制，配制的灰浆应流动性好，不离析，便于泵送、喷搅，灰浆应搅拌均匀，加滤网过筛，现制现用。水泥浆液配制要严格控制水灰比，加入的水应有定量容器，制拌好的水泥浆不得停置时间过长，超过 2h 不得使用。浆液在灰浆搅拌机中要不断搅拌，直至送泵前。

⑤ 喷浆钻进。钻进速度≤1.0m/min，应控制在 0.4～0.7m/min。

⑥ 提升搅拌。关闭送浆泵，两组叶片同时正反向旋转切割搅拌土体，直至达到设计桩顶标高以上 50cm，提升速度≤0.8m/min。

⑦ 桩头处理。桩体强度达到设计强度后，人工对搅拌桩桩头超灌部分进行凿除，并清除现场多余土层，待各项检测满足设计要求后，填筑粒径不大于 10cm，含泥量小于 10% 的清宕渣。

2.10.5 水泥粉喷桩

（1）施工流程

平整场地→定桩位→桩机就位→配制水泥浆（粉）→带浆下钻→复搅。

（2）具体施工过程

① 平整场地，如图 2-65 所示。

清理平整场地，清除高空和地面障碍物

图 2-65 平整场地

② 定桩位，如图 2-66 所示。

图 2-66 定桩位

按线路中线、边线进行控制，根据设计要求在现场采用小木桩准确定出成桩的孔位，在钻杆入土时再将其拔掉。钻杆必须垂直并对准桩位

③ 桩机就位，如图 2-67 所示。

图 2-67 桩机就位

现场施工人员开钻前应检查钻机的完好性、准确性。对不符合设计要求的桩体及时采取补救措施。按设计桩位编号施工顺序就位，将钻杆中心对准桩中心，校正桩管垂直度不大于1.5%；钻机就位后用塔架将搅拌机吊至设计指定桩位

④ 配制水泥浆（粉）。水泥浆从灰浆搅拌机倒入集料斗时，必须过滤筛，将水泥硬块剔出。集料斗的容量以不会因浆液供应不足而断桩，也不会因浆液过多产生沉淀而引起浆液浓度不足为准。浆液进入储浆罐中必须不停地搅拌，以保证浆液不离析。水泥浆由挤压式灰浆泵压入胶管，送到深层搅拌机的钻杆内，最后射入搅拌机的出浆口。配制水泥浆（粉）如图 2-68 所示。

图 2-68 配制水泥浆（粉）

按确定的配合比搅拌水泥浆液(粉)，搅拌时，应先加水，根据配合比按水泥、减水剂、石灰、粉煤灰顺序投料，水泥浆必须充分拌匀，每次灰浆搅拌时间不得少于4min

⑤ 带浆下钻，如图 2-69 所示。

在确认浆液从搅拌机的出浆口喷出后，启动搅拌机，搅拌机钻头下沉，以不大于1.0m/min的钻进速度，边钻边注浆，至设计深度后，停留搅拌喷浆1～2min后逆转，继续喷浆，钻头提升至地面以下0.25m，提钻速度不大于0.8m/min

图 2-69 带浆下钻

⑥ 复搅。第二次钻进不喷浆，重新复拌下沉至桩底后，以同样的方式反转钻头提升至地面以下 0.25m，此桩完成作业。然后，关闭搅拌机，清洗后移机到下一桩位施工，重复以上工序即可。

2.10.6 灰土挤密桩

（1）特点

材料价格低廉，施工机械相对较简单，方法简便，属经济与技术都较好的一种地基处理方法。

（2）适用范围

挤密灰土桩适用于处理地下水位以上的湿陷性黄土、素填土和杂填土等。

（3）原理

灰土挤密桩是利用打桩机或振动器将钢套管打入地基土层并随之拔出（部分桩亦利用爆扩等方法），在土中形成桩孔，然后在桩孔中分层填入拌制均匀的石灰土，再夯实而成灰土桩。施工中当套管打入地层时，管周地基土受到了较大的水平向挤压作用，使管周一定范围内的地基土的工程物理性质得到改善，土的密度增加、压缩性降低、湿陷性得以全部或部分消除。

（4）施工流程

备料→测量→成孔施工→灰土拌制→夯填石灰土。

（5）具体施工过程

① 备料，如图 2-70 所示。

② 测量，如图 2-71 所示。

③ 成孔施工。

a. 场地平整后，根据设计桩位图定出孔位。

b. 沉管机就位后，使沉管尖对准桩位，调平扩桩机架，使桩管保持垂直，用线锤吊线检查桩管垂直度。在成孔过程中，如土质较硬且均匀，可一次性成孔达到设计深度，如中间夹有软弱层，柴油机点火装置可能熄灭，需要人工辅助点火几

将土和石灰运至拌合场，如用生石灰，在拌和前7天进行消解

图 2-70　备料

每天施工前测定土和石灰的含水量，确保拌和后石灰土的含水接近最佳含水量

图 2-71　测量

次，反复几次才能达到设计深度。

c. 对地基含水量较大的地方，桩管拔出后，会出现缩孔现象，以致桩孔深度或孔径不够。对孔深不够的孔，可采取超深成孔的方式确保孔深；对孔径不够的孔，可采用洛阳铲进行扩孔，扩孔后及时夯填石灰土。

④ 灰土拌制。首先对土和消解后的石灰分别过筛，然后按灰土体积比 2∶8 进行配料搅拌，在拌料场搅拌 3 遍，运至孔位旁夯填前再搅拌一次。

⑤ 夯填石灰土，如图 2-72 所示。

夯填采用锤击夹杆夯实机，锤径28cm，落距50～60cm，锤重180kg，每分钟夯击次数为42～45次。夯填前测量成孔深度、孔径，做好记录。夯填前先对孔底夯击4～5锤，每填入3cm厚夯击不少于3锤，听到第三锤声音清脆，回弹明显，站在孔位旁有回音感觉。夯填应连续进行

图 2-72　锤击夹杆夯实机

2.10.7　强夯法

强夯法又称动力固结法，它是在重锤夯实基础上发展起来的动力加固地基的新方法。20世纪70年代后期传入我国，经过40余年在全国各地的推广应用，证明其加固效果十分显著。

（1）工艺特点

强夯法以其质量可靠、进度快、节约材料、造价低、经济效益显著等特点，已广泛应用于工业与民用建筑、公路与铁路路基、机场道路及码头仓库等工程的地基加固，强夯能级从1000kN·m发展到8000kN·m，成为国内处理地基的一种较好的实用方法。

（2）适用范围

目前，国内外处理地基的手段很多，其中强夯的适用范围最广，适用的土质有各种素填土、杂填土（建筑垃圾、工业废料）、黏土、黄土、湿陷性黄土等。采用强夯处理地基，需要考虑其振动对附近建筑物的影响，必要时应采取隔振、防振措施，在城市施工时还要考虑对噪声的控制问题。

（3）工艺原理及设计要求

强夯法加固地基虽已经历了几十年，实践证明是一种较好的地基处理方法，但是还没有一套成熟的理论和完整的设计计算方法。根据国内外近十年来的研究成果，土的强夯作用机理一般可归结为以下3类。

① 非饱和类土：以直观地加密使土体强度增加为主，如黄土和一般的黏性土，最典型的是湿陷性黄土，通过夯击使土颗粒重新排列成致密结构体，减弱甚至消除其湿陷性。

② 粉土和粉细砂类土：夯击作用使土体加密和预液化，从而提高地基土的承载力和抗液化能力。

③ 饱和土：强夯使孔隙水压力瞬时升高，随着水压力的消散，土中自由水和部分弱结合水排出，土体变得紧密。随着时间的延续，触变后的土体结构得以恢复，使地基土得到加固。对于饱和淤泥质土和黏性土，可通过加填料（石块、钢渣等）夯击，增加土体骨架和排水通道，这一措施无疑扩展了强夯处理地基土的适用范围。

（4）施工流程

场地整平→试夯→强夯施工。

（5）具体施工过程

① 场地整平，如图2-73所示。

② 试夯。试夯场地可选在本工程场地内或附近，有经验时也可在工程开始部分安排试夯。试夯现场如图2-74所示。

③ 强夯施工。强夯施工现场如图2-75所示。

　　为便于机械行走和施工，强夯场地整平应大于强夯布点范围，以夯点外边缘向外扩3～5m或以外排基础边扩8～10m

图 2-73　场地整平

　　根据设计指标和地质报告，参照有效影响深度公式，结合实际经验，首先确定试夯能级，然后选择不同的锤底面积、布点间距、施工顺序、夯击遍数、单点夯击数等。经过夯后测试，得出满足设计要求的最佳施工控制参数。有条件时，对含水量较大的地基土，为能提供各遍准确的间隔时间，最好做孔隙水压力消散试验

图 2-74　试夯现场

　　按试夯确定的施工工艺对作业人员进行安全、技术交底。先夯击第一遍，记录每一夯点最后两击的沉降差值，在设计规定的限值内即可进行下一夯点的夯击。按规定间隔一定时间后，进行第二遍夯击，夯击要求同第一次。夯击点要布置在上一遍两相邻夯击点的中间，满夯(或搭夯)。一般用点夯时30%～50%的夯击能满布夯击，主要为加固表层松散土体。夯锤搭接，在上次夯击点1/4直径进行下一点的夯击，直至全部夯完为止

图 2-75　强夯施工现场

2.10.8　换填砂石路基施工工艺标准

（1）施工流程

测量放样→清理→路基基底压实→砂石料换填→砂石料压实。

（2）具体施工过程

① 测量放样。

② 清理。开挖清理不符合要求的土基如图 2-76 所示。

开挖前，要充分做好各项准备工作，修好便道，保证挖掘机连续作业，配足自卸汽车，一旦开挖后应连续施工，防止下雨使基底积水影响进度。开挖至设计要求的断面后，如仍有非适用材料，应按监理工程师要求的宽度和深度继续挖除。开挖非适用材料形成积水时，要在旁边挖一个集水井，用小型水泵将开挖范围内的积水抽干，严禁换填路基长时间在水里浸泡

图 2-76 开挖清理不符合要求的土基

③ 路基基底压实，如图 2-77 所示。

断面开挖完成后，测其基底土含水率，其压实含水率均应控制在最佳含水率±2%范围内。当土的实际含水率不符合上述范围要求时，应均匀加水或将土摊开、晾干，使达到上述要求后方可进行压实

图 2-77 路基基底压实

④ 砂石料换填，如图 2-78 所示。

先进行测量放线，放出中桩、边桩，打出边线桩，用红油漆做好标记，最高填筑厚度30cm，并撒出白灰线，绘制方格网图，用方格网控制上料数量。分层摊铺，用大型推土机将层面推平至填筑边界

图 2-78 砂石料换填

⑤ 砂石料压实。砂石料的压实按相关要求进行，可采用水密法配合压路机碾压，使砂石料密实。压实度满足土方路基压实标准，且经监理工程师检测合格后方可进行下一层砂石料换填。

2.11　路基排水

2.11.1　路基排水一般原则和要求

（1）设计要求

路基设计时，必须考虑将影响路基稳定性的地面水排除和拦截于路基用地范围以外，并防止地面水漫流、滞积或下渗。对于影响路基稳定性的地下水，则应引导至路基范围以外的适当地点。

（2）施工要求

① 施工前，应校核全线排水设计是否完善、合理，必要时应提出补充和修改意见，使全线的沟渠管道桥涵组合成完整的排水系统。临时排水设施应尽量与永久排水设施相结合，排水方案应因地制宜、经济实用。

② 施工中，宜先完成临时排水设施。施工期间，应经常维护临时排水设施，保证水流畅通。

③ 路堤施工中，各施工作业层面应设 2%～4% 的排水横坡，层面上不得有积水，并采取措施防止水流冲刷边坡。

④ 路堑施工时，应及时将地表水排走。

⑤ 施工中应对地下水情况进行记录并及时反馈。

2.11.2　地面排水施工

路基应有良好的排水设施。设置地面排水设施的目的是将地表水与路基本体隔离开来或汇集引排至路基范围以外，使路基能经常处于干燥、坚固和稳定的状态。以下重点介绍采用浆砌片石施工的地面排水设施。

（1）工艺特点

① 地面排水工程施工难度较小，技术含量较低，且易于组织施工。

② 大型设备投入少，劳动力需求量较大。

（2）适用范围

主要适用于各种边沟、排水沟、截水沟、急流槽、蒸发池、弃土堆等路基防排水结构物的施工。

（3）排水原理

通过地面防排水系统，使路基两侧的积水通过各种设施排除，保证路基的施工质量。

（4）施工流程

测量放线→基坑开挖→砂浆拌制→沟身砌筑→砌身勾缝。

（5）具体施工过程

① 测量放线。路堤应视地面横坡情况，将排水沟设置于天然护道外，也可结合取土坑进行排水沟放线。水沟测量放线应定出中心桩及边桩，一般每隔 3～5m 设一个中心控制桩，计算确定边桩位置，确保水沟的圆顺衔接。路基排水系统如图 2-79 所示。

路基排水系统应根据当地降雨量特征、汇水面积、地形和地质条件、地下水状况全面规划。天沟、排水沟、侧沟等地表排水设施应与天然沟渠和相邻的桥涵、隧道、车站排水设施及路基排水、坡面排水、电缆沟槽两侧排水衔接，组成完整的排水系统

图 2-79　路基排水系统

② 基坑开挖。天沟、排水沟、侧沟等均应安排在适宜时间施工，保护路基稳定和防止水土流失。基坑如图 2-80 所示。

基坑开挖前应做好地面临时排水，防止在施工期间因地表水及地下水的侵入而造成基坑边坡失稳或坍塌。

基坑在开挖中和开挖后、砌筑沟身前，基坑内不得积水，如果基底受积水浸泡，必须对被浸土壤要进行晾晒或清除；对基底超挖，应采用原土或渗水土回填夯实压密实，或采用沟体同级浆砌片石进行回填。

基坑开挖后的弃土应妥善处理，不得任意破坏地表植被或堵塞水流通道

图 2-80　基坑

③ 砂浆拌制。拌制砂浆的水泥、水、砂应符合规定要求。砂浆拌制如图 2-81 所示。

④ 沟身砌筑沟。身砌筑前应检查基坑底尺寸、深度（高程）、边坡坡度及基底稳定性。按施工图结构尺寸挂线砌筑（片石应在砌筑前一天洒水润湿表面）沟身，根据基底情况每 10m 左右设置水沟伸缩缝。水沟伸缩缝用同级砂浆填实。沟身应采用挤浆法分层、分段砌筑，坐浆要饱满，由下而上，先砌筑沟底，再砌筑边墙；同段沟身应同时砌筑，对不能同时砌筑而又必须留置的临时间断处，应留成斜槎。浆砌片石定位砌块表面砌缝的宽度不得大于 4cm，砌体表面与三块相邻石料的内切

砂浆应采用机械拌制，其配合比应通过试验确定，投料顺序应为砂子、水泥、水，即先投砂子和水泥，拌匀后加水再搅拌，搅拌时间宜为3～5min。

砂浆应随拌随用，拌制好的砂浆应在3h内使用完毕；当施工期间最高气温超过30℃时，拌制好的砂浆应在2h内使用完毕。发生离析、泌水的砂浆，砌筑前必须重新拌制；已凝结的砂浆不得使用。

砌筑砂浆应具有良好的和易性，主要采用稠度指标来进行度量，一般为10～50mm

图 2-81　砂浆拌制

圆直径，不得大于7cm，两层间的错缝不得小于8cm，每砌筑120cm高度以内找平一次。填腹部分的砌缝宜减小，在较宽的砌缝中可用小石块塞填。沟身砌筑如图 2-82 所示。

砌筑时先在基坑底部铺一层砂浆，其厚度应使片石在挤压安砌时能紧密连接，且砌缝砂浆密实、饱满。砌筑填腹石时，石料间的砌缝应互相交错、咬搭，砂浆密实。片石不得无砂浆直接接触，也不得干填片石后铺灌砂浆。石料应大小搭配，较大的石料应以大面为底，较宽的砌缝可用小石块挤塞。挤砂可用小锤敲打石料，将砌缝挤紧，不得留有空隙

图 2-82　沟身砌筑

⑤ 砌身勾缝。

a. 水沟表面勾缝可采用平缝或平凹缝。

b. 在砌筑沟身面石时，留2cm深的砌缝不坐砂浆，预留空缝作勾缝槽。空缝深度不足时，在勾缝前应将砂浆剔除。

c. 勾缝前应洒水湿润墙面，采用砂浆勾缝。勾缝所用的砂浆强度，不应低于砌体所用的砂浆强度。

2.11.3　地下排水施工

（1）工艺特点

① 地下排水施工工艺简单，技术含量较低，易于组织。

② 大型设备投入小，劳动力需求量较大。

（2）适用范围

适用于路基两侧边沟下设置渗沟、暗管的排水施工。

（3）排水原理

① 通过地下排水，使挖方路基两侧的山体的地下水通过渗沟、暗管排除，有力地保证施工质量。

② 当地下水位较高、潜水层不深时，可采用渗沟或暗管截留地下水及降低地下水位。

（4）施工流程

测量放线→沟槽开挖→沟底混凝土施工→安装渗水软管→沟槽回填。

（5）具体施工过程

① 测量放线。路基地下排水系统测量放线应定出中心桩和边桩，一般每隔3～5m设一个中心控制桩，计算确定边桩位置，确保圆顺连接。

② 沟槽开挖。沟槽开挖应安排在适宜时间施工，以保护路基稳定和防止水土流失。沟槽开挖如图2-83所示。

开挖前做好地面排水，防止在施工期间造成基坑边坡失稳或坍塌。

应挂线放坡开挖，防止超挖、欠挖；施工过程中应随时修整边坡，保持边坡的稳定性和平整性。

基坑验底时，按照坑底高程拉线清底找平，不得破坏沟底原状土，验底时应满足坑底尺寸，高程、坡率符合施工图要求

图 2-83　沟槽开挖

③ 沟底混凝土施工。

应在混凝土灌注地点随机抽样制作混凝土抗压强度试件，每工作班拌制的同一配合比的混凝土，取样不得少于3组，每组3块。

④ 安装渗水管，如图2-84所示。

渗水软管安装前，应精确计算好管节接头位置，在接口处挖设工作坑，深度不低于20cm，以便于操作接口。

接口安装时应使管节承口迎向流水方向，软管就位后，应将管节中心、高程逐渐调整到设计位置，并在管节两侧适当加土石垫块或砂石固定。

按施工图要求铺砂浆或混凝土或砂土包裹管节

图 2-84　安装渗水管

⑤ 沟槽回填，如图2-85所示。

渗水软管安装就位后，立即对管身两侧对称回填碎石以稳定管身，并分层夯实。
在沟槽顶回填细石料时，应按基底排水方向由高至低向管身两侧同时分层填筑夯实，每层回填厚度不超过20cm

图 2-85　沟槽回填

2.12　路基养护

2.12.1　路基养护的一般要求

通过日常巡查，发现病害、及时处治，保持良好稳定的技术状况；路肩无病害，边坡稳定；排水设施无淤塞、无损坏，排水畅通；挡土墙等附属设施良好；加强不良地质中期边坡崩塌、滑坡、泥石流等灾（病）害的巡查、防治、抢修工作。

2.12.2　路肩

路肩是保证路基路面有整体稳定性和排除路面水的重要结构。路肩的养护情况直接关系到路基路面的强度、稳定性和行车的畅通。

路肩养护的基本要求是：横坡平整顺直，比路面横坡大 1%～2%；严禁堆放任何杂物，并经常保持平整坚实；如有松动、坑槽、缺口、排水不畅等现象应及时修补养护。

2.12.3　边坡

边坡养护的内容：经常注意路堑边坡上的危岩、浮石、滑塌体等的变动；观察边坡坡率的变化；经常检查边坡上有无冲沟、杂物；检查边坡加固设施的技术状况；及时发现在边坡上及路堤坡脚、护坡道上挖土取料，种植农作物或修建其他建筑物的行为。

边坡养护的基本任务是通过经常地养护、维修与加固，使边坡坡面保持稳定、平顺、坚实、无裂缝；防止滑坡或滚石堵塞路面、边沟或危及行车；保持边坡加固设施的完整；制止破坏路基边坡的行为。

边坡养护的措施如下。

① 土质路堑边坡上高出的部分土体应予以铲平。当边坡出现冲沟时，可用黏性土填塞捣实，以防止表层水渗入路基体内。如出现潜流涌水，可采取开沟隔离水源的措施，将潜水引向路基外排出。

② 填土路堤边坡修理时，应将原坡面挖成阶梯形，然后分层填筑夯实，并应与原坡面衔接平顺。

③ 边坡、碎落石、护坡道等，如出现缺口、冲沟、沉陷、塌落、滑坡或受洪水、河流、边沟流水冲刷及浸淹时，应根据水流、土质、边坡坡度等情况，选用种草、铺草皮、栽灌木丛、投放石笼、干砌或浆砌片石护坡措施，进行加固。

2.12.4　边沟、排水沟、截水沟

路基地面排水设施主要包括边沟、截水沟、排水沟等，这些排水结构物统称沟渠，沟渠的作用是对雨水、雪水及大小河流溪水等进行排放。对各种排水设施，在春融前，特别是汛前，应进行全面检查疏浚。其作用是减小地下水对路基的影响，保证路基的强度与稳定性。公路上常用的地下水排水结构物有暗沟、渗沟、渗井等设施。

边沟、截水沟、排水沟等，应结合地形、地质、纵坡、流速等实际情况，综合考虑加固。对松软土，当流量较大或纵坡度为 1%～2% 时；或黏性较大的土，当纵坡度为 3%～4% 时，可用片石铺砌加固。在疏松土上的，纵坡度大于 3% 时；或黏性较大的土，纵坡度大于 4% 时，应用片石或水泥混凝土预制块铺砌加固或设置跌水。

对暗沟应经常进行检查，如发现堵塞、淤积，应进行冲洗清除。特别是雨水季节，应保证暗沟的流水畅通。

渗沟如发现沟口长草、堵塞，应及时进行清理和冲洗。如碎石层淤塞不起排水作用时，则应翻修，并剔除其中颗粒较小的砂石，以保持空隙，利于排水。如位置不当，则应根据情况另行修建。

3

垫层与基层施工

3.1 路面基层测量

3.1.1 路面基层中桩和边桩的测量

根据道路两侧的施工控制桩，按照施工控制桩钉桩的记录和设计路面宽度，推算出施工控制桩距路面边线（侧石内侧边线）和路面中心的距离，然后自施工控制桩沿横断面方向分别量出中线至路面边线的距离，即可定出路面边桩和道路中桩，如图3-1所示。同时可按路面设计宽度尺寸复测路面边桩到路中线的距离，对边桩和中桩进行校核。上面是定中桩和边桩的常用方法，使用全站仪则一次便可确定所需桩位。在公路路面施工中，有时不放中桩而直接根据设计图上边桩的坐标放出路面边桩。

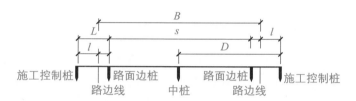

图 3-1 中桩和边桩的测量

B—路基设计宽度；*l*—施工控制桩距路边线的距离；*s*—路面设计宽度；
L—施工控制桩到路面边桩的距离；*D*—施工控制桩到中桩的距离

3.1.2 路拱放样测量

（1）直线形路拱的放样

直线形路拱的放样如图3-2所示。路拱任一点纵距按式（3-1）、式（3-2）计算。

$$h = \frac{B}{2} \times i \tag{3-1}$$

$$y = xi \tag{3-2}$$

式中　*B*——路面宽度；

　　　h——路拱矢高（为路拱中心高出路面边缘的高度）；

　　　i——设计路面横坡度，％；

　　　x——横距；

　　　y——纵距，*O* 为原点（一般取路面中心点）。

直线形路拱放样步骤如下。

① 计算中桩填挖值，即中桩桩顶实测高程与路面各层设计高程之差。

② 计算路面边线桩填挖值，即边线桩桩顶实测高程与路面基层设计高程之差。

③ 根据计算成果，分别在中边桩上标定挂线，即得到路面基层的横向坡度。如果路面较宽，可在中间加点。

施工时，为了使用方便，应预先将各桩号断面的填挖值计算好，以表格形式列出，称为平单，供放样时直接使用。

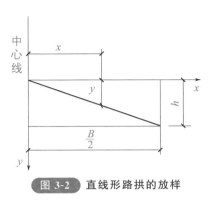

图 3-2 直线形路拱的放样

（2）抛物线形路拱的放样

如图 3-3 所示，路拱（无设计依据时）可按公式（3-3）按抛物线形路拱计算。

$$y = \frac{4h}{B^2} \times x^2 \qquad (3-3)$$

抛物线形路拱放样步骤如下。

① 根据施工需要、精度要求选定横距 x 值，并按路拱公式计算出相应的纵距 y 值。

② 在边桩上定出路面基层中心设计标高，并在路两侧挂线，此线就是基层路面中心高程线。

③ 自路中心向左、右分别量取 x 值，自路中心标高水平线向下量取相应的 y 值，就可得

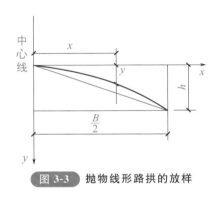

图 3-3 抛物线形路拱的放样

到横断面方向路面结构层的高程控制点。

施工时，可采用"平砖"法控制路拱形状。即在边桩上依路中心高程挂线后，按路拱曲线大样图所注的尺寸，如图 3-4（a）所示，以及路面结构大样图，如图 3-4（b）所示，在路中心两侧一定距离处，如图 3-4（c）所示，在距路中心 150cm、300cm 和 450cm 处分别向下量 5.8cm、8.2cm、11.3cm，放置平砖，并使平砖顶面正处在拱面高度，铺撒碎石时，以平砖为标志就可找出设计的拱形。实际施工中使用更多的是路拱样板，随时可检测路拱误差。

在曲线部分测设路面边桩和下平砖时，应根据设计图样做好内侧路面加宽和外侧路拱超高的测设工作。

由于抛物线形路拱的坡度其拱顶部分过于平缓，不利于排水；边缘部分过于陡峭，不利于行车。为改善此种情况，可采用变方抛物线计算，以适应各种宽度。常用的有改进的二次抛物线形、半立方抛物线形、改进的三次抛物线形几种计算方式。

改进的二次抛物线形路拱按式（3-4）计算

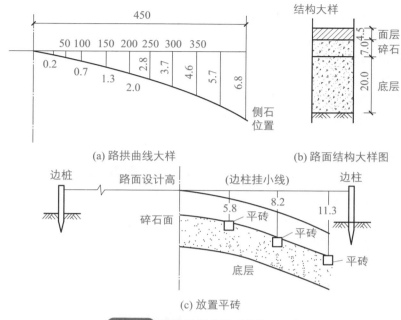

图 3-4　路拱样板放样（单位：cm）

$$y = \frac{2h}{B^2}x^2 + \frac{h}{B}x \qquad (3-4)$$

半立方抛物线形路拱按式(3-5)计算

$$y = h \times \left(\frac{2x}{B}\right)^{\frac{3}{2}} \qquad (3-5)$$

改进的三次抛物线形路拱按式(3-6)计算

$$y = \frac{4h}{B^3}x^3 + \frac{h}{B}x \qquad (3-6)$$

在一般道路设计图样上均绘有路拱大样图和给定的路拱计算公式。

3.2　城市道路基层

3.2.1　路面基层要求

路面基层是在路基（或垫层）表面上用单一材料按照一定的技术措施分层铺筑而成的层状结构，它是路基和路面的连接处与过渡带，它将路面的承载力和冲击力分散传播到路基上，起着均匀扩散载荷应力的作用。路面基层一般分底基层和基层两层，底基层一般为级配碎石垫层，基层为水泥稳定基层，起稳定路面的作用，它是公路工程的重要组成部分，在公路工程中起着重要作用。随着路面等级的提高，对路面基层的作用越来越重视，要求也越来越高。对路面基层的要求主要体现在以下几个方面。

① 拥有足够的强度。

② 拥有合适的刚度。

③ 拥有较强的水稳性和冰冻稳定性。路面水常会渗入到基层中，可能的情况如下。情况一，从沥青面层渗入，沥青一般都是具有透水性的，特别是在使用初期，透水情况更严重，在雨季或者雨水丰沛时，路面水很可能透过沥青面层深入到基层和底基层当中；情况二，从路肩渗入，有可能从路肩及路面和路肩连接处渗入到路面基层中；情况三，冰冻潮湿导致，在冰冻地区，由于冬季水分重分布的结果，路面基层可能处于潮湿或过潮湿状态。在以上三种情况下，如果路面基层水稳性和冰冻稳定性不够时，水分会停滞在基层顶面，并在高速行车作用力下形成高压水，从而导致基层顶面脱空、断板、碎裂，进入路面结构层的水分能使路面基层或底基层的强度大大降低，导致沥青路面过早破坏。

④ 拥有较强的抗冲刷性。

3.2.2　不同无机结合料稳定基层特性

3.2.2.1　无机结合料稳定基层

（1）定义

目前大量采用结构较密实、孔隙率较小、透水性较小、水稳性较好、适宜于机械化施工、技术经济较合理的水泥、石灰及工业废渣稳定材料施工基层，这类基层通常被称为无机结合料稳定基层。

（2）分类

① 在粉碎的或原状松散的土（包括各种粗、中、细粒土）中，按配合比要求掺入一定量的水泥或石灰等无机结合料和水拌制而成的混合料，被称为水泥或石灰稳定材料。视所用材料，分别称为水泥（石灰）稳定土、水泥（石灰）稳定粒料等。

② 用一定量的石灰和粉煤灰与其他集料相配合并加入适量的水，拌制而成的混合料被称为石灰粉煤灰稳定土或稳定粒料。

3.2.2.2　常用的基层材料

（1）石灰稳定土类基层

① 定义：基层材料是土类，在其中掺入石灰和水做的基层，如图3-5所示。

② 特点：

a. 有良好的板体性；

b. 水稳性、抗冻性以及早期强度不如水泥稳定土；

c. 石灰土的强度随龄期增长，并与养护温度密切相关，温度低于5℃强度几乎不增长。

③ 损坏：

石灰稳定土的刚性和分布荷载能力较传统的级配碎石高得多。因此，可以广泛推广石灰稳定土作为路面基层(非高等级公路)、底基层材料，以节约工程造价

图 3-5　石灰稳定土类基层

a. 干缩和温缩特性十分明显，且都会导致裂缝；

b. 与水泥土一样，由于其收缩裂缝严重，强度未充分形成时表面会遇水软化，容易产生唧浆冲刷等损坏。

④ 适用范围：石灰土已被严格禁止用于高等级路面的基层，只能用作高级路面的底基层。

（2）水泥稳定土基层

① 定义：基层材料是土类，在其中掺入水泥和水做的基层，如图 3-6 所示。

水泥稳定中粒土和粗粒土用作基层时，水泥稳定土的水泥剂量一般在4%左右，不超过6%。必要时，应首先改善集料的级配，然后用水泥稳定

图 3-6　水泥稳定土基层

② 特点：

a. 良好的板体性（石灰稳定土也是）；

b. 水稳性和抗冻性都比石灰稳定土好；

c. 水泥稳定土的初期强度高。

③ 损坏：

a. 其强度随龄期增长，水泥稳定土在暴露条件下容易干缩，低温时会冷缩，导致裂缝；

b. 水泥稳定细粒土（简称水泥土）的干缩系数、干缩应变以及温缩系数都明显大于水泥稳定粒料，水泥土产生的收缩裂缝会比水泥稳定粒料的裂缝严重得多；

c. 水泥土强度没有充分形成时，表面遇水会软化，导致沥青面层龟裂破坏；

d. 水泥土的抗冲刷能力低，当水泥土表面遇水后，容易产生唧浆冲刷，导致路面裂缝、下陷，并逐渐扩展。

④ 适用范围：水泥土只用作高级路面的底基层。

（3）石灰工业废渣稳定土基层

① 定义：石灰工业废渣稳定土中，应用最多、最广的是石灰，粉煤灰类的稳定土（粒料），简称二灰稳定土（粒料），其特性在石灰工业废渣稳定土中具有典型性，如图 3-7 所示。

> 石灰工业废渣稳定土，特别是二灰稳定土，具有良好的力学性能、板体性、水稳性和一定的抗冻性，其抗冻性较石灰土高得多

图 3-7　石灰工业废渣稳定土基层

② 特点：

a. 有良好的力学性能、板体性、水稳性和一定的抗冻性，其抗冻性能比石灰土高很多；

b. 早期强度较低，但强度随龄期增长并与养护温度密切相关，温度低于 4℃ 时强度几乎不增长；二灰中的粉煤灰用量越多，早期强度越低、3 个月龄期的强度增长幅度就越大。

③ 损坏：灰稳定土也具有明显的收缩特性，但小于水泥土和石灰土。

④ 适用范围：

a. 禁止用于高等级路面的基层，而只能做底基层；

b. 二灰稳定粒料可用于高等级路面的基层与底基层；

c. 二灰稳定粒料基层中的粉煤灰，若三氧化硫含量偏高，易使路面起拱，直接影响道路基层和面层的弯沉值。

3.2.3　城镇道路基层施工

3.2.3.1　石灰稳定土基层与水泥稳定土基层

（1）施工流程

材料与搅拌→运输与摊铺→压实与养护。

（2）材料与搅拌

① 石灰、水泥、土、集料拌合用水等原材料应进行检验，符合要求后方可使用，并按照规范要求进行材料配比设计。

② 城区施工应采用厂拌（异地集中搅拌）方式，不得使用路拌方式。厂拌站如图 3-8 所示。

城镇道路基层施工

扫码观看视频

用厂拌法拌和的混合料需用稠度较大的沥青，混合料需精选，质量比较好。用它做的路面使用时间长，投资高

图 3-8　厂拌站

③ 宜用强制式搅拌机进行搅拌，搅拌应均匀。

（3）运输与摊铺

① 拌成的稳定土类混合料应及时运送到铺筑现场，混合料运输如图 3-9 所示。水泥稳定土材料自搅拌至摊铺完成，不应超过 3h，摊铺如图 3-10 所示。

运输中应采取防止水分蒸发和防扬尘的措施(覆盖苫布)

图 3-9　混合料运输

沥青混合料摊铺过程中随时检查其宽度、厚度、平整度、路拱及温度，不合格之处应及时调整

图 3-10　摊铺

② 宜在春末和气温较高的季节施工，施工最低气温为 5℃。

③ 雨期施工应防止石灰、水泥和混合料淋雨；降雨时应停止施工，已摊铺的应尽快碾压密实。

（4）压实与养护

① 压实系数应经试验确定。

② 摊铺好的石灰稳定土应当天碾压成活，碾压时的含水量宜在最佳含水量的

±2%范围内。水泥稳定土宜在水泥初凝前碾压成活。

③ 直线和不设超高的平曲线段，压实应由两侧向中心碾压，如图 3-11 所示；设超高的平曲线段，压实应由内侧向外侧碾压，如图 3-12 所示。

在直线和不设超高的平曲线段，地面结构是水平的，碾压从路两边向中间碾压，可以保证地面结构压实的压实度

图 3-11 两侧向中心碾压示意图

在超高的平曲线段地面结构是外侧高于内侧，所以要从内侧向外侧碾压，有利于控制标高和碾压均匀密实

图 3-12 内侧向外侧碾压示意图

④ 纵向接缝宜设在路中线处，横向接缝应尽量减少。

⑤ 压实成活后应立即洒水（或覆盖）养护，保持湿润，直至上部结构施工为止，如图 3-13 所示；水泥土分层摊铺时，应在下层养护 7 天后方可摊铺上层材料。

洒水养护可以保持路面的硬度，可以有效避免变形、裂开。洒水还可以将灰尘润湿，有效防止灰尘扬起来，从而减少空气的污染

图 3-13 洒水养护

⑥ 养护期应封闭交通。

3.2.3.2　石灰粉煤灰稳定砂砾（碎石）基层

（1）施工流程

材料准备与搅拌→运输与摊铺→压实与养护。

（2）材料准备与搅拌

① 对石灰、粉煤灰等原材料应进行质量检验，符合要求后方可使用。

② 采用厂拌（异地集中搅拌）方式，强制式搅拌机拌制，配料应准确，搅拌应均匀。

③ 混合料含水量宜略大于最佳含水量。混合料含水量应视气候条件适当调整，使运到施工现场的混合料含水量接近最佳含水量。

（3）运输与摊铺

① 应在春末和夏季组织施工，施工期的日最低气温应在5℃以上。

② 根据试验确定的松铺系数控制虚铺厚度。

（4）压实与养护

① 每层最大压实厚度为200mm，且不宜小于100mm。

② 禁止用薄层贴补的方法进行找平。

③ 混合料的养护采用湿养，始终保持表面潮湿，也可采用沥青乳液和沥青下封层进行养护，养护期视季节而定，常温下不宜小于7天。

3.2.4　土工合成材料的应用

3.2.4.1　土工合成材料

（1）分类

土工合成材料可分为土工织物、土工膜、特种土工合成材料和复合型土工合成材料等类型，如图3-14所示。

土工合成材料置于土体内部、表面或各种土体之间，发挥加强或保护土体的作用

(a) 土工织物　　　(b) 土工膜　　　(c) 土工网

图 3-14　土工合成材料类型

（2）功能与作用

土工合成材料可设置于岩土或其他工程结构内部、表面或各结构层之间，具有加筋、防护、过滤、排水、隔离等功能，应用时应按照其在结构中发挥的不同功能进行选型和设计。

3.2.4.2 工程应用

（1）路堤加筋

① 主要目的是提高路堤的稳定性。土工格栅、土工织物、土工网等土工合成材料均可用于路堤加筋。土工合成材料应具有足够的抗拉强度、较高的撕破强度、顶破强度和握持强度等性能。路堤加筋如图 3-15 所示。

路堤加筋一般不受地质条件的限制，但地基土越软弱，其作用越明显

图 3-15 路堤加筋

② 加筋路堤的施工原则是以能够充分发挥加筋效果为出发点。合成材料叠合长度不应小于 300mm，连接时搭接宽度不得小于 150mm。土工合成材料摊铺后宜在 48h 以内填筑填料，以避免其过长时间受阳光直接曝晒。卸土高度不宜大于 1m，以防局部承载力不足。

③ 第一层填料宜采用轻型压路机压实，当填筑层厚度超过 600mm 以后才允许使用重型压路机。边坡防护与路堤的填筑应同时进行。

（2）台背路基填土加筋

① 目的是减小路基与构造物之间的不均匀沉降。加筋台背适宜的高度为 5～10m。加筋材料宜选用土工网或土工格栅。台背路基填土加筋如图 3-16 所示。

加筋材料有土工网、土工格栅等。台背填料应有良好的水稳定性与压实性能，以碎石料、砾石料为宜

图 3-16 台背路基填土加筋

② 加筋材料间距应经计算确定。在路基顶面以下 5.0m 的深度内，间距宜不大于 1.0m。纵向铺设长度宜上长下短，可采用缓于或等于 1∶1 的坡度自下而上逐层增大，最下一层的铺设长度不应小于计算的最小纵向铺设长度。

③ 施工流程为：清地表→地基压实→锚固土工合成材料、摊铺、张紧并定位→分层摊铺、压实填料至下一层土工合成材料的铺设标高。相邻两幅加筋材料应相互搭接，宽度宜不小于200mm，并用牢固方式连接，连接强度不低于合成材料强度的60%。台背填料应在最佳含水量时分层压实，每层压实厚度宜不大于300mm，边角处厚度不得大于150mm。

（3）路面裂缝防治

① 采用玻纤网、土工织物等土工合成材料，铺设于旧沥青路面、旧水泥混凝土路面的沥青加铺层底部或新建道路沥青面层底部，可减少或延缓由旧路面对沥青加铺层的反射裂缝，或半刚性基层对沥青面层的反射裂缝。用土工织物进行路面裂缝防治如图3-17所示。土工织物应能耐170℃以上的高温。

铺设土工织物时，对其应加一定预拉力，以保证土工织物能与沥青混凝土面层共同工作，使沥青混凝土面层的抗拉能力得到加强

图 3-17　土工织物进行路面裂缝防治

② 用土工合成材料和沥青混凝土面层对旧沥青路面裂缝进行防治，首先要对旧路进行外观评定和弯沉值测定，进而确定旧路处理和新料加铺方案。施工要点是：旧路面清洁与整平，土工合成材料张拉、搭接和固定，洒布黏层油，按设计或规范要求铺筑新沥青面层。

③ 旧水泥混凝土路面裂缝处理要点是：对旧水泥混凝土路面评定，旧路面清洁和整平，土工合成材料张拉、搭接和固定，洒布黏层油，铺沥青面层。

（4）路基防护

① 路基防护。坡面防护即防护易受自然因素影响而破坏的土质或岩石边坡；冲刷防护即防护水流对路基的冲刷与淘刷。土质边坡防护可采用拉伸网草皮、固定草种布或网格固定撒草种（图3-18）等方式。岩石边坡防护可采用土工网或土工格栅。沿河路基可采用土工织物软体沉排、土工模袋等进行冲刷防护，以保证路基的坚固与稳定。

② 坡面防护。土质边坡防护的边坡坡度宜在（1∶2.0）～（1∶1.0）之间；岩石边坡防护的边坡坡度宜缓于1∶0.3。土质边坡防护应做好草皮的种植、施工和养护工作。

③ 冲刷防护。排体材料宜采用聚丙烯编织型土工织物。土工织物软体沉排防护，应验算排体抗浮、排体压块抗滑、排体整体抗滑三方面的稳定性。采用土工模袋护坡的坡度不得陡于1∶1。模袋选型应根据工程设计要求和当地土质、地形、水文、经济与施工条件等确定。确定土工模袋的厚度应考虑抵抗弯曲应力、抵抗浮

网格固定撒草种边坡防护多适用于坡高不大，边坡比较平缓的土质边坡

图 3-18 网格固定撒草种边坡防护

动力两方面的因素。

模袋铺设流程：卷模袋→设定位桩及拉紧装置→铺设模袋。模袋铺设后及时充灌混凝土或砂浆并及时清扫模袋表面、滤孔和进行养护。

（5）过滤与排水

作为过滤体和排水体用于暗沟、渗沟、坡面防护，支挡结构壁墙后排水，软基路堤地基表面排水垫层；也可用于处治翻浆冒泥和季节性冻土的导流沟等道路工程结构中。过滤与排水的结构图如图 3-19 所示。

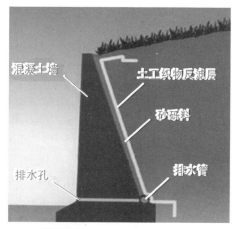

混凝土墙　土工织物反滤层

砂砾料

排水孔　排水管

图 3-19 过滤与排水的结构图

3.3　基层施工

3.3.1　水泥稳定土基层

在经过粉碎的或原来松散的土中，掺入足量的水泥和水，经搅拌得到的混合料，在压实和养生后，当其抗压强度符合规定的要求时，称为水泥稳定土。用于路

面基层的水泥稳定土称为水泥稳定土基层。

3.3.1.1　施工流程

准备工作→选择合适的土质→搅拌→运输→摊铺和碾压→横缝设置→养护及交通管制。

3.3.1.2　具体施工过程

（1）准备工作

① 准备下承层。当水泥稳定土用作基层时，要准备底基层。底基层的示意图如图 3-20 所示。当水泥稳定土用作底基层时，要准备土基。无论底基层还是土基，都必须按规范进行验收，凡验收不合格的路段，必须采取措施，使其达到标准后，方可铺筑水泥稳定土层。

路面底基层其设置的目的是防泥、防冰冻、减少路基顶面的压应力、缓和路基不均匀变形对面层的影响

图 3-20　底基层

② 测量。首先是在底基层或土基上恢复中线。直线段每 15～20m 设一桩，平曲线段每 10～15m 设一桩，并在对应断面路肩外侧设指示桩。其次是进行水平测量。在两侧指示桩上用红漆标出水泥稳定土层边缘的设计高。

③ 确定合理的作业长度。确定路拌法施工每一作业段的合理长度时，应考虑如下因素：水泥的终凝时间；延迟时间对混合料压实度和抗压强度的影响；施工机械和运输车辆的效率和数量；操作的熟练程度；尽量减少接缝；施工季节和气候条件。一般宽 7～8m 的稳定层，每一流水作业段以 200m 为宜。但每天的第一个作业段宜稍短些，可为 150m。如稳定层较宽，则作业段应该再缩短。

④ 备料。在采备集料前，应先将料场的树木、草皮和杂土清除干净。采集集料时，应在预定采料深度范围内自上而下进行，不应分层采集，应将不合格的集料剔除。在集料中的超尺寸颗粒应予筛除。对于黏性土，可视土质和机械性能确定土是否需要过筛。

（2）选择合适的土质

对土的一般要求是易于破碎，满足一定的级配，便于碾压成型。高速公路工程上用于水泥稳定层的土，通常按照土中组成颗粒（包括碎石、砾石、砂颗粒，不包括土块和土团）的粒径大小和组成，分为下列三种。

① 细粒土：颗粒的最大粒径小于 9.5mm，且其中小于 2.36mm 的颗粒含量不

小于 90%（如塑性指数不同的各种黏性土、粉性土、砂性土、砂和石屑等）。细粒土如图 3-21(a) 所示。

② 中粒土：颗粒的最大粒径小于 26.5mm，且其中小于 19.0mm 的颗粒含量不小于 90%（如砂砾石、碎石土、级配砂砾、级配碎石等）。中粒土如图 3-21(b) 所示。

③ 粗粒土：颗粒的最大粒径小于 37.5mm，且其中小于 31.5mm 的颗粒含量不小于 90%（如砂砾石、碎石土、级配砂砾、级配碎石等）。粗粒土如图 3-21(c) 所示。

(a) 细粒土　　　　　(b) 中粒土　　　　　(c) 粗粒土

图 3-21　土的粒径分类

（3）搅拌

① 摊铺水泥。在人工摊铺的集料上，用 6～8t 两轮压路机碾压一遍，使其表面平整，然后按计算的每袋水泥的纵横间距，用石灰或水泥在集料层上做安放每袋水泥的标记，同时画出摊铺水泥的边线。

② 用稳定土搅拌机搅拌。拌和深度应达稳定层底。应设专人跟随搅拌机，随时检查拌和深度并配合搅拌机操作员调整拌和深度。严禁在拌合层底部留有"素土"夹层。应略破坏（约 1cm）下承层的表面，以利上下层黏结。通常应搅拌两遍以上。在最后一遍搅拌之前，必要时可先用多铧犁紧贴底面翻拌一遍。直接铺在土基上的拌合层也应避免"素土"夹层。

（4）运输

① 运输车辆在每天开工前，要检验其完成情况，装料前要将车厢清洗干净，而且每装一车，要清扫一次，运输车辆数一定要满足出料与摊铺数量的需要，并略有富余。

② 应尽快将拌成的混合料运送到铺筑现场。车上的混合料应覆盖，减少水分损失。如运输车辆中途出现故障，必须立即以最短时间排除，当有困难，车辆混合料不能在初凝时间内运到工地时，必须予以转车或废弃。

③ 运料司机必须严守纪律，跟各方面密切配合，按要求装料、卸料，特别是已摊铺好的基层，养护期未到时，不得在上面行车。

（5）摊铺和碾压

① 混合料运到现场后，应采用沥青混凝土摊铺机或稳定土摊铺机摊铺混合料，

摊铺机宜连续摊铺。摊铺和碾压如图 3-22 所示。

碾压机要尽量靠近摊铺机碾压，并采取先轻后重的施压方法，以确保在混合料冷却到低于所需最低温度前达到压实度要求

图 3-22　摊铺和碾压

② 在摊铺机后面应设专人消除粗细集料离析现象。

③ 基础分两层施工时，在铺筑上层前应在下层顶面先洒水湿润。

④ 混合料每层摊铺厚度应根据碾压机的具体类型确定。用 12～15t 三轮压路机碾压时，每层的压实厚度不应超过 15cm；用 18～20t 三轮压路机和振动压路机碾压时，每层的压实厚度不应超过 20cm；采用能量大的振动压路机碾压时，经过试验可适当增加每层的压实厚度。压实厚度超过上述规定时应分层铺筑，每层最小压实厚度为 10cm。

⑤ 水泥稳定土混合料的压实度上基层不得少于 98％；底基层不得小于 97％。

⑥ 水泥稳定土施工时严禁用薄层贴补法进行找平。

⑦ 当混合料的含水量达到最佳含水量时，应立即用轻型两轮压路机并配合 12t 以上压路机在结构层全宽内进行碾压。碾压时应重叠 1/2 轮宽，后轮应超过两段的接缝处。后轮压完道面全宽时为一遍，一般需压 6～8 遍，直到达到要求的压实度为止。

⑧ 压路机的碾压速度，头两遍以 1.5～1.7km/h 为宜，以后逐渐增加到 2.0～2.5km/h。

⑨ 为保证稳定土层表面不受损坏，严禁压路机在已完成的或正在碾压的地段上调头或急刹车。

⑩ 碾压过程中，水泥稳定土的表面应始终保持湿润，如水分蒸发过快，应及时补洒适量的水分后摊铺。

⑪ 碾压过程中，如有"弹簧"、松散、起皮等现象，应采取有效措施处理，达到质量要求。

⑫ 水泥稳定土应尽可能缩短从加水搅拌至碾压终了的延迟时间，延迟时间不应超过 2h。宜在水泥初凝前并应在试验确定的延迟时间内完成碾压，达到要求的压实度。碾压结束之前，其纵横坡度应符合设计要求。

⑬ 用摊铺机摊铺混合料时，不宜中断，如因故中断时间超过 2h，应设置横向接缝。

⑭ 宜采用多台摊铺机前后相距 5~8m 并排同步向前推进摊铺混合料，以减少纵向接缝数量。在纵向接缝处，必须垂直相接，严禁斜面搭接。纵缝的设置，在前一幅摊铺时，靠中央的一侧用方木或钢模板做支撑，支撑高度与稳定土层的压实厚度相同。养护结束后，在摊铺另一幅之前，拆除支撑。

（6）横缝设置

水泥稳定土混合料摊铺时，尽量连续作业不中断，如因故中断时间超过 2h，则应设横缝。摊铺机要离开混合料摊铺末端，以免摊铺机埋在混合料中凝结。每天收工之后，第二天开工的接头断面也要设置横缝。

（7）养护及交通管制

① 水泥稳定土基层碾压完成且水泥达到终凝时间后，应立即加强养生，养生不少于 7 天。

② 水泥稳定土基层分两层铺筑时，可以在下层分段摊铺和碾压密实后，在不采用重型振动压路机碾压的情况下，宜立即摊铺上层。也可以在下层水泥稳定碎石碾压完后，采用重型振动压路机碾压，养生 7 天后再铺筑上层水泥稳定碎石。在铺筑上层稳定土之前，应始终保持下层表面湿润。

③ 每一段碾压完成并经压实度检查合格后，应立即开始养生。

④ 养护方法，可以用洒水车洒水，也可以用草袋、麻布、薄膜布等覆盖（图 3-23），并在整个养生期间保持湿润状态；不得用湿黏土覆盖。养生结束后，必须将覆盖物清除干净。

薄膜布养护方法的优点是不必浇水、操作方便、能重复使用，能提高混凝土的早期强度，加速模具的周转

图 3-23　薄膜布覆盖路面养护

⑤ 用洒水车洒水养生时，洒水车的喷头要用喷雾式，不得用高压式胶管，以免破坏基层结构；每天洒水次数应视气候而定，整个养生期间应始终保持稳定层表面湿润。

⑥ 在养生期间，除洒水车外应封闭交通。为控制交通，维持施工车辆通行，在施工安排上要合理地调配，路幅只能半边施工、半边通车，工序上两边不能冲突，不要造成机械频繁调动。

3.3.2　石灰土垫层与基层

石灰土垫层与基层

扫码观看视频

3.3.2.1　施工流程

机械准备→原材料准备→搅拌→整形→碾压→横缝设置→养护。

3.3.2.2　具体施工过程

（1）机械准备

需配备足够数量的稳定土路拌机、压路机、平地机、推土机、铧犁及旋耕机、洒水车、配套的运输设备。

（2）原材料准备

根据配合比及击实试验结果计算各种材料的用量。

（3）搅拌

石灰撒布好后，用路拌机搅拌，先搅拌1遍，测定混合料的含水量，若含水量过小，根据需水量洒水，并将二灰土的含水量控制在比最佳含水量高1～2个百分点，闷料0.5h，再用路拌机翻拌1～2遍；在每次翻拌过程中，应有2～3人挖槽检查路拌机是否将二灰土拌匀拌透，二灰土底部是否有素土夹层和漏拌的条带。二灰土拌匀后，抽取试样检测灰剂量，做标准击实试验，用配合比试验时的击实结果校核现场二灰土的配合比是否准确，并成型二灰土强度试件。

（4）整形

拌制好二灰土后，用推土机的履带稳压1～2遍，消除二灰土潜在的压实不均匀现象（特别是路拌机轮胎压过的地方），然后用轻型压路机再稳压一遍，用平地机整形。

（5）碾压

整形后，当混合料的含水量等于或略大于最佳含水量时，即用重型压路机、振动压路机进行碾压，碾压应逐渐由边缘向中部进行，碾压时，后轮必须以重叠轮宽一半方式进行碾压。碾压要求达到设计所要求的压实度，且表面无明显轮印。压路机的碾压速度，头两遍宜采用1.5～1.7km/h，以后2～2.5km/h，碾压初期，可配专人随碾，对表面不平整处及时修整。修整时，对于石灰土，可宁高勿低，防止贴补；对于局部低洼处，应将表面耙松5cm以上，用新拌的混合料填补平整，以保证结合。混合料拌制完成后应在当天完成碾压。如碾压时灰土表面水分不足，应适当洒水再进行碾压。道槽两侧应多碾压1～2遍。在预埋管线和碾压不到的部位，采用小型夯实机械配合人工分层夯填。同时注意对预埋管线和构筑物的保护，避免损坏。严禁压路机在碾压过程中或已完成碾压地段上调头或急刹车。如搅拌机械及其他机械必须在碾压好的石灰稳定土上进行调头，应覆盖10cm厚的砂或砂砾等材料保护，使之不受破坏。

（6）横缝设置

应采用搭接搅拌的方式，即在前一段搅拌后，留5m不进行碾压，当后一段施工时，将前段未压部分，重新加水搅拌，并与后一段一起碾压。纵缝的处理：在摊铺后一幅时，应将前一幅边部未压实部分挖松并补充洒水，待后一幅摊铺后一起进行平整和碾压。

（7）养护

养护用分散水流直接洒水养护，使石灰土表面保持湿润，不应过湿或忽干忽湿。养护期不少于 7 天。养护期间，重型车辆不得通行。养护结束，立即进行上层水泥稳定土基层施工。

3.3.3　石灰、粉煤灰稳定砂砾基层（底基层）

3.3.3.1　施工流程

施工准备→准备下承层→运输和摊铺粉煤灰→运输和摊铺石灰→路拌混合料→碾压→初期养护。

3.3.3.2　具体施工过程

（1）施工准备

① 石灰。石灰质量应符合Ⅰ级或Ⅰ级以上石灰的各项技术指标要求，石灰应分批进场，做到既不影响施工进度，又不过多存放。应尽量缩短堆放时间，如存放时间稍长应予覆盖，并采取封存措施，妥善保管。

② 粉煤灰。对于湿粉煤灰其含水量应≤35%，含水量过大时，粉煤灰易凝聚成团，造成拌制困难。如进场含水量偏大，可采用打堆、翻晒等措施，降低含水量。

③ 土。宜采用塑性指数 12～20 的黏土（亚黏土）。有机质含量＞10% 的土不得使用。

④ 水。牲畜可饮用的水或其他清洁水源的水。

（2）准备下承层

① 对路基的外形检查。包括路基的高程、中线偏位、宽度、横坡度和平整度。

② 路基的强度检查。碾压检查：用 12～15t 的三轮压路机以低挡速度（1.5～1.7km/h）沿路基表面做全面检查（碾压 3～4 遍），不得有松散或弹簧现象。弯沉检查：用 BZZ-100 标准车以规定频率检查路基表面回弹弯沉，按测试季节算出保证率 97.7% 下的代表弯沉值，不大于设计算得的允许值。

③ 路基的沉降。路基施工完成后，沉降速率应连续两个月小于 5mm/月，应当表面平整、坚实，有规定的路拱，无任何松散的材料和软弱处，且沉降量应符合要求。

④ 在路基上恢复中线，每 20m 设一桩（作试验段时每 10m 设一桩），并在两侧路肩边缘外设指示桩，横断面半幅设 3 个高程控制点，逐桩进行水平测量，算出各断面所需摊铺土的厚度，在所钉钢筋桩上标出其相应高度。

⑤ 根据实测高程、二灰土工作面宽度、厚度及试验最大干密度等计算路段所需二灰土重量，根据配合比及实测含水量算出土、石灰、粉煤灰的重量，根据运料

车辆吨位计算每车料的堆放距离，并根据在相同施工条件下素土、石灰、粉煤灰的含水量与松铺厚度的关系来控制现场铺筑厚度。

（3）运输和摊铺粉煤灰

① 用石灰线标出布料网格。

② 拖运粉煤灰，控制每车料的数量相等。

③ 推土机将粉煤灰堆推开后，用平地机将粉煤灰均匀地摊铺在预定的路基上，用振动压路机快速静压一遍，并对各处进行松铺厚度量测，开始可采用灌砂法确定出粉煤灰的密度，计算出总重量，确定是否符合要求。

（4）运输和摊铺石灰

① 用石灰线标出石灰网格。

② 布撒消石灰采用是人工摊铺，应使石灰量均匀。注意控制各处的松铺厚度基本一致。

（5）路拌混合料

① 用稳定土搅拌机再次搅拌混合料，拌和深度达到稳定土层底，搅拌中设专人跟踪搅拌机，随时检查拌和深度以便及时调整，避免拌合层底部出现素土夹层。搅拌中略破坏下承层表面 5～10mm 左右，以加强上下层之间的结合，拌和遍数以混合料均匀一致为止。

② 搅拌时随时检查含水量，如含水量过大则多搅拌、翻晒两遍。搅拌均匀后、平整碾压前，按抽检频率取混合料测定灰剂量和含水量，合格后做规定压实度条件下的无侧限抗压强度试件，移置标养室养生。

（6）碾压

① 拌制好的混合料不得超过 24h，要一次性碾压成型。整型后，当混合料大于最佳含水量 1%～3% 时进行碾压，如表面水分不足，应当适量洒水，严禁洒大水碾压。碾压必须遵循"先轻后重、先慢后快、先静后振、先边后中、先下部密实后上部密实"的原则，要严格控制各类压路机的碾压速度。

② 碾压机械要求。18～21t 的三轮压路机、振动加自重 40t 以上的振动压路机和 20t 以上的轮胎压路机。

③ 碾压速度。施工中严格控制碾压速度，前两遍碾压速度控制在 1.5～1.7km/h，以后可采用 2.0～2.5km/h。碾压速度过快，容易导致路面的不平整（形成小波浪）、被压层的平整度变差。三轮压路机应重叠 1/3 后轮宽。

④ 压实过程如有"弹簧"、松散、起皮现象，应及时翻开重新搅拌，及时碾压。

⑤ 严禁压路机在已成型或正在碾压的路段上调头和急刹车，避免基层表面破坏。

⑥ 两个作业搭接时，前一段碾压时留 5～8m 混合料不碾压，后一段施工时，将前段留下未压部分，一起再进行搅拌、碾压。靠近路肩部分多压 2～3 遍。

⑦ 压实度的检查应用灌砂法从底基层的全厚取样。压实度检测的同时，对二

灰土的层厚、拌合均匀性、石灰消解情况等进行检查。

（7）初期养护

① 对成型的石灰、粉煤灰基层养生期间要控制交通，禁止社会车辆及施工车辆通行。

② 洒水车车辆要慢行，注意不要碾坏灰土表面。

③ 二灰土在养生期间采用一次性塑料膜覆盖养生，以保证其一定的湿度，表面始终处于湿润状态，防止二灰土底基层表面水分的蒸发而开裂。养生一般不少于7天，气温较高时，则应连续养生。

④ 为防止砂砾基层干缩产生裂缝，养生工作宜延续到上层施工为止。

3.3.4 钢渣石灰基层（底基层）

3.3.4.1 施工流程
机械设备安装就位→运输→混合料摊铺→碾压→洒水养生。

3.3.4.2 具体施工过程

（1）机械设备安装就位

当采用摊铺机进行摊铺作业时，摊铺机要提前进入现场并进行安装调试，确保其作业能力满足设计宽度的要求，作业时摊铺机进入施工段起点，并按试验段确定的虚铺厚度落下熨平板，同时将高程传感器放在摊铺机两侧的高程细钢丝绳上。

（2）运输

要采用与摊铺方式相匹配的自卸车辆，数量要根据搅拌站的产量以及运距等具体情况确定，运料车要进行覆盖处理，运输路线要统筹安排，确保便捷、省时。

（3）混合料摊铺

① 摊铺作业宜整幅完成，可一台或多台联合摊铺。料车到场后，由专人站在摊铺机料斗一侧，负责指挥料车向料斗中卸料。同时启动摊铺机向两侧的搅笼中搅料，随后即可开动摊铺机前行作业。施工期间，料车要始终紧贴摊铺机前端，防止滑脱。

② 作业人员要对新铺路面的高程、厚度、横坡等指标进行检测，并及时对摊铺机进行调整，以尽快使摊铺作业进入正常状态。当采用推土机和平地机配合作业时，可将混合料直接卸在工作区内。卸料位置采用梅花形布置，疏密程度要提前计算，做到既利于推土机作业，又满足虚铺厚度要求。推土机将混合料均匀摊开并用履带板对全幅静压一遍，平地机随后进行刮平作业，做到施工段表面平整光洁，高程、横坡满足质量要求。

③ 当分层摊铺作业且作业面出现纵横缝时，纵横缝应做成梯级型，梯级宽度为500mm。

（4）碾压

① 碾压分为初压、复压、终压三个阶段。

a. 初压采用小于12t的压路机静压1～2遍，静压速度小于2km/h，静压之后要进行适当的人工找补。

b. 复压采用大于 12t 的压路机进行，碾压一般需 2～3 遍，复压速度 2.5km/h 左右，要边压边通过灌砂法进行压实度测试，确保压实度合格。

c. 终压在复压合格后进行，采用压路机进行静压赶光作业，终压速度控制在 3km/h 左右，必要时采用胶轮压路机赶光一遍。

② 碾压作业中应注意的原则：正常段作业时由两侧向路中侧碾压，超高段由内侧向外侧进行碾压；每道碾压应与上一道碾压带重叠 300mm，并确保均匀压实全幅；如作业期间出现松散、起皮等现象，应及时进行处理，待处理后方可进行压实。

（5）洒水养生

摊铺完成后及时进行养生，养生期不少于 7 天。可采用洒水养生或薄膜覆盖。洒水车宜采用喷淋式水车。

3.3.5　级配碎石及级配碎砾石基层

3.3.5.1　施工流程

准备下承层→施工放样→级配碎石（碎砾石）材料搅拌→运输→摊铺（平地机布料、整平或摊铺机摊铺）→碾压→接缝处理→养护。

3.3.5.2　具体施工过程

（1）准备下承层

下承层应平整、坚实，具有路拱。新建下承层应通过验收，达到相关规程规定；对于老路面应检查其材料是否符合底基层材料的技术要求，如不符合要求，应翻松老路面并采用必要的处理措施。下承层不宜做成槽式路面。

（2）施工放样

在下承层上恢复中线，并在两侧路肩边缘外设指示桩上明显标记出基层边缘的设计高程。中线、边线、标高标记明显。

（3）级配碎石（碎砾石）材料搅拌

① 对用于快速路和主干路的级配碎石基层和中间层，宜采用不同粒径的单一尺寸碎石和石屑，按预定配合比在搅拌机内拌制级配碎石（碎砾石）。

② 不同粒级的碎石和石屑等细集料应隔离，分别堆放。

③ 细集料应有覆盖，防止雨淋。

④ 在正式拌制级配碎石（碎砾石）之前，必须先调试所有的厂拌设备，使级配碎石（碎砾石）的颗粒组成和含水量都能达到规定的要求。

⑤ 在采用未筛分的碎石和石屑时，如未筛分碎石或石屑的颗粒组成发生明显变化，应重新调试设备。

（4）运输

① 级配碎石（碎砾石）装车时，应控制每车料的数量基本相等。

② 在同一料场供料的路段内，宜由远到近卸置集料。卸料距离应严格掌控，

避免料不够或过多。

③ 料堆每隔一定距离应留一缺口。

④ 级配碎石（碎砾石）在下承层上的堆置时间不应过长。运送级配碎石（碎砾石）较摊铺工序只提前数天。

⑤ 用平地机或其他合适的机具将料均匀地摊铺在预定的宽度上，表面应力求平整，并具有规定的路拱。

⑥ 检查松铺材料的厚度，必要时，应进行减料或补料工作。

（5）摊铺

① 级配碎石（碎砾石）用于城镇快速路和主干路时，应用沥青混凝土摊铺机或其他碎石摊铺机摊铺。应事先通过试验确定级配碎石（碎砾石）的松铺系数并确定松铺厚度。摊铺时级配碎石（碎砾石）的含水量宜高于最佳含水量约 1%，以补偿摊铺及碾压过程中的水分损失。在摊铺机后面应设专人消除粗细集料离析现象，特别是粗集料窝或粗集料带应铲除，并用新级配碎石（碎砾石）填补或补充细级配碎石（碎砾石）并搅拌均匀。

② 级配碎石用于次干路以下道路时，如没有摊铺机，也可用自动平地机摊铺级配碎石（碎砾石）。平地机摊铺级配碎石（碎砾石），其松铺系数为 1.25～1.35。根据摊铺层的厚度和要求达到的压实度，计算每车级配碎石（碎砾石）的摊铺面积。级配碎石（碎砾石）均匀地卸在路幅中央，路幅宽时，也可将级配碎石（碎砾石）卸成两行。用平地机将级配碎石（碎砾石）按松铺厚度摊铺均匀。

（6）碾压

① 摊铺后，当级配碎石（碎砾石）的含水量等于或略大于最佳含水量时，立即用 12t 以上压路机进行碾压。直线和不设超高的平曲线段，由侧路肩开始向路中心碾压；碾压时压路机应逐次倒轴碾压，两轮压路机每次重叠 1/3 轮宽，三轮压路机每次重叠后轮宽度的 1/2；后轮必须超过两段的接缝处。后轮压完路面全宽时，即为一遍。碾压一直进行到要求的压实度为止。一般需碾压 6～8 遍，碾压后不得使轮迹深度大于 5mm。压路机的碾压速度，头两遍以 1.5～1.7km/h 为宜，以后用 2.0～2.5km/h。

② 路面的两侧应多压 2～3 遍。

③ 严禁压路机在已完成的或正在碾压的路段上调头或急刹车。

（7）接缝处理

应避免纵向接缝。如摊铺机的摊铺宽度不够，必须分两幅摊铺时，宜采用两台摊铺机一前一后相隔 5～8m 同步向前摊铺级配碎石（碎砾石）。在仅有一台摊铺机的情况下，可先在一条摊铺带上摊铺一定长度后，再开到另一条摊铺带上摊铺，然后一起进行碾压。在不能避免纵向接缝的情况下，纵缝必须垂直相接，不应斜接，并按下述方法处理：在前一幅摊铺时，在靠后一幅的一侧应用方木或钢模板做支撑，方木或钢模板的高度与级配碎石层的压实厚度相同。

（8）养护

级配碎石（碎砾石）基层未洒透层沥青或未铺封层时，禁止开放交通，以保护表层不受破坏。

3.3.6　粉煤灰三渣基层

3.3.6.1　施工流程

搅拌和运输→摊铺初平→初压整型→终压成型→上层三渣施工→养护。

3.3.6.2　具体施工过程

（1）搅拌和运输

三渣混合料由厂家集中搅拌，用强制式拌合机厂拌，严禁用铲车等机械搅拌。混合料外观均匀，无粗细料分离现象。拌好的三渣混合料在搅拌厂的堆料时间不得超过 2 天。三渣混合料用运输车直接运至现场，根据摊铺需要，分散、分点地卸在路基上。

（2）摊铺初平

三渣混合料用挖机进行摊铺，人工配合，严禁用多齿耙摊铺和整平。到场的混合料应做到当天进场、当天摊铺、当天碾压，若不能及时摊铺的，在现场堆放时间不得超过 2 天。混合料的摊铺系数根据试摊铺确定，一般按照 1.4 控制，基层厚度大于 25cm 的应分层摊铺，小于 25cm 的一次摊铺；分层摊铺时，应保证上下层联结良好，在下层碾压密实后及时摊铺上层，若不能及时摊铺，必须清除下层的浮浆，时间间隔控制在 2 天以内，上层摊铺时，对底层进行洒水湿润，清扫表面的垃圾。施工时应减少纵横向接缝，分层施工时，纵横向接缝应错开，横接缝间距不宜小于 1m，纵接缝错距不小于 0.3m。摊铺时，根据边桩、中桩的控制标高，拉阳线控制，横向应有设计 2% 的横坡，人工进行找补。

（3）初压整型

三渣混合料摊铺均匀后，用压路机快速碾压 1～2 遍，以暴露潜在的不平整。对于坑洼较大的及时补填，混合料必须用劳动车运输，补料时用铁锹反扣，严禁用齿耙找补。用平地机初步整平和整型，直线段由外侧向内侧进行刮平。然后压路机再碾压 1～2 遍，速度控制不宜过快，车速控制在 15km/h。最后再用平地机整型一次，以人工配合消除粗细集料不均匀现象。每次整型都按照设计的纵坡和路拱进行，并注意接缝处的整平，使接缝顺适平整。

（4）终压成型

整型后的三渣混合料处于最佳含水量的 ±1% 时，方可进行碾压，如表面水分不足，应适当洒水，但严禁洒大水吊浆碾压。用重型压路机（12t 振动型）在路基全宽内按先边后中、先静后振、先轻后重、先低后高的原则进行碾压；碾压时，三轮后轮应重叠 1/2 轮宽；后轮必须超过两段的接缝处，后轮压完基层的全宽时即为一遍，碾压遍数以达到要求的压实度为止。基层的两侧和纵横接缝处，应多压 2～3 遍，碾压车速控制在 15km/h。碾压过程中，如有"弹簧"、松散、起皮等现象，应及时翻开换上新的三渣混合料，使其达到质量要求。碾压后的三渣层表面应结成整体，平整度≤10mm，且表面无严重积浆。严禁压路机在已完成的或正在碾压的路段上调头和急刹车，以保证表层不受破坏。

（5）上层三渣施工

上层三渣的摊铺、整形、碾压按照下层施工。上下层必须联结良好，控制好上下层的施工间隔，在下层碾压密实后，立即摊铺上层；若来不及，则不得大于2天。上层摊铺时，下层三渣表面的浮浆必须清除干净，最好表面石子露出2～3mm，适当洒水湿润，下层表面无杂物。

（6）养护

三渣基层碾压完成后，应保湿养生，表面用土工布覆盖，洒水养护时间一般为14天。洒水时，高压水头不得直接冲刷三渣表面。干热天应每天洒水湿润，湿冷天可待基层表面干燥泛白时补充洒水。三渣基层不能直接开放交通，严禁施工车辆在上面行驶和调头。

3.3.7　水淬渣三渣基层

3.3.7.1　施工流程

施工准备→搅拌和运输→摊铺初平→整型→上层三渣施工→养护。

3.3.7.2　具体施工过程

（1）施工准备

做好施工技术交底工作，对操作工人、机械操作人员进行详细的技术交底，对施工流程、施工验收标准、施工注意事项和安全文明施工等方面进行书面交底，做好交底纪录，保证规范施工。

（2）搅拌和运输

三渣混合料由厂家集中搅拌，用强制式搅拌机厂拌，严禁用铲车等机械搅拌。混合料外观均匀，无粗细料分离现象。拌好的三渣混合料在搅拌厂的堆料时间不得超过2天。三渣混合料用运输车直接运至现场，根据摊铺需要，分散、分点地卸在路基上。

（3）摊铺初平

三渣混合料用挖机进行摊铺，人工配合，严禁用多齿耙摊铺和整平。到场的混合料应做到当天进场、当天摊铺、当天碾压，若不能及时摊铺的，在现场堆放时间不得超过2天。混合料的摊铺系数根据试摊铺确定，一般按照1.4控制，基层厚度大于25cm的应分层摊铺，小于25cm的一次摊铺；分层摊铺时，应保证上下层联结良好，在下层碾压密实后及时摊铺上层，若不能及时摊铺，必须清除下层的浮浆，时间间隔控制在2天以内，上层摊铺时，对底层进行洒水湿润，清扫表面的垃圾。施工时应减少纵横向接缝，分层施工时，纵横向接缝应错开，横接缝间距不宜小于1m，纵接缝错距不小于0.3m。摊铺时，根据边桩、中桩的控制标高，拉阳线控制，横向应有设计2%的横坡，人工进行找补。

（4）整型

三渣混合料摊铺均匀后，用压路机快速碾压 1～2 遍，以暴露潜在的不平整。对于坑洼较大的及时补填，混合料必须用劳动车运输，补料时用铁锹反扣，严禁用齿耙找补。

（5）上层三渣施工

上层三渣的摊铺、整形、碾压按照下层施工。上下层必须联结良好，控制好上下层的施工间隔，在下层碾压密实后，立即摊铺上层；若来不及，则不得大于 2 天。上层摊铺时，下层三渣表面的浮浆必须清除干净，最好表面石子露出 2～3mm，适当洒水湿润，下层表面无杂物。

（6）养护

三渣基层碾压完成后，应保湿养生，表面用土工布覆盖，洒水养护时间一般为 14 天。洒水时，高压水头不得直接冲刷三渣表面。干热天应每天洒水湿润，湿冷天可待基层表面干燥泛白时补充洒水。三渣基层不能直接开放交通，严禁施工车辆在上面行驶、调头。

4

路面联结层

4.1　碎石联结层

4.1.1　碎石联结层施工工艺流程

路面联结层

扫码观看视频

碎石联结层施工工艺流程如下：施工准备→摊铺→稳压→碾压→养护。

4.1.2　碎石联结层施工要点

（1）施工准备

碎石联结层是由坚硬多棱角的轧制碎石，经洒水碾压而成的柔性路面的一层结构层，如图4-1所示，对加强面层与基层的黏结作用、提高路面使用年限有重要作用。

柔性路面指的是刚度较小、抗弯拉强度较低，主要靠抗压、抗剪强度来承受车辆荷载作用的路面

图 4-1　柔性路面

① 材料：碎石。采用质地坚韧、耐磨的轧碎花岗石或石灰石。碎石应呈多棱角块体，清洁无土，不含石粉及风化杂质，软硬不同的石料不能掺用。砾石如图4-2所示。

砾石是指平均粒径大于2mm并小于64mm的岩石或矿物碎屑物

图 4-2　砾石

采用砾石时，须掺入 30%～40% 的破碎砾石。

②机具：翻斗车、汽车、装载机（图4-3）、铁锹、铁叉子及其他运输车辆。碎石应按计划直接卸入道路基层上。平地机（图4-4）或人工摊铺，禁止使用履带推土机摊铺。

装载机主要用于铲装土壤、砂石、石灰、煤炭等散状物料，也可对矿石、硬土等作轻度铲挖作业

图 4-3 装载机

平地机是土方工程中用于整形和平整作业的主要机械，广泛用于公路、机场等大面积的地面平整作业

图 4-4 平地机

③作业条件：基层已全部完成（含配合工程、地下各种管线已竣工），经验收合格，道牙（图4-5）已安砌、路肩已培土压实。

道牙又称"路牙""缘石"，即砌筑在车行道与人行道之间高出路面并基本与人行道持平的混凝土预制块或砖石。其作用是保护行人安全，并使车行道的边缘形成排水沟

图 4-5 道牙

（2）摊铺

①摊铺前对基层设计高程及路中线、路边线进行复核测量。各项指标应符合规定偏差，表面清洁无杂物，如图4-6所示。

摊铺前需要进行复核测量

图 4-6 测量

② 机铺或人铺按设计厚度×压实系数的松铺厚度，反复检测虚厚高程及跨面横断面使之符合设计要求、边线整齐，（碎石联结层与路面同宽）全幅分段或分条进行摊铺。

③ 压实系数：人工 1.3～1.4；机械 1.2～1.25。

④ 摊铺时必须检查石料堆底子土，须即时清理干净。

（3）稳压

① 稳压宜用 6～8t（或 8～10t）两轮压路机、轮胎压路机或振动压路机（图 4-7）自两侧向路中慢速稳压两遍，使碎石各就其位，穿插紧密，初步形成平面。

振动压路机利用其自身的重力和振动压实各种建筑和筑路材料

图 4-7 振动压路机

② 如图 4-8 所示，稳压两遍后即洒水，用水量 2～2.5kg/m²，以后随压随洒水花，用量约 1kg/m²。

（4）碾压

碾压的操作要点如表 4-1 所示。

稳压洒水是为了保持石料湿润，减少摩阻力

图 4-8　洒水

表 4-1　碾压操作要点

步骤	操作要点
1	用 12～15t 三轮压路机碾压，后二轮每次重叠轮宽的 1/2，且后轮宽一半应压路肩
2	由两侧向路中碾压，先压路边 2～3 遍后逐渐移向中心。弯道超高和纵坡较大的段落，应由低处向高处碾压，随即检测横断面、纵断面高程
3	从稳压到碾压全过程都应随压随洒水花，效果较好，总水量 12～14kg/m²
4	碾压过程从稳压至碾压成活要完全中断交通。严禁机动车等在上面调头、转弯、刹车，以防表面松动
5	碾压至表面平整，无明显轮迹，压实密度大于等于设计要求
6	碾压中局部有"弹软"现象，应立即停止碾压，待翻松晾干或处理后再压，若出现推移，应适量洒水，整平压实。如发现碎石呈圆形和形成石屑过多，即表明"过碾"，应将过碾部分碎石挖出，筛除细小石料，添加带有棱角的新料，再行碾压
7	分段进行施工，衔接处可留一段不压，供下一段施工回转机械之用
8	碎石压好后应先洒水，再撒布 1.5～2.5cm 的小碎石 0.5m³/100m²，扫堰均匀，每压 2～3 遍即须洒水一次，每次不大于 1kg/m²

（5）养护

① 碎石层成活后，须在湿润状态下养生，表面过于干燥时可洒水 0.5kg/m²（打水花）。

② 禁止各种车辆通行，特别是履带车辆。

4.1.3　碎石联结层质量要求与允许偏差

（1）质量要求

表面应坚实、平整，嵌缝料不得浮于表面或聚集形成一层。

（2）允许偏差

用 12t 以上压路机碾压后，轮迹深度不得大于 5mm。

4.2　大粒径沥青碎石（厂拌大料）联结层

4.2.1　大粒径沥青碎石联结层施工工艺流程

大粒径沥青碎石联结层施工工艺流程如下：试验段铺筑→下承层准备→施工放样→沥青混合料的搅拌→混合料的运输→混合料摊铺→混合料碾压→接缝及拼宽位置处理→检查验收。

4.2.2　厂拌大粒径沥青碎石联结层施工要点

（1）试验段铺筑

如图4-9所示，试验段铺筑分试拌及试铺两个阶段，应包括下列试验内容。

① 检验各种施工机械的类型、数量及组合方式是否匹配。

② 通过试拌确定搅拌机的操作工艺，考察计算机打印装置的可信度。

③ 通过试铺确定混合料的摊铺、压实工艺，确定松铺系数等。

④ 验证沥青混合料生产配合比设计，提出生产用的标准配合比和最佳沥青用量。

⑤ 检测试验段的排水效果检测。

⑥ 试验段铺筑应由业主、监理、施工各方共同参加，及时商定有关事项，明确试验结论。铺筑结束后，施工单位应就各项试验内容提出完整的试验路施工、检测报告，取得业主或监理的批复。

在沥青碎石联结层正式开工前应铺筑试验段，长度通常宜为100～200m，宜选在正线上铺筑

图 4-9　试验段铺筑

（2）下承层准备

① 沥青碎石联结层施工前，应验收下承层，对下承层进行检查，如有杂物和柴油污染，应进行处理，如图4-10所示。泥土、垃圾等应提前清扫并用水车冲洗，并保证摊铺前完全干透。对表面柴油污染，如漏油、小片油团、下封层损坏，人工凿除污染层，重新补做，并用采用小型压路机碾压至要求压实度。

② 沥青碎石联结层施工前，下承层需全断面洒布透层油和同步碎石封层。

③ 检查下基层的取芯补坑情况。钻芯检测留下的样洞应提前用同等材料填充后用橡皮锤分层击实。

下承层就是施工层下面的起主要承重作用的结构层

图 4-10 下承层工作面清扫

（3）施工放样

① 测量员在下承层上恢复中线，埋设控制桩，每 20m 设一桩，同时放出对应断面的边桩，如图 4-11 所示。

② 在两侧打钢钎设基准线，基准线设立时，直线段每 10m 打一个钢钎，曲线段每 5m 打一个钢钎，钢丝绳要拉紧，保证基准线水平。

③ 标高的测量应尽可能估计到 1mm，测量误差不得大于 2mm；标高的测量结果应按桩号记录备用。

④ 放样用钢钎应打入地下 20cm 左右，要固定牢靠。

把设计图纸上工程建筑物的平面位置和高程，用一定的测量仪器和方法测设到实地上去的测量工作称为施工放样

图 4-11 施工放样

（4）沥青混合料的搅拌

沥青混合料经设计完成之后，通过搅拌站的搅拌进行生产。大粒径碎石升温速度较快，在搅拌中一定严格控制各项温度。在搅拌过程中如发现沥青混合料温度超过标准，要坚决废弃，以防止沥青老化后造成沥青路面的早期破坏。沥青混合料的正常施工温度范围如表 4-2 所示。

表 4-2 沥青混合料的正常施工温度范围   单位:℃

沥青种类		90 号沥青
沥青加热温度		150~160
矿料加热温度(间歇式拌合机)		集料比沥青加热温度高 10~20(填料不加热)
沥青混合料出厂正常温度		150~160
混合料贮料仓贮存温度		贮料过程中温度降低不超过 10
混合料废弃温度,高于		190
运输到现场温度,不低于		140
摊铺最低温度,不低于	正常施工	130
	低温施工	135
开始碾压的混合料内部温度,不低于	正常施工	125
	低温施工	135
碾压终了的路表温度,不低于		65

(5) 混合料的运输

运输车装满混合料后,必须经试验室检测出厂温度,合格后方能出厂过磅,搅拌厂开具运料单,标明车号、出厂日期、摊铺地点,磅房过磅填写吨数、一式三份,一份存搅拌厂,一份交摊铺现场工长,一份交司机。运料车(如图 4-12 所示)到达施工现场必须按指定的位置驶入摊铺段。摊铺前应测试现场温度,在前车摊铺剩料约 1/3 时才允许后车掀起苫布。

宜采用较大吨位的运料车运输,施工过程中摊铺机前方应有2~3台运料车等候

图 4-12 运料车

(6) 混合料摊铺

① 采用两台大功率摊铺机(如弗格勒 2100-2 或 ABG423)联合摊铺,虚铺系数暂定为 1.2,待试验段施工中实际确定。摊铺前应先检查各部位是否牢固安全,然后,根据摊铺的宽度和厚度调整摊铺机熨平板的宽窄和仰角的大小,开始摊铺前提前 1h 预热熨平板不低于 100℃。

② 采用两台摊铺机以梯队方式施工时,靠中央隔离带一侧的摊铺机在前,左侧架设钢丝基准,摊铺机上安装横坡仪控制铺层横坡,后面的摊铺机在右侧架设钢

丝基准，左侧在摊铺好的松铺层上架设滑靴基准。

③ 每台摊铺机设置 2 人专门看护传感器电脑，不让它滑出钢丝绳外并注意不要有钢丝绳滑落现象。

④ 摊铺机摊铺 3～5m 后，测量员及时复核横断面各点标高与横坡是否合适，以便及时调整松铺系数和横坡。摊铺过程中检测人员随时检测摊铺厚度，以确保几何数据准确无误。摊铺机工作如图 4-13 所示。

混合料运到现场温度不低于140℃，摊铺温度不低于130℃

图 4-13　摊铺机工作

（7）混合料碾压

① 混合料摊铺后应立即对路面进行检查，对不规则之处及时用人工进行调整，随后进行充分均匀的碾压。正常段压路机（如图 4-14 所示）应从外侧向中心碾压，超高段则由低向高碾压；相邻碾压带重叠宽度振碾不大于 20cm，静碾不小于 20cm；要将压路机的驱动轮面对摊铺机方向，防止混合料产生推移，碾压方向不应突然改变，压路机起动、停止必须减速缓慢进行。沥青混合料的压实按初压、复压、终压三个阶段进行。

压路机广泛应用于高等级公路、铁路、机场跑道、大坝、体育场等大型工程项目的填方压实作业

图 4-14　压路机

② 碾压前在碾压起点处全断面铺 6m 宽双层土工布，压路机上路碾压前，需在土工布上反复试压，消除钢轮上铁锈，双钢轮面上全断面布满水，水量适中，并消除胶轮上的浮土，胶轮上涂上隔离剂方可上路碾压。沥青混凝土在没碾压成型前，施工人员应减少在新摊铺沥青混凝土表面上行走和踩踏。压路机中途加水需停

在终压段 200m 开外。

（8）接缝及拼宽位置处理

摊铺工作中断或当天摊铺任务结束，需要设置一道横向施工缝。横缝应与铺筑方向大致呈直角，严禁使用斜接缝。横缝与下承层横缝应至少错开 1m。横缝应有一条直接碾压成良好的边缘。在下次行程摊铺前，应在上次行程的末端涂刷适量黏层沥青，并注意设置熨平板的高度，为碾压留出适量的预留量。

（9）检查验收

对铺筑完成的段落及时组织测量、试验、质检人员按规范规定的检查频率进行认真检查，对不符合要求的点和段落以书面形式及时通知工长和路面工程师，采取措施处理，检查合格后将测量、试验、质检人员填写的各项记录和表格汇总向监理报验，并组织人员配合监理抽查。检查验收如图 4-15 所示。

质检人员应按标准规定对施工进行检查，不符合要求的必须返工

图 4-15　检查验收

4.2.3　大粒径沥青碎石（厂拌大料）施工主要控制数据

4.2.3.1　人员

主要施工技术人员配置见表 4-3。

表 4-3　主要施工技术人员配置

岗位	主要负责事项
施工负责人	负责施工全面工作，包括控制进度、质量、人员
工长	负责施工现场管理工作与技术工作，配合质检人员进行现场质量控制
现场负责人	现场机械调度、施工安排及报验
质检员	负责现场施工的质量检查、监督、验收及监理报验工作
测量员	控制高程及厚度
内业技术员	负责内业填写，做好各项施工记录及检查记录
试验员	检测压实度等试验工作
安全员	负责现场文明施工

岗位	主要负责事项
机械操作员	施工机械操作
普通工人	负责现场画线、打钢钎、辅助摊铺等人工工作

4.2.3.2 材料

（1）沥青的选择

① 如图 4-16 所示，沥青的选择主要是根据公路等级、气候条件、交通条件、处于路面结构层的位置和受力状况来选择。

沥青是由不同相对分子质量的碳氢化合物及其非金属衍生物组成的黑褐色复杂混合物，是高黏度有机液体的一种，多以柏油或焦油的形态存在

图 4-16 沥青

② 根据气温条件选择使用 90 号道路石油沥青，并进行各项常规指标的检测，如图 4-17 所示，试验结果要满足技术规范的要求。

沥青需要根据气温条件、地质条件等因素检测

图 4-17 沥青检测

（2）集料的选择

沥青碎石连接层是典型的骨架-空隙型结构，它处于路面结构层内部，除了发挥排水的功能外，还需要承担行车荷载的反复作用，因此混合料应具有足够的强度和刚度。鉴于此，沥青混合料的粗集料（图 4-18）应该选择坚硬、韧性好，颗粒形状尽量接近于正方体的棱角丰富的碎石或碎砾石。施工所用粗集料应为碱性或中性石料，与沥青的黏附性要符合规范要求，矿粉应为碱性石料磨制而成，各项性能

指标应满足规范要求。

在沥青混合料中，粗集料是指粒径大于2.36mm的碎石、破碎砾石、筛选砾石和矿渣等

图 4-18 粗集料

4.2.3.3 设备

① 主要机械设备配置见表4-4。

表 4-4 主要机械设备配置

序号	机械名称及型号	序号	机械名称及型号
1	4000 型沥青搅拌站	6	CC633 双钢轮振动压路机
2	自卸汽车 25t 以上	7	智能型沥青碎石同步封层车
3	装载机	8	智能型沥青洒布车
4	福格勒 2100-2 型沥青摊铺机	9	洒水车
5	XP302 胶轮振动压路机		

② 主要试验仪器设备配置见表4-5。

表 4-5 主要试验仪器设备配置

序号	设备名称	序号	设备名称
1	沥青电动马歇尔击实仪	11	沥青针入度仪
2	沥青电动马歇尔稳定度仪	12	沥青软化点测定仪
3	沥青混合料拌合机	13	闪点仪
4	压力试验机	14	数显沥青低温延伸度仪
5	全自动沥青抽提仪	15	构造深度仪
6	沥青旋转式薄膜烘箱	16	摆式摩擦系数仪
7	最大理论密度试验仪	17	连续式路面平整度仪
8	恒温水浴	18	钻孔取芯机
9	沸煮箱	19	砂当量仪
10	电动脱模器	20	压碎值仪

4.2.3.4 目标空隙率

空隙率是保证排水基层发挥作用的关键，是沥青碎石联结层混合料的主要设计

指标。从满足排水性和耐久性方面考虑，结合以往施工经验确定目标空隙率范围为17%～23%。

4.2.3.5　推荐级配

① 联结层必须具有良好的骨架，并且能够承受车辆荷载作用，还要有足够的空隙率来满足排水的需要。

② 目前我国级配设计通常采用理论法和经验法，大粒径沥青混合料的级配设计原则是：保证足够的粗集料紧密地结合在一起形成骨架，同时避免次一级的粗骨料过多形成干涉，撑开骨架；细集料用量必须控制在一定范围以下，保证足够大的空隙率。与此同时，沥青混合料在施工中不会产生较大的离析，而且沥青混合料易于压实。

③ 根据公路沥青路面施工技术规范，结合现有道路使用经验推荐 ATPB-30、ATPB-25 两组级配范围，见表 4-6。

表 4-6　沥青混合料矿料级配范围

方孔筛孔径/mm	筛孔通过率/%	
	ATPB-30	ATPB-25
37.5	100	100
31.5	80～100	100
26.5	70～95	80～100
19	53～85	60～100
16	36～80	45～90
13.2	26～75	30～82
9.5	14～60	16～70
4.75	0～3	0～3
2.36	0～3	0～3
1.18	0～3	0～3
0.6	0～3	0～3
0.3	0～3	0～3
0.15	0～3	0～3
0.075	0～3	0～3

4.2.3.6　最佳沥青用量的确定

① 联结层对沥青用量比较敏感，若沥青用量过大，混合料中的"自由沥青"会增大，黏聚力减小，在施工过程中容易产生沥青析漏（流淌）（见图 4-19）、滴落堵塞空隙等问题；若沥青用量不足，混合料呈干枯状，缺乏足够的黏结力，易引起耐久性和稳定性等问题。

② 由于实际施工中，不同区域原材料差异较大。所以各施工项目应根据实际

沥青对人危害较大，遇明火、高热可燃。燃烧时放出有毒的刺激性烟雾

图 4-19 沥青析漏事故

情况按照《公路工程沥青及沥青混合料试验规程》（JTGE 20—2011），通过马歇尔试验来确定沥青混合料的最佳沥青用量。马歇尔试验仪器如图 4-20 所示。

马歇尔试验是确定沥青混合料最佳油石比的试验

图 4-20 马歇尔试验仪器

4.2.4 间断级配大粒径沥青碎石联结层的质量要求与允许偏差

4.2.4.1 质量控制

（1）引用标准

《公路沥青路面施工技术规范》（JTGF 40—2004）、《公路工程沥青及沥青混合料试验规程》（JTGE 20—2011）、《公路工程集料试验规程》（JTGE 42—2005）、《公路路基路面现场测试规程》（JTG 3450—2019）、《公路工程质量检验评定标准》（JTGF 80/1—2017）。

（2）控制措施

① 合理布置控制桩并定期进行检查和联测。同时严把进料关，为减少离析，材料堆码高度不宜超过 4m，尤其是 20～40mm、10～30mm 等大骨料。

② 严格控制沥青混合料搅拌、运输、摊铺、碾压过程中的温度检测，并做好记录。沥青混合料出场温度控制在 144～155℃。超过 190℃坚决废弃。

③ 摊铺、碾压等机械操作人员严格按照操作规程和沥青碎石施工作业指导书进行设备操作。

④ 加强各种机械的检查和维修，保证摊铺作业连续顺利进行。为减少离析，

螺旋布料器高度调整处于低位，并且保证布料器中沥青混合料在 2/3 以上。

⑤ 现行规范中对沥青碎石的碾压方案未作专门的规定，常用的碾压方案为：双钢轮初压、双钢轮、胶轮共同复压，最后双钢轮终压收面。

4.2.4.2　安全措施

① 全体管理人员、施工人员，严格执行国家有关安全生产的方针、政策、法令和安全生产职责及安全技术操作规程。

② 所有特种作业施工人员，持证上岗，非特殊工种不得从事特种作业。

③ 如图 4-21 所示，沥青搅拌站的各种机电设备，要确保设备正常完好，开机前控制室操作手需要鸣喇叭示警，机器周围工作人员听到喇叭声后应离开危险部位，操作手在确认外面人员安全的情况下才能开动机器。

搅拌站在运转前均需由机工、电工、控制室操作人员进行仔细检查

图 4-21　沥青搅拌

④ 由于沥青温度较高，所以管路张贴悬挂高温标志。沥青罐、燃料罐悬挂"易燃、禁烟"标识。同时配备数量足够的灭火器、消防砂等防火器材，如图 4-22 所示。严禁无关人员接触或靠近沥青加热及传输管道，以防烫伤。从事沥青作业人员必须穿戴防护用品，防止烫伤。

施工现场需要配备足够的灭火器、消防砂等防火器材

图 4-22　防火器材

⑤ 施工人员要穿醒目的反光标志服装，如图 4-23 所示；灯光必须明亮且无任何阴暗角落，照明须设专人管理；场地狭小、行人来往和运输频繁的地点，应该设临时交通指挥；现场施工人员应注意安全生产，防止施工机械带来的人员伤亡和其

他事故。

图 4-23 施工反光服装

⑥ 施工道口、搅拌站进场、出场道口要设立交通安全标识，设专人指挥交通，施工车辆进入现场后行驶速度要控制在 20km/h 内，靠近摊铺机时更要缓慢后退，以避免车辆高速行驶造成交通事故。

⑦ 施工现场设安全标志（如图 4-24 所示），危险作业区悬挂"危险"或者"禁止通行""严禁烟火"等标志，夜间设红灯示警。

禁止通行

图 4-24 安全标志

⑧ 使用燃气加热摊铺机熨平板时，燃气管道应正确连接，确保无泄漏，点火时作业人员应保持一定的安全距离，加热过程中应控制热量，防止因局部过热而变形；加热时应设专人看护，要时刻注意燃烧情况，若火焰熄灭，应即关闭燃气开关，找出原因，排除故障后方可重新点燃。

⑨ 按照工长要求顺序碾压，并注意保持间距，防止发生碰撞。压路机必须在前后、左右无障碍物和人员时才能启动；人工清除粘在压路机滚动轮上的沥青料时，必须跟在压路机后作业，严禁在压路机前面倒退作业。同时作业如图 4-25 所示。

两台以上压路机同时作业时，其前后距离不得小于3m

图 4-25 同时作业

⑩ 运料车卸完料后，若还有黏附沥青料需要清理时，必须用长柄工具站在车下清理，若必须上车清理时，要待自卸车（图 4-26）车厢放平后再上车，严禁在自卸车升箱状态时上车作业。

自卸车是指通过液压或机械举升而自行卸载货物的车辆，又称翻斗车

图 4-26　自卸车

5

面层

5.1 城市道路面层

城市道路面层

扫码观看视频

5.1.1 道路面层分类

如图 5-1、图 5-2 所示，按材料来分，道路面层可分为沥青路面、水泥混凝土路面和其他路面。

> 沥青路面是指在矿质材料中掺入路用沥青材料铺筑的各种类型的路面

图 5-1 沥青路面

> 水泥混凝土路面是指以水泥混凝土为主要材料做面层的路面，简称混凝土路面，亦称刚性路面，俗称白色路面，它是一种高级路面

图 5-2 水泥混凝土路面

5.1.2 路面面层的材料要求

（1）沥青

集料大多数与沥青的黏附性不好，其路面破坏的主要形式是水损害的问题。提高沥青与集料的黏附性，集料间的黏结力，采用改性沥青对改善沥青混合料的水稳

111

定性有很好的效果，能提高沥青路面防治水损害能力。SBS（I-D类）改性沥青的技术要求如表5-1所示。

表5-1 SBS（I-D类）改性沥青的技术要求

试验项目	单位	指标要求
针入度(25℃,5s,100g)	0.1mm	40~60
针入度指数PI,不小于	—	0
延度(5℃/5cm/min),不小于	cm	20
软化点(R&B),不小于	℃	70
运动黏度(135℃),不大于	Pa·s	3
闪点,不小于	℃	230
溶解度,不小于	%	99
弹性恢复(25℃),不小于	%	75
储存稳定性(离析)48h软化点差,不大于	℃	2.5
密度(15℃)	g/m³	实测记录
TFOT(或RTFOT)后		
质量变化,不大于	%	±1.0
残留针入度比(25℃,5s,100g),不小于	%	65
残留延度(5℃),不小于	cm	15

如图5-3所示，制造改性沥青的基质沥青应该和改性剂有良好的配伍性，其质量应符合《公路沥青路面施工技术规范》（JTGF 40—2004）中A级道路石油沥青的技术要求，如表5-2所示。

石油沥青是原油加工过程的一种产品，在常温下是黑色或黑褐色的黏稠的液体、半固体或固体

图5-3 石油沥青

表5-2 A级-70号道路石油沥青技术要求

指标	单位	70号
针入度(25℃,5s,100g)	0.1mm	60~70

续表

指标	单位	70 号
针入度指数 PI,不小于	—	$-1.5\sim+1.0$
软化点(R&B),不小于	℃	47
60 度动力黏度,不小于	Pa·s	180
10℃延度,不小于	cm	15
15℃延度,不小于	cm	100
蜡含量(蒸馏法),不大于	%	2.0
闪点,不小于	℃	260
溶解度,不小于	%	99.5
密度(15℃)	g/m³	实测记录
TFOT(或 RTFOT)后残留物		
质量变化,不大于	%	±0.8
残留针入度比(25℃,5s,100g),不小于	%	61
残留延度(10℃),不小于	cm	6

（2）粗集料

沥青混合料用粗集料应该采用碎石，必须选用合适的破碎机（图 5-4）机械加工成具有良好的颗粒形状，尽量减少针片状颗粒的含量，石质应该洁净、干燥、表面粗糙。沥青混合料用粗集料质量技术指标见表 5-3。

碎石机械适于破碎坚硬、中硬等矿石及岩石

图 5-4 碎石破碎机

表 5-3 沥青混合料用粗集料质量技术指标

指标	单位	要求	
		机动车道	非机动车道
压碎值	%	30	
洛杉矶磨耗值,不大于	%	35	
表观相对密度,不小于	—	2.45	

续表

指标	单位	要求	
		机动车道	非机动车道
吸水率,不大于	%	3.0	
针片状颗粒含量		20	
按照配合比设计的混合料,不大于	%		
其中粒径大于 9.5mm,不大于		—	
其中粒径小于 9.5mm,不大于			
0.075mm 通过率(水洗法),不大于	%	1	
软石含量,不大于	%	5	
磨光值 PSV,不大于	—	42	40
粗集料与沥青的黏附性,不低于	—	5	

（3）细集料

沥青混合料用细集料包括天然砂、机制砂和石屑,应该保持洁净、干燥、无风化、无杂质,如图 5-5 所示。沥青混合料用细集料质量技术要求如表 5-4 所示。

由自然条件作用(主要是岩石风化)形成的,粒径在5mm以下的岩石颗粒,称为天然砂

图 5-5　天然砂

表 5-4　沥青混合料用细集料质量技术要求

指标	单位	要求	
		机动车道	非机动车道
表观相对密度,不小于	—	2.5	2.45
坚固性(>0.3mm 部分),不小于	%	12	—
含泥量(<0.075mm 的含量),不大于	%	3	5
砂当量,不小于	%	60	50
亚甲蓝值,不大于	g/kg	25	—
棱角性(流动时间),不小于	s	30	—

（4）水泥混凝土

① 混凝土路面不仅受到动荷载的冲击、摩擦和反复弯曲作用，还受到温度和湿度反复变化的影响，所以面层混合料必须具有较高的抗弯拉强度和耐磨性，良好的耐冻性以及尽可能低的膨胀系数和弹性模量。还应具有适当的施工和易性，一般规定其坍落度为 0～30mm，工作度约 30s。

② 混凝土混合料中的粗集料宜采用岩浆岩和未风化的沉积岩碎石，最好不用石灰岩碎石，因为它易被磨光，导致表面过滑。采用连续级配的集料，混凝土的和易性和均匀性比较好。粗集料应质地坚硬、耐久、洁净，最大粒径不超过 40mm。混凝土中小于 5mm 的细集料可用天然砂砾。要求坚硬耐磨，具有良好级配，表面粗糙而有棱角，清洁，有害杂质含量少，细度模数在 2.5 以上。

③ 如图 5-6 所示，面层水泥一般用 42.5MPa 强度等级以上的普通硅酸盐水泥，混凝土水泥用量为 300～350kg/m³，对双层路面下层可用 32.5MPa 强度等级水泥，用量可降至 270kg/m³。搅拌和养生混凝土用的水，以饮用水为宜，混凝土用水量为 130～170L/m³。为保证混凝土强度和压实度，水灰比应为 0.40～0.55，水灰比低时混凝土和易性差，可以添加塑化剂或减水剂。混合料的含砂率一般为 28％～33％。

水泥：粉状水硬性无机胶凝材料。加水搅拌后成浆体，能在空气中硬化或者在水中硬化，并能把砂、石等材料牢固地胶结在一起

图 5-6 水泥

④ 接缝材料按使用性能分接缝板和填缝料两类。接缝板要求能适应混凝土面板的膨胀与收缩，且施工时不变形，耐久性良好，如图 5-7 所示。填缝料要求与混

接缝板可采用杉木板、纤维板、泡沫树脂板等

图 5-7 接缝板

115

凝土面板缝壁黏结力强，且材料的回弹性好，能适应混凝土的膨胀与收缩、不溶于水、不渗水、高温时不溢出、低温时不脆裂和耐久性好。填缝料按施工温度分加热施工式和常温施工式。加热施工式填缝料主要有沥青橡胶类、聚氯乙烯胶泥类和沥青马蹄脂类等。常温施工式填缝料有聚氨酯胶泥类、氯丁橡胶类、乳化沥青橡胶类等。

5.2　沥青面层

5.2.1　沥青混凝土面层施工

5.2.1.1　施工流程

选取原料→检查施工机械→对沥青混合料配合比设计→混合料的搅拌→沥青混凝土面层摊铺→沥青混凝土面层压实→施工质量控制。

5.2.1.2　具体施工过程

（1）选取原料

选取原料在上一节已经讲过，这里不再一一叙述。

（2）检查施工机械

施工前必须做好各关质量检测仪器和施工机械（图5-8）的准备工作，全面检查各种施工机械。

压路机　　　　　　　　　　　矿料撒布机

拌合站　　　　　　　　　　　摊铺机

图 5-8　各种施工机械

（3）对沥青混合料配合比设计

粗、细集料及填料的质量技术要求均应符合《公路沥青路面施工技术规范》（JTGF 40—2004）的相关要求。沥青混凝土采用马歇尔试验（图 5-9）配合比设计方法，沥青混合料的各项技术指标按《公路沥青路面施工技术规范》（JTGF 40—2004）的技术标准执行，矿料级配应符合沥青混凝土集料级配范围的级配要求。沥青混合料必须在规定的试验条件下进行车辙试验、浸水马歇尔试验、冻融劈裂试验、弯曲梁试验和渗水试验。

马歇尔试验是确定沥青混合料最佳油石比的试验

图 5-9 马歇尔试验

如图 5-10 所示，沥青混合料包括石料、沥青、石屑、砂和矿粉等，有的还加入聚合物和木纤维素拌制而成；这些不同质量和数量的材料混合形成不同的结构，并具有不同的力学性质。对于这些材料，必须从经济和技术两方面严格把好质量关，尽量选择材料质量合格的石料场和沥青厂家。对于每一批进场的原材料，必须对其装运日期、装运数量以及订货数量等进行严格检查，确保检查结果与厂家所附

石料　　　　矿粉

沥青　　　　石屑　　　　砂

图 5-10 各类沥青混合料

117

的报告没有出入，尤其是填料和粗细集料的质量更是要特别注意，坚决杜绝不合格矿料进场，应该按照严格要求抽样检测每一批进场的原材料的各项技术指标，只有经检测合格后方能投入使用。

对沥青混合料配合比设计：对于每层沥青混合料配合比采用三阶段配合比设计，即目标配合比设计阶段、生产配合比设计阶段、生产配合比验证阶段（试拌试铺阶段）。通过配合比设计决定沥青混合料的材料品种的可用性以及矿料级配和最佳沥青用量。配合比试验装置如图5-11所示。

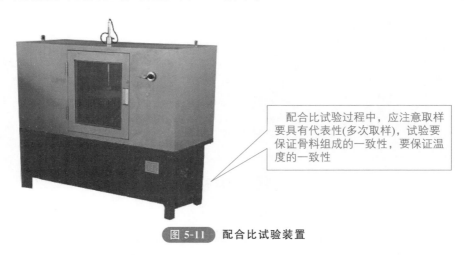

配合比试验过程中，应注意取样要具有代表性(多次取样)，试验要保证骨料组成的一致性，要保证温度的一致性

图 5-11　配合比试验装置

（4）混合料的搅拌

沥青混合料经设计完成之后，通过搅拌站的搅拌进行生产。沥青混合料的搅拌设备采用全部自动控制，其工序如表5-5所示。沥青混合料搅拌站如图5-12所示。

表 5-5　混合料搅拌工序

工序	内容
输入资料	向总控制电脑输入沥青混合料的级配资料
装料	由输送带将各集料装入相应的冷料仓
加热	初步计量后进入加热滚筒加热,自动控制加热温度
筛分	筛分各热料仓
搅拌	由控制室发出指令全自动计量后进入搅拌缸
加沥青	自动加入经计量的沥青
装运	充分搅拌后进入储料仓,等待汽车装运

沥青混合料搅拌时间应经试拌确定。拌好的沥青混合料不立即铺筑时，应放入储料仓储存，储存时间必须满足规范要求和监理工程师的指令。

根据试验选定的原材料沥青配合比，进行沥青混合料搅拌施工，并严格按照操作工艺操作，确保沥青拌合料的质量

图 5-12 沥青混合料搅拌站

（5）沥青混凝土面层摊铺

每台摊铺机（图 5-13）的摊铺宽度宜小于 6m，通常采用 2 台摊铺机前后错开 10～20m 呈梯队方式同步摊铺，两幅之间应有 30～60mm 宽度的搭接，并应避开车辙轮迹带，上下层搭接位置宜错开 200mm 以上。

摊铺机应具有自动找平、振捣夯实功能，且精度要高，能够铺出高质量的沥青层

图 5-13 摊铺机工作

（6）沥青混凝土面层压实

压路机应以慢而均匀的速度碾压，且符合规范要求。压路机碾压速度如表 5-6 所示。

表 5-6 压路机碾压速度 单位：km/h

压路机类型	初压		复压		终压	
	适宜	最大	适宜	最大	适宜	最大
钢筒式压路机	1.5～2	3	2.5～3.5	5	2.5～3.5	5
轮胎压路机	—	—	3.5～4.5	6	4～6	8
振动压路机	1.5～2（静压）	5（静压）	1.5～2（振动）	1.5～2（振动）	2～3（振动）	5（静压）

碾压温度应根据沥青和沥青混合料种类、压路机类型、气温、层厚等因素经试压确定，如表 5-7 所示。

表 5-7	热拌沥青混合料的碾压温度			单位：℃

施工工序		石油沥青的标号			
		50 号	70 号	90 号	110 号
开始碾压的混合料内部温度，不低于	正常施工	135	130	125	120
	低温施工	150	145	135	130
碾压终了的表面温度，不低于	钢轮压路机	80	70	65	60
	轮胎压路机	85	80	75	70
	振动压路机	75	70	60	55
开放交通的路表温度，不高于		50	50	50	45

（7）施工质量控制

施工质量控制如图 5-14 所示。对于所有取样和检验均应按照监理工程师的要求办理。承包人应在取样后 3 天内将试验结果提交给监理工程师检查。沥青混凝土面层的压实度应按双指标控制，其中应当采取以马歇尔稳定度击实成型标准经试验段修正的结果控制压实度，每天抽提试验完成后计算最大理论密度，控制压实度。对沥青路面采取外观鉴定，要求路面表面平整密实，不应有泛油、松散、裂缝、粗细集料集中等现象，存在缺陷的面积不得超过受检面积的 0.3%。

沥青路面的施工质量控制作为一道关键的工序，需要严格把关，对于各个重要环节需要做到精益求精，以指导沥青路面的施工

图 5-14　施工质量控制

5.2.2　沥青（黑色）碎石面层施工

5.2.2.1　施工流程

材料要求→配合比组成设计→准备下承层→试验路段→混合料的搅拌→混合料的运输→混合料的摊铺和压实→接缝的处理→质量控制。

5.2.2.2　具体施工过程

（1）材料要求

材料可采用的级配类型为 AM-20 型热拌沥青碎石（图 5-15），集料的最大粒径不宜超过 315mm，16mm 筛孔的矿料通过率在 60％～85％。沥青宜用标号 AH-70 的石油沥青；沥青饱和度宜在 40％～60％，混合料的孔隙率大于 10％。面层碎石采用抗滑、耐磨的石料，碎石的压碎值不应大于 30％；沥青碎石 20℃ 的抗压模量不应小于 700MPa。

图 5-15 沥青碎石

① 粗集料。粗集料包括碎石、筛选碎石、矿渣（图 5-16）等。它应洁净、干燥、无风化、无杂质，有足够的强度、耐磨性。粗集料的粒径规格应符合图纸要求，并按技术规范的要求选用。

矿渣是符合工程要求的石粉及其代用品的统称

图 5-16 矿渣

② 细集料。细集料可采用天然砂、人工砂及石屑（图 5-17），或天然砂和石屑两者的混合料。细集料应干净、坚硬、干燥、无风化、无杂质或其他有害物质，并有适当的级配。天然砂、石屑的规格和细集料的质量技术要求，应符合技术规范的要求规定。

石屑又名筛屑，为采石场加工碎石时通过规格为2.36mm或4.75mm的筛子的筛下部分集料的统称

图 5-17 石屑

③ 填隙料填。隙料宜采用石灰岩中的强基性岩石等憎水性石料经磨制的矿粉，不应含泥土杂质和团粒，要求干燥、洁净，其含量应符合规范要求。经监理工程师批准，采用水泥、石灰等作为填料时，其用量不宜超过集料总量的 2％。石灰如

图 5-18 所示。

石灰是一种以氧化钙为主要成分的气硬性无机胶凝材料

图 5-18　石灰

④ 沥青（图 5-19）。使用的沥青材料应为重交通石油沥青。运到现场的每批沥青都应附有制造厂的证明和出厂试验报告，并说明装运数量、装运日期、订货数量等。沥青材料的技术要求应符合技术规范规定，沥青标号根据当地的气候情况和图纸要求确定，并取得监理工程师的批准。承包人应在施工开始前 28 天将拟采用的沥青样品和上述证明及试验报告提交监理工程师批准。

沥青是有机化合物的混合物，为黑色或棕黑色胶状物，可用来铺路面，作为建筑物的防水、防腐和电气绝缘材料。沥青也被称为柏油

图 5-19　沥青

（2）配合比组成设计

① 组成配合比设计阶段。首先计算出各个材料的用量比例，配合成符合要求的矿料级配范围。然后，遵照试验规程和模拟生产情况，以 6 个不同的沥青用量（间隔 0.5％），采用实验室小型沥青混合料搅拌机与矿料进行混合料搅拌成型及马歇尔试验，确定最佳沥青用量。以次矿料级配及沥青用量作为目标配合比，供确定各冷料仓向搅拌机的供料比例、进料速率及试验使用。该项工作为保险起见，应做平行试验。

② 生产配比设计阶段。必须对筛分后进入搅拌机冷、热料仓的各种材料进行筛分试验、调整，使生产时的各种材料满足目标配比的要求，以确定各热料仓的材料比例，供搅拌机控制室使用，同时应反复调整冷料仓进料比例以达到供料平衡，并取目标配比设计的最佳沥青用量、最佳沥青用量±0.3％三个沥青用量进行马歇

尔试验，确定生产配合比的沥青用量，根据高速公路车辆渠化的要求，中、下面层的最佳沥青用量宜低于中值 0.2%～0.3%，但不低于目标配合比的所定沥青用量的低限。

③生产配比验证阶段。搅拌机采用生产配合比进行试拌并铺筑试验段，并用拌制的沥青混合料及路上钻取的芯样进行马歇尔试验和矿料筛分、沥青用量检验，检验生产产品的质量符合程度，由此确定生产产品标准配合比，作为生产控制的依据和质量检验的标准。标准配合比的矿料级配至少应使 0.075mm、2.36mm、4.75mm 三栏筛孔的通过率接近优选的工程设计级配范围的中值。满足要求后，即作为生产配合比，施工过程中，不得随意更改，保证各项指标符合要求并相对稳定，标准偏差应尽可能小。

（3）准备下承层

沥青面层施工前要对基层及封层进行一次认真的检验，特别是要重点检验：标高是否符合要求；表面有无松散；平整度是否满足要求。不达标路段应进行处理。

（4）试验路段

施工前要首先完成试验段（200m），用以确定以下内容，见表 5-8。

表 5-8 试验路段确定项目

工序	内容
1	确定合理的机械种类、机械数量及组合方式
2	确定搅拌机的上料速度、搅拌数量、搅拌温度等操作工艺参数
3	确定摊铺温度、速度，碾压顺序、温度、遍数等
4	确定松铺系数、接缝方法等
5	验证沥青混合料配合比
6	全面检验材料及施工质量
7	确定施工组织及管理体系、人员、通信联络方式
8	完成总结上报审批

（5）混合料的搅拌

混合料的搅拌要求见表 5-9。

表 5-9 混合料的搅拌要求

工序	内容
1	粗、细集料应分类堆放和供料，取自不同料源的集料应分开堆放，对每个料源的材料进行抽样试验，并应经监理工程师批准
2	每种规格的集料、矿粉和沥青部分按要求的比例进行配料

工序	内容
3	沥青材料应采用导热油加热,加热温度应在 160～170℃ 范围内,矿料加热温度为 170～180℃,沥青与矿料的加热温度应调节到能使拌制的沥青混凝土出厂温度在 150～165℃。不准有花白料、超温料,混合料超过 200℃ 者不得使用,并应保证运到施工现场的温度不低于 130～140℃。沥青混合料的施工温度应符合施工技术规范要求
4	热料筛分用最大筛孔应选择适合的尺寸,避免产生超尺寸颗粒
5	沥青混合料的搅拌时间应以混合料搅拌均匀、所有矿料颗粒全部裹覆沥青结合料为度,并经试拌确定,间歇式搅拌机每锅搅拌时间宜为 30～50s(其中干搅拌时间不得小于 5s)
6	拌好的沥青混合料应均匀一致,无花白料,无结团成块或严重的粗料分离现象,不符合要求时不得使用,并应及时调整
7	出厂的沥青混合料应以现行试验方法测量运料车中混合料的温度
8	拌好的沥青混合料不立即铺筑时,可放成品贮料仓贮存,贮料仓无保温设备时,允许的贮存时间应符合摊铺要求,有保温设备的贮料仓贮料时间不宜超过 6h

（6）混合料的运输

混合料的运输要求见表 5-10。

表 5-10　混合料的运输要求

工序	内容
1	从搅拌机向运料车上放料时,应每卸一斗混合料挪动一下汽车位置,以减少粗细料的离析现象,尽量缩小贮料仓下落的落距
2	当运输时间 0.5h 以上或气温低于 10℃ 时,运料车应用篷布覆盖
3	连续摊铺过程中,运料车应在摊铺机前 10～30cm 处停住,不得撞击摊铺机。卸料过程中运料车应挂空挡,靠摊铺机推动前行
4	已经离析或结成不能压碎的硬壳、团块或运料车辆卸料时留于车上的混合料,以及低于规定铺筑温度或被雨淋的混合料都应废弃,不得用于工程
5	除非运来的材料可以在白天铺完并能压实,或者在铺筑现场有足够和可靠的照明设施,白天或当班不能完成压实的混合料不得运往现场。否则,多余的混合料不得用于工程

（7）混合料的摊铺和压实

① 摊铺。在混合料摊铺过程中,需要注意对下层进行检查、消除纵缝、控制温度、匀速行驶、混合料均匀、合理采用人工摊铺（图 5-20）、及时清理积水等。

② 压实。要充分压实、按试验确定的压实设备的组合及程序进行。压实分为初压、复压和终压三个阶段,见表 5-11。

在摊铺机工作的过程中要合理使用人工摊铺

图 5-20 人工摊铺

表 5-11 压实

工序	内容
初压	摊铺之后立即进行高温碾压,用静态三轮压路机完成 2 遍初压,温度控制在 130～140℃。初压应采用轻型钢筒式压路机或关闭振动压路机碾压,碾压时应将驱动轮面向摊铺机。碾压线及叠压方向不应突然改变而导致混合料产生推移。初压后检查平整度和路拱,必要时应予休整
复压	复压紧接在初压后进行,复压用振动压路机和轮胎压路机完成,一般是先用振动压路机碾压 3～4 遍,再用轮胎压路机碾压 4～6 遍,使其达到压实度
终压	终压紧接在复压后的进行,终压应采用双轮钢筒式压路机或关闭振动的振动压路机碾压,消除轮迹(终了温度＞80℃)

压实度检查要及时进行,发现不够时在规定的温度内及时补压,在压路机压不到的其他地方,应采用手夯或机夯把混合料充分压实,如图 5-21 所示,已经完成碾压的路面,不得修补表皮,施工压实度检测可采用灌砂法。

人工压实辅助压路机工作

图 5-21 人工压实

(8) 接缝的处理

横缝、纵缝如图 5-22 所示。

① 接缝的方法及设备应取得工程师的批准,在接缝处的密度和表面修饰与其

他部分相同。

②　纵向缝应该采用一种自动控制接缝机装置，以控制相邻行程间的标高，并做到相邻行程间可靠地结合。纵向缝应是热接缝，并应是连续和平行的，缝边应垂直并形成直线。

③　在纵缝上的混合料，应在摊铺机的后面立即有一台静力钢轮压路机以静力碾压。碾压工作应连续进行，直至接缝平顺而密实。

④　纵向缝上下层间的错位至少应为 15cm。

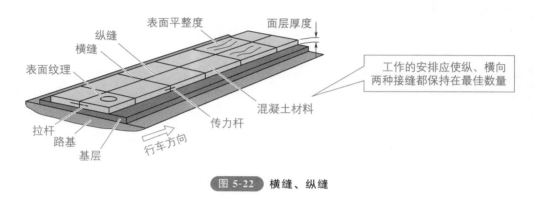

图 5-22　横缝、纵缝

⑤　由于工作中断，摊铺材料的末端已经冷却，或者在第二天工作时，就做成一道横缝，横缝与铺筑方向大致成直角。横缝在相邻的层次和相邻的行程间均应至少错开 1m。横缝应有一条垂直碾压成良好的边缘，在下次行程摊铺前，应在上次行程的末端涂刷适量黏层沥青，并注意设置整平板的高度，为碾压留出适当预留量。

（9）质量控制

质量控制要求如表 5-12 所示。

表 5-12　质量控制要求

序号	内容
1	设备要足量、性能良好(搅拌能力 30t/h，摊铺机一台)
2	原材料一定要符合要求，严格把好进料关，不合格材料要坚决不进，坚决不用，坚决清除出场，万万不可放松
3	确保配比准确
4	面层要严格控制好标高、厚度、平整度
5	施工压实度应派专人进行现场跟踪检测
6	废料不准抛撒到边坡、路肩

5.2.3 沥青贯入式面层施工

（1）施工准备

沥青贯入式路面施工前，基层应清扫干净，当需要浇洒透层或黏层沥青时，应在铺料前做好，如图 5-23 所示。

为了使沥青面层与非沥青材料基层结合良好，在基层上浇洒透层

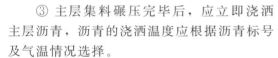

图 5-23　浇洒透层

（2）施工方法及步骤

① 人工摊铺主层集料，使集料均匀，严禁车辆通行。

② 主层集料铺好后，应采用 6～8t 压路机（图 5-24）碾压，碾压速度为 2km/h，自路边缘路中心碾压，每次轮迹应重叠约 30cm，控制好路拱和纵向坡度，当不符合要求时应调整，找平后再压，至集料无明显推移为止，然后再用 10～12t 压路机进行碾压，每次轮迹重叠 1/2 左右，宜碾压 4～6 遍，直至主层集料嵌挤稳定，无明显轮迹为止。

图 5-24　6～8t 压路机

③ 主层集料碾压完毕后，应立即浇洒主层沥青，沥青的浇洒温度应根据沥青标号及气温情况选择。

④ 主层沥青浇洒完成后，应立即撒布嵌缝料，嵌缝料撒布应均匀，不足处应找补。

⑤ 嵌缝料均匀立即用 8～12t 压路机进行碾压，轮迹应重叠 1/2 左右，宜碾压 4～6 遍，直至稳定为止，碾压时应随压随扫，并应使用嵌缝料均匀嵌入，当气温较高使碾压过程中发生较大摊移现象时，应立即停止碾压，等气温较低时再继续碾压。

⑥ 最后复压，宜采用 6～8t 压路机碾压 2～4 遍，然后再开放交通。

⑦ 沥青贯入式路面开放交通后的交通控制、初期养护等，应指定专人指挥，控制车速，使它在路幅内均匀压实，初期养护要有专人扫均嵌缝料，如图 5-25 所示。

养护是为保证道路等正常使用而进行的经常性保养、维修，预防和修复灾害性损坏，以及提高使用质量和服务水平而进行的加固、改善或增建

图 5-25　路面养护

5.2.4　沥青表面处治（处理）面层施工

表面处治所用集料必须清洁、干燥、无风化、具有足够的强度和耐磨耗性，面层集料的最大粒径应与分层压实厚度相匹配；沥青采用道路石油沥青，沥青的标号和品种应满足规范要求。

（1）施工要求

沥青表面处治尽量在干燥和较热的季节施工，采用层铺法施工，厚度为 2cm；施工工序应紧密衔接，根据压路机数量、沥青、洒布设备及集料撒布机能力等确定每段作业段长度，当天施工的路段必须在当天完成；在新建或旧路的表层进行表面处治时，表面的泥砂及一切杂物必须清除干净，底层必须坚实、稳定、平整、保持干燥后才可施工。

（2）施工设备

沥青表面处治施工应采用沥青洒布车（图 5-26）喷洒沥青，洒布时应保持稳定的速度和喷洒量，沥青洒布车在整个洒布宽度内必须喷洒均匀；沥青表面处治应采用光面钢筒 10t 左右压路机碾压。

沥青洒布车是指装备有保温容器、沥青泵、加热器和喷洒系统，用于喷洒沥青的罐式专用作业汽车

图 5-26　沥青洒布车

（3）表面准备

沥青表面处治层的表面应平整、清洁、无松散处，并应符合图纸所示或监理工程师确定的典型断面；洒布沥青之前，应用机动路帚或高压风动机械，并辅以人工

扫净表面，清除有害物质。

（4）洒布

沥青表面处治施工应采用沥青洒布车喷洒沥青，撒布机（图5-27）撒布集料。按图纸所示或监理工程师制定的层数施工，一般采用三层式施工；沥青的浇洒温度应根据施工气温及沥青标号选择，且应符合《公路沥青路面施工技术规范》（JTGF 40—2004）中的有关要求；沥青的浇洒长度应该与集料布料能力相适应，前后车的接槎搭接良好，如有空白或缺边应立即人工补洒，如有积聚应予刮除；沥青的用量应按《公路沥青路面施工技术规范》（JTGF 40—2004）中的要求选用；各层用量应根据施工气温、沥青标号、基层等情况，在规定的范围内选用。在夏季施工气温较高时，沥青用量宜采用低限；对道路人工构造物及各种管井盖座、侧平石、路缘石等外露部分以及行车道路面等，洒油时应加遮盖、防止污染。

撒布机广义上为能够把物料通过其运行撒布到地面或空中的一种设备

图 5-27　撒布机

（5）碾压

碾压应在集料撒布后立即进行，并在当日完成。撒布一段集料后即用钢筒双轮压路机碾压，每层集料应按撒布的全宽初压一遍，并应按需要进行补充碾压。碾压时每次轮迹重叠约300mm，从路边逐渐移向路中心，然后再从另一边开始移向路中心；一次作为一遍，一般全宽的碾压宜不少于3～4遍，碾压速度初始时以不大于2km/h为宜，以后可适当增大速度。

（6）交通管理

沥青表面处治碾压结束后，即可开放交通。通车初期应设专人指挥交通，控制行车，使路面全宽度均匀压实。如图5-28所示，在路面完全成型前应限制行车速

在路面完全成型前应限制行车速度

图 5-28　限速

度（不超过 20km/h），严禁畜力车及铁轮行驶。

（7）养护

沥青表面处治应进行初期养护。当发现有泛油时，应在泛油处补撒与最后一层石料规格相同的嵌缝并扫匀，过多的浮动集料应扫出路面外，并不得搓动已经黏着在位的集料，如有其他破坏现象应及时进行补修。

（8）质量检验

沥青材料的各项指标和石料的质量规格用量应符合设计要求和施工规范的规定；沥青浇洒应均匀，无露白，不得污染其他建筑物。嵌缝料扫布均匀，不应有重叠现象，压实平整；沥青表面应平整密实，不应有松散、油包、油丁、波浪、泛油、封面料明显散失等现象，有上述缺陷的面积之和不超过受检面积的 0.2%；无明显碾压轮迹。沥青表面处治面层检查项目如表 5-13 所示。

表 5-13　沥青表面处治面层检查项目

项次	检查项目		规定值或允许偏差	检查方法（每幅车道）
1	平整度	标准偏差 σ/mm	4.5	平整度仪；全线连续，按每 100m 计算 σ 或 IRI
		平整度指数 IRI/(m/km)	7.5	
		最大间隙 h/mm	10.0	3m 直尺；每 200m² 处×10 尺
2	弯沉值(0.01mm)		不大于图纸允许值	按《公路工程质量检验评定标准》（JTGF 80/1—2017）检查
3	厚度 /mm	代表值	−5	按《公路工程质量检验评定标准》(JTGF 80/1—2017)检查，每 200m 每车道 1 点
		极值	−10	
4	沥青总用量/(kg/m²)		±10%	每工作日每层洒布沥青按《沥青喷洒施工法施工沥青用量测试方法》(T 0982—2008)查一次
5	中线平面偏差/mm		30	经纬仪；每 200m 测 4 点
6	纵断高程/mm		±15	水准仪；每 200m 测 4 断面
7	宽度 /mm	有侧石	±30	尺量；每 200m 测 4 处
		无侧石	不小于设计值	
8	横坡/%		±0.5	水准仪；每 200m 测 4 断面

5.2.5　透层、黏层与封层施工

（1）透层施工

基层养生完毕后，经监理工程师同意即可进行透层的施工，透层施工前应对基层再次进行全面的检查，严格把关，以防质量隐患，然后对合格路段的基层进行清扫，配置空气压缩机，可以把基层表面的浮土、灰尘及松散石子全部吹净，为了减

少灰尘对环境的污染，清扫前，用洒水车洒水润湿，待表面干燥并经监理工程师同意后再进行透层施工。乳化沥青洒布用沥青洒布车自动洒布，洒布量符合设计要求，洒布时注意控制车速，对漏洒或洒量不足，不匀的地段用人工补洒，以符合要求。洒布车的行驶速度及喷嘴的高低、角度均由试验确定，并报监理工程师审批。

（2）黏层施工

在沥青路面下面层与中面层之间、中面层与上面层之间喷洒黏层沥青，各面层之间黏层喷洒用量符合设计要求，采用智能型沥青洒布车喷洒乳化沥青。为防止黏层沥青发生粘轮现象，沥青面层上的黏层沥青应在面层施工2～4天前洒布，确保乳化沥青破乳完成后再行施工，在此期间做好交通管制，禁止任何车辆行驶，黏层沥青施工每天上、下午各检测一次洒布量，随时外观检查洒布的均匀性。

（3）封层施工

稀浆封层使用专用的摊铺机进行摊铺，按规范要求进行严格的配合比设计，封层两幅纵横搭接的宽度不超过80mm，横向接缝做成对接缝，封层铺筑后的表面不得有超粒径拖拉的严重划痕，接缝不得出现余料堆积或缺料现象。

5.2.6　沥青路面的养护

5.2.6.1　保养

沥青路面投入使用后，由于长期的日晒雨淋或者是车辆的碾压，会受到不同程度的损坏，所以沥青路面的养护是很重要的，而且养护要分不同的季节、不同的路面问题，解决的办法也是不一样的。春季需要处理裂缝；夏季要注意高温和雨水问题，及时修补破损；秋季易遭受冷空气影响；冬季注意防冻。

① 春季保养。做好沥青路面温缩裂缝和其他裂缝的灌、封处理，并及时修补坑槽、松散（图5-29）和翻浆等病害。

> 路面松散指的是由于结合料黏性降低或消失，路面在行车作用下集料从表面脱落的现象

图 5-29　路面松散

② 夏季保养。夏季气温较高，是沥青路面养护工程施工的有利季节，应抓住高温期处理泛油，如图5-30所示。铲除拥包、波浪，及时修复冬寒春雨期来临时的破损，恢复路面使用质量。

③ 秋季保养。由于逐步降温，路面易遭风雨袭击和冷空气影响，应抓紧完成

路面泛油是指沥青面层中的自由沥青受热膨胀，直至沥青混凝，空隙无法容纳，溢出路表的现象

图 5-30　路面泛油

养护工程年度计划项目，及时修补坑槽和乳化沥青稀浆封层。

④ 冬季保养。主要有路面积雪（图 5-31）、积水、冰冻的清除等冬季养护工作，防止路面病害的加剧。

可以采用以工业用盐来消除道路积雪

图 5-31　路面积雪

5.2.6.2　常见病害处理

常见病害处理如表 5-14 所示。

表 5-14　常见病害处理

序号	问题	解决方法
1	路面裂缝的修理	裂缝宽在 5mm 以内的，将缝隙刷扫干净，均匀喷洒少量沥青，再匀撒一层 2～5mm 的干燥洁净的石屑或粗砂，最后用轻型压路机将矿料碾压密实。裂缝宽在 5mm 以上的，先清除已松动的裂缝边缘，用热拌沥青混合料填入缝中，捣实。封内潮湿时应采用乳化沥青混合料
2	路面麻面、松散的修补	由于油温过高，黏结料老化而造成的松散者，应挖除重铺。用于基层或土基松软变形而引起的松散，应先处理基层或土基的病害，而后重做路面
3	路面油包的修补	属于基层原因引起的较严重的拥包，用挖补方法处理基层，再重做路面。属于面层原因引起的较严重的拥包，应在气温较高时铲除，而后补平顺用烙铁烙平；面层较厚拥包范围较大，气温较低时，可在路面上刨平
4	路面泛油的修补	轻度泛油，可撒 2～5mm 的石屑或粗砂，通过行车碾压至不黏轮为止。先撒粗料后撒细料，要均匀、无堆集、无空白，均匀压入。在行车碾压过程中，要及时扫回飞散的集料，待泛油稳定后将多余的集料清扫回收

续表

序号	问题	解决方法
5	路面坑槽的修补	面层坑槽时,应测定破坏部分的范围和深度,画出与路中心线平行或垂直的挖槽修补轮廓线,再开槽到稳定部分,槽壁垂直,并将槽底、槽壁清除干净,槽壁刷一层黏结沥青,随即填铺备好的沥青混合料,应略高于原地面,待行车压实,稳定后保持与原路面相平
6	路面啃边的修复	挖除破损边缘,切成纵规则断面,并适当挖深,采取局部加厚面层边部的办法修复。改善加固路肩或设硬路肩,使路肩平整坚实,与路面边缘衔接平顺,并保持路肩应有的横坡,以利排水。设置路缘石以防止啃边
7	路面脱皮的修复	属于面层与基层之间黏结不良而脱皮者,应先清除脱落已松动的面层,清扫干净,喷洒头层沥青后,重新铺面层。属于面层本身颗粒重叠,油料分布不匀而脱皮的,应将面层翻修。由于面层与封层没有黏结好,初期养护不良而引起脱皮,应先清除脱皮和松动部分,清扫干净后,洒上黏层沥青,重新封层
8	路面车辙的修复	翻松车辙表面一定深度并清除干净,铺筑前先喷洒黏层沥青。采用与原路面结构相同的沥青混合料铺筑,恢复路面横坡。属于局部下沉造成的车辙,可按处理路面深陷的方法进行修复
9	路面的波浪、搓板的修复	如基础强度不足或稳定性差,应先处理基层,再铺面层。小面积面层搓板,在波谷内填补沥青混合料找平治,起伏较大则铲除波峰部分进行重铺;大面积搓板应报告上级主管部门解决
10	路面翻浆修复	由于面层成型不好,雨雪水下渗引起基层表面轻度发软或冻胀而形成轻微翻浆,可在春融季节及水分蒸发后修理平整,促使成型。低气温施工的石灰土基层,发生上层翻浆,应挖除到坚硬处,另换新料修补基层和重铺面层。于排水不良造成的翻浆,应采取加深边沟、设置盲沟等排水设施,或采用水稳性好的垫层基层重新修复路面

5.3　水泥混凝土路面面层

5.3.1　水泥混凝土面层施工

5.3.1.1　施工流程

混凝土混合料的制备→混合料的运输→摊铺混凝土→混凝土振捣→混凝土路面的抹面→压槽→养护→混凝土路面的切缝→灌缝。

5.3.1.2　具体施工过程

（1）混凝土混合料的制备

拌制混凝土时要准确掌握配合比,进入搅拌机的砂、石料及散装水泥须准确过称,特别要严格控制用水量,每天拌制前,要根据天气变化情况,测量砂、石材料

水泥混凝土路面面层

扫码观看视频

的含水量，调整拌制时的实际用水量。每拌所用材料均应过秤，并应按照碎石、水泥、砂或砂、水泥、碎石的装料顺序装料，再加减水剂，进料后边搅拌边加水。并且搅拌第一盘混凝土拌合物时，应先用适量的混凝土拌合物或砂浆搅拌后排弃，然后再按规定的配合比进行搅拌。搅拌机如图 5-32 所示。

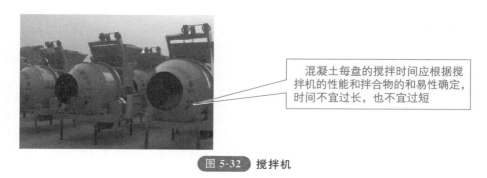

混凝土每盘的搅拌时间应根据搅拌机的性能和拌合物的和易性确定，时间不宜过长，也不宜过短

图 5-32　搅拌机

（2）混合料的运输

混凝土运输用手推车（图 5-33）、翻斗车或自卸汽车，运距较远时，宜采用搅拌运输车运输。运送时，车厢底板及四周应密封，以免漏浆，并应防止离析。装载混凝土不要过满，天热时为防止混凝土中水分蒸发，车厢上可加盖帐布，运输时间通常夏季不宜超过 30min，冬季不宜超过 60～90min，必要时采取保温措施。出料及铺筑时的卸料高度不应大于 1.5m，每天工作结束后，装载用的各种车辆要及时用水冲洗干净。

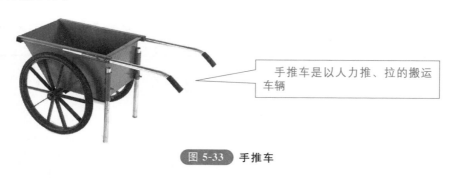

手推车是以人力推、拉的搬运车辆

图 5-33　手推车

（3）摊铺混凝土

运至浇筑现场的混合料，一般直接倒向安装好侧模的路槽内，并用人工找补均匀，有明显离析时应重新拌匀。摊铺时应用大铁耙子把混合料耙散，然后用铲子、刮子把料耙散、铺平。在模板附近，需用方铲用扣铲法撒铺混合料并插入捣几次，使砂浆捣出，以免发生空洞蜂窝现象。摊铺时的松散混凝土应略高过模板顶面设计高度的 10%左右。

施工间歇时间不得过长，一般不应超过 1h，因故停工在 1h 以内，可将已捣实的混凝土表面用麻袋覆盖，恢复工作时将此混凝土耙松，再继续铺筑；如停工 1h

以上时，应做施工缝处理。

施工时应搭好事先备好的活动雨棚架，如图 5-34 所示，如在中途遇雨时，一面停止铺筑，设置施工缝，一面操作人员可继续在棚下进行抹面等工作。

做好预防措施，合理设置活动雨棚

图 5-34 活动雨棚

（4）混凝土振捣

对于厚度不大于 22cm 的混凝土板，靠边角先用插入式振捣棒（图 5-35）振捣，再用功率不小于 2.2kW 的平板振捣器纵横交错全面振捣，且振捣时应重叠 10～20cm，然后用振捣梁振捣拖平，有钢筋的部位，振捣时应防止钢筋变位。

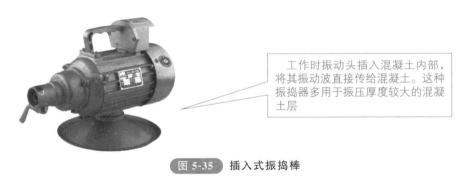

工作时振动头插入混凝土内部，将其振动波直接传给混凝土。这种振捣器多用于振压厚度较大的混凝土层

图 5-35 插入式振捣棒

振捣器在第一位置振捣的持续时间应以拌合物停止下沉，不再冒气泡并泛出水泥砂浆为止，不宜过振，也不宜少振，用平板式振捣器振捣时，不宜少于 30s，插入式不宜小于 20s。

当混凝土板较厚时，先插入振捣，再用平板振捣，以免出现蜂窝现象。分两次摊铺时，振捣上层混凝土拌合物时，插入式振捣器应插入下层混凝土 5cm，上层混凝土拌合物的振捣必须在下层混凝土初凝前完成，插入式振捣器的移动间距不宜大于其使用半径的一半，并应避免碰撞模板和钢筋。

振捣时应辅以人工找平，并应及时检查模板，如有下沉、变形或松动应及时纠正。对混凝土拌合物整平时，填补板面选用碎（砾）石较细的混凝土拌合物，严禁用纯砂浆。没有路拱时，应使用路拱成型板整平。用振捣梁（图 5-36）振捣时，其两端应搁在两侧纵向模板上或搁在已浇好的水泥板上，作为控制路线标高的依据。在振捣过程中，多余的混凝土应随着振捣梁的行走前进而刮去，低陷处应补足振实。为了使混凝土表面更加平整密实，用铁滚筒再进一步平整，效果更好，并能起到收水抹面的效果。

振捣梁一般要在混凝土面上来回各振捣一次

图 5-36　用振捣梁振捣

（5）混凝土路面的抹面

吸水完成后立即用粗抹光机（图 5-37）抹光。边角等局部抹光机打磨不到之处可用微型手动抹光器抹光，将凸出石子或不光之处抹平。最后用靠尺板检查路面平整度，符合要求后用铁抹子人工抹光。

经过机器施工的表面较人工施工的表面更光滑、更平整，能极大提高混凝土表面的密实性及耐磨性，并在功效上较人工作业提高工作效率10倍以上

图 5-37　抹光机

（6）压槽

抹面完成后进行表面横向纹理处理，压槽时应掌握好混凝土表面的干湿度，现场检查可用手试摁，混凝土确定适当后，在两侧模板上搁置一根槽钢，槽钢平面朝下，凹面朝上，作为压纹机过往轨道。

（7）养护

压槽完成后设置围挡，以防人踩、车碾破坏路面，阴雨天还应用草袋覆盖。混凝土浇筑完成 12h 后，可拆模进行养生，养生选择浇水、覆盖草袋（图 5-38）喷撒养生剂等方法，养生时间与施工季节有很大关系。

（8）混凝土路面的切缝

横向缩缝切割：横向施工缝采用锯缝，缝深 6cm，宽 5mm。切割机如图 5-39 所示。

为防止路面破坏，在特殊天气应即是设置草帘保护路面

图 5-38 覆盖草袋

切割时必须保持有充足的注水，在进行中要观察刀片注水情况

图 5-39 切割机

（9）灌缝

如图 5-40 所示，在锯缝处浇灌聚氯乙烯胶泥。

灌缝前应清除缝内的临时密堵材料，缝顶面高度与路面平齐

图 5-40 灌缝

5.3.2 民航机场水泥混凝土场道面层施工

（1）施工准备

① 施工前，施工单位应组织管理人员学习施工图纸、资料及相关文件，并做好"三级"技术交底工作，对现场施工及管理人员进行培训和考核，合格者持证上岗。

② 料场要备足合格的原材料并报验，经抽检合格后使用，材料应按种类分开堆放并挂牌标识。料场的搅拌设备（图5-41）、水电等必须满足需要。

搅拌尽量根据主要构造物分布、运输、通电和通水条件等综合选址

图 5-41　搅拌设备

③ 施工所需要的各类机具、仪器、设备等要准备充分，并经计量单位检验合格后使用。

④ 施工现场应根据施工需要布设平面及高程控制点，平面控制应符合国家标准《工程测量规范》（GB 50026—2007），中一级导线测量的各项规定，定位测量应符合国家标准《工程测量规范》（GB 50026—2007）中二级导线测量的各项规定，并经复测合格后使用。

（2）模板制作

① 模板直线段采用钢模板，并加工成阴企口形式，弧线段采用木模板。钢模板采用5mm厚冷轧钢板冲压制成，模板长度以5m为主。

② 如图5-42所示，模板支撑采用8个焊接角钢三角架均匀分布，固定端采用钢钎打入水稳基层固定。

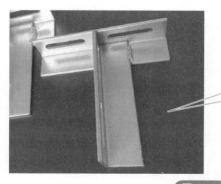

角钢俗称角铁，是两边互相垂直成角形的长条钢材

图 5-42　角钢三角架

（3）立模及填仓

① 在验收通过后的水泥碎石基层上，使用电子全站仪，采用极坐标法根据道面分块尺寸和位置测定出各分块交点，并用墨斗在实地弹线连接作为模板平面位置

的依据，模板的高程使用水准仪（图 5-43）按三等水准进行全过程控制。

水准仪是建立水平视线测定地面两点间高差的仪器。原理为根据水准测量原理测量地面点间的高差

图 5-43 水准仪

② 模板支好后，用水准仪进行检查、调整。模板调整完毕后，在模板内侧涂刷脱模剂以利拆模。在混凝土铺筑过程中，设专人跟班检查模板变形及垂直和水平移动等情况，并及时纠正。

③ 模板底部若空隙大于 2cm 时，应提前 36h 采用 M10 水泥砂浆封堵，施工时再用油毡折成 90°阻挡，防止浇筑混凝土时漏浆。

④ 在封头位置安放传力杆时，采用传力杆托架进行支撑，使传力杆在同一水平线上，禁止扰动传力杆。封头模板由上下两部分组成，传力杆置放的位置为混凝土板厚 1/2 水平线上。

⑤ 在进行填仓施工时，应将板侧沥青表面的水泥浆和底部的封堵砂浆清除干净，并在仓内洒水湿润，同时为防止在浇筑填仓时对相邻道面板块造成破坏，在规范规定的时间基础上，适当延长浇筑填仓混凝土的时间，按两侧混凝土面层最晚铺筑的时间算起不小于表 5-15 规定的时间。

表 5-15 铺筑填仓混凝土的最早时间

昼夜平均气温/℃	铺筑填仓混凝土的最早时间/d
$5 \leqslant t < 10$	8
$10 \leqslant t < 15$	7
$15 \leqslant t < 20$	6
$20 \leqslant t < 25$	5
$t \geqslant 25$	4

⑥ 铺筑填仓混凝土混合料时，在两侧已铺好的混凝土面层覆盖土工布以防止沾浆，在边部加盖白铁皮（厚度为 0.5mm）以防止损坏。做面时在新老混凝土接合处用抹刀划一整齐的直线，并将板边的砂浆清除干净。切缝时往两侧混凝土板块

延伸 5～10cm。

（4）搅拌

搅拌工序如表 5-16 所列。

表 5-16 搅拌

项目	内容
混凝土水灰比	混凝土水灰比不大于 0.44，单位水泥用量 300～330kg/m² 。尽量不使用外加剂，若使用其掺量应不大于 1.5%
坍落度	施工时的混凝土坍落度控制在 0～2cm，维勃稠度在 8～15s
碎石级配	混凝土中碎石采用 4.75～16mm 与 16～31.5mm 两级配组成
搅拌机	搅拌机采用双卧轴强制式搅拌机，搅拌时间宜控制在 80～90s
施工配合比及配料误差	搅拌必须严格按照当日已审核确认后的混凝土施工配合比通知单进行搅拌，严禁擅自更改。混凝土配料误差范围：水泥±1%，水±1%，砂、石料±2%
混合料	混合料应搅拌均匀，外观颜色一致。每罐混合料卸净后，方可向搅拌筒内投料，卸料高度不应超过 1.5m

（5）运输

混合料采用 8t 以下自卸汽车运输，运输前要保持车厢干净、湿润。运输过程中要避免剧烈颠簸致使混合料离析，从搅拌机出料到卸放在铺筑现场的时间最长不超过 30min。为保持混合料的水分，在 30℃以上高温和 6 级以上大风天气要采取覆盖措施，严禁用加水等方法来改变混合料的稠度。

（6）摊铺

① 摊铺混凝土长度原则上从抹面部位到摊铺下料处宜不大于 20m。抹面见图 5-44。

> 对抹面砂浆要求具有良好的和易性，容易抹成均匀平整的薄层，便于施工

图 5-44 抹面

② 混凝土混合料从搅拌机出料后，运至铺筑地点进行推铺、振捣、做面（不包括拉毛）允许的最长时间，应符合表 5-17 的规定。

施工气温/℃	出料至做面允许的最长时间/min
5≤t<10	120
10≤t<20	90
20≤t<30	75
30≤t<35	60

表 5-17 混凝土混合料从搅拌机出料至做面允许的最长时间

（7）振捣

施振前先对位，调整棒头高度，起步振捣时间应略长，然后按（0.8±0.1)m/min 的速度匀速行进，实施全宽全厚振捣（图 5-45）。

主振采用自行式高频排式机，振捣棒间最大间距不超过45cm

图 5-45 振捣

（8）整平

排式振捣机振捣完毕后，用 1.1kW 小平板拖振 2 遍进行压石、提浆和初步整平。对经过振实的混凝土表面，用 2 根木制、底面镶有钢板的全幅式振动行夯（整平机）在混凝土表面上缓缓移动，往返整平（图 5-46）、提浆。

辅以人工原则上以补低填平为主，不宜采用挖高找平方式，直至表面完全平整

图 5-46 整平

（9）揉浆

整平完毕后采用 2 根特制的钢滚筒来回滚动揉浆，同时应检查模板的位置与高程，在混合料仍处于塑性状态时，应用长度不小于 3.0m 的直尺检查表面的平整度，最后用特制的铝合金进行找平，将表面上多余的浮浆予以清除。天晴日照强的天气，在振捣、整平、揉浆区域，应采用挡光棚（图 5-47），以减少阳光直射及混

凝土表面水分蒸发过快。

图 5-47　挡光棚

（10）做面

做面采用两道塑料抹或木抹和一道铁抹的工艺。第一遍将表面揉压平整，压下露石，使泛浆均匀分布在混凝土表面，浆厚不大于 3mm；第二遍擀出表面泌水，挤出气泡；第三遍将小石子、砂子压入板面，消除砂眼及板面残留的各种不平整的痕迹。

（11）拉毛

拉毛的注意事项见表 5-18。

表 5-18　拉毛

序号	内容
1	水泥混凝土道面采用人工拉毛。毛刷用 2.5～3.0mm 粗的尼龙丝编制，每根长 15cm，固定部位长 3cm，保证尼龙丝的有效长度为 12cm
2	拉毛时由 5m 长铝合金尺作为导向，顺着道面横坡逆向施拉，用力应均匀
3	拉毛时，应经常用尺检查板块两端拉毛纹理线型与道面板接缝的距离，以确保纹理线型与道面接缝平行。在两刷之间应有一定的搭接
4	毛刷使用时，防止毛刷掉毛、变形、折断，并保持毛刷清洁，防止毛刷结硬。毛刷使用 10 仓×150m 后，必须更换新毛刷。拉毛时，将刷上的水甩干
5	拉毛时间视天气条件及浆的稠度而定，原则是既保证满足设计纹理深度要求，又不致水泥浆流淌或表面泛砂。通常用手触及表面砂浆不粘手而且能将手指纹印在水泥浆上时即可进行拉毛，一般控制在 3h 左右
6	在拉完毛以后采用宽 7m、高 1m 左右的防护棚对混凝土面进行保护

（12）养护、拆模

① 混凝土终凝后及时进行养护，养护采用无纺布湿治养护，并保证土工布干净、整洁、无破损。每天派专人负责检查养护土工布覆盖情况和湿润程度。

② 养护期开始后，在道面板块上将浇筑时间、方向、长度，用红漆标识，以利于控制养护时间。路面养护如图 5-48 所示。

③ 混凝土成型后最早拆模时间应符合表 5-19 的规定。

养护时间不得少于14天，养护期间禁止车辆通行

图 5-48　路面养护

表 5-19　混凝土道路面层成型后最早拆模时间

昼夜平均气温/℃	混凝土道面成型后最早拆模时间/h
$5 \leqslant t < 10$	72
$10 \leqslant t < 15$	54
$15 \leqslant t < 20$	36
$20 \leqslant t < 25$	24
$25 \leqslant t < 30$	18
$t \geqslant 30$	12

④ 拆模后，应及时均匀涂刷沥青予以养护，不得露白。

（13）切缝

切割接缝时，先精确测定缝位，并用墨线弹出标记作为切缝导向，随后采用切缝机进行切缝。为保证切缝机操作安全，切缝工应采用从切缝机后面推行的方式进行切缝，禁止从切缝机前拉行。

（14）清缝、嵌缝

清缝、嵌缝的注意事项见表5-20。

表 5-20　清缝、嵌缝

序号	内容
1	清缝、嵌缝应在扩缝完成后尽快进行
2	采用高压水冲洗等方法认真进行清缝作业，并用铁钩子钩出缝内石子等杂物，清扫完成后应用空压机将缝吹净，保证缝槽内清洁、干燥
3	根据清缝完成情况，逐块进行嵌缝作业，尽量减少接缝的暴露时间
4	灌料时应从缝的较高处灌起，逐渐向低处移动流灌，要求一次成功。嵌缝料应饱满、密实、缝面整齐，填缝料低于道面 $2 \sim 3\text{mm}$
5	嵌缝完成后，封闭交通进行养护

5.3.3 振动灌浆水泥混凝土面层施工

（1）原材料

① 水泥如图 5-49 所示。灌浆技术所采用的水泥为 52.5 号早强快凝水泥。按照要求，在水泥使用之前，应对其进行抽样检验。

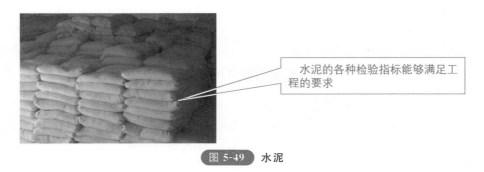

水泥的各种检验指标能够满足工程的要求

图 5-49　水泥

② 粉煤灰。图 5-50 所示粉煤灰为 I 级粉煤灰。

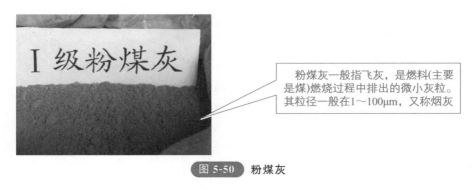

I 级粉煤灰

粉煤灰一般指飞灰，是燃料(主要是煤)燃烧过程中排出的微小灰粒。其粒径一般在1～100μm，又称烟灰

图 5-50　粉煤灰

③ 膨胀剂。图 5-51 所示膨胀剂为 U 型混凝土膨胀剂。

膨胀剂是一种可以通过理化反应引起体积膨胀的材料

图 5-51　膨胀剂

④ 早强剂。表 5-21 为 HZ 型复合早强剂应满足的技术指标要求。早强剂不得对钢筋产生锈蚀作用。

表 5-21　HZ 型复合早强剂的技术指标要求

减水率	泌水率	抗压强度			
		1d	2d	3d	4d
≥8%	≤95%	>150%	>150%	>150%	>100%

⑤ 水。应采用天然洁净水或者自来水。

（2）配合比设计

在原材料配合比试压中，应分采用原材料制作试样进行抗压强度和膨胀系数测试。经过相关的试验，最终所确定的原材料的配合比为：水泥：粉煤灰：早强剂：水＝1：3：0.08：0.12：1.65。

（3）灌浆施工技术

① 定位：在灌浆施工之前，应先对混凝土路面进行清扫，将其上的杂物全部清理干净，如图 5-52 所示，并在路面上做好相应的记号，之后进行弯沉测量以确定弯沉值不合格的混凝土板块。现场的施工技术人员即可根据弯沉检测的结果和板块的外观质量以确定板底脱空的具体情况，并确定钻孔的具体位置。

在灌浆施工之前，应先对混凝土路面进行清扫

图 5-52　清扫路面

② 钻孔：按照指定的位置进行钻孔。所采用的钻孔取芯机（图 5-53）的直径应控制在 6～8cm。钻孔的深度则应达到路基顶面的位置。一般情况下，每块混凝

水平面钻孔用，适用于道钉安装、路桩钻孔取芯机安装、桥梁钻孔操作、集成房屋桩基钻孔等

图 5-53　钻孔取芯机

土板块的钻孔数量应控制在 4～5 个。当混凝土板块上存在轻微裂缝时，则钻孔的数量应控制在 5～6 个。钻孔的位置与板块自由边和裂缝之间的距离应控制在 50～100cm。

③ 制浆：根据设计配合比的要求在水泥砂浆搅拌机中加入各种原材料，并进行充分的搅拌处理，避免出现沉淀的问题。制浆机如图 5-54 所示。

> 制浆机主要由槽体、传动装置、绞笼、内置纤维分离器等部件组成

图 5-54 制浆机

④ 灌浆：当水泥砂浆充分搅拌均匀之后，即可通过水泥砂浆孔将灰浆压到混凝土板底和路基路面中。

⑤ 灌浆孔封堵：当木塞拔除之后，即可采用水泥砂浆或者取出的混凝土芯样将灌浆孔封堵密实。

⑥ 交通控制：在灌浆施工完成之后，为了确保灌浆的施工质量，应进行交通控制，禁止在车辆在板块上进行通行。当水泥砂浆的强度达到 3MPa 之后，方可正式开放交通。

⑦ 弯沉检测：如图 5-55 所示。当水泥砂浆养护时间达到 3 天之后，即可对混凝土板块的弯沉值进行测量。

> 接缝两侧的弯沉差在0.08mm以内时方可认为满足要求，如果弯沉差不满足要求，则应重新进行钻孔补浆处理

图 5-55 弯沉检测

（4）施工质量控制

施工质量控制内容见表 5-22。

表 5-22 施工质量控制内容

序号	内容
1	在进行混凝土板块的钻孔时,一般应将钻孔的位置设置在脱空深度最大处,并且钻孔位置与边缘之间的距离应控制在 50～100cm
2	在灌浆施工过程中,应按照先从边至中心的顺序进行压浆
3	在灌浆施工过程中,如果发现灰浆从压过或者未压过的灌浆孔溢出时,应及时采用木塞将其封堵住。在封堵 10min 之后方可将木塞拔除,并且此灌浆孔即使未经过压浆也无需再次进行压浆处理
4	灌浆施工过程中,灌浆压力应控制在 0.5～1MPa。当水泥浆从其他孔溢出或者从边缘处或者裂缝处溢出时,即可认为灌浆施工达到施工要求
5	搅拌机内的存料数量不宜过多。如果发现灰浆出现离析的问题,应及时停止压浆施工,并对其原因进行查找,在离析问题解决之后方可继续进行压浆施工
6	当压浆施工完成之后,为了确保压浆的施工质量,应根据交通导行方案进行交通的控制,避免车辆在压浆处理的混凝土板块上通行

5.3.4 钢纤维混凝土面层施工

（1）材料

① 扩张网,如图 5-56 所示。图中的扩张网规格为 TMD3030,每张 2m×4.8m。

纵向的加强筋使大面积深度的涂层具有均一的涂抹深度,广泛用于墙及悬挂天花板的灰泥、抹灰的建筑施工基底

图 5-56 扩张网

② 钢纤维,如图 5-57 所示。钢纤维采用长度 15～25mm、直径 0.3～0.5mm 的圆直纤维,抗拉强度不低于 380MPa,90°弯曲折断的弯曲次数不小于 4 次。钢纤维允许有微度锈斑。

③ 粗骨料。石料的最大粒径与短纤维长度的比值为 1/2 时最好。宜采用达二级强度的石料。可选用 5～20cm 的碎石,最大粒径筛余量应小于 5%,针片状颗粒含量小于 15%,泥土杂物含量小于 1%。

④ 细骨料。细骨料（图 5-58）宜采用粗砂或中砂,要求洁净坚硬,有一定的级配。

钢纤维是指以切断细钢丝法、冷轧带钢剪切、钢锭铣削或钢水快速冷凝法制成的长径比为40～80的纤维

图 5-57　钢纤维

细骨料要求含泥量小于3%，细度模数在2.5以上

图 5-58　细骨料

⑤ 水泥。采用 525 号普通硅酸盐水泥，出厂日期不得超过 3 个月，受潮的水泥不得使用。

⑥ 外加剂。为满足防水要求采用 FDN-W 防水剂。

⑦ 水。混凝土拌合用水应清洁，采用生活饮用水。

（2）混凝土配合比

混凝土配合比见表 5-23。

表 5-23　混凝土配合比

序号	标题	内容
1	配合比设计依据	钢纤维混凝土标号 50 号；钢纤维重量含量 40kg/m³，折算体积含量 0.5%；水灰比 0.45～0.50；砂率不大于 0.5，防水剂掺量 0.5%；坍落度 3～5cm
2	钢纤维混凝土的配合比应通过计算和实验确定	钢纤维混凝土的抗压强度应符合现行国标《混凝土强度检验评定标准》（GB/T 50107—2010）。抗折强度应按普通混凝土的抗折强度乘以提高系数求得
3	试拌	计算出的配合比经过试拌，用以检验钢纤维混凝土拌合物的性能、抗压强度和抗折强度，若满足要求可作为选定的配合比
4	制作试块	制作钢纤维混凝土试块时，尚应测定拌合物的坍落度、黏聚性、保水性和容重，并以此测定作为钢纤维混凝土的拌合物性能

（3）搅拌

钢纤维混凝土的搅拌应采用强制式搅拌机（如图 5-59 所示）；每一次投入搅拌机的各种材料数量应按施工配合比和一次搅拌量确定；各种材料的允许偏差（按重量计）为：钢纤维±1%、水泥±1%、粗细骨料±3%、水±1%、外加剂±2%。

拌和时间应通过试验质量检测确定，通常为2～3min

图 5-59 强制式搅拌机

（4）铺筑

铺装顺序：应由主跨跨中向两边墩，南北对称、上下游对称分条铺设。分条铺设长度宜顺延至两边墩。

（5）养护

① 钢纤维混凝土早期强度较高，必须加强混凝土的早期养护。养护宜采用在混凝土表面铺砂，浇水养护，使表面保持湿润。

② 钢纤维混凝土铺装层的养护时间应不少于 14 天，最好 21 天。

5.3.5　水泥混凝土路面面层冬雨期施工

① 冬季施工要点见表 5-24。

表 5-24 冬季施工要点

序号	内容
1	混凝土浇筑温度不低于 5℃
2	可以用加热水或加热砂石的方法提高温度,水加热不超过 60℃,砂石不超过 40℃,但不能直接加热水泥
3	混合料的温度不能超过 35℃,不能采用含冰雪的砂石
4	可适当掺加早强剂、速凝剂、防冻剂等外加剂
5	基层应干燥、洁净,不得有冰雪和积水;混凝土浇筑时气温高于 5℃
6	混凝土抗弯拉强度小于 1MPa,抗压强度小于 5MPa 时,不得受冻
7	及时覆盖保温,不得晒水养护,养护时间不少于 28 天
8	坚持当天成活,避免夜间、大风、雨、雪天气施工

② 雨季施工要点见表 5-25。

表 5-25 **雨季施工要点**

序号	内容
1	应经常与气象部门联系,掌握 15 天的天气变化情况,在混凝土浇筑前要预备大量防雨材料以备突然遇雨时进行覆盖
2	混凝土施工尽量避免在雨天进行。大雨和暴雨天不得浇筑混凝土,新浇混凝土要用塑料布覆盖,以防雨水冲刷
3	一律采用商品混凝土,施工中如遇雨天,可根据实际情况通知搅拌站调整坍落度,防止混凝土的坍落度过大或过小
4	在浇灌混凝土过程中遇雨时,必须采取防雨措施,对混凝土作业面用塑料布覆盖,以防雨点打坏混凝土表面。混凝土浇筑时如遇大雨,必须停止浇筑,并按规范留施工缝
5	雨季施工期间,砂、石含水率变化幅度较大,要及时测定,并调整施工配合比的加水量,严格控制坍落度,确保混凝土的强度
6	已入模振捣、抹面成型的混凝土,应及时覆盖防止突然遇雨水冲淋
7	实行责任到人的包干责任制,施工技管人员参加施工,把工程质量、进度、奖金相挂钩,做到责任到人、任务到人
8	严格雨季施工"雨前、雨中、雨后"三检制,对发现的问题及时整改
9	施工现场、生活区应提早做好排水工作,疏通排水沟渠,确保排水顺畅。严格执行定机定人制度,机械保管人员要坚守岗位,看管好设备,并做好相应的记录

5.3.6　水泥混凝土路面养护与维修

（1）水泥混凝土路面的养护

① 如图 5-60 所示，在水泥混凝土路面和其他粒料路面连接的地方以及路肩未加固的路段上，土、砂、石块更容易被带到路面上，应经常保持路面清洁。

> 经常清扫路面上的污染、杂物，特别对带到路面上的小石块要及时清除，避免车辆行驶损坏面层

图 5-60　清扫路面杂物

② 如图 5-61 所示，冬季降雪时，应注意把路面和路肩上的积雪及时清除，特别是在融雪期间，更应注意把雪水和薄冰清除干净，防止水分渗进基层和造成滑车现象。

冬季降雪时，应及时清除路面积雪

图 5-61 清扫路面积雪

③ 路面伸缩缝里的填缝料，如发生脱落和有孔洞或缝隙时，应及时用沥青或其他填缝料填补，防止泥土和砂石挤进去，影响路面板块的正常伸缩。

（2）水泥混凝土路面的维修

① 填缝料夏天被挤出，应及时铲除。冬季缝隙增宽或填缝料丧失、脱落，应及时补灌填缝料，如图 5-62 所示。

填缝料日久老化失去弹性，应及时铲除更新

图 5-62 填缝料

② 裂缝的修补如图 5-63 所示。对较小的裂缝，应及时将缝隙内尘土清除干净，再灌填沥青砂或沥青玛蹄脂，或用环氧树脂胶结。裂缝较多时，先把裂缝集中地划分为一块，把这一块裂缝四周的松动部分凿掉，形成一块凹面，再把裂缝处的

路面出现裂缝之后，应及时派人修补，否则随着时间的增加，裂缝将越来越大

图 5-63 裂缝的修补

151

尘土刷净晾干，再用沥青炒砂在上面盖一层厚 1～1.5cm 的保护层，最后在上面撒铺一薄层细砂。裂缝较宽时，应先顺着缝裂把松动的部分凿掉，吹扫干净，然后在干燥的情况下，用液体沥青在裂缝边涂刷一遍，再用沥青混合料，沥青炒砂或沥青混凝土填平夯实，表面用烙铁熨平，最后撒盖一层薄的细砂。

③ 出现露骨、裂缝、沉陷的处治。如损坏范围较小，且不严重，可根据不同情况分别用沥青混合料、沥青炒砂或沥青混凝土填补。如损坏范围较大，并不断扩展时，应进行稀浆封层、沥青表面处治，或在整个损坏的路段上，重新铺筑水泥混凝土路面，如图 5-64 所示。

④ 严重破碎板的修复。如图 5-65 所示，当裂缝分布遍及全板且伴有严重剥落或沉陷时，可将该块板击破翻除，重新夯实基层，另浇筑新混凝土板。

图 5-64 路面沉陷

图 5-65 破碎板

⑤ 罩面。混凝土路面损坏后，可在其上以新混凝土罩面，为增进新旧混凝土结合，应在旧路面先涂敷环氧树脂，然后铺新混凝土层。如用沥青混合料进行罩面，应将路面上的严重病害处治后，根据具体情况采用不同厚度的罩面。

5.4 其他路面面层

5.4.1 水泥混凝土预制块路面施工

（1）材料及主要机具

① 预制混凝土板块（图 5-66）强度不应小于 20MPa，混凝土预制块严格按照施工图规定尺寸进行模板定制及预制。

② 水泥方格砖（图 5-67）抗压、抗折强度符合设计要求，其规格、品种按设计要求选配。

③ 砂，如图 5-68 所示。选择粗砂、中砂。

④ 水泥。325 号以上普通硅酸盐水泥或矿渣硅酸盐水泥，有出厂合格证。

⑤ 预制混凝土与路牙子。按图纸尺寸及强度等级提前预制加工。路牙子如图 5-69 所示。

板块允许偏差：长、宽为±2.5mm；厚度为±2.5mm；长度≥400mm平整度为1mm，长度≥800mm平整度为2mm

图 5-66 预制混凝土板块

外观边角整齐方正，表面光滑、平整，无扭曲、缺角、掉边现象，进场时应有出厂合格证

图 5-67 水泥方格砖

砂垫层选用级配良好、坚硬的中、粗砂，含泥量在5%以内

图 5-68 砂

路牙子一般指缘石。缘石指的是设在路面边缘的界石，俗称路牙子

图 5-69 路牙子

⑥ 主要机具。小水桶、半截桶、扫帚、平铁锹、铁抹子、大木杠、小木杠、筛子、窗纱筛子、喷壶、锤子、橡皮锤、錾子、溜子、板块夹具、扁担、手推车等。

（2）作业条件

① 场地已进行基本平整，障碍物已清除出场。道路已放线（图 5-70）且已抄平，标高、尺寸已按设计要求确定好。路基基土已碾压密实，压实度符合设计要求，并已经进行质量检查验收。

放线工作就是将设计图纸的样放到实地

图 5-70 放线

② 混凝土预制块如图 5-71 所示。混凝土预制块强度不低于设计要求，采用细骨料混凝土，骨料有良好级配，骨料粒径不大于 1.5cm。

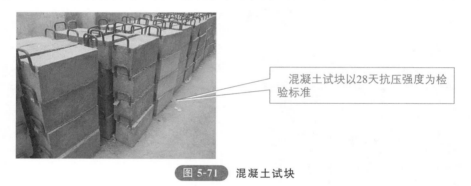

混凝土试块以28天抗压强度为检验标准

图 5-71 混凝土试块

③ 混凝土表面缺陷处理。混凝土表面蜂窝凹陷（图 5-72）或其他损坏的所有

如出现凹陷等情况，应及时进行修补

图 5-72 混凝土表面蜂窝凹陷

缺陷应进行修补。

④ 混凝土预制块养护。混凝土浇筑完毕后，6～18h 内开始养护，但在炎热或干燥气候情况下，应提前养护。在混凝土预制块生产过程中，一般情况下采用自然养护。当夏季气温高、湿度低，混凝土预制块浇筑初凝后立即养护。养护时间 14 天，以草包覆盖，在开始养护的一周内，昼夜专人负责洒水并时刻保持草包湿润，以后养护时间里每天洒水 4 次左右，并保持草包湿润。

⑤ 施工方法。

a. 混凝土块预制：混凝土预制块采用专门的预制机具进行预制，预制块的强度及尺寸严格按设计的混凝土强度标准执行，如图 5-73 所示。

混凝土预制块模具，是根据特定尺寸规格专门定制的混凝土成品的模具

图 5-73 混凝土预制模具

b. 摊铺砂垫层，如图 5-74 所示。在基层（补强层上）均匀摊铺（松铺厚度为 4cm）具有较佳湿度的砂、石屑、煤渣垫层，用较轻型压路机略加碾压，摊铺长度不宜太大，一般保持在铺砌弹石工作超前 10～20m。在雨天施工，应当天铺砂垫层，当天铺完弹石，并及时碾压。

砂石垫层的厚度一般不宜小于 100mm，铺时按线由一端向另一端分段铺设

图 5-74 摊铺砂垫层

c. 弹石路面面层施工：铺砌之前，应沿路中线每隔 5～10m 定横断面各点桩，其中路线的整桩及加桩应用水准仪测定，中间桩则用路拱坡及挂线抄平确定。弹石铺砌采用顺铺法，具体操作程序见表 5-26，压实见表 5-27。

表 5-26 顺铺法操作程序

序号	内容
1	光砌边线,根据已钉小桩,用麻线拉线作水平及边线。沿边线设置导石,其间距为 2～5m,接着从路面的两侧连续砌边缘石,已砌边缘石地段的路肩应及时填土夯实
2	边缘石应交错以长边及短边铺砌(一丁一走),以避免沿着边缘石铺成连续的直线缝。边缘石的铺砌应比中间部分的铺砌先行 8～10m
3	中间部分铺砌开始前,应分段在横向设置一条导向行列,间距 5～10m。在铺砌导石的同时,辅助工开始选择石料,并运送至铺砌地点,运送时要注意较大石块放在近路边,较小石块卸在近中路中的地方
4	铺砌须从砌置的导向行列开始,铺砌工作是沿着道路车行道的整个宽度进行,两路边部分应向前超越中间部分
5	铺砌时混杂尺寸彼此相差很大的石块,应加以选用,顶面和高度比较大的石块必须砌在靠边线处。比较小的用在路中间,具有椭圆形的石块,应以其长边横着路线铺砌
6	铺砌时应遵守各个石块间的错缝规则,各个石块间的缝隙不应过大,应具有三角形状,将石块垂直砌,使其相互紧贴靠拢。有碍贴拢、侧面凸出和不平的,以及底面太小的石块,应在铺砌前加工敲齐
7	铺砌时以工具"鹤脚"在砂垫上挖一小坑,再将面块大面在上,小面在下,稳直其中,同时以侧面略敲 2～3 下,使其与相邻石块靠紧。并使其略高于相邻石块,然后用鹤脚从顶面轻微敲下,使其与其他的石块位于同一高度。若新砌石块较低于其他石块,或略高出一般的石块,必须将其取出,应将砂垫层基础加以更正,再行埋砌石块

表 5-27 压实

序号	内容
1	每一路段铺好后,即进行初步打夯工作,将路面均匀夯打,最初夯打缘石,然后沿横断面方向自两侧开始向路中心逐条夯打
2	初步夯打之后,即进行铺撒石渣,其颗粒为 15～25mm,强度应相同于石块材料
3	铺撒石渣后,即进行比较剧烈的第二次夯打,每一石块受到的夯打次料不得小于两次。夯锤面积至少应能遮 2～3 块石块,夯打工作从两边开始逐步移向中部。大雨过后,不宜进行夯打。若天气干燥,则应于夯打前在路面洒水,使砂层微带潮湿
4	夯打工作完成后,即撒布 5～15mm 石屑或砂砾于其上,然后细心将其扫入石块缝隙内,每 100m² 路面用量为 1m³。随后进行碾压,最初用轻型压路机碾压 4～5 次,然后再用重型压路机碾压 2～3 次。碾压顺序由两边开始,移向中央,在未填缝前,决不允许滚压

5.4.2 缸砖、陶瓷砖路面面层施工

(1) 材料及主要机具

① 水泥。硅酸盐水泥、普通硅酸盐水泥 (图 5-75),其强度等级不应低于 32.5 级,并严禁混用不同品种、不同强度等级的水泥。

② 砂。中砂或粗砂,过 8mm 孔径筛子,含泥量不应大于 3%。

普通硅酸盐水泥，由硅酸盐水泥熟料、5%～20%的混合材料及适量石膏磨细制成的水硬性胶凝材料

图 5-75　普通硅酸盐水泥

③ 缸砖、陶瓷地砖等，均应有出厂合格证、性能检测报告和复试报告。

④ 结合层材料。如采用沥青胶结料，如图 5-76 所示，其标号和技术指标应符合设计要求；如采用胶黏剂，应符合现行国家标准《民用建筑工程室内环境污染控制标准》（GB 50325—2020）的规定，并且均应有出厂证和复试记录。

胶结料又称胶凝材料，是指在物理、化学作用下，能从浆体变成坚固的石状体，并能胶结其他物料，具有一定机械强度的物质

图 5-76　彩色沥青胶结料

⑤ 主要施工的工具机具有：钢卷尺、尼龙线、水平尺、方尺、墨斗、喷壶、灰桶、钢抹子、刮尺、木抹子、靠尺、小灰铲、勾缝条、木锤、合金钢扁錾子、擦布、小水桶、硬木拍板和小型台式砂轮机、手提式切割机等。

（2）基层处理

将混凝土基层上的杂物清理掉，并用錾子（图 5-77）剔掉砂浆落地灰，用钢丝刷刷净浮浆层。如基层有油污时，应用 10% 火碱水刷净，并用清水及时将其上的碱液冲净。

（3）找标高、弹线

根据墙上的 +50cm 水平标高线，往下量测出面层标高，并弹在墙上。

（4）洒水湿润

如图 5-78 所示，在清理好的基层上，用喷壶将地面基层均匀洒水一遍。

錾子是凿石头或金属的小凿子

图 5-77 錾子

图 5-78 均匀洒水

（5）抹灰饼和冲筋

从已弹好的面层水平线下量至找平层上皮的标高（面层标高减去砖厚及黏结层的厚度），抹灰饼间距 1.5m，灰饼上表面就是水泥砂浆找平层的标高，然后从房间一侧开始冲筋。

（6）装铺水泥砂浆

如图 5-79 所示，清净冲筋的剩余浆渣，涂刷一遍水泥浆（水灰比为 0.4～0.5）黏结层要随涂刷随铺砂浆。

检查其标高和泛水坡度是否正确，24h后浇水养护

图 5-79 装铺水泥砂浆

（7）弹铺砖控制线

当找平层砂浆抗压强度达到 1.2MPa 时，开始上人弹砖的控制线。预先根据设计要求和砖板块规格尺寸做好规划。

（8）铺砖

为了找好位置和标高，应从门口开始，纵向先铺 2～3 排砖，以此为冲筋拉纵横水平标高线，铺时应从里向外退着操作，人不得踏在刚铺好的砖面上，每块砖应跟线，如图 5-80 所示。

铺砌前将砖板块放入半截水桶中浸水湿润，晾干后表面无明水时，方可使用

图 5-80　铺砖

（9）结合层的厚度

如采用水泥砂浆铺设时应为 10～15mm，采用沥青胶结料铺设时应为 2～5mm，采用胶黏剂铺设时应为 2～3mm。

（10）结合层组合材料拌制

采用沥青胶结材料和胶黏剂时，除了按出厂说明书操作外，还应经试验室试验后确定配合比，搅拌时要拌均匀，不得有灰团，一次搅拌不得太多，并在要求的时间内用完。

透水路面面层施工

5.4.3　透水路面面层施工

（1）施工材料准备

材料准备如表 5-28 所示。

扫码观看视频

表 5-28　材料准备

序号	材料	要求
1	石子	要求无粉尘,含泥量较低
2	透水道路石子	面层石子粒径 5～8mm,基础石子粒径 10～20mm
3	生态护坡石子	石子粒径 16～31.5mm
4	水泥	质量符合国家标准规定的 42.5 普通硅酸盐水泥
5	水	普通干净的清水或自来水
6	增强剂	生态透水混凝土增强剂
7	色粉	根据路面要求采购即可
8	保护剂	根据工程进度采购即可

（2）机械准备

① 磨光机，如图 5-81 所示。

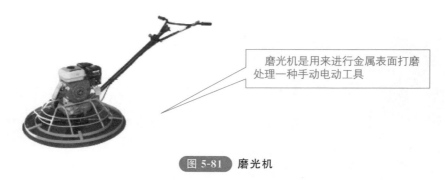

磨光机是用来进行金属表面打磨处理一种手动电动工具

图 5-81　磨光机

② 切缝机，如图 5-82 所示。

工作原理是通过动力驱动金刚锯片完成切缝作业

图 5-82　切缝机

③ 结构胶，如图 5-83 所示。

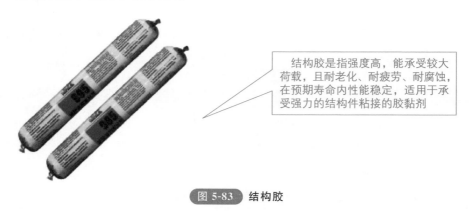

结构胶是指强度高，能承受较大荷载，且耐老化、耐疲劳、耐腐蚀，在预期寿命内性能稳定，适用于承受强力的结构件粘接的胶黏剂

图 5-83　结构胶

④ 无气喷涂机，如图 5-84 所示。

（3）搅拌

搅拌如图 5-85 所示。透水混凝土搅拌投料必须按配合比进行。投料顺序：先将石子、水泥、透水混凝土增强剂（如有色粉，继续添加色粉）依次加水搅拌 2～3min 即可。

（4）运输

搅拌好的成品料出机后应及时运到施工现场，透水混凝土运输采用彩条布等覆

无气喷涂机利用柱塞泵将涂料增压，获得高压的涂料通过高压软管输送到喷枪，经由喷嘴释放压力形成雾化，从而在墙体表面形成致密的涂层的喷涂设备

图 5-84　无气喷涂机

搅拌时间：从投料搅拌到出料，一般情况下，350型搅拌机时间为 2～3min

图 5-85　搅拌

盖保持水分，防止水分损失，影响施工质量。

（5）摊铺

透水混凝土拌合物摊铺应均匀。

（6）找平

找平如图 5-86 所示。面层摊铺均匀后，使用刮尺对面层进行找平。

边上留两人收边、补料

图 5-86　找平

（7）磨光

磨光如图 5-87 所示。使用磨光机对找平后的面层进行打磨、压实。

（8）养护

养护如图 5-88 所示。

161

天气热的时候打磨一定要及时，否则石子会被太阳照射而干掉

图 5-87　磨光

使用薄膜对路面进行养护

图 5-88　养护

（9）切缝、填缝

养护 5～7 天，使用切缝机对面层进行切缝。切缝如图 5-89 所示。

切缝时保持面层与基层的缝口上下一致，切完后缝隙内需用清水清洗干净，而后注入结构胶，继续养护

图 5-89　切缝

（10）喷涂保护剂

经过 7～15 天标准养护期后，使用无气喷涂机进行上色，如图 5-90 所示。

工程在紧急的情况下，建议养护满7天后再喷涂保护剂

图 5-90　喷涂保护剂

5.4.4　耐油浸水泥混凝土路面面层施工

耐油浸水泥混凝土路面面层施工操作工艺如下。

① 配合比应用秤准确计量，并严格控制水灰比；材料中含水量应在配合比中扣除，外加剂就测定其固体含量和纯度。

② 混凝土应用机械拌制，如用 400L 自落式搅拌机，搅拌时间一般不少于 2～3min，以保证搅拌均匀一致。运输、卸落应防止混凝土离析和分层，如有离析，应进行二次搅拌。

③ 混凝土浇灌就分层进行，下料均匀；用振动器（图 5-91）捣固时要插点均匀，振捣密实。底板、顶板表面应刮平、压光。

> 振动器的工作部分是一棒状空心圆柱体，内部装有偏心振子，在电动机带动下高速转动而产生高频微幅的振动

图 5-91　振动器

④ 施工浇灌结构次序为先底板，后立壁、柱，最后顶板。混凝土应一次浇筑完成，避免留施工缝（图 5-92）。如有间歇，必须留施工缝时，罐壁水平施工缝应留在底板以上 200～300mm 及顶板以下 30～50mm 处。

> 施工缝均应做成企口形式，以延长渗透路线，施工缝处理应按规范要求进行

图 5-92　施工缝

⑤ 加强混凝土的养护，适当延长养护时间。冬期施工要及时做好保温措施；夏期施工，在混凝土浇捣整平后 12h 内，须在表面覆盖草袋，浇水养护不少于 14 天，使水泥在水化过程中产生的胶层得以充分发展，同时可以防止混凝土产生裂缝，如图 5-93 所示。

⑥ 当油罐内壁及底板表面需做耐油砂浆防渗层时，应在罐体浇筑完拆模后立

施工过程中要注意混凝土的养护

图 5-93　混凝土的养护

即进行。先将抹灰表面清理干净，光滑表面适当凿毛，并洒水湿润。如图 5-94 所示，抹灰一般采用铺抹法施工，先在基层上刷油浆液（配合比为：水泥：中粗砂：三氯化铁：水＝1：0.375：0.0015：0.75）一层，未干前立即抹耐油砂浆 5～8mm 厚，用木抹子抹毛，养护至次日，再刷耐油浆液一层，并用铁抹子轻轻压平即成，并做好养护工作。

抹灰工程是用灰浆涂抹在房屋建筑的墙、地、顶棚、表面上的一种传统做法的装饰工程

图 5-94　抹灰

5.4.5　聚合物混凝土面层施工

（1）基层处理

如图 5-95 所示，砂浆或混凝土的基层处理，应按下列工序处理。

① 边喷砂、边用钢丝刷刷去老砂浆或混凝土表面脆性的浮浆层或泥土等，用溶剂（汽油、乙醇或丙酮）洗掉油污或润滑油迹。

② 遇有孔隙、裂缝等伤痕要进行 V 形开槽，用同配合比砂浆进行堵塞修补。管道贯通部位，也进行同样的处理。

③ 用水冲洗干净后，用棉纱擦去游离的水分。

（2）施工要点

① 涂一层厚度为 7～10mm 的聚合物水泥砂浆（图 5-96）。当所需的厚度大于 10mm 时，可以涂 2～3 次。

基层处理一般是指对建筑物和设备基础下的受力层进行提高其强度和稳定性的强化处理

图 5-95 基层处理

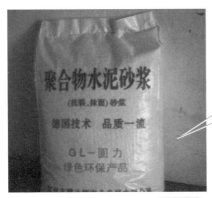

聚合物水泥砂浆是一种特种水泥，主要成分是由水泥、骨料和可以分散在水中的有机聚合物搅拌而成的

图 5-96 聚合物水泥砂浆

② 施工后，必须注意养护。未硬化前，不能洒水，并应注意防雨。养护方法取决于聚合物种类，如耐水性很差的聚醋酸乙烯酯乳液（图 5-97），在水中养护强度将大大降低。

聚醋酸乙烯酯乳液的主要合成原料包括单体、分散介质、引发剂、乳化剂、保护胶体、增塑剂、调节剂、填料、消泡剂、冻融稳定剂等

图 5-97 聚醋酸乙烯酯乳液

5.4.6 热拌再生沥青混合料路面面层施工

（1）准备工作

再生沥青混合料路面施工与普通沥青混合料路面相同。铺筑混合料前应符合下

列规定：

① 基层表面应清扫干净；

② 雨水口、检查井（图5-98）及平石等的标高应符合设计要求；

检查井是为城市地下基础设施的供电、给水、排水、排污、通信、有线电视、煤气管、路灯线路等维修，安装方便而设置的

图 5-98　检查井

③ 需要时，浇洒黏层沥青或透层沥青。黏层沥青用量宜为 $0.4\sim0.6\mathrm{kg/m^2}$，透层沥青用量为 $0.8\sim1.0\mathrm{kg/m^2}$；

④ 与再生沥青混合料接触的平石、雨水口、检查井等的侧面应涂一薄层黏层沥青。

（2）摊铺

① 机械摊铺。宜采用全路幅施工，以避免纵向施工缝；摊铺时，左右摊铺带的搭接宽度不少于10cm，并由专人及时修补，使接缝饱满；松铺系数由试验确定，可取 $1.15\sim1.20$。

② 人工摊铺（图5-99）由路边向路中摊铺，宜采用全路幅施工，以避免纵向施工缝；再生沥青混合料运到工地应卸到铁板上；放料应扣锹，避免粗细料分离；松铺系数由试铺确定，可取 $1.20\sim1.25$。

再生沥青混合科宜采用机械摊铺，当缺乏摊铺机械时，亦可用人工摊铺

图 5-99　人工摊铺

（3）碾压

碾压应符合表5-29的规定。

表 5-29　碾压规定

序号	要求
1	当再生沥青混合料摊铺一定长度后，必须及时进行碾压，开始碾压温度不应大于110℃，终结碾压温度不应低于70℃

续表

序号	要求
2	碾压时应自路边至路中
3	采用钢轮压路机碾压时,在钢轮表面应喷洒(或涂刷)油水混合液,喷量以不粘轮和不滴淌为准

（4）接缝

施工缝应结合紧密，表面平整，并符合表 5-30 的规定。

表 5-30 **接缝规定**

序号	要求
1	纵向、横向接缝应分别与路中心线平行或垂直
2	在摊铺前,将前期摊铺层边缘的塌料、松动、裂缝与压实不足等部分切除,切线挺直,切面垂直
3	清除切面碎料,并涂一薄层黏层沥青
4	铺筑新料前,将前期摊铺层边缘用热料闷热,接缝处的新料抛高要适当,压实要充分,避免在接缝处出现不平整或有凹陷积水现象

5.4.7 泥结碎石路面面层施工

泥结碎石路面的施工方法，有灌浆法和搅拌法两种，但灌浆法修筑的效果较好，本节我们以灌浆法为例介绍泥结碎石路面面层施工。

灌浆法施工，一般可按下列工序进行。

（1）准备工作

包括放样、布置料堆、整理路槽和拌制泥浆。泥浆按水土体积比 0.8：（1～1.1）进行拌制，过稀或不均匀，都将直接影响到基层的强度和稳定性。

（2）摊铺石料

松铺系数为 1.2～1.3，当有几种不同品种和尺寸的碎石时，应在同一层内采用相同品种和尺寸的石料，不得杂乱铺筑。摊铺石料见图 5-100。

将事先准备好的石料按松铺厚度一次铺足

图 5-100 **摊铺石料**

（3）初步碾压

初碾的目的是使碎石颗粒间初碾压紧，但仍保留有一定数量的空隙，以便泥浆能灌进去。因此以选用三轮压路机（图5-101）或振动压路机进行碾压为宜。

碾压遍数不超过2~4遍(后轮压完路面全宽，即为1遍)，碾压至碎石无松动情况为度

图 5-101　三轮压路机

（4）灌浆

灌浆（图5-102）是指在初压稳定的碎石层上，灌注预先调制好的泥浆。泥浆要浇得均匀，数量要足够灌满碎石间的孔隙。泥浆的表面应与碎石齐平，但碎石的棱角仍应露出泥浆之上，必要时，可用竹帚将泥浆扫匀。灌浆时务必使泥浆灌到碎石层的底部，灌浆后1~2h，当泥浆下注，孔隙中空气溢出后，在未干的碎石层表面上撒嵌缝料（1~1.5m³/m²），以填塞碎石层表面的空隙，嵌缝料要撒得均匀。

灌浆是将某些固化材料，如水泥、石灰或其他化学材料灌入基础下一定范围内的地基岩土中，以填塞岩土中的裂缝和孔隙，防止地基渗漏

图 5-102　灌浆

（5）继续碾压

碾压灌浆后，待表面已干而内部泥浆尚处于半湿状态时，再用三轮压路机或振动压路机继续碾压，并随时注意将嵌缝料扫匀，一直碾压到无明显轮迹及在碾轮下材料完全稳定为止，在碾压过程中，每碾压1~2遍后，即撒铺薄层石屑并扫匀，再进行碾压，以使碎石缝隙内的泥浆泛到表面与所撒石屑黏结成整体。

搅拌法施工与灌浆法施工的不同之处，是土不必制成泥浆，而是将土直接铺撒在摊铺平整的碎石层上，用平地机（图 5-103）、多铧犁或多齿耙均匀搅拌，然后用三轮压路机或振动压路机进行碾压。碾压方法同灌浆法。在碾压过程中，需要时应补充洒水，碾压 4～6 遍后，撒铺嵌缝料，然后继续碾压，直到无明显轮迹及在碾轮下材料完全稳定为止。

刮刀装在机械前后轮轴之间，能升降、倾斜、回转和外伸

图 5-103 平地机

5.4.8 水结碎石路面面层施工

水结碎石路面面层施工依靠黏土（图 5-104）作为黏结材料，便于就地取材，施工简易，路面易于成形。所用石料不低于 4 级。

黏土是含沙粒很少、有黏性的土壤，水分不容易从中通过且具有较好的可塑性

图 5-104 黏土

施工方法有灌浆法、搅拌法、层铺法数种。前两种施工方法效果较好。灌浆法施工时，将黏土调成泥浆，将主层碎石碾压稳定，然后灌浆扫匀，在表面未干燥时撒嵌缝料，用中型压路机碾压至表面不出现波浪。第二天对路面进行检查整修后，在路面处于半干半湿状态时，再用中型压路机作最终碾压，并撒石屑，如图 5-105 所示，压至路面密实稳定为止。待路面干燥后即可开放通车。搅拌法施工时先将碎石摊平，然后洒水，铺黏土，用拖拉机牵引铧犁搅拌，或用齿耙、铁锹搅拌。先拌一遍，再洒水拌 3～4 遍，至黏土与碎石均匀混合为度，然后整平，撒封面料、压实。

石屑采石场加工的碎石

图 5-105　撒石屑

5.4.9　级配砾（碎）石路面面层

级配碎石路面基层的施工可以采用集中厂拌、人工摊铺的方法。级配碎石施工前要先对底基层的外在尺寸以及内在质量进行检验，只有检验合格后才可以铺筑基层。

（1）集料的搅拌和运输

① 集料搅拌时要确保拌合场地有良好的排水条件，不同粒径的石料要分开堆放，特别要注意石灰、石粉和粉煤灰等在雨天要覆盖，避免淋湿。根据前面的标准实验计算得出的各种不同石料的干重并结合实际场地堆料含水量计算出湿重。为了方便人工配制的施工，可以将称量后的各种石料的质量换算成体积，在固定的小车上标明标记。推料时要根据实际情况按一定的速率和顺序进行，避免推料车的碰撞。

② 可以根据标准实验所得出的最佳含水量和各种石料的实际含水量得出集料的含水量，并综合考虑集料运输、摊铺、碾压等工序中水分的散失计算出加水量，除此之外还要考虑到季节、气候、每天不同时段和运输距离等综合因素对水分散失的影响，保证加水量的适宜。通过延长搅拌的时间来确保搅拌的均匀性，搅拌的出料不应有明显的离析现象，如图 5-106 所示。

③ 每天开工前要先检验运输车辆的完好情况，在装料前要将车厢清洗干净。运输车辆的数量要保证满足搅拌出料和摊铺的需要，并保证将拌制好的混合料及时运到铺筑现场。运输车辆一般宜采用小型车辆，这样可以保证卸料时发生的离析少，接料和人工摊铺的时间短，可以及时摊铺整型。

（2）混合料的摊铺和碾压

① 摊铺前先检查摊铺机，保证机器各部分有良好的运转性能，调整好传感器臂与导向控制线的关系，严格控制好高程和摊铺的厚度，保证路拱横坡度满足设计

搅拌时要严格控制好集料的含水
量并保证拌和均匀

图 5-106　集料搅拌

的要求。摊铺时摊铺机要连续摊铺作业，禁止摊铺机停机，可以根据搅拌机的生产能力适当调整摊铺机的摊铺速度，一般控制在 1m/min 的速度摊铺为宜。级配碎石混合料摊铺采用两台摊铺机梯队作业、前后摊铺。要保证摊铺速度、厚度、路拱坡度、松铺系数、平整度和振动频率等一致。

② 混合料的碾压采用重型压路机（图 5-107）和振动压路机的组合形式。先采用振动压路机静压 1～2 遍使集料达到初步的稳定，暴露出来的不平整部分以及表面因人工整型而出现的空隙要采取凿毛补平撒布细集料的方式来处理。然后，采用振动压路机碾压，一直到没有明显的车轮痕迹为止。最后，采用重型压路机进行终压，终压的碾压遍数要根据试铺段确定。施工时要注意，静压、动压、终压最好连续作业，这样才容易达到压实度的要求；压路机碾压时要重叠半个轮宽；压路机换挡倒车时要轻而平顺，不可以拉动底层；严禁压路机在正在碾压或已完成的路段上急刹车或掉头，避免级配碎石层表面受到破坏。

重型压路机通过自身重力来对地
面进行压实

图 5-107　重型压路机

5.4.10　石块路面面层

（1）试拼

在正式铺设前，对每一间房的板块，应按图案、颜色、纹理试拼，试拼后按两个方向编号排列，然后按照编号放整齐。

（2）弹线

在房间的主要部位弹互相垂直的十字控制线，用以检查和控制大理石或花岗岩板块的位置，十字线可以弹在基层上，并引至墙面底部，如图 5-108 所示。

依据墙面水平基准线，找出面层标高，在墙上弹好水平线，注意与楼道面层标高一致

图 5-108　弹线

（3）试排

在房间内的两个互相垂直的方向，铺设两条干砂底层，其宽度大于板块，厚度不小于 30mm。根据试拼石板编号及施工大样图，结合房间尺寸，把大理石或花岗岩板块排好，以便检查板块之间的缝隙，核对板块与墙面、柱、洞口等部位的相对位置。

（4）基层处理

在铺砂浆之前将基层清扫干净，包括试排用的干砂及大理石或花岗岩板块，然后用喷壶洒水湿润，刷一层素水泥浆，水灰比为 0.5 左右，随刷随铺砂浆。

（5）铺砂浆

根据水平线，定出地面找平层厚度，拉十字控制线，铺结合层水泥砂浆，结合层一般采用 1∶3 的干硬性水泥砂浆，干硬程度以手捏成团不松散为宜。砂浆从里往外门口摊铺，铺好后用大杠刮平，再用抹子拍实抹平。找平层厚度高出大理石或花岗岩底面标高 3～4m。

（6）铺大理石或花岗岩

一般房间应先里后外沿控制线进行铺设，即先从远离门口的一边开始，按照试拼编号，依次铺砌，逐步退至门口。铺前应将板块预先浸湿阴干后备用，在铺好的干硬性水泥砂浆上先铺合适后，翻开石板，在水泥砂浆找平层上满浇一层水灰比为 0.5 的素水泥砂浆结合层，然后正式镶铺。安放时四角同时往下落，用橡皮锤轻击，根据水平线用水平尺找平，铺完第一块向两侧和后退方向顺序镶铺。如发现空隙应将石板掀起用砂浆补实再行安装。大理石或花岗岩板块间，接缝要严，一般不留缝隙。大理石如图 5-109 所示。

（7）灌缝、擦缝

在铺砌后 1～2 昼夜进行灌缝、擦缝。根据大理石或花岗岩颜色，选择相同颜

主要用于加工成各种型材、板材，作建筑物的墙面、地面、台、柱，还常用于纪念性建筑物如碑、塔、雕像等的材料

图 5-109 大理石

色的矿物颜料和水泥搅拌均匀调成 1:1 稀水泥浆，用浆壶徐徐灌入大理石或花岗岩板块之间的缝隙，分几次进行，并用长把刮尺把流出的水泥浆向缝隙内喂灰。灌浆时，多余的砂浆应立即擦出，灌浆 1~2h 后，用棉丝团蘸原稀水泥浆擦缝，与板面擦平，同时将板面上的水泥浆擦净。

（8）养护

面层施工完毕后，封闭房间，派专人洒水养护不少于 7 天。

（9）打蜡

当各工序完工不再上人时方可打蜡，完工面应光滑洁净。

5.4.11　透铺砌式面层

（1）测量放样

按设计图样复核放线，用测量仪器打方格，并以对角线检验方正，定出基准线。放样见图 5-110。

施工前进行测量放样工作，按设计图纸进行复核放线

图 5-110 放样

（2）垫层施工

一般人行道采用 1:3 的石灰砂浆垫层；偶尔有过车的路段及水毁路段，可设（1:2.5）~（1:3）水泥砂浆（体积比）垫层。垫层施工如图 5-111 所示。

连锁砌块使用厚度为(2.5~3)cm±5cm的砂垫层

图 5-111　垫层施工

（3）铺筑路面砖

路面砖如图 5-112 所示。按放线高程在方格内按线和标准缝宽砌第一行样板砖，然后以此挂纵、横线，纵线不动，横线平移，以此按线及样板砖砌筑。

路面砖是一种铺地材料，由水泥、石子、沙子做原料，经振动成型，表面切磨出条纹或方格

图 5-112　路面砖

（4）灌缝和碾压

路面砖铺砌完毕后应进行碾压机灌缝。碾压宜使用专用手扶胶轮动碾。碾压方向与路面方向应与路面砖长度方向垂直，灌缝用细砂，灌砂与振动碾压要反复进行，至灌满填实。

（5）检测清理

路面检测如图 5-113 所示。检测完工后应将分散在各处的物料集中，保持工地

对完工后的面层根据质量要求进行检测和维修

图 5-113　路面检测

整洁。

5.4.12 人行道铺筑

（1）下承层准备

摊铺垫层前应先将土基整平。人行道路基经检查合格后，方可测量放线。应用经纬仪（图 5-114）测设纵横方格网，用钢尺丈量直线、人行道中线或边线，每隔 5～10m 安设一块方砖作方向、高程控制点。

经纬仪是一种根据测角原理设计的测量水平角和竖直角的测量仪器

图 5-114 经纬仪

（2）铺筑砂浆垫层

采用 M2.5 水泥石灰混合砂浆或 1：3 石灰砂浆，摊铺宽度应大于铺装面 5～10cm。砂浆随拌随用，水泥砂浆应在初凝前用完。

（3）铺砖

铺筑预制板（砖）时，将砖沿定位挂线顺序平放，用橡胶锤敲打稳定，不得损伤边角。经常用 3m 直尺沿纵、横和对角线方向检查安装是否平整和牢固，及时进行修整，修整应重新铺砌；不得采用向砖底部填塞砂浆或支垫等方法找平砖面。

（4）灌缝

方砖铺砌完成，经检查合格后，即可进行灌缝（图 5-115）。灌缝宜用干砂或水泥：砂＝1：10 干拌混合料，砖缝灌注后应在砖面上泼水，使灌缝料下沉，再灌料补足，直至缝内饱满为止。

（5）养护

人行道砖铺装后的养护期不得少于 3 天，养护期内应禁止通行。

图 5-115 人行道灌缝

6

挡土墙

6.1 挡土墙的分类

（1）按作用分类

① 路肩墙：能够护肩及改善综合坡度，如图 6-1 所示。

路肩墙材料可以是混凝土、浆砌片块石、浆砌卵石等

图 6-1 路肩墙

② 路堤墙：能收缩坡脚，防止边坡或基底（对于陡坡路堤）滑动，沿河路堤则可防水流冲刷等，如图 6-2 所示。

路堤墙是在填方段，自最低点坡脚处砌筑的挡土墙直段

图 6-2 路堤墙

③ 路堑墙：可以减少开挖，降低边坡高度，如图 6-3 所示。

④ 山坡墙：支挡坡上覆盖层，可兼起拦石作用。

⑤ 隧道及明洞口挡墙：缩短隧道或明洞口长度，如图 6-4 所示。

在公路工程施工中，路堑墙可以缓和道路纵坡或在越岭线穿越岭口时控制标高

图 6-3 路堑墙

明洞口边墙厚度较大时，只要受力允许，可以隔一定距离开设窗洞，以节省材料

图 6-4 隧道及明洞口挡墙

⑥ 桥梁两端挡墙：护台及连接路堤，作为翼墙或桥台，如图 6-5 所示。

桥梁两端挡墙的功能是传递桥梁上部结构的荷载到基础外

图 6-5 桥梁两端挡墙

（2）按结构分类

① 重力式挡土墙。重力式挡土墙靠自身重力平衡土体，一般形式简单、施工方便、圬工量大，对基础要求也较高，如图 6-6 所示。依据墙背形式不同，其种类有普通重力式挡墙、不带衡重台的折线墙背重力挡墙和衡重式挡墙。衡重式挡墙属重力式挡墙；衡重台上填土使得墙身重心后移，增加了墙身的稳定性；墙胸很陡，下墙背仰斜，可以减小墙的高度和土方开挖；但基底面积较小，对地基要求较高。

重力式挡土墙

扫码观看视频

177

重力式挡土墙可用块石、片石、混凝土预制块作为砌体，或采用片石混凝土、混凝土进行整体浇筑

图 6-6　重力式挡土墙

② 锚定式挡土墙。锚定式挡土墙属于轻型挡土墙，通常包括锚杆式和锚定板式两种。锚定板式则将锚杆换为拉杆，在其土中的末端连上锚定板，如图 6-7 所示。

锚定式挡土墙的主要特点是构件断面小、结构质量轻、柔性大、工程量省、圬工数量少、构件可预制，有利于实现结构轻型化和机械化施工

图 6-7　锚定板式挡土墙

③ 薄壁式挡墙。薄壁式挡土墙是钢筋混凝土结构，包括悬臂式和扶壁式两种主要形式。悬臂式挡土墙由立壁和底板组成，有三个悬臂，即立壁、趾板和踵板。当墙身较高时，可沿墙长一定距离立肋板（即扶壁）联结立壁板与踵板，从而形成扶壁式挡墙，如图 6-8 所示。老路加固时，考虑扶壁难以在踵板侧做，也可考虑将

扶壁式挡土墙具有节省占地空间、缩短施工工期、美化城市环境、较易施工等优点

图 6-8　扶壁式挡墙

其做在趾板侧，同样可以发挥作用，但须进行设计计算确定。

④ 加筋土挡土墙。加筋土挡土墙由填土、填土中的拉筋条以及墙面板三部分组成，它是通过填土与拉筋间的摩擦作用把土的侧压力削减到土体中起到稳定土体作用的，如图 6-9 所示。加筋土挡土墙属于柔性结构，对地基变形适应性大，建筑高度也可很大，适用于填土路基；但须考虑其挡板后填土的渗水稳定及地基变形对其的影响，需要通过计算分析选用。

加筋土挡土墙

扫码观看视频

加筋土挡土墙一般应用于地形较为平坦且宽敞的填方路段上

图 6-9 加筋土挡土墙

⑤ 其他挡土墙。包括：柱板式挡土墙（沿河路堤及基坑开挖中常用）；桩板式挡土墙（基坑开挖及抗洪中使用），如图 6-10 所示；垛式挡土墙（又称为框架式挡土墙）。

桩板式挡土墙适用于侧压力较大的加固地段

图 6-10 桩板式挡土墙

6.2 扶壁式、悬臂式钢筋混凝土挡土墙

6.2.1 扶壁式、悬臂式挡墙施工工艺流程

6.2.1.1 施工流程

测量放样→基底处理→底板施工→立壁、肋板施工→养护。

6.2.1.2　具体施工过程

（1）测量放样

基槽开挖前由测量员根据主办施工员的交底，放出挡土墙底板边线；待垫层施工完毕复核标高准确后，在垫层上详细放出底板尺寸，以便安装底板边模及钢筋骨架，如图 6-11 所示。待底板混凝土浇筑完成后，又要在底板上详细放出立壁及肋板大样，以便安装模板及钢筋骨架；混凝土浇筑施工缝处要恢复定位点，进行尺寸复核。

安装一个完整的钢筋骨架有利于约束混凝土，提高混凝土墙体的整体性

图 6-11　安装钢筋骨架

要求测量人员认真仔细，坚持换手测量和放样闭合制度，并将控制桩引出施工范围以外加以保护，以方便施工人员随时使用和检查。

（2）基底处理

为确保挡墙底板外侧填筑体的密实，又能方便支模。首先将基础分层回填到挡墙底板顶面设计标高，再进行基槽开挖。基槽开挖后，用压路机碾压密实后，由试验人员在监理工程师旁站的前提下，现场检测地基承载力，如图 6-12 所示。承载力必须满足挡土墙设计图中规定的承载力值。监理同意后及时进行素混凝土垫层的施工。垫层厚度和采用的混凝土均应符合设计要求。浇注后，采用平板振动器振动密实后，人工收面。

地基承载力检测仪通常用于检验道路基础、坝基、桥基、隧道、涵洞及工民建的基础承载力、压缩模量和液性质数测定

图 6-12　现场检测地基承载力

（3）底板施工

底板边模采用钢模，方木背带支撑，如图 6-13 所示。并在施工好的垫层上放

出钢筋骨架的大样图，同时按照设计图纸绑扎事先加工好的钢筋。经自检合格，监理工程师验收同意后，方可开始浇筑混凝土。底板混凝土一次浇筑到底板以上50cm左右处，且每段错开留设，避免施工缝设在同一水平面上。在浇灌立壁混凝土之前，将缝表面冲洗干净，刷一层水泥浆后再浇灌立壁混凝土。

方木采用统一定型化加工制作，规格统一、安拆方便、提高了施工效率，周转使用率高，减少了材料用量

图 6-13　底板边模采用方木背带支撑

（4）立壁、肋板施工

① 搭架。脚手架搭设前对地基进行夯实处理，同时开挖排水沟排水，防止浸泡基础。支架采用脚手架支架纵横间距、步距。底座垫木的几何尺寸应严格按计算实施。

② 钢筋。钢筋在钢筋加工场集中下料加工成型，编号堆放，运输至作业现场，进行绑扎，如图 6-14 所示。钢筋绑扎的过程中如有高空作业要采取相应的措施，高空作业人员要系安全绳。

绑扎钢筋时，要符合主筋的混凝土保护层厚度要求。绑扎的钢筋网和钢筋骨架不得有变形和松脱现象

图 6-14　钢筋绑扎

③ 模板。施工采用成套大块组合钢模，如图 6-15 所示，模板加工满足精度要求。接头设置企口缝，用螺栓连接，防止漏浆。

④ 混凝土浇注。钢筋、模板经监理工程师检查合格后，开始浇注混凝土，如图 6-16 所示。

采用成套大块组合钢模的面板能够保证平面整体性，不会轻易发生变形，操作较为方便

图 6-15　安装成套大块组合钢模

混凝土浇注时，每一位置的振捣时应以混凝土不再显著下沉，不出现气泡，并开始泛浆时为准

图 6-16　混凝土浇注

⑤ 沉降缝或伸缩缝的施工。根据设计施工图的要求设置沉降缝或伸缩缝，如图 6-17 所示，并视地质变化情况适当调整。应按设计要求，缝中填塞浸透沥青的木板或沥青麻丝，塞入深度不小于 20cm。

⑥ 排水管施工。挡土墙泄水孔设置应按设计要求施工，如图 6-18 所示。

伸缩缝应每隔10～15m设置一道；缝宽2～3cm

图 6-17　设置伸缩缝

排水管要与正面墙面接触紧密，管的端面要形成相应的斜面，保证在浇筑混凝土的过程中排水管周围不会漏浆，使面板光滑、平整

图 6-18 排水管施工

⑦ 挡土墙的帽石等，应严格按设计图纸进行施工。

⑧ 墙背回填。当墙身强度达到 75％时，方可进行回填，在墙背 1.5m 内严禁用机械回填压实，采用人工分层进行夯实，回填厚度不大于 20cm，回填料必须满足质量要求，夯实采用蛙式夯机（图 6-19）进行夯实。回填前按设计在墙后垫土工布和滤水层，然后分层回填。墙后碎石反滤层要求级配良好，且每层由人工配合小型机具夯打密实，每层厚度不大于设计要求（一般不大于 15cm）。

蛙式夯机操作时，要两人操作：一人扶夯机，一人整理线路，防止夯头夯打电源线

图 6-19 蛙式夯机

（5）养护

混凝土养护主要是保证混凝土表面的湿润，防止混凝土水化反应的各种影响。对于墙身的养护要采用土工布进行包裹，再洒水养护，如图 6-20 所示，基

应在浇筑完毕后的12h以内对混凝土加以覆盖并养护。洒水养护时间长短取决于水泥品种和结构的功能要求

图 6-20 墙身的洒水养护

础主要用人工洒水，墙身采用高压水枪洒水养护。定期测定混凝土内部温度、环境温度，控制混凝土内外温差，防止混凝土表面产生裂缝。浇注后混凝土初凝前表面产生的裂缝可采用多次收面来消除，后期主要依靠养护来保证混凝土表面不产生裂缝。

6.2.2　扶壁式、悬臂式挡墙施工要点

扶壁式挡土墙

扫码观看视频

扶壁式、悬臂式挡墙施工要点主要有以下几个方面。

① 钢筋混凝土悬臂式挡土墙和扶壁式挡土墙，宜在石料缺乏、地基承载力较低的路堤地段采用。装配式的扶壁式挡土墙不宜在不良地质地段或地震动峰值加速度为 0.2g 级（原八度）以上地区采用。

② 凸榫必须按照设计尺寸开挖，并与墙底板一同灌注混凝土，凸榫示意图如图 6-21 所示。

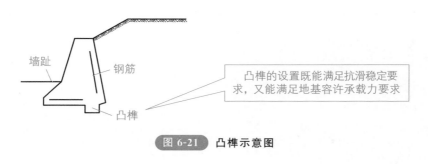

图 6-21　凸榫示意图

③ 悬臂式挡土墙高度不宜大于 6m，当墙高大于 4m 时，宜在墙面板前加肋。墙顶宽度不应小于 0.2m，扶壁式挡土墙高度不宜大于 10m，墙顶宽度不应小于 0.2m。

④ 每段墙的底板、面板和肋的钢筋应一次绑扎，宜一次完成混凝土浇筑；浇筑混凝土应按现行铁路混凝土与砌体工程施工规范的有关规定施工。

⑤ 浇筑混凝土后，应按规定进行养护；墙体必须达到设计强度的 70% 以后才可进行墙背填土，并应按设计要求的填料和密度分层填筑、压实；墙背反滤层应跟随填土施工。

6.2.3　扶壁式、悬臂式挡墙主要工序的允许偏差

扶壁式、悬臂式挡墙主要工序包括钢筋加工、成型与安装、混凝土挡土墙的尺寸设计、预制混凝土栏杆、栏杆安装等，各个主要工序的允许偏差如下所示。

① 钢筋加工、成型与安装。挡土墙钢筋成型与安装允许偏差符合表 6-1、表 6-2 的规定。

表 6-1 挡土墙钢筋成型允许偏差

项目	允许偏差 /mm	检验频率		检验方法
		范围	点数	
受力钢筋成型长度	±10	每根（每一类型抽查 10%且不小于 5 根）	1	用钢尺量
箍筋尺寸	±5		2	用钢尺量,高、宽各 1 点

表 6-2 钢筋挡土墙安装允许偏差

项目	允许偏差 /mm	检验频率		检验方法
		范围/m	点数	
配置两排以上受力筋时钢筋的排距	±5	10	2	用钢尺量
受力筋间距	±10		2	用钢尺量
箍筋间距	±20		2	5 个箍筋间距量 1 点
保护层厚度	±5		2	用尺量

② 现浇混凝土挡土墙。现浇混凝土挡土墙允许偏差应符合表 6-3 的规定。

表 6-3 现浇混凝土挡土墙允许偏差

项目		规定值或允许偏差	检验频率		检验方法
			范围	点数	
长度/mm		±20	每座	1	用钢尺量
断面尺寸 /mm	厚	±5	20m	1	用钢尺量
	高	±5		1	用钢尺量
垂直度		≤0.15%H 且≤10mm		1	用经纬仪或垂线检测
外露面平整度/mm		≤5		1	用 2m 直尺、塞尺量取最大值
顶面高程/mm		±5		1	用水准仪测量

注：表中 H 为挡土墙板高度。

③ 预制混凝土栏杆。预制混凝土栏杆允许偏差应符合表 6-4 的规定。

表 6-4 预制混凝土栏杆允许偏差

项目	规定值或允许偏差	检验频率		检验方法
		范围	点数	
断面尺寸/mm	符合设计规定	每件（每类型抽查 10%，且不小于 5 件）	1	观察、用钢尺量
柱高/mm	±5		1	用钢尺量
侧向弯曲	≤L/750		1	沿构件全长拉线量最大矢高
麻面	≤1%		1	用钢尺量麻面总面积

注：L 为构件长度。

④ 栏杆安装。栏杆安装允许偏差应符合表 6-5 的规定。

表 6-5　栏杆安装允许偏差

项目		允许偏差/mm	检验频率		检验方法
			范围	点数	
直顺度	扶手	≤4	每跨侧	1	用10m线和钢尺量
垂直度	栏杆柱	≤3	每柱抽查10%	2	用垂线和钢尺量,顺、横桥轴方向各1点
栏杆间距		±3	每柱抽查10%		用钢尺量
相邻栏杆扶手高差	有柱	≤4	每柱抽查10%	1	
	无柱	≤2			
栏杆平面偏位		≤4	每30m	1	用经纬仪和钢尺量

注：现场浇筑的栏杆、扶手和钢结构栏杆、扶手的允许偏差可参照本表办理。

6.3　现浇重力式钢筋混凝土挡墙

6.3.1　现浇重力式挡墙施工工艺流程

6.3.1.1　施工流程

测量放线→垫层施工→基础钢筋制作与安装→支立基础模板→浇筑基础混凝土→墙体钢筋及预埋件制作与安装→支立墙体模板→浇筑墙体混凝土→混凝土养生→模板拆除。

6.3.1.2　具体施工过程

（1）测量放线

根据施工图纸及坐标点测放出挡土墙中心线、基础平面位置线和纵断高程线，做好平面、高程控制点。测量放线现场图如图 6-22 所示。

通过放线测量把施工图纸上的挡土墙在实地进行放样定位以及测定控制高程，为下一步的施工提供基准

图 6-22　测量放线现场图

（2）垫层施工

① 垫层混凝土强度应符合设计要求，振捣密实、抹压平整，如图 6-23 所示。

② 垫层底面不在同一高程时，施工应按先深后浅的顺序进行。

③ 垫层施工完成后，应复核设计高程并按设计图纸和挡墙中线桩弹出墙体轴线、基础尺寸线和钢筋控制线。

垫层混凝土施工时要随打随压光，达到防水施工的要求

图 6-23 垫层混凝土施工

（3）基础钢筋制作与安装

① 应按有关规定进行钢筋复验、见证取样检验，合格后方可使用。

② 钢筋应按品种规格、批号、分类存放，不得混存。有严重锈蚀、麻坑、劈裂、夹砂、夹层、油污等的钢筋不得使用。

③ 钢筋绑扎前应将垫层清理干净，并用粉笔在垫层上画好主筋、分布筋间距。按画好的间距，先摆放受力主筋、后放分布筋。预埋件、预留孔等应及时配合安装。

④ 绑扎钢筋时一般用顺扣或八字扣，除外围两根筋的相交点应全部绑扎外，其余各点可交错绑扎。

⑤ 在钢筋与模板之间垫好垫块，间距不大于 1.5m，保护层厚度应符合设计要求。

⑥ 垫块一般采用水泥砂浆制成，垫块厚度应与保护层厚度相同，垫块内预埋火烧丝，或用塑料卡来保证保护层厚度。

⑦ 钢筋连接方法宜采用焊接或机械连接。

⑧ 在绑扎双层钢筋网片时，应设置足够强度的撑脚，如图 6-24 所示，以保证

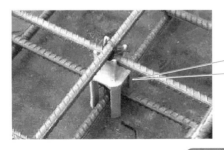

撑脚设置的原则是固定牢上层钢筋网，能承受各种施工活动荷载，确保上层钢筋的保护层在规范规定的范围内

图 6-24 撑脚

钢筋网片的定位准确、稳定牢固。网片在浇筑混凝土时不得松动变形。

⑨ 钢筋焊接成型时，焊前不得有水锈、油渍；焊缝处不得咬肉、裂纹、夹渣，焊药皮应清除干净。

（4）支立基础模板

① 模板应具有足够的强度、刚度和稳定性，能承受灌筑混凝土的冲击力、混凝土的侧压力。安装基础模板如图 6-25 所示。

安装基础模板，注意进行拉筋的设置，加强坡度调整

图 6-25 安装基础模板

② 模板应保证挡土墙设计形状、尺寸及位置准确，并便于拆卸，模板接缝应严密，不得漏浆、错台。

③ 模板脱模剂应涂刷均匀，不得污染钢筋。

④ 轴线、模板线放线完毕，应办理好预检手续。

⑤ 模板安装后，应检查预留洞口及预埋件位置，符合设计要求后，方可进行下道工序。

⑥ 模板支撑时，模板下口先做水平支撑，再加斜撑固定。

（5）浇筑基础混凝土

① 混凝土浇筑前，钢筋应先检查验收合格。模板安装牢固，缝隙平整、严密，杂物应清理干净，积水排除，并办理预检手续。

② 混凝土配合比应符合设计强度要求。

③ 混凝土浇筑时自由落差一般不大于 2m，当大于 2m 时，应用导管或溜槽输送。

④ 现浇重力式钢筋混凝土挡土墙，应根据挡土墙的具体形式、尺寸确定浇筑方案。当基础与墙体分期浇筑时应符合下列规定：

a. 基础混凝土强度达到 2.5MPa 以上时方可支搭挡土墙墙体模板；

b. 浇筑基础混凝土时，宜在基础内埋设供支搭墙体模板定位的连接件。

⑤ 混凝土振捣。

a. 基础混凝土宜采用插入式振捣棒振捣，如图 6-26 所示。当振捣棒以直线行列插入时，移动距离不得超过振捣棒作用半径的 1.5 倍；若以梅花式行列插入，移动距离不得超过作用半径的 1.75 倍；振捣时振捣器不得直接放在钢筋上。

> 振捣棒插入下层已振混凝土的深度应不小于5cm，严格控制振捣时间，一般在20s左右，严防漏振或过振

图 6-26 插入式振捣棒振捣

b. 振捣至混凝土不再下沉，无显著气泡，表面平坦一致，开始浮现水泥浆为度。若发现表面呈现水层，应分析原因，予以解决。

c. 振捣棒宜与模板保持 50～100mm 净距。不宜振捣的部位应采用人工振捣。

d. 混凝土应分层浇筑，分层厚度不超过 300mm。各层混凝土浇筑不得间断；应在前层混凝土振实尚未初凝前，将次层混凝土浇筑、捣实完毕。振捣次层混凝土时振捣棒应插入前层 50～100mm。

（6）墙体钢筋及预埋件制作与安装

墙体钢筋及预埋件制作与安装要求可参照前面"（3）基础钢筋制作与安装"的有关规定施工。

（7）支立墙体模板

① 按位置线安装墙体模板，模板应支牢固，下口处加扫地方木，如图 6-27 所示，下口模内加方木内撑，以防模板在浇筑混凝土时松动、跑模。

> 墙体模板及其支架应具有足够的承载力、刚度和稳定性，能可靠地承受浇筑混凝土的重量、侧压力以及施工荷载

图 6-27 支立墙体模板

② 按照模板设计方案先拼装好一面的模板并按位置线就位，然后安装拉杆或

斜撑，安装套管和穿墙螺栓，穿墙螺栓规格和间距在模板设计中应明确规定。

③ 清扫墙内杂物，再安装另一侧模板，调整支撑至模板垂直后，拧紧对拉螺栓。

④ 模板隔离剂涂刷应均匀，不得污染钢筋。

⑤ 模板安装完成后，检查扣件、螺栓是否牢固，模板拼缝及下口是否严密，并办理预检手续。

（8）浇筑墙体混凝土

① 墙体混凝土浇筑前，在底部接槎处先均匀浇筑 15～20mm 厚与墙体混凝土强度等级相同的减石子混凝土。

② 混凝土应按规范规定分层或分段浇筑，振捣密实，分层厚度不大于300mm。混凝土下料点应分散布置。墙体应连续进行浇筑，每层间隔时间不超过混凝土初凝时间。墙体混凝土施工缝宜设在设计伸缩缝处，如图 6-28 所示。

分段浇筑墙体混凝土，可以有效预防振捣不紧密，发生蜂窝、麻面或孔洞等现象

图 6-28　分段浇筑墙体混凝土

③ 预留洞口两侧混凝土浇筑高度应对称均匀浇筑。振捣棒距洞边 300mm 以上，防止洞口移位、变形。

④ 混凝土浇筑振捣完毕，将上口甩出的钢筋加以整理，用木抹子按设计标高控制线对墙体上口进行找平。

⑤ 墙体混凝土的其他施工可参照前面"（5）浇筑基础混凝土"的有关条款施工。

（9）混凝土养生

① 混凝土浇筑完毕后，应在 12h 以内加以覆盖和浇水，如图 6-29 所示。浇水次数应能保持混凝土有足够的湿润状态，养护期一般不少于 7 天，可根据空气的湿度、温度和水泥品种及掺用的外加剂的情况，适当延长。

② 大体积混凝土挡土墙的养护，应根据气候条件采取控温措施，将温度控制在设计要求的范围内。

（10）模板拆除

① 当混凝土强度达到 2.5MPa 以上时，方可拆除侧面模板。

混凝土养护期间，对混凝土的养护过程做详细记录，并建立严格的岗位责任制

图 6-29　混凝土浇水养生

② 首先逐段松开并拆除拉杆，一次松开长度不宜过大。不允许以猛烈地敲打和强扭等方法进行。

③ 逐块拆除模板，拆除时注意保护墙体，防止损坏，如图 6-30 所示。

已拆除模板及其支架的结构，在混凝土强度符合设计等级要求后，方可承受全部使用荷载

图 6-30　拆除模板

④ 将模板及支撑拆除后应维修整理，分类妥善存放。

6.3.2　现浇重力式挡土墙施工要点

现浇重力式挡土墙施工要点主要有以下几个方面。

① 现浇重力式挡土墙明挖基础施工应符合下列规定。

a. 当基础开挖较深或边坡稳定性较差时，应分段、跳槽开挖，并采取临时支护措施，例如喷射混凝土，如图 6-31 所示。

喷射混凝土具有较高的强度、黏结力和耐久性，能与墙面紧密结合成混凝土层

图 6-31　喷射混凝土支护

　　b. 临时弃土或堆放材料距坑边的距离不应小于2m，机械行驶不得影响施工安全。

　　c. 基坑应随基础施工分层回填夯实，顶面做成向外不小于4％的排水坡。

　　② 墙身施工应符合下列规定。

　　a. 墙面应平顺整齐，墙顶排水及防渗设施应及时施作。

　　b. 墙背拆模时，应在墙背侧设置必要的临时支撑。

　　③ 一般地区、浸水地区和地震地区的路堤和路堑，可采用重力式（含衡重式）挡土墙。

　　④ 重力式挡土墙墙身材料可采用石砌体、片石混凝土或混凝土。

　　⑤ 重力式挡土墙伸缩缝或沉降缝内两侧壁应竖直、平齐无搭叠；缝中防水材料应按设计深度填塞紧密。

　　⑥ 重力式挡土墙的泄水孔应在砌筑墙身时留置，如图6-32所示。泄水孔必须排水畅通，严禁排水孔出现倒坡，并应保证墙背反滤、防渗设施的施工质量。

重力式挡土墙的泄水孔间距一般为2~3m，上下交错设置

图 6-32　泄水孔

6.3.3　现浇重力式挡土墙允许偏差

　　现浇重力式挡土墙主要工序包括现浇钢筋混凝土挡土墙施工、现浇钢筋混凝土挡土墙基础模板施工、现浇钢筋混凝土挡土墙模板施工、挡土墙钢筋成型与安装等方面，各个主要工序的允许偏差如下所示。

　　① 现浇钢筋混凝土挡土墙允许偏差。现浇钢筋混凝土挡土墙允许偏差应符合表6-6的规定。

表 6-6　现浇钢筋混凝土挡土墙允许偏差

检查项目	规定值或允许偏差	检验频率		检验方法
		范围	点数	
混凝土抗压强度/MPa	符合设计要求	每台班	1组	见《混凝土强度检验评定标准》（GB/T 50107—2010）

续表

检查项目		规定值或 允许偏差	检验频率		检验方法
			范围	点数	
长度/mm		±20	每座	1组	用钢尺量
断面尺寸 /mm	厚度	≥±5	每20延长米	1组	用钢尺量
	高度	≥±5		1组	
垂直度/mm		0.15%H 且≤10	每20延长米	1组	用经纬仪或垂直检测
外露面平整度/mm		≤5	每20延长米	1组	用2m直尺和塞尺量取最 大值
顶面高程/mm		±5	每20延长米	1组	用水准仪测量

注：H 为挡墙高度，m。

② 现浇钢筋混凝土挡土墙基础模板允许偏差。现浇钢筋混凝土挡土墙基础模板允许偏差应符合表 6-7 的规定。

表 6-7　现浇钢筋混凝土挡土墙基础模板允许偏差

项次	检查项目		规定值或允许 偏差/mm	检验频率		检验方法
				范围	点数	
1	相邻面板 表面高差	刨光模板	≤2	20m	2	用钢尺和塞尺 量测
		不刨光模板	≤4			
		钢模板	≤2			
2	表面平整 度	刨光模板	≤3	20m	2	用2m直尺和塞尺 量测
		不刨光模板	≤5			
		钢模板	≤3			
3	断面尺寸	宽度	±10	20m	2	用钢尺量
		高度	±10			
		杯槽宽度	+20,0			
4	轴线位移	杯槽中心线	≤10	20m	1	用经纬仪测量
5	基础底面 高程(支撑面)		+5,−10	20m	1	用水准仪测量
6	预埋件	高程	±5	20m	1	用水准仪测量
		位移	±15	每个	1	用钢尺量位移

③ 现浇钢筋混凝土挡土墙模板允许偏差。现浇钢筋混凝土挡土墙模板允许偏差应符合表 6-8 的规定。

表 6-8 现浇钢筋混凝土挡土墙模板允许偏差

项次	检查项目		规定值或允许偏差 /mm	检验频率		检验方法
				范围	点数	
1	相邻面板表面高差	刨光模板	≤2	每20延长米	4	用钢尺量
		钢模板	≤2			
		不刨光模板	≤4			
2	表面平整度	刨光模板	≤3		4	用2m直尺量
		钢模板	≤3			
		不刨光模板	≤5			
3	垂直度		0.1%H 且≤6		2	用垂线或经纬仪检测
4	模内尺寸		+3,−5		3	用钢尺量长、宽、高各1点
5	轴线位置		≤10		2	用经纬仪测量纵、横向各1点
6	顶面高程		+2,−5		1	用水准仪测量

注：表中 H 为挡土墙高度，mm。

④ 挡土墙钢筋成型与安装允许偏差。挡土墙钢筋成型与安装允许偏差应符合表 6-9 的规定。

表 6-9 挡土墙钢筋成型与安装允许偏差

项次	检查项目	规定值或允许偏差/mm	检验频率		检验方法
			范围	点数	
1	配置两排以上受力筋时钢筋的排距	±5	每10延长米	2	用钢尺量较大偏差值
2	受力筋间距	±10		2	用钢尺量较大偏差值
3	箍筋间距	±20		2	5个箍筋间距离一尺,取较大偏差值
4	保护层厚度	±5		2	用钢尺量较大偏差值

6.4 浆砌块（料）石挡土墙

6.4.1 浆砌块（料）石挡土墙对材料的要求

浆砌块（料）石挡土墙对材料的要求主要有以下内容。

（1）石料

石砌挡土墙石料按开采方法与加工浓度分为片石、块石和料石三种。

① 片石：一般指用爆破法或楔劈法开采的石块，厚度不小于 15cm，其宽度及长度不小于厚度的 1.5 倍，如图 6-33（a）所示。用作镶面的片石应表面平整，尺寸较大，并稍加修整，其强度不小于 30MPa，并严禁大面立砌。

② 块石：其形状大致为正方体，上下面也大致平整，厚度不小于 20cm，宽度为厚度的 1.0～1.5 倍，长度为厚度 1.5～3.0 倍，如图 6-33（b）所示。块石用作镶面时，应由外露面四周向内稍加修凿，强度不小于 30MPa。

③ 料石：外形方正，成六面体，如图 6-33（c）所示。厚度 20～30cm，宽度为厚度的 1～1.5 倍，长度为厚度的 2.5～4 倍，表面凹陷深度不大于 20mm，用作镶面的粗料石，丁石长度应比相邻顺石宽度至少大出 15cm。修凿面每 10cm 长须有錾路 4～5 条，正面凹陷深度不超过 1.5mm，外露面应有细凿边缘，宽度为 3～5cm，强度应不小于 30MPa。

砌体石块应互相咬接，砌缝砂浆饱满，砌缝宽度一般不大于3cm，上下层错缝距离不小于8cm

(a) 片石　　　　　　(b) 块石　　　　　　(c) 料石

图 6-33　石砌挡土墙石料的种类

（2）砌筑砂浆

① 砂浆强度以 70.7mm×70.7mm×70.7mm 的试件在温度 20℃±3℃的标准养护条件下 28 天的抗压强度为准，单位为 MPa，其强度、类别应符合设计规定，并宜采用洁净的中砂或粗砂。砌筑砂浆的试件如图 6-34 所示。当用于浆砌片石时，砂的最大粒径不宜超过 5mm，砌筑块石或粗料石时不宜大于 2.5mm。在适当增加水泥用量的条件下也可采用细砂。

② 砂浆必须具有良好的和易性，其适宜的稠度（以标准锥体沉入度来表示）

砌筑砂浆的试件中不同品种的水泥不得混合使用，砂浆用砂不得含有有害杂物

图 6-34　砌筑砂浆的试件

为5～7cm，气温较高时，可适当增大。为改善砂浆和易性，可掺入塑化剂或粉煤灰等，其掺量可视品种经试验而定。

③ 当采用水泥、石灰砂浆时，所用石灰应保证成分纯正，煅烧均匀透彻，一般宜熟化成消石灰粉或石灰膏使用，其中 CaO 和 MgO 的含量应符合规定的要求。

④ 砂浆的配合必须通过试验确定，当更换砂浆的组成材料时，其配比应重新试验确定。砂浆应随拌随用，保持适当的稠度，一般宜在3～4h用完，其在运输过程中发生离析、泌水，应重新搅拌，已开始凝结的砂浆不得使用。砂浆所用水泥、砂等材料质量应符合规范要求。

6.4.2 浆砌块（料）石挡土墙施工工艺流程

6.4.2.1 施工流程
施工准备→基础施工→浆砌石料→勾缝→墙背填料。

6.4.2.2 具体施工过程

（1）施工准备

① 测量放样，恢复路基中线，精确测定挡土墙基座主轴线和起讫点，每端的衔接是否顺直，并按施工放样的实际需要增补横断面桩，测量中桩和挡土墙各点的地面标高，并设置施工水准点，如图6-35所示。

水准点位置，应设于坚实、不下沉、不碰动的地物上或永久性建筑物的牢固处

图 6-35 设置施工水准点

② 熟悉设计文件，做好人、机、材安排及现场三通一平工作，做好各种试验的准备工作，施工前应做好地面排水和安全生产的准备工作。

（2）基础施工

① 基础的各部尺寸、形状埋置深度均按设计要求进行施工。当基础开挖后若发现与设计情况有出入时，应按实际情况调整设计，并向有关部门汇报。

② 基础开挖大多采用明挖，在松软地层或坡基层地段开挖时，基坑不宜全段贯通，应采用跳槽办法开挖以防止上部失稳。当基底土质为碎石土地、砂砾土、黏性土等时，将其整平夯实。但遇有特殊水文、地质情况时，也可采用桩支护等形式，如图6-36所示。

③ 当遇有基底软弱或土质不良地段时，应通过变更设计程序，采取措施后方可施工。若岩基有裂缝，应以水泥砂浆或小石子混凝土灌筑至饱满。若基底岩层有

为保护地下主体结构施工和基坑周边环境的安全，对基坑采用的临时性支挡、加固、保护与地下水控制的措施

图 6-36 浆砌块石挡土墙基础的桩支护形式

外露的软弱夹层，宜于墙趾前对此层作封面保护，以防风化剥落后基础折裂而使墙身外倾。

④ 任何土质基坑挖至标高后不得长时间暴露、扰动或浸泡，而削弱其承载能力。基底尽量避免超挖，如有超挖或松动应将其夯实，基坑开挖完成后，应放线复验，确认位置无误并经监理签订后，方可进行基础施工，基坑抽水应保证砌体砂浆不受水流冲刷。当基础完成后立即回填，以小型机械进行分层压实，并在表层稍留向外斜，经免积水渗入浸泡基底。

（3）浆砌石料

砌筑前应将石料表面泥垢清扫干净，并用水湿润。砌筑时必须两面立杆挂线或样板挂线，外面线应顺直整齐、逐层收坡，内面线可大致适顺以保证砌体各部尺寸符合设计要求，浆砌石底面应卧浆铺砌，立缝填浆补实，不得有空隙和立缝贯通现象，如图 6-37 所示。砌筑工作中断时，可将砌好的石层孔隙用砂浆填满，再砌时表面要仔细清扫干净、洒水湿润。工作段的分段位置宜在伸缩缝和沉降缝处，各段水平缝应一致，分段砌筑时，相邻段的高差不宜超过 1.2m。砌筑砌体外皮时，浆缝需留出 1~2cm 深的缝槽，以便砂浆勾缝，其标号应比砌体砂浆提高一级，隐蔽面的砌缝可随砌随抹平，不另勾缝。

使用石料必须保持清洁，受污染或水锈较重的石块应冲洗干净，以保证砌体的黏结强度

图 6-37 浆砌石料

（4）勾缝

勾缝有平缝、凹缝和凸缝等，勾缝具有防止有害气体和风、雨、雪等侵蚀砌体内部，延长构筑物使用年限及装饰外形美观等作用。在设计无特殊要求时，勾缝宜

采用凸缝或平缝,如图 6-38 所示。勾缝宜用(1∶1.5)~(1∶2)的水泥砂浆,并应嵌入砌缝内约 2cm。勾缝前,应先清理缝槽,用水冲洗湿润,勾缝应横平竖直、深浅一致,不应有瞎缝、丢缝、裂纹和黏结不牢等现象。片石砌体的勾缝应保持砌后的自然缝。

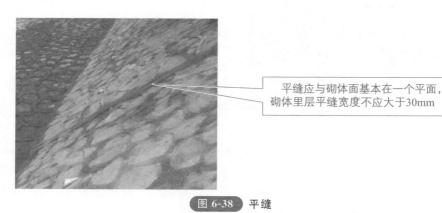

平缝应与砌体面基本在一个平面,砌体里层平缝宽度不应大于30mm

图 6-38　平缝

(5)墙背填料

① 需待砌体砂浆强度达 70% 以上时,方可回填墙背填料,并应优先选择渗水性较好的砂砾土填筑。如确有困难采用不透水土时,必须做好反滤层及泄水孔,并与砌体同步进行,浸水挡土墙背应全部用水稳性和透水性较好的材料填筑墙背填料。

② 墙背回填要均匀摊铺平整,并设不小于 3% 的横坡逐层填筑,逐层夯实,严禁使用膨胀性土和高塑性土,每层压实厚度不宜超过 20cm,根据碾压机具和填料性质应进行压实试验,确定填料分层厚度及碾压遍数,以便正确地指导施工。

③ 压实时应注意勿使墙身受较大的冲击影响,邻近墙背 1.0m 的范围内,应采用蛙式打夯机、内燃打夯机、手扶式振动压路机、振动平板夯等小型压实机具碾压。

④ 墙后地面横坡陡于 1∶3 时,应进行基底处理(如挖成台阶),然后再回填。

⑤ 浆砌挡土墙的墙顶,可用 M5 砂浆抹平,厚 2cm,如图 6-39 所示。干砌挡

浆砌挡土墙的墙顶表面应均匀平整,无开裂现象

图 6-39　墙顶砂浆抹平

土墙墙顶 50cm 厚度内，用 M2.5 砂浆砌筑，以利稳定。

6.4.3 浆砌块（料）石挡土墙施工要点

（1）施工准备

熟悉设计文件，对工程范围内的水文、地质进行调查取样、试验，确定其性质和范围，并对原有挡墙进行调查分析，找出多年来挡墙未损坏的经验或破损的原因，以便制定合理的施工方案。

（2）原材料

① 选用硬质材料，抗压强度不小于 30MPa，片石应有两个大致的平面，厚度不小于 15cm，宽度不小于厚度的 1.5 倍。用作镶面的片石，选择表面平整、尺寸较大的片石，表面不平应加以修整。

② 砂浆中所用的水泥、砂和水的质量标准必须符合规范中相应材料的质量标准，砂采用中、粗砂，要过筛，砂浆配比准确。

（3）基坑

① 位置准确，平面尺寸达到设计要求，按设计的基坑宽度打两条边线，基坑两侧要有一定的坡度，确保施工安全。

② 土质基底必须满足设计地基承载力要求。

③ 石质基底横坡较大时。在较硬的岩石地段做成向内倾斜的台阶状基底。

④ 砂质基底，用水压的方法增加基底的压实度，水量要饱和，直到基底不再下沉为止。

⑤ 基底的承载力、各部尺寸及基底标高等经监理验收合格后才能进行下道工序。

（4）砌体施工

① 基础砌筑。基底为坚硬的岩石时，应先将基底表面清洗、湿润，再坐浆砌筑，基底为土质可直接坐浆砌筑。基底有较大的坑槽或孤立的岩石时，基础应由低向高砌筑。

② 墙身砌筑。每个自然段先砌筑 10m 墙身试验段，经监理验收合格后方可全段施工。墙身砌筑，应将较大的片石使用于下部，外层与里层片石交错，咬接连成一体，各层砂浆填塞饱满，不得有空洞，各工作层竖缝相互错开，不得贯通，砌石应大面向下，摆放平稳，坐浆砌筑，不得在石块下面用高于砂浆砌缝的小石块支垫，严禁采用先砌筑两侧，中间用小石块填筑，墙身两张皮的错误施工方法。工程间断，不得在工作面摊铺砂浆。

③ 沉降缝和伸缩缝的设置。在基础以下出现地质情况明显变化时应设置沉降缝，以防由于不均匀下沉引起墙体破坏。伸缩缝用以克服砌体受气温影响引起的涨缩而破坏墙体，每隔 15m 设置一道。沉降缝和伸缩缝的设置均自下而上贯通，宽3cm，上下垂直。缝的两侧抹面，缝中填以沥青麻絮，沥青用建筑沥青，填塞时不得污染墙面，应和砌体同步进行。

④ 有旧挡墙的段落的处理。新旧墙间距小于 50cm 时要与旧墙砌成一体，当新墙砌至顶面 1.5m 处时应拆除旧墙，全幅填筑路基。

⑤ 勾缝。砌筑时外露面预留深约 2cm 的空缝，备做勾缝之用，砌体隐蔽面砌缝可随砌随刮平，不另勾缝。勾缝采用凸缝，缝宽 3cm，宽窄一致，表面平顺美观。

（5）墙后填料

采用边砌筑边回填的方法，填筑的材料采用中、粗砂或砂砾，采用水压法压实，填砂的厚度每层 50cm。

（6）砌体的养护

浆砌砌体砂浆初凝后，洒水覆盖养生 14 天，养生期间避免碰撞、振动或承重。

6.4.4　浆砌块（片）石挡土墙的质量要求和允许偏差

6.4.4.1　浆砌块（片）石挡土墙的质量要求

（1）质量要求

① 石料规格应符合有关规定。

② 地基必须满足设计要求。

③ 砂浆配合比符合试验规定。

④ 砌石分层错缝。浆砌时坐浆挤紧，嵌填饱满密实，不得有空洞。

⑤ 墙背填料符合设计和施工规范要求。

⑥ 沉降缝、泄水孔数量应符合设计要求，沉降缝整齐垂直，上下贯通，泄水孔坡度向外，无堵塞现象。

⑦ 砌体紧实牢固，勾缝平顺，无脱落现象。

（2）质量标准

① 当挡土墙平均墙高 $H \geqslant 6m$，且墙身面积 $A \geqslant 1200m^2$ 时，为大型挡土墙，应作为分部工程进行评定，分部工程可分为基础和墙身两个分项工程。

② 当 $H < 6m$ 且 $A < 1200m^2$ 的一般挡土墙，作为分项工程进行评定。

6.4.4.2　浆砌块（片）石挡土墙的允许偏差

浆砌块（片）石挡土墙的主要工序如下。

现浇钢筋混凝土挡土墙施工、现浇钢筋混凝土挡土墙基础模板施工、现浇钢筋混凝土挡土墙模板施工、挡土墙钢筋成型与安装等方面。各个主要工序的允许偏差如下所示。

① 浆砌（片）石基础允许偏差应符合表 6-10 的规定。

表 6-10　浆砌（片）石基础允许偏差

项次	检查项目	规定值或允许偏差	检查方法和频率
1	砂浆强度/MPa	在合格标准内	按强度合格率评定方法评定
2	轴线偏位/mm	25	用经纬仪测量纵横各 2 点

项次	检查项目		规定值或允许偏差	检查方法和频率
3	平面尺寸/mm		±50	用尺量长、宽各3点
4	顶面高程/mm		±30	用水准仪测5~8点
5	基底高程/mm	土质	±50	用水准仪测5~8点
		石质	+50,-200	

② 混凝土基础允许偏差应符合表6-11的规定。

表6-11 混凝土基础允许偏差

项次	检查项目		规定值或允许偏差	检查方法和频率
1	混凝土强度/MPa		在合格标准内	按强度合格率评定方法评定
2	平面尺寸/mm		±50	用尺量长、宽各3点
3	基底高程/mm	土质	±50	用水准仪测5~8点
		石质	±50,-200	
4	顶面高程/mm		±30	用水准仪测5~8点
5	轴线偏位/mm		25	用经纬仪测量纵横各2点

③ 浆砌块（片）石挡土墙允许偏差应符合表6-12的规定。

表6-12 浆砌块（片）石挡土墙允许偏差

项次	检查项目		规定值或允许偏差	检查方法和频率
1	砂浆强度/MPa		在合格标准内	按强度合格率评定方法评定
2	平面位置/mm		50	每20m用水准仪检查3点
3	顶面高程/mm		±20	每20m用水准仪检查1点
4	断面尺寸/mm		不小于设计值	每20m用尺量2个断面
5	底面高程/mm		20	每20m用水准仪检查1点
6	表面平整度/mm	块石	30	每20m用2m直尺检查3处
		片石		

6.5 加筋土挡土墙

6.5.1 加筋土挡土墙对材料和构件的要求

加筋土挡土墙对材料和构件的要求主要有以下内容。

（1）筋带

筋带采用强度高、受力后变形小、能与填料产生足够的摩擦力的CAT钢塑复合材料拉筋带。筋带宽30mm、厚2mm，伸长率1%。筋带结点的水平间距0.5m，垂直间距0.5m，地基承载力大于350kPa。

（2）面板

面板应具有足够的强度，以保证拉筋端部土体的稳定；面板应具有足够的刚度，以抵抗预期的冲击和振动作用；面板应具有足够的柔性，以适应加筋体在荷载作用下产生容许沉降所带来的变形。面板采用钢筋混凝土预制面板。

（3）填料

填料施工应易于填筑与压实，与筋带之间能产生足够的摩擦力，对筋带材料无腐蚀性，且水稳性好。填料优先选用有一定级配、透水性较好的砂类土、碎（砾）石类土，以保证筋带与填料之间能发挥较大的摩擦力，确保结构稳定。填料最大粒径不得大于15mm。

（4）砂浆

强度应符合设计规定，有良好的和易性和一定稠度，配合比准确，搅拌均匀，色泽一致。

（5）基础

一般情况下，墙面板下设置宽度0.3～0.5m、厚度0.25～0.40m的条形基础，宜用现浇混凝土。当地基为土质时，应铺设一层0.10～0.15m厚的砂砾垫层，如果地基土质较差，承载力不能满足要求，应进行地基处理，如采用换填、土质改良以及补强等措施。

6.5.2　加筋土挡土墙施工工艺流程

6.5.2.1　施工流程

基坑开挖→基础施工→面板安装→铺设筋带→填料的摊铺和压实→防水和排水。

6.5.2.2　具体施工过程

（1）基坑开挖

基础开挖时，基坑平面尺寸一般大于基础外缘0.3m。对未风化的岩石应将岩面凿成水平台阶，台阶宽度不宜小于0.5m，台阶长度除满足面板安装需要外，高度比不大于1∶2，当基坑底土质为碎石土、破性土或黏性土时，均应整平夯实，基坑开挖如图6-40所示。

（2）基础施工

砌块在使用前必须浇水湿润，将表面的泥土、水锈清洗干净。砌筑片石时，砌体下部应选择尽可能大的，应分层砌筑，宜以2～3层石块组成一个工作层，每个工作层的水平缝应大致找平，竖缝应错开，不得有通缝，各层先砌筑外圈定位行列，然后砌筑里层，外圈砌石与里层砌块交错连成一体。各砌层的砌块应安入稳固，砌块间应砂浆饱满，黏结牢固，不得直接贴靠或脱空。基础一定做得平整，使得面板能够直立。须严格控制基础顶面标高，基础砌筑时应按设计要求预留沉降缝。沉降缝如图6-41所示。

加筋土挡土墙基坑采用挖掘机开挖，人工配合挖掘机刷底

图 6-40 基坑开挖

沉降缝的目的是避免结构物因荷载或地基承载力不均匀而发生不均匀沉陷，产生不规则的多处裂缝，而使结构物破坏

图 6-41 沉降缝

（3）面板安装

混凝土面板在预制厂预制后运到施工场地安装，面板堆放时，应防止扣环变形和碰坏翼缘角隅，当面板平放时，其堆筑高度不宜超过 5 块，板块间用方木衬垫，如图 6-42 所示。

板块间宜用方木衬垫，面板在运输过程中应轻搬轻放，异形块可现场浇筑

图 6-42 面板堆放

（4）铺设筋带

筋带与面板的连接，将筋带的一端从面板预埋拉环中穿过，折回另一端对齐。

环孔合并穿过，要绑扎以防止抽动，同时应避免筋带在环上绕成死结，超过其弯折强度，影响筋带使用寿命。筋带应呈扇形辐射状铺设在压实整平的填料上，使其不易重叠，不得卷曲或折曲；不得与硬质棱角填料直接接触。在铺设时用夹具将筋带拉紧（拉力宜保持一致），再用少量填料压住筋带，使之固定并保持正确位置。铺设筋带如图 6-43 所示。

筋带铺设要求筋带要垂直于坡面，水平摆放，尽量间距相等且平行地铺设

图 6-43　铺设筋带

（5）填料的摊铺和压实

① 填料的摊铺。加筋土填料应根据筋带竖向间距进行分层摊铺。卸料时机械与面板距离不应小于 1.5m。摊铺厚度应均匀一致，表面平整，并设不小于 3% 的横坡，当机械摊铺时，摊铺机械距面板不应小于 1.5m。摊铺前应设明显标志，易于驾驶员观察，机械运行方向应与筋带垂直，并不得在未覆盖填料的筋带上行驶或停车，距面板 1.5m 范围内应用人工摊铺，如图 6-44 所示。

人工摊铺加筋土填料时优先采用级配良好的碎石或砂类土，当采用黏性土料做填料时，宜掺入适量的碎石

图 6-44　人工摊铺

② 填料压实。碾压前应进行现场压实试验，根据碾压机械和填料性质确定填料分层摊铺厚度、碾压遍数以指导施工。填料填筑压实时，应随时检查其含水量是否满足压实要求，每层填料摊铺完毕后，应及时碾压。填料应严格分层碾压，碾压时应先轻后重，并不得使用羊足碾压路机，不得在未经压实的填料上急剧改变运行方向和急刹车。碾实作业应先从筋带中部开始，逐步碾压至筋带尾部。在铺筑上层

筋带前，再回填预留部分，并用人工中小型压实机具，压实后再铺设上层筋带。加筋土工程面板内侧1.0m范围内的压实要求如下。

a. 应按设计规定选用填料，并优先选用透水良好的材料进行填筑。

b. 使用小型压实机械，例如手扶压实机，如图6-45所示。先在墙面板后轻压，再逐步向路中心压实、严禁使用大、中型压实机械。当碾压困难时，可用人工夯实，以免面板错位。

手扶压实机适宜于狭窄区域，可以进入大型压实机无法驶入的场合进行压实作业

图 6-45 手扶压实机

（6）防水和排水

当加筋土工程区域内出现层间水、裂隙水、涌泉等时，应先修筑排水构造物，如图6-46所示，再做加筋土工程。加筋土工程中的反滤层、透水层、隔水层等防排水设施应按设计要求与加筋体施工同步进行。路肩式加筋土挡土墙，路肩部分应进行封闭。加筋土工程施工现场应先完成场地排水，以保证正常施工。

排水沟可以防止挡墙基础和墙体受到水的侵害，是保证排水通畅的重要设施

图 6-46 排水构造物

6.5.3 加筋土挡土墙施工要点

加筋土挡土墙施工要点主要有以下几个方面。

① 按施工技术规范要求进行基槽整修，做好基底清理工作，做到基底平整、

密实、排水通畅、无浮土杂质。

② 面板安装前应先检查面板质量。面板应平整无翘角，拉环完好无损坏，与面板间锚固结实，并已进行除锈处理。

③ 面板安装时应检查样板位置是否正确，样线是否拉紧。

④ 面板安装时应注意安装质量，做到板面上下、左右对齐。

⑤ 安装底层面板时，产生的水平和倾斜误差应逐层调整。

⑥ 严格按设计要求进行摊铺、压实。

⑦ 不得在未完成填土作业的面板上安装上一层面层。

⑧ 筋带安装应按施工技术规范进行，筋带必须拉直、不宜重叠、应按扇形辐射状放置，不得卷曲、折叠；穿孔时筋带与拉环应隔离，对穿的筋带绑扎不能抽动，不得在环上绕成死结。

⑨ 按设计要求设置缝，沉降缝必须垂直。

6.5.4 加筋土挡土墙的质量标准

6.5.4.1 主控项目

（1）地基承载力

地基承载力应符合设计要求。

检查数量：每道挡土墙基槽抽检 3 点。

检验方法：查触（钎）探检测、隐蔽验收记录。

（2）基础混凝土强度

基础混凝土强度应符合设计要求。

检查数量：每班或每 100m^3 取 1 组（3 块），少于规定按 1 组计。

检验方法：查强度试验报告。

（3）预制挡墙板的质量标准

预制挡墙板的质量标准应符合设计要求，允许偏差应符合表 6-13 的规定。

表 6-13 预制墙板允许偏差

项目	允许偏差 /mm	检验标准		检验方法
		范围	点数	
厚、高	±5	每构件（每类抽查板的 10% 且不少于 5 块）	1	用钢尺检查
宽度	0 −10		1	
侧弯	≤L/1000		1	
板面对角线	≤10		1	
外露面平整度	≤5		2	
麻面	≤1%		1	

注：表中 L 为墙板长度，mm。

（4）拉环、筋带材料

拉环、筋带材料应符合设计要求。

检查数量：每品种、每检验批。

检验方法：查检验报告。

（5）拉环、筋带的数量、安装位置

拉环、筋带的数量、安装位置应符合设计要求。

检查数量：全部。

检验方法：观察、抽样，查试验记录。

（6）填土土质

填土土质应符合设计要求。

检查数量：全部。

检验方法：观察、土的性能鉴定。

（7）压实度

压实度应符合设计要求。

检查数量：每压实层，每 500m^2 取 1 点，不足 500m^2 取 1 点。

检验方法：环刀法、灌水法或灌砂法。

6.5.4.2 一般项目

① 墙面板应光洁、平顺、美观无破损、板缝均匀，线形顺畅，沉降缝上下贯通顺直，泄水孔通畅。

检查数量：全数检查。

检验方法：观察。

② 加筋土挡土墙板安装允许偏差应符合表 6-14 的规定。

表 6-14 加筋土挡土墙板安装允许偏差

项目	允许偏差	检验频率		检验方法
		范围	点数	
每层顶面高程/mm	±10		4 组板	用水准仪测量
轴线偏位/mm	≤10	20m	3	用经纬仪测量
墙面板垂直度或坡度	−0.5%H～0		3	用垂线或坡度板量

注：1. 墙面板安装以同层相邻两板为一组。

2. 表中 H 为挡土墙板高度。

3. 垂直度表示中，"＋"指向外、"－"指向内。

③ 加筋土挡土墙总体允许偏差应符合表 6-15 的规定。

表 6-15 加筋土挡土墙总体允许偏差

项目		允许偏差/mm	检验频率		检验方法
			范围/m	点数	
墙顶线位	路堤式	−100 +50	20	3	用 20m 线和钢尺量见注 1
	路肩式	±50			
墙顶高程	路堤式	±50		3	用水准仪测量
	路肩式	±30			
墙面倾斜度		+（≤0.5％H） 且≤+50 −（≤1.0％H） 且≥−100		2	用垂线或坡度板量
墙面板缝宽		±10		5	用钢尺量
墙面平整度		≤15		3	用 2m 直尺、塞尺量

注：1. 墙面倾斜度表示中，"+"指向外、"−"指向内。

2. 表中 H 为挡墙板高度。

7

道路附属构造物

7.1　道牙（缘石）

7.1.1　路用道牙

道牙是路缘石的别名（一般称路缘石），简称缘石，分为立缘石（简称侧石）和平缘石（简称平石）。

道牙一般分为立道牙和平道牙两种形式，是用来在道路上划分不同区域的，比如说将车行道和人行道分开时必须采用立道牙，而人行道和自行车道分开就可以采用平道牙或者采用不同色块和材质的道板转。路面道牙如图 7-1 所示。

道牙一般用砖或混凝土制成，在园林中也可用瓦、大卵石等制成。
通常立道牙凸出地面高度是100mm、150mm、200mm这三种

图 7-1　路面道牙

道路分为城市道路和公路。道牙一般用于城市道路，公路有时会用平道牙，就是和道路一样高的道牙。城市道路道牙的主要作用是：

① 下雨后雨水会汇集到路边和道牙所形成的沟里，沿道牙会设置收水口收集雨水；

② 车辆不上便道，保证行人的安全，避免便道被压坏。

7.1.2　道牙施工要点

7.1.2.1　施工流程

测量放线→刨槽→铺筑基础→安装道牙→勾缝。

7.1.2.2　具体施工过程

（1）测量放线

① 柔性路面道牙在路面基层完成后，未铺筑沥青面层前施工。

② 测量放线路面中线校核后，在路面边缘与道牙交界处放出道牙线，直线部

位 10m 一桩；曲线部位 5～10m 一桩；路口及分隔带等圆弧 1～5m 也可用皮尺画圆并在桩上标明顶面标高。道牙放线如图 7-2 所示。

道牙可在铺筑路面基层后，沿路面边线刨槽、打基础安装；也可在修建路面基层时，在基础部位加宽路面基层作为基础；也可利用路面基层施工中基层两侧自然宽出的多余部分作为基础，基础厚度及标高要符合设计要求

图 7-2 道牙放线

（2）刨槽

① 人工刨槽按桩的位置拉小线或打白灰线，以线为准，按要求宽度向外刨槽，一般为一平锹宽（约 30cm）。靠近路面一侧，比线位宽出少许，一般不大于 5cm，不要太宽以免回填夯实不好，造成路边塌陷。

② 如在路面基层加宽部分安装道牙，将基层平整即可，免去刨槽工序。

常见的机械路牙开槽如图 7-3 所示。

刨槽深度比设计加深 1～2cm，以保证基础厚度，槽底修理平整

图 7-3 机械路牙开槽

（3）铺筑基础

侧石下二灰土基础通常在修建路面基层时加宽基层，一起完成。如不能一起完成需另外刨槽修筑二灰土基础时，则用二灰土铺筑夯实，厚度至少 15cm，压实度要求≥95%（轻型击实）。

（4）安装道牙

① 在已完工的二灰土基层上洒水湿润后，浇筑砂浆（水泥混凝土）垫层。

② 安装道牙前按道牙顶面宽度误差的分类分段铺砌，以达到美观的目的。安装时先拌制水泥砂浆（水泥混凝土）铺底。

③ 按桩线及道牙顶面测量标高拉线绷紧，按线码砌道牙。事先算好路口间的道牙块数，切忌中间用断侧石加楔，曲线处道牙注意外形圆滑，相邻道牙间缝隙用0.8cm厚木条或塑料条掌握。道牙铺砌长度不能用整数除尽时，剩余部分用调整缝宽的办法解决，但缝宽不大于1cm。必须断道牙时，将断头磨平。道牙安装如图7-4所示。

道牙要安正，切忌前倾后仰，道牙顶线顺直、圆滑、平整，无凹进凸出、前后高低、错牙现象，顶面平整，符合标高要求

图 7-4 道牙安装

④ 对于人行道斜坡处的道牙，一般放低至比平石高出2～3cm，两端接头（与正常缘石衔接处）则应做成斜坡连接，亦即俗称"牛腿"式。

⑤ 在道牙后背现浇水泥混凝土，以稳固道牙。

（5）勾缝

砂浆初凝后，用软扫帚扫除多余灰浆，并适当泼水养护，不少于3天。最后应整齐美观。出入口转角道牙、分隔带端圆弧道牙半径太小，预制弧形道牙难以适应时，在工地用薄板就地支模、现场浇制，水泥混凝土标号不低于C30级，并泼水养护不少于7天。道牙勾缝如图7-5所示。

路面完工后，安排勾缝。勾缝前必须再行挂线，调整至顺直、圆滑、平整，方可进行勾缝。先把缝内的土及杂物剔除干净，并用水湿润，然后用1:2(体积比)水泥砂浆灌缝填实勾平，用弯面压子压成凹形

图 7-5 道牙勾缝

道牙的排砌必须稳定，道牙背后必须紧贴现浇的混凝土块，使侧石密实、稳固。

7.2　雨水口（收水井）

7.2.1　道路雨水口

雨水口指的是管道排水系统汇集地表水的设施，是在雨水管渠或合流管渠上收集雨水的构筑物，由进水箅、井身及支管等组成，是雨水系统的基本组成单元之一。道路、广场草地，甚至一些建筑的屋面雨水首先通过箅子汇入雨水口，再经过连接管道流入河流或湖泊。如图 7-6 所示。

雨水口是雨水进入城市地下的入口，是收集地面雨水的重要设施，把天降的雨水直接送往城市河湖水系的通道，既是城市排水管系汇集雨水径流的瓶颈，又是城市非点源污染物进入水环境的首要通道。它既为城市道路排涝，又为城市水体补水

图 7-6　道路雨水口示意图

雨水口的形式，主要有平箅式和立箅式两类。平箅式水流通畅，但暴雨时易被树枝等杂物堵塞，影响收水能力。立箅式不易堵塞，边沟需保持一定水深，但有的城镇因逐年维修道路，由于路面加高，使立箅断面减小，影响收水能力。

7.2.2　雨水口施工要点

7.2.2.1　施工流程

测量放线→挖槽→混凝土基础施工→雨水口砌筑→过梁、井圈及井箅安装。

7.2.2.2　具体施工过程

（1）测量放线

根据设计图纸按照道路设计边线及支管位置确定雨水口位置，定出雨水口中心线桩。雨水口长边必须与道路边线重合（弯道部分除外），并放出雨水口开挖边线。

（2）挖槽

开挖雨水口槽及雨水管支管槽，每侧宜留出 300～500mm 的施工宽度。挖槽如图 7-7 所示。

（3）混凝土基础施工

雨水口混凝土基础施工应符合下列规定。

开挖时，应核对雨水口位置，有误差时以支管为准，平行于路边修正位置，并挖至设计深度

图 7-7 挖槽

在浇注基础混凝土前，应对槽底仔细夯实，遇水要排除，槽底松软时应夯筑3：7灰土基础。混凝土浇筑时，采用人工振捣密实，表面用木抹子抹毛面。浇筑完成后，宜采用覆盖洒水养护的方法。如图 7-8 所示。

一般采用标号不低于10MPa的混凝土，混凝土厚度一般为100mm，根据设计要求及标准图集，确定基础尺寸

图 7-8 雨水口混凝土基础施工

（4）雨水口砌筑

雨水口砌筑应符合下列规定：雨水口混凝土基础强度达到 5MPa 以后，方可进行雨水口的砌筑。选择数量合适、质量合格的砖，运送至砌筑现场，砌筑井墙前一天砖应充分浇水湿润（冬季除外）。根据试验室提供的水泥砂浆配合比，现场搅拌水泥砂浆。

① 砂浆搅拌。宜采用机械搅拌，搅拌时间不少于 90s，稠度应控制在 50～70mm。砂浆应随拌随用，若有泌水现象，应在砌筑前重新搅拌。

② 测放雨水口墙体的内外边线、角桩，据此进行墙体砌筑。

③ 按井墙位置挂线，先砌筑井墙一层，根据长宽尺寸，核对对角线尺寸，核

对方正。

④ 雨水口砌筑完成后，井底用10MPa豆石混凝土抹出向雨水支管集水的泛水坡。豆石混凝土厚度最大50mm，最小30mm。雨水口三算以上时，设置1%的坡度坡向支管。雨水口砌筑如图7-9所示。

> 雨水支管与井墙间应砂浆饱满，管顶应发125mm砖券，管口应与井墙面齐平，管端面应完整无破损。砌筑完成的雨水口应保持清洁，及时加盖，保证安全

图7-9　雨水口砌筑

为了保证雨水口与路面顶面平顺性，应按照设计高程，在路面沥青上面层施工前，安装完成雨水口井圈及井盖。

（5）过梁、井圈及井算安装

雨水口预制过梁安装时要求位置准确，顶面高程符合要求；安装牢固、平稳。预制混凝土井圈如图7-10所示。

> 预制混凝土井圈安装时，底部铺20mm厚1:3水泥砂浆，位置要求准确，与雨水口墙内壁一致，井圈顶与路面齐平或稍低15~25mm，不得凸出

图7-10　预制混凝土井圈

现浇井圈时，模板应支立牢固，尺寸准确，浇筑后应立即养生。

雨水支管与雨水口四周回填应密实。处于道路基层内的雨水支管应做360°混凝土包封，且在包封混凝土达至设计强度75%前不得放行交通。

雨水支管、雨水口位置应符合设计规定，且满足路面排水要求。当设计规定位置不能满足路面排水要求时，应在施工前办理变更设计。

7.3 人行道（盲道）

7.3.1 道路人行道（盲道）

人行道指的是道路中用路缘石或护栏及其他类似设施加以分隔的专供行人通行的部分，是专供人们行走的路。人行道一般位于车行道的两侧，其宽度等于一条行人带的宽度乘以带数，我国一般取每条行人带宽度为 0.75～1.00m，通行能力为 800～1000 人/h。带数由人流大小决定。在桥上人行道一般高出行车道 0.25～0.35m。人行道如图 7-11 所示。

在城市及连续建筑群的街道，人行道是指从标出车行道界线的路缘石、缘石(流水石)起至房基线高出车行道的部分，专供行人通行，禁止非法占用，也禁止车辆驶入，但推着自行车在人行道上行走或者残疾人摇动轮椅车在人行道上通行的，应按行人对待

图 7-11 人行道（一）

7.3.2 人行道（盲道）铺设

7.3.2.1 施工流程
人行道施工→盲道铺砖→路缘石铺设。

7.3.2.2 具体施工过程
（1）人行道施工
① 测量放线。人行道如图 7-12 所示。

基层的各项检测指标均应符合设计标准，面砖铺设时，用广线每隔5m定点挂线控制平整度及高程。方砖铺设要求外观齐整，排列整齐

图 7-12 人行道（二）

② 铺砌人行道砖时，先铺一层 2cm 厚的粗砂进行调平，再进行铺砌预制块彩砖。
③ 预制块铺好后，用水泥砂浆填灌板缝，并用灰匙捣插板缝至砂浆饱满。铺

215

砌完成后即覆盖淋水养护。

（2）盲道铺砖

① 人行道铺装到建筑物时，应在其中部行进方向连续设置导向块材，路口缘石前铺装停步块材。铺装宽度不得小于 0.60m。盲道铺砖剖面图如图 7-13 所示。

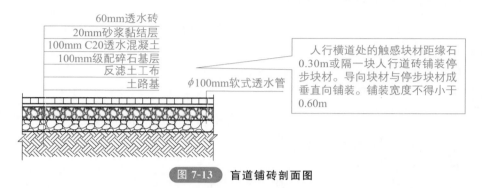

60mm透水砖
20mm砂浆黏结层
100mm C20透水混凝土
100mm级配碎石基层
反滤土工布
土路基
ϕ100mm软式透水管

人行横道处的触感块材距缘石0.30m或隔一块人行道砖铺装停步块材。导向块材与停步块材成垂直向铺装。铺装宽度不得小于0.60m

图 7-13 盲道铺砖剖面图

② 人行道里侧的缘石，在绿化带处高出人行道至少 0.10m。绿化带的断口处用导向块材连接。

（3）路缘石铺设

① 路缘石检查。对运到施工现场的路缘石再次进行检查，应轻拿轻放，避免损坏，强度不合格、色泽不一致、外观尺寸误差 5mm、表观难看（指有掉边、掉角、蜂窝、麻面、颜色不一致等现象）的不使用。

② 测量放样。上基层施工完并经监理工程师验收合格后，路缘石安装前，应校核道路中线，测设路缘石安装控制桩，直线段桩距为 10m，曲线段不大于 5m，路口为 1~5m。按照设计高程进行控制测量。

③ 路缘石安装工程。路缘石安装须挂线施工，以保证路缘石表面平整，线形顺直；路缘石下铺设的 1cm 厚 10 号砂浆须铺设均匀，坐浆饱满，且砂浆必须机械搅拌，严禁现场人工搅拌。路缘石下压的两布一膜土工膜从路缘石 2/3 处向路肩方向铺。如图 7-14 所示。

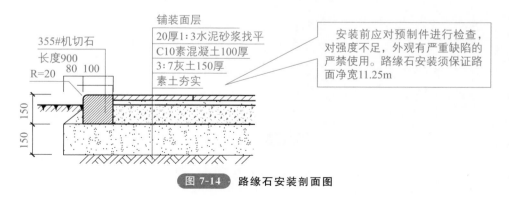

355#机切石
长度900
80 100
R=20

铺装面层
20厚1:3水泥砂浆找平
C10素混凝土100厚
3:7灰土150厚
素土夯实

150
150

安装前应对预制件进行检查，对强度不足，外观有严重缺陷的严禁使用。路缘石安装须保证路面净宽11.25m

图 7-14 路缘石安装剖面图

城镇道路工程质量检查与病害防治

8.1 城镇道路工程质量检查与验收

8.1.1 无机结合料稳定基层施工质量检查与验收

8.1.1.1 石灰稳定土基层

（1）材料

① 宜采用塑性指数 10～15 的粉质黏土、黏土，塑性指数大于 4 的砂性土亦可使用，土中的有机物含量宜小于 10%。

② 宜用 1～3 级的新石灰，其技术指标应符合规范要求；磨细生石灰，可不经消解直接使用，块灰应在使用前 2～3 天完成消解，未能消解的生石灰块应筛除，消解石灰的粒径不得大于 10mm。

③ 宜使用饮用水或不含油类等杂质的清洁中性水（pH 值为 6～8），水质应符合《混凝土用水标准》（JGJ 63—2006）的规定。

（2）搅拌运输

① 石灰土配合比设计应准确。通过配合比确定石灰最佳含量和石灰土的最佳含水量，达到设计要求的 7 天无侧限抗压强度的要求。

② 应严格按照配合比搅拌，并根据原材料的含水量变化及时调整搅拌用水量。

③ 宜采用集中搅拌，搅拌应均匀，石灰土应过筛。运输时，应采取遮盖封闭措施防止水分损失。

（3）施工

① 控制虚铺厚度，确保基层厚度和高程，其路拱横坡应与面层要求一致。

② 碾压时压实厚度与碾压机具相适应，含水量宜在最佳含水量的 ±2% 范围内，以满足压实度的要求。

③ 严禁用薄层贴补的办法找平。

④ 石灰土应湿养，养生期不宜少于 7 天。养生期应封闭交通。

8.1.1.2 水泥稳定土基层

（1）材料

① 应采用初凝时间应大于 3h，终凝时间不小于 6h 的 32.5 级、42.5 级普通硅酸盐水泥、矿渣硅酸盐水泥、火山灰硅酸盐水泥。水泥贮存期超过 3 个月或受潮，应进行性能试验，合格后方可使用。

② 宜选用粗粒土、中粒土，土的均匀系数不得小于 5，宜大于 10。

③ 粒料可选用级配碎石、砂砾、未筛分碎石、碎石土、砾石和煤矸石、粒状矿渣等材料。用作基层时，粒料最大粒径不宜超过 37.5mm；用作底基层粒料最大粒径：城市快速路、主干路不得超过 37.5mm；次干路及以下道路不得超过 53mm。各种粒料应按其自然级配状况，经人工调整使其符合规范要求。碎石、砾石、煤矸石等的压碎值：城市快速路、主干路基层与底基层不得大于 30%，其他道路基层不得大于 30%，底基层不得大于 35%。

④ 集料中有机质含量不得超过 2%；集料中硫酸盐含量不得超过 0.25%。

⑤ 水的要求同石灰稳定土基层。

（2）搅拌运输

水泥运输车如图 8-1 所示。

运输时，应采取遮盖封闭措施防止水分损失和遗撒

图 8-1　水泥运输车

① 水泥稳定土的配合比要符合设计要求与规范规定。

② 集料应过筛，级配符合设计要求；混合料配合比符合要求，计量准确、含水量符合施工要求且搅拌均匀。

③ 运输时，应采取遮盖封闭措施防止水分损失和遗撒。

（3）施工

摊铺机械摊铺现场如图 8-2 所示。

图 8-2　摊铺机械摊铺现场

① 宜采用摊铺机械摊铺，施工前应通过试验确定压实系数。

② 自拌台至摊铺完成，不得超过 3h。分层摊铺时，应在下层养护 7 天后，方可摊铺上层材料。

③ 宜在水泥初凝时间到达前碾压成活。

④ 宜采用洒水养护，保持湿润。常温下成活后应经 7 天养护，方可在其上铺路面层。

⑤ 摊铺、碾压要求与石灰稳定土相同。

8.1.1.3　石灰工业废渣（石灰粉煤灰）稳定砂砾（碎石）基层

石灰工业废渣（石灰粉煤灰）稳定砂砾（碎石）基层也可称二灰混合料。

（1）材料

① 石灰要求同石灰稳定土。

② 粉煤灰中 SiO_2、Al_2O_3 和 Fe_3O_2 总量大于 70％；在温度为 700℃的烧失量宜小于或等于 10％。细度应满足比表面积大于 2500cm^2/g，或 90％通过 0.3mm 筛孔，70％通过 0.075mm 筛孔。

③ 砂砾应经破碎、筛选，级配符合规范要求，破碎砂砾中最大粒径不得大于 37.0mm。

④ 水的要求同石灰稳定土基层。

（2）搅拌运输

强制式搅拌机如图 8-3 所示。

采用强制式搅拌机拌制，配合比设计应遵守设计与规范要求

图 8-3　强制式搅拌机

① 宜采用强制式搅拌机拌制，配合比设计应遵守设计与规范要求。

② 应做延迟时间试验，确定混合料在贮存场（仓）存放时间及现场完成作业时间。

③ 应采用集中拌制，运输时，应采取遮盖封闭措施防止水分损失和遗撒。

（3）施工

① 混合料在摊铺前其含水量宜为最佳含水量±2％。摊铺中发生粗、细集料离析时，应及时翻拌。

② 摊铺、碾压要求同石灰稳定土。

③ 应在潮湿状态下养护，养护期视季节而定，常温下不宜少于 7 天。采用洒水养护时，应及时洒水，保持混合料湿润。

④ 采用喷洒沥青乳液养护时，应及时撒上嵌丁料。

⑤ 养护期间宜封闭交通。需通行的机动车辆应限速，严禁履带车辆通行。

8.1.1.4 质量检验

石灰稳定土、水泥稳定土、石灰粉煤灰稳定砂砾等无机结合料稳定基层质量检验项目主要有：集料级配，混合料配合比、含水量、搅拌均匀性，基层压实度、7天无侧限抗压强度等。

8.1.2 沥青混合料面层施工质量检查与验收

8.1.2.1 市政行业标准——《城镇道路工程施工与质量验收规范》（CJJ 1—2008）

① 沥青混合料面层施工外观质量要求：表面应平整、坚实，不得有脱落、掉渣、裂缝、推挤、烂边、粗细料集中等现象。压路机碾压如图 8-4 所示。

用10t以上压路机碾压后，不得有明显轮迹；接缝应紧密、平顺，烫缝不应枯焦；面层与路缘石及其他构筑物应接顺，不得有积水现象

图 8-4 压路机碾压

② 施工质量检测与验收项目：压实度、厚度、弯沉值、平整度、宽度、中线高程、横坡、井框与路面的高差八项。

③ 沥青混合料面层施工质量验收主控项目：原材料、混合料配比，压实度，面层厚度，弯沉值。

8.1.2.2 国家标准——《沥青路面施工及验收规范》（GB 50092—1996）

① 沥青混合料路面施工过程质量检查项目：外观、接缝、施工温度、矿料级配、沥青用量、马歇尔试验指标、压实度等；同时还应检查厚度、平整度、宽度、纵断面高程、横坡度等外形尺寸。

② 城镇道路沥青混合料路面竣工验收应检查项目：面层总厚度、上面层厚度、平整度（标准差 σ 值）、宽度、纵断面高程，横坡度、沥青用量、矿料级配、压实度、弯沉值等；抗滑表层还应检查构造深度、摩擦系数（摆值）等。

8.1.2.3 质量控制要点

① 城镇道路施工质量验收必须满足设计要求和合同指定的规范标准要求，还应满足发包方对工程项目的特定要求。

② 检查验收时，应注意压实度测定中标准密度的确定，是沥青混合料搅拌厂试验室马歇尔试验密度还是试验路钻孔芯样密度。标准密度不同，压实度要求也不同，比较而言后者要求更高。如对城市主干路、快速路的沥青混合料面层，交工检查验收阶段的压实度代表值应达到试验室马歇尔试验密度的 96% 或试验路钻孔芯

样密度的 98%。

③ 除压实度外，城镇道路施工质量主控项目还有弯沉值和面层厚度；工程实践表明，面层厚度准确度控制直接反映出施工项目部和企业的施工技术质量管理水平。

8.1.3 水泥混凝土面层施工质量检查与验收

8.1.3.1 材料与配合比

（1）原材料控制

① 城市快速路、主干路应采用 42.5 级或以上的道路硅酸盐水泥或硅酸盐水泥、普通硅酸盐水泥；其他道路可采用矿渣水泥，其强度等级宜不低于 32.5 级。水泥应有出厂合格证（含化学成分、物理指标），并经复验合格，方可使用。不同等级、厂牌、品种、出厂日期的水泥不得混存、混用。出厂期超过三个月或受潮的水泥，必须经过试验，合格后方可使用。

② 粗集料应采用质地坚硬、细耐久、洁净的碎石、砾石、破碎砾石，技术指标应符合规范要求；宜使用人工级配，粗集料的最大公称粒径，碎砾石不得大于 26.5mm，碎石不得大于 31.5mm；钢纤维混凝土粗集料最大粒径不宜大于 19.0mm。

③ 宜采用质地坚硬、细度模数在 2.5 以上、符合级配规定的洁净粗砂、中砂，技术指标应符合规范要求。使用机制砂时，还应检验砂浆磨光值，其值宜大于 35，不宜使用抗磨性较差的水成岩类机制砂。海砂如图 8-5 所示。

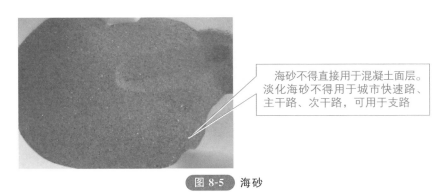

海砂不得直接用于混凝土面层。淡化海砂不得用于城市快速路、主干路、次干路，可用于支路

图 8-5 海砂

④ 外加剂应符合国家标准的有关规定，并有合格证。使用外加剂应经掺配试验，确认符合国家标准的有关规定方可使用。

⑤ 钢筋的品种、规格、成分，应符合设计和国家标准规定，具有生产厂的牌号、炉号、检验报告和合格证，并经复验（含见证取样）合格。钢筋不得有锈蚀、裂纹、断伤和刻痕等缺陷。

⑥ 传力杆（拉杆）、滑动套材质、规格应符合规定。胀缝板宜用厚 20mm，水稳定性好，具有一定柔性的板材制作，且经防腐处理。填缝材料宜用树脂类、橡胶

类、聚氯乙烯胶泥类、改性沥青类填缝材料，并宜加入耐老化剂。

（2）混凝土配合比

① 混凝土配合比在兼顾经济性的同时应满足抗弯强度、工作性、耐久性三项技术要求。

② 配合比设计应符合设计要求和规范规定。

8.1.3.2 搅拌与运输

（1）搅拌

① 应提前标定混凝土的搅拌设备，以保证计量准确。

② 每盘的搅拌时间应根据搅拌机的性能和拌合物的和易性、均质性、强度稳定性确定。

③ 严格控制总搅拌时间和纯搅拌时间，最长总搅拌时间不应超过最高限值的两倍。

（2）运输

运输车如图8-6所示。

① 配备足够的运输车辆，总运力应比总搅拌能力略有富余，以确保混凝土在规定时间到场。混凝土拌合物从搅拌机出料到铺筑完成的时间不能超过规范规定。

② 城市道路施工中，一般采用混凝土罐车运送。

> 运输车辆要防止漏浆、漏料和离析，夏季烈日、大风、雨天和低温天气远距离运输时，应遮盖混凝土，冬季要保温

图8-6 运输车

8.1.3.3 常规施工

（1）摊铺

① 模板选择应与摊铺施工方式相匹配，模板的强度、刚度、断面尺寸、直顺度、板间错台等制作偏差与安装偏差不能超过规范要求。

② 摊铺前应全面检查模板的间隔、高度、润滑、支撑稳定情况和基层的平整、润湿情况及钢筋位置、传力杆装置等。

③ 铺筑时卸料、布料、摊铺速度控制、摊铺厚度、振实等应符合不同施工方式的相关要求，摊铺厚度应根据松铺系数确定。

（2）振实

① 宜采用专业振实设备。

② 控制混凝土振捣时间，防止过振。

（3）做面与养护

① 混凝土板做面前，应做好清边整缝、清除粘浆、修补掉边和缺角。

② 做面时严禁洒水、撒水泥粉，抹平后沿横坡向拉毛或压槽。

③ 混凝土强度完全达到设计强度时，才允许开放交通。

8.1.4　冬、雨季施工质量保证措施

城市道路施工应制定冬、雨、高温等季节性施工技术措施和质量控制措施，下面介绍季节性施工的质量控制要点。

8.1.4.1　雨期施工质量控制

（1）雨期施工基本要求

① 加强与气象台站的联系，掌握天气预报，安排在不下雨时施工。

② 调整施工步序，集中力量分段施工。

③ 做好防雨准备，在料场和搅拌站搭雨棚，或施工现场搭可移动的罩棚。

④ 建立完善排水系统，防排结合；并加强巡视，发现积水、挡水处，及时疏通。

⑤ 道路工程如有损坏，及时修复。

（2）路基施工

① 对于土路基施工，要有计划地组织快速施工，分段开挖，切忌全面开挖或挖段过长。

② 挖方地段要留好横坡，做好截水沟。坚持当天挖完、填完、压完，不留后患。

③ 填方地段施工，应按 2‰～3‰ 的横坡整平压实，以防积水。

（3）基层施工

① 对稳定类材料基层，应坚持拌多少、铺多少、压多少、完成多少。

② 下雨来不及完成时，要尽快碾压，防止雨水渗透。

③ 在多雨地区，应避免在雨期进行石灰土基层施工；施工石灰稳定中粒土和粗粒土时，应采用排除表面水的措施，防止集料过分潮湿，并应保护石灰免遭雨淋。

④ 雨期施工水泥稳定土，特别是水泥土基层时，应特别注意天气变化，防止水泥和混合料遭雨淋。降雨时应停止施工，已摊铺的水泥混合料应尽快碾压密实。路拌法施工时，应排除下承层表面的水，防止集料过湿。

（4）面层施工

① 沥青面层不允许下雨时或下层潮湿时施工。雨期应缩短施工长度，加强施工现场与沥青搅拌厂的联系，做到及时摊铺、及时完成碾压。

② 水泥混凝土路面施工时，应勤测粗细集料的含水率，适时调整加水量，保证配合比的准确性。雨期作业工序要紧密衔接，及时浇筑、振动、抹面成型、养生。

8.1.4.2　冬期施工质量控制

（1）冬期施工基本要求

① 应尽量将土方、土基施工项目安排在上冻前完成。

② 昼夜平均气温连续 10 天以上低于 −3℃时即为冬期，日平均气温连续 5 天低于 5℃时，混凝土施工应按冬期规定进行。

③ 在冬期施工中，既要防冻，又要快速，以保证质量。

④ 准备好防冻覆盖和挡风、加热、保温等物资。

（2）路基施工

① 采用机械为主、人工为辅的方式开挖冻土，挖到设计标高立即碾压成型。

② 如当日达不到设计标高，下班前应将操作面刨松或覆盖，防止冻结。

③ 室外平均气温低于 −5℃时，填土高度随气温下降而减少，−10～−5℃时，填土高度为 4.5m；−15～−11℃，高度为 3.5m。

④ 城市快速路、主干路的路基不得用含有冻土块的土料填筑。次干路以下道路填土材料中冻土块最大尺寸不得大于 100mm，冻土块含量应小于 15%。

（3）基层施工

① 石灰及石灰粉煤灰稳定土（粒料、钢渣）类基层，宜在临近多年平均进入冬期前 30～45 天停止施工，不得在冬期施工。

② 水泥稳定土（粒料）类基层，宜在进入冬期前 15～30 天停止施工。当上述材料养护期进入冬期时，应在基层施工时向基层材料中掺入防冻剂。

③ 级配砂石（砾石）、级配碎石施工，应根据施工环境最低温度洒布防冻剂溶液，随洒布，随碾压。

（4）沥青混凝土面层

① 城市快速路、主干路的沥青混合料面层在低于 5℃时禁止施工。次干路及其以下道路在施工温度低于 5℃时，应停止施工；黏层、透层、封层禁止施工。

② 必须进行施工时，适当提高搅拌、出厂及施工温度。运输中应覆盖保温，并应达到摊铺和碾压的温度要求。下承层表面应干燥，清洁，无冰、雪、霜等。施工中做好充分准备，采取"快卸、快铺、快平"和"及时碾压、及时成型"的方针。

（5）水泥混凝土面层

① 搅拌站应搭设工棚或其他挡风设备，混凝土拌合物的浇筑温度不应低于 5℃。

② 当昼夜平均气温在 −5～5℃时，应将水加热至 60℃后搅拌；必要时还可以加热砂、石，但不应高于 40℃，且不得加热水泥。

③ 混凝土拌合料温度应不高于 35℃。拌合物中不得使用带有冰雪的砂、石料，

可加防冻剂、早强剂，搅拌时间适当延长。

④ 混凝土板弯拉强度低于 1MPa 或抗压强度低于 5MPa 时，不得受冻。

⑤ 混凝土板浇筑前，基层应无冰冻，不积冰雪，摊铺混凝土时气温不低于 5℃。

⑥ 尽量缩短各工序时间，快速施工。成形后，及时覆盖保温层，减缓热量损失，使混凝土的强度在其温度降到 0℃ 前达到设计强度。

⑦ 养护时间不少于 28d。

8.2 城镇道路工程质量通病及防治措施

8.2.1 路基工程质量通病及防治

8.2.1.1 路基行车带压实度不足的原因及防治

路基行车带压实度不足如图 8-7 所示。

(1) 原因分析（水、土、机械、技术等因素）

路基施工中压实度不能满足质量标准要求，主要原因是：

① 压实遍数不够；

② 压实机械与填土土质、填土厚度不匹配；

③ 碾压不均匀，局部有漏压现象；

④ 含水量偏离最佳含水量，超过有效压实规定值；

图 8-7 路基行车带压实度不足

⑤ 没有对紧前层表面浮土或松软层进行处治；

⑥ 土场土质种类多，出现不同类别土混填；

⑦ 填土颗粒过大（＞10cm），颗粒之间空隙过大，或者填料不符合要求，如粉质土、有机土及高塑性指数的黏土等。

(2) 预防措施

① 确保压路机的碾压遍数符合规范要求；

② 选用与填土土质、填土厚度匹配的压实机械；

③ 压路机应进退有序，碾压轮迹重叠、铺筑段落搭接超压应符合规范要求；

④ 填筑土应在最佳含水量±2％时进行碾压，并保证含水量的均匀；

⑤ 当紧前层因雨松软或干燥起尘时，应彻底处置至压实度符合要求后，再进行当前层的施工；

⑥ 不同类别的土应分别填筑，不得混填，每种填料层累计厚度一般不宜小

于 0.6m；

⑦ 优先选择级配较好的粗粒土等作为路堤填料，填料的最小强度应符合规范要求；

⑧ 填土应水平分层填筑，分层压实，压实厚度通常不超过 20cm，路床顶面最后一层通常不超过 15cm，且满足最小厚度要求。

（3）治理措施

① 因含水量不适宜未压实时，洒水或翻晒至最佳含水量时再重新进行碾压；

② 因填土土质不适宜未压实时，清除不适宜填料土，换填良性土后重新碾压；

③ 对产生"弹簧土"的部位，可将其过湿土翻晒，或掺生石灰粉翻拌，待其含水量适宜后重新碾压；或挖除并换填含水量适宜的良性土壤后重新碾压。

8.2.1.2　路基边缘压实度不足的原因及防治

（1）原因分析

路基边缘压实度不足造成的后果如图 8-8 所示。

图 8-8 路基边缘压实度不足造成的后果

① 路基填筑宽度不足，未按超宽填筑要求施工；

② 压实机具碾压不到边；

③ 路基边缘漏压或压实遍数不够；

④ 采用三轮压路机碾压时，边缘带（0～75cm）碾压频率低于行车带。

（2）预防措施

① 路基施工应按设计的要求进行超宽填筑；

② 控制碾压工艺，保证机具碾压到边；

③ 认真控制碾压顺序，确保轮迹重叠宽度和段落搭接超压长度；

④ 提高路基边缘带压实遍数，确保边缘带碾压频率高于或不低于行车带。

（3）治理措施

校正坡脚线位置，路基填筑宽度不足时，返工至满足设计和规范要求（注意：亏坡补宽时应开蹬填筑，严禁贴坡），控制碾压顺序和碾压遍数。

8.2.1.3　路堤边坡病害的防治

（1）原因分析

可以归纳为 11 方面（设计、土、水、抗冲刷能力、技术等因素）：

① 设计对地震、洪水和水位变化影响考虑不充分；

② 路基基底存在软土且厚度不均；

③ 换填土时清淤不彻底；

④ 填土速率过快，施工沉降观测、侧向位移观测不及时；

⑤ 路基填筑层有效宽度不够，边坡二期贴补；

⑥ 路基顶面排水不畅；

⑦ 纵坡大于 12% 的路段未采用纵向水平分层法分层填筑施工；

⑧ 用透水性较差的填料填筑路堤处理不当；

⑨ 边坡植被不良；

⑩ 未处理好填挖交界面；

⑪ 路基处于陡峭的斜坡面上。

（2）预防措施

① 路基设计时，充分考虑使用年限内地震、洪水和水位变化给路基稳定带来的影响；

② 软土处理要到位，及时发现暗沟、暗滩并妥善处治；

③ 加强沉降观测和侧向位移观测，及时发现滑坡苗头；

④ 掺加稳定剂提高路基的层位强度，酌情控制填土速率；

⑤ 路基填筑过程中严格控制有效宽度；

⑥ 加强地表水、地下水的排除，提高路基的水稳定性；

⑦ 纵坡大于 12% 的路段应采用纵向水平分层法分层填筑施工；

⑧ 用透水性较差的土填筑于路堤下层时，应做成 4% 的双向横坡；

⑨ 重视边坡植被防护，提高抗冲刷能力；

⑩ 路基所处的原地面斜坡面陡于 1:5 时，原地面应开挖反坡台阶。

8.2.1.4 高填方路基沉降的防治

（1）原因分析

高填方路基沉降现场如图 8-9 所示。

① 按一般路堤设计，没有验算路堤稳定性、地基承载力和沉降量；

② 地基处理不彻底，压实度达不到要求，或地基承载力不够；

③ 高填方路堤两侧超填宽度不够；

④ 工程地质不良，且未做地基孔隙水压力观察；

⑤ 路堤受水浸泡部分边坡陡，填料土质差；

⑥ 路堤填料不符合规定，随意增大填筑层厚度，压实不均匀，且达不到规定要求；

图 8-9 高填方路基沉降现场

⑦ 路堤固结沉降。

（2）预防措施

① 高填方路堤应按相关规范要求进行特殊设计，进行路堤稳定性、地基承载力和沉降量验算。

② 地基应按规范进行场地处理，并碾压至设计要求的地基承载压实度，当地基承载力不符合设计要求时，应进行基底改善加固处理。

③ 高填方路堤应严格按设计边坡度填筑，路堤两侧必须做足，不得贴补帮宽；路堤两侧超填宽度一般控制在30～50cm，逐层填压密实，然后削坡整形。

④ 对软弱土地基，应注意观察地基土孔隙水压力情况，根据孔隙水压确定填筑速度；除对软基进行必要处理外，从原地面以上1～2m高度范围内不得填筑细粒土。

⑤ 高填方路堤受水浸泡部分应采用水稳性及透水性好的填料，其边坡如设计无特殊要求时，不宜陡于1：2。

⑥ 严格控制高路堤填筑料，控制其最大粒径、强度，填筑层厚度要与土质和碾压机械相适应，控制碾压时的含水量、碾压遍数和压实度。

⑦ 路堤填土的压实不能代替土体的固结，而土体固结过程中产生沉降，沉降速率随时间递减。累计沉降量随时间增加，因此，高填方路堤应设沉降预留超高，且开工先施工高填方段，留足填土固结时间。

8.2.1.5　路基纵向开裂病害及防治措施

（1）原因分析

路基纵向开裂有三种形式：纵缝、横缝、网状裂缝。

路基纵向开裂如图8-10所示。路基纵向开裂的原因如下。

① 清表不彻底，基底存在软弱层或坐落于古河道。

② 沟、塘清淤不彻底，回填不均匀或压实度不足。

③ 路基压实不均。

④ 半填半挖路段未按规范要求设置台阶并压实。

⑤ 使用渗水性、水稳性差异较大的土石混合料时，错误地采用了纵向分幅填筑。

⑥ 高速公路因边坡过陡、道路渠化、交通频繁振动而产生滑坡，最终导致纵向开裂。

图8-10　路基纵向开裂

（2）预防措施

① 应认真调查现场并彻底清表，及时发现路基基底暗沟、暗塘，消除软弱层。

② 彻底清除沟、塘淤泥，并选用水稳性好的材料严格分层回填，严格控制压实度，满足设计要求。

③ 提高填筑层压实均匀度。

④ 半填半挖路段，地面横坡大于1：5及旧路利用路段，应严格按规范要求将原地面挖成宽度不小于1.0m的台阶并压实。

⑤ 渗水性、水稳性差异较大的土石混合料应分层或分段填筑，不宜纵向分幅填筑。

⑥ 若遇有软弱层或古河道，填土路基完工后应进行超载预压，预防不均匀沉降。

⑦ 严格控制路基边坡，符合设计要求，杜绝亏坡现象。

8.2.1.6 路基横向裂缝病害及防治措施

（1）原因分析

路基横向裂缝如图 8-11 所示。路基横向开裂的原因如下。

① 路基填料的问题。

② 填筑作业的施工工艺问题。

③ 填筑厚度及压实度问题。

④ 暗涵结构物基底沉降或涵背回填压实度不符合规定。

（2）预防措施

① 路基填料禁止直接使用液限大于50、塑性指数大于 26 的土；当选材料困难，必须直接使用时，应采取相应的技术措施。

图 8-11 路基横向裂缝

② 不同种类的土应分层填筑，同一填筑层不得混用。

③ 路基顶填筑层分段作业施工，两段交接处，应按要求处理。

④ 严格控制路基每一填筑层的标高、平整度，确保路基顶填筑层压实厚度不小于 8cm。

⑤ 暗涵结构物施工时检查基底承载力，控制暗涵结构物沉降；涵背回填透水性材料，层厚宜 15cm 一层，在场地狭窄时可用小型压路机压实，控制压实度符合规定。

8.2.1.7 路基网裂病害及防治措施

（1）原因分析

路基网裂如图 8-12 所示。路基网裂的原因如下。

① 土的塑性指数偏高或为膨胀土。

② 路基碾压时土含水量偏大，且成型后未能及时覆土。

③ 路基压实后养护不到位。

④ 路基下层土过湿。

（2）预防及治理措施

① 采用合格的材料，或采取掺加石灰、水泥改性处理等措施。

② 选用塑性指数符合规定要求的土填筑路基，控制填土最佳含水量时碾压。

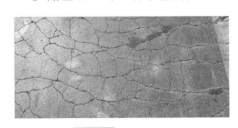

图 8-12 路基网裂

③ 加强养护，避免表面水分过分损失。

④ 认真组织，科学安排，保证设备匹配合理，施工衔接紧凑。

⑤ 若因下层土过湿，应查明其层位，采取换填土或掺加生石灰粉等技术措施处治。

8.2.2 路面工程质量通病及防治

8.2.2.1 石灰稳定土基层裂缝的主要防治方法

（1）原因分析

石灰稳定土基层裂缝如图 8-13 所示。石灰稳定土基层裂缝的原因如下：

图 8-13 石灰稳定土基层裂缝

① 石灰土成型后未及时做好养生；

② 土的塑性指数较高黏性大，石灰土的收缩裂缝随土的塑性指数的增高而增多、加宽；

③ 搅拌不均匀，石灰剂量越高，越容易出现裂缝；

④ 含水量控制不好；

⑤ 工程所在地温差大，一般情况下，土的温缩系数比干缩系数大 4～5 倍，所以进入晚秋、初冬之后，温度收缩裂缝尤为加剧。

（2）预防措施

① 石灰土成型后应及时洒水或覆盖塑料薄膜养生，或铺上一层素土覆盖；

② 选用塑性指数合适的土，或适量掺入砂性土、粉煤灰和其他粒料，改善施工用土的土质；

③ 加强剂量控制，使石灰剂量正确，保证搅拌遍数和石灰土的均匀性；

④ 控制压实含水量，在较大含水量下压实的石灰土，具有较大的干裂倾向性，宜在最佳含水量时压实。

8.2.2.2 水泥稳定碎石基层裂缝的主要防治方法

（1）原因分析

水泥稳定碎石基层裂缝如图 8-14 所示。水泥稳定碎石基层裂缝的原因为：

① 水泥剂量偏大或水泥稳定性差；

② 碎石级配中细粉料偏多，石粉塑性指数偏高；

③ 集料中黏土含量大，因为黏土含量越大，水泥稳定碎石的干缩、温缩裂纹越大；

④ 碾压时混合料含水量偏大，不

图 8-14 水泥稳定碎石基层裂缝

均匀；

⑤ 混合料碾压成型后养生不及时，易造成基层开裂；

⑥ 养护结束后未及时铺筑封层。

（2）预防措施

① 控制水泥质量，在保证强度的情况下，应适当降低水泥稳定碎石混合料的水泥用量；

② 碎石级配应接近要求级配范围的中值；

③ 应严格集料中的黏土含量；

④ 严格控制加水量；

⑤ 混凝土碾压成型后应及时养生，保持碾压成型混合料表面的湿润；

⑥ 养护结束后应及时铺筑下封层；

⑦ 宜在春季末和气温较高的季节组织施工。

8.2.2.3 沥青混凝土路面不平整的防治

（1）原因分析

沥青混凝土路面不平整如图 8-15 所示。沥青混凝土路面不平整的原因为：

① 基层标高、平整度不符合要求，松铺厚度不同或混合料局部集中离析，混合料压缩量的不同，导致了高程厚度上的不平整；

② 摊铺机自动找平装置失灵，摊铺时产生上下漂浮；

③ 基准线拉力不够，钢钎较其他位置高，而造成波动；

④ 摊铺过程中摊铺机停机，熨平板振动下沉，重新启动后形成凹点；

图 8-15 沥青混凝土路面不平整

⑤ 摊铺过程中卸料车卸时撞击摊铺机，推移熨平板而减少夯实，形成松铺压实凹点；

⑥ 压路机碾压时急停急转，随意停车加水、小修，因推拥热的沥青混合料而形成鼓棱；

⑦ 基层顶面清理不干净，或摊铺现场随地有漏散混合料；

⑧ 施工缝接槎处理不好，新旧摊铺压实厚度不一。

（2）预防措施

① 控制基层标高和平整度，控制混合料局部集中离析；

② 在摊铺机自动找平装置使用前，应仔细设置和调整，使其处于良好的工作状态，并根据实铺效果进行随时调整；

③ 用拉力器校准基准线拉力，保证基准线水平，防止造成波动；

④ 严格控制卸料车卸料时撞击摊铺机；

⑤ 合理确定压路机的机型及重量，并确定出施工的初压温度，合理选择碾压速度；

⑥ 在摊铺机前设专人清除掉在"滑靴"前的混合料及摊铺机履带下的混合料；

⑦ 沥青路面纵缝应采用热接缝。

8.2.2.4　沥青混凝土路面接缝病害的防治

（1）原因分析

① 横向裂缝。沥青混凝土路面横向裂缝如图 8-16 所示。形成沥青混凝土路面横向裂缝的原因如下。

a. 采用平接缝，边缘未处理成垂直面。采用斜接缝时，施工方法不当。

b. 新旧混合料的黏结不紧密。

c. 摊铺、碾压不当。

② 纵向裂缝。沥青混凝土路面纵向裂缝如图 8-17 所示。形成沥青混凝土路面纵向裂缝的原因如下。

图 8-16　沥青混凝土路面横向裂缝

图 8-17　沥青混凝土路面纵向裂缝

a. 施工方法不当。

b. 摊铺、碾压不当。

（2）预防措施

① 横向接缝的施工应注意如下方面。

a. 尽量采用平接缝，将已摊铺的路面尽头边缘锯成垂直面，并与纵向边缘成直角。

b. 预热已压实部分路面，加强新旧混合料的黏结。

c. 摊铺机起步速度要慢，并调整好预留高度，摊铺结束后立即碾压，碾压速度不宜过快。

② 纵向接缝的施工应注意如下方面。

a. 尽量采用热接槎施工，采用两台或两台以上摊铺机梯队作业。

b. 将已摊铺混合料留 10～20cm 暂不碾压，作为后摊铺部分的高程基准面，待后摊铺部分完成后一起碾压。

　　c. 碾压完成后，用 3m 直尺检查，用钢轮压路机处理棱角。

8.2.2.5　水泥混凝土路面裂缝的防治

（1）原因分析

①　横向裂缝。水泥混凝土路面横向裂缝如图 8-18 所示。造成水泥混凝土路面横向裂缝的原因如下。

　　a. 温度裂缝。

　　b. 应力裂缝。

　　c. 沉降裂缝。

　　d. 强度裂缝。

　　e. 水泥干缩性大；混凝土配合比不合理，水灰比大；材料计量不准确；养生不及时。

　　f. 混凝土施工时，振捣不均匀。

②　纵向裂缝。水泥混凝土路面纵向裂缝如图 8-19 所示。造成水泥混凝土路面纵向裂缝的原因如下。

图 8-18　水泥混凝土路面横向裂缝

　　a. 路基发生不均匀沉陷。

　　b. 由于基础不稳定，在行车荷载和水、温的作用下，产生塑性变形或者由于基层材料水稳性不良、产生湿软膨胀变形，导致各种形式的开裂，纵缝也是其中一种破坏形式。

　　c. 混凝土板厚度与基础强度不足产生的荷载型裂缝。

③　龟裂。混凝土板厚度与基础强度不足产生的龟裂如图 8-20 所示。龟裂产生的原因如下。

图 8-19　水泥混凝土路面纵向裂缝

图 8-20　混凝土板厚度与基础强度不足产生的龟裂

a. 混凝土浇筑后，表面没有及时覆盖，表面游离水分蒸发过快，体积急剧收缩，导致开裂。

b. 混凝土拌制时水灰比过大；模板与垫层过于干燥，吸水大。

c. 混凝土配合比不合理，水泥用量和砂率过大。

d. 混凝土表面过度振捣或抹平，使水泥和细骨料过多上浮至表面，导致缩裂。

（2）预防措施

① 横向裂缝的预防措施如下。

a. 严格掌握混凝土路面的切缝时间。

b. 当连续浇捣长度很长，切缝设备不足时，可在 1/2 长度处先锯，之后再分段锯；可间隔几十米设一条压缝，以减少收缩应力的积聚。

c. 保证基础稳定、无沉陷。在沟槽、河浜回填处必须按规范要求，做到密实、均匀。

d. 混凝土路面的结构组合与厚度设计应满足交通需要，特别是重车、超重车的路段。

e. 选用干缩性较小的硅酸盐水泥或普通硅酸盐水泥。严格控制材料用量，保证计量准确，并及时养生。

f. 混凝土施工时，振捣要均匀。

② 纵向裂缝的预防措施如下。

a. 对于填方路基，应分层填筑、碾压，保证均匀、密实。

b. 对新旧路基界面处的施工应设置台阶或格栅处理，保证路基衔接部位的严格压实，防止相对滑移。

c. 河浜地段，淤泥必须彻底清除；沟槽地段，应采取措施保证回填材料有良好的水稳性和压实度，以减少沉降。

d. 在上述地段应采用半刚性基层，并适当增加基层厚度；在拓宽路段应加强土基，使其具有略高于旧路的强度，并尽可能保证有一定厚度的基层能全幅铺筑；在容易发生沉陷的地段，混凝土路面板应铺设钢筋网或改用沥青路面。

e. 混凝土路面板厚度与基层结构应按现行规范设计，以保证应有的强度和使用寿命。基层必须稳定。宜优先采用水泥、石灰稳定类基层。

③ 龟裂的预防措施如下。

a. 混凝土路面浇筑后，及时用潮湿材料覆盖，认真浇水养护，防止强风和曝晒。在炎热季节，必要时应搭棚施工。

b. 配制混凝土时，应严格控制水灰比和水泥用量，选择合适的粗集料级配和砂率。

c. 在浇筑混凝土路面时，将基层和模板浇水湿透，避免吸收混凝土中的水分。

d. 干硬性混凝土采用平板振捣器时，应防止过度振捣而使砂浆积聚表面。砂浆层厚度应控制在 2～5mm 范围内。抹面不必过度抹平。

第2篇

城市桥梁工程

9

城市桥梁工程

9.1 城市桥梁工程的一般规定

9.1.1 桥梁的分类

9.1.1.1 按照受力特点划分

桥梁按受力特点有梁桥、拱桥、刚架桥、悬索桥、组合体系桥（斜拉桥）五种基本类型。

① 梁桥如图 9-1 所示，梁桥一般建在跨度很大，水域较浅处，由桥柱和桥板组成，荷载从桥板传向桥柱。

梁桥是以受弯为主的主梁作为承重构件的桥梁

图 9-1 梁桥

② 拱桥如图 9-2 所示。拱桥一般建在跨度较小的水域之上，桥身呈拱形，一般都有几个桥洞，起到泄洪的功能，桥中间的重量传向桥两端，而两端的则传向中间。

拱桥指的是在竖直平面内以拱作为结构主要承重构件的桥梁

图 9-2 拱桥

③ 刚架桥如图 9-3 所示。刚架桥又称刚构桥，是上部结构与下部结构固接成整体，状如框架的桥梁。

刚架桥由桥面系、楣梁与立柱构成

图 9-3 刚架桥

④ 悬索桥如图 9-4 所示。悬索桥是如今最实用的一种桥，桥可以建在跨度大、水深的地方，由桥柱、铁索与桥面组成。早期的悬索桥就已经可以经住风吹雨打，不会断掉，吊桥基本上可以在暴风来临时岿然不动。

悬索桥，又名吊桥，指的是以通过索塔悬挂并锚固于两岸(或桥两端)的缆索(或钢链)作为上部结构主要承重构件的桥梁

图 9-4 悬索桥

⑤ 斜拉桥如图 9-5 所示。斜拉桥又称斜张桥，是将主梁用许多拉索直接拉在桥塔上的一种桥梁，是由承压的塔、受拉的索和承弯的梁体组合起来的一种结构体系。斜拉桥可看作是拉索代替支墩的多跨弹性支承连续梁，可使梁体内弯矩减小，降低建筑高度，减轻了结构重量，节省了材料。

斜拉桥主要由索塔、主梁、斜拉索组成

图 9-5 斜拉桥

9.1.1.2 按长度分类

（1）按多孔跨径总长分

分为特大桥（$L>1000m$）（图9-6）；大桥（$100m\leqslant L\leqslant1000m$）；中桥（$30m<L<100m$）；小桥（$8m\leqslant L\leqslant30m$）。

（2）按单孔跨径分

分为特大桥（$L_k>150m$）；大桥（$40m<L_k\leqslant150m$）；中桥（$20m\leqslant L_k\leqslant40m$）；小桥（$5m\leqslant L_k<20m$）。

9.1.1.3 其他分类

① 如图9-7～图9-9所示，桥梁按用途可分为：公路桥、公铁两用桥、人行桥、舟桥、机耕桥、过水桥。

图 9-6 特大桥

公路桥专为高速公路车辆和行人通行而建

图 9-7 公路桥

对于基础工程复杂、墩台造价较高的大桥或特大桥，以及靠近城市，铁路、公路均较稠密而需建造铁路桥和公路桥以连接线路时，为了降低造价和缩短工期，可考虑造一座公路、铁路同时共用的桥，称为公铁两用桥

图 9-8 公铁两用桥

人行桥又称人行立交桥。一般建造在车流量大、行人稠密的地段，或者道路交叉口、广场及铁路上面

图 9-9 人行桥

② 如图 9-10、图 9-11 所示，桥梁按行车道位置分为：上承式桥、中承式桥、下承式桥。

桥面系设置在桥跨主要承重结构(桁架、拱肋、主梁等)上面的桥梁，称为上承式桥

图 9-10　上承式桥

桥面系设置在桥跨主要承重结构(桁架、拱肋、主梁)下面的桥梁，即桥梁上部结构完全处于桥面高程之上的桥被称为下承式桥

图 9-11　下承式桥

③ 桥梁按使用年限可分为：永久性桥、半永久性桥、临时桥。临时桥如图 9-12 所示。

临时桥是以低造价修建并维护，且使用年限短的桥梁，因此被称为低造价桥梁

图 9-12　临时桥

④ 桥梁按材料类型分为：木桥（图 9-13）、圬工桥（图 9-14）、钢筋混凝土桥、预应力桥、钢桥。

木桥是以天然木材作为主要建造材料的桥梁

图 9-13　木桥

圬工桥是以砖、石、混凝土等圬工材料作为主要建造材料的桥梁

图 9-14　圬工桥

9.1.2　桥梁的构造与要求

桥梁的三个主要组成部分是：上部结构、下部结构和附属构件。

桥梁的构造与要求

扫码观看视频

9.1.2.1　上部结构

上部结构由桥跨结构、支座系统组成。

① 如图 9-15 所示，桥跨结构或称桥孔结构，是桥梁中跨越桥孔的、支座以上的承重结构部分。按受力形式不同，分为梁式、拱式、刚架和悬索等基本体系，并

桥跨结构

承台

支座

桥墩

锥坡

桥跨结构包含主要承重结构、纵横向联结系统、拱上建筑、桥面构造和桥面铺装、排水防水系统，变形缝以及安全防护设施等部分

图 9-15　桥跨结构

由这些基本体系构成各种组合体系。

② 支座系统设置在桥梁上、下结构之间的传力和连接装置。其作用是把上部结构的各种荷载传递到墩台上，并适应活载、温度变化、混凝土收缩和徐变等因素所产生的位移，使桥梁的实际受力情况符合结构设计意图。桥梁支座一般分为固定支座和活动支座，如图 9-16 所示。

桥梁支座指的是使上部结构能转动和水平移动的支座

图 9-16 桥梁支座

9.1.2.2 下部结构

下部结构由桥墩、桥台、墩台基础几部分组成。

① 桥墩、桥台。桥台如图 9-17 所示，是在河中或岸上支承两侧桥跨上部结构的建筑物。桥台设在两端，桥墩则在两桥台之间。除此之外，桥台还要与路堤衔接，并防止其滑塌。

为保护桥台和路堤填土，桥台两侧常做一些防护和导流工程

图 9-17 桥台

② 墩台基础是保证桥梁墩台安全并将荷载传至地基的结构部分，如图 9-18 所示。

9.1.2.3 附属构件

附属构件主要包括伸缩缝、灯光照明、桥面铺装、排水防水系统、栏杆（或防撞栏杆）等几部分。

（1）伸缩缝

在桥跨上部结构之间，或桥跨上部结构与桥台端墙之间，设

桥梁的附属构件

扫码观看视频

墩台基础是桥梁结构物直接与地基接触的最下部分，是桥梁下部结构的重要组成部分

图 9-18　墩台基础

有缝隙，保证结构在各种因素作用下的变位。为使桥面上行驶顺直，无任何颠动，此间要设置伸缩缝构造。特别是大桥或城市桥的伸缩缝，不但要结构牢固，外观光洁，而且需要经常扫除深入伸缩缝中的垃圾泥土，以保证它的功能作用，如图 9-19 所示。

伸缩缝是指为防止建筑物构件由于气候温度变化(热胀、冷缩)，使结构产生裂缝或破坏而沿建筑物或者构筑物施工缝方向的适当部位设置的一条构造缝

图 9-19　伸缩缝

（2）灯光照明

现代城市中标志式的大跨桥梁都装置了多变幻的灯光照明，形成了城市中光彩夺目的夜景，如图 9-20 所示。

设计时应着力表现其自身的特点，以点、线、面配合的方式，展示桥梁的个性美与本质美

图 9-20　灯光照明

（3）桥面铺装

桥面铺装如图 9-21 所示，或称行车道铺装，铺装的平整性、耐磨性、不翘壳、不渗水是保证行车舒适的关键，特别在钢箱梁上铺设沥青路面的技术要求甚严。

桥面铺装是指铺筑在桥面板上的防护层，用以防止车轮(或履带)直接磨耗桥面板，并扩散车轮荷载，也为车辆提供平整防滑的行驶表面

图 9-21 桥面铺装

（4）排水防水系统

排水防水系统应迅速排除桥面上积水，并使渗水可能降低至最小限度，如图 9-22 所示。

城市桥梁排水系统应保证桥下无滴水和结构上的无漏水现象

图 9-22 桥梁排水系统

（5）栏杆（或防撞栏杆）

栏杆既是保证安全的构造措施，又是有利于观赏的最佳装饰件，如图 9-23 所示。

栏杆中国古称阑干，也称勾阑，是桥梁和建筑上的安全设施

图 9-23 栏杆

243

9.1.3　桥梁基础的分类和特点

按构造和施工方法不同，桥梁基础类型可分为：明挖基础、桩基础、沉井基础、沉箱基础、管柱基础。

（1）明挖基础

明挖基础也称扩大基础，系由块石或混凝土砌筑而成的大块实体基础，如图 9-24 所示。

其埋置深度可较其他类型基础浅，故为浅基础

图 9-24　明挖基础

（2）桩基础

桩基础是由许多根打入或沉入土中的桩和连接桩顶的承台所构成的基础，如图 9-25 所示。

外力通过承台分配到各桩头，再通过桩身及桩端把力传递到周围土及桩端深层土中，故属于深基础

图 9-25　桩基础

（3）沉井基础

沉井基础是一种古老而且常见的深基础类型，它的刚性大，稳定性好，与桩基相比，在荷载作用下变位甚微，具有较好的抗震性能，如图 9-26 所示。

（4）沉箱基础

沉箱基础在桥梁工程中主要指气压沉箱基础。

适用于对基础承载力要求较高，对基础变位敏感的桥梁

图 9-26 . 沉井基础

（5）管柱基础

管柱基础是主要用于桥梁的一种深基础，管柱外形类似管桩。

9.1.4 桥梁下部结构分类和特点

桥梁下部结构可分为重力式桥墩、重力式桥台、轻型桥墩、轻型桥台。

9.1.4.1 重力式桥墩与重力式桥台

重力式桥墩与重力式桥台的主要特点是靠自身重量来平衡外力而保持其稳定，因此，墩、台身比较厚实，可以不用钢筋，而用天然石材或片石混凝土砌筑。它适用于地基良好的大、中型桥梁，或流冰、漂浮物较多的河流中。在砂石料方便的地区，小桥也往往采用。重力式桥墩与重力式桥台的主要缺点是圬工体积较大，因而其自重和阻水面积也较大。

拱桥重力式桥墩分为普通墩与制动墩，制动墩要能承受单向较大的水平推力，防止出现一侧的拱桥坍塌，因而尺寸较厚实；与梁桥重力式桥墩相比较，具有拱座等构造设施。

如图 9-27 所示，梁桥和拱桥上常用的重力式桥台为 U 型桥台，它适用于填土高度在 8～10m 以下或跨度稍大的桥梁。缺点是桥台体积和自重较大，也增加了对地基的要求。此外，桥台的两个侧墙之间填土容易积水，结冰后冻胀，使侧墙产生裂缝，所以宜用渗水性较好的土夯填，并做好台后排水措施。

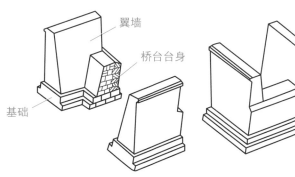

翼墙

桥台台身

基础

U型桥台是指台身是由前墙和两个侧墙构成的U字形结构，优点是构造简单，基底承压面大，应力较小

图 9-27 U 型桥台

9.1.4.2　轻型桥墩、轻型桥台

（1）梁桥轻型桥墩

钢筋混凝土薄壁桥墩特点是施工简便、外形美观、过水性良好，适用于地基土软弱的地区。需耗费用于立模的木料和一定数量的钢筋。

① 柱式桥墩，如图 9-28 所示，外形美观，圬工体积少，而且重量较轻。

柱式桥墩指的是墩身由一个或几个立柱所组成的桥墩

图 9-28　柱式桥墩

② 钻孔桩柱式桥墩，适合于多种场合和各种地质条件。通过增大桩径、桩长或用多排桩加建承台等措施，也能适用于更复杂的软弱地质条件以及较大的跨径和较高的桥墩。

③ 柔性排架桩墩，如图 9-29 所示，优点是用料省、修建简便、施工速度快。主要缺点是用钢量大，使用高度和承载能力受到一定的限制。

柔性排架桩墩只适合于在低浅宽滩河流、通航要求低和流速不大的水网地区河流上修建小跨径桥梁时采用

图 9-29　柔性排架桩墩

（2）梁桥轻型桥台

① 设有支撑梁的轻型桥台：适用于单跨桥梁，桥孔跨径 6～10m，台高不超过 6m。

② 埋置式桥台：埋置式桥台分为后倾式、肋形埋置式、双柱式、框架式等类型。其中，桩柱式桥台对于各种土壤地基都适宜。其适用范围是：桥孔跨径 8～20m，填土高度 3～5m。当填土高度大于 5m 时宜采用框架式埋置式桥台。

③ 钢筋混凝土薄壁桥台：如图 9-30 所示，构造和施工比较复杂，并且钢筋用量也较多。

钢筋混凝土薄壁桥台适用于软弱地基的条件

图 9-30 钢筋混凝土薄壁桥台

④ 加筋土桥台：在台后路基填土不被冲刷的中、小跨径桥梁，台高 3～5m 时，可采用加筋土桥台。

（3）拱桥轻型桥墩

① 带三角杆件的单向推力墩：只在桥不太高的旱地上采用。

② 悬臂式单向推力墩：适用于两铰双曲拱桥。

（4）拱桥轻型桥台

适用于 13m 以内的小跨径拱桥和桥台水平位移量很小的情况。其工作原理是，当桥台受到拱的推力后，便发生绕基底形心轴向路堤方向的转动，此时台后的土便产生抗力来平衡拱的推力，从而使桥台的尺寸较小。拱形桥台的分类见表 9-1。

表 9-1 拱形桥台的分类

类型	适用条件
八字形桥台	适合于桥下需要通车或过水的情况
U 字形桥台	适合于较小跨径的桥梁
背撑式桥台	适用于较大跨径的高桥和宽桥
靠背式框架桥台	适合于在非岩石地基上修建拱桥桥台
组合式桥台	适用于各种地质条件
空腹式桥台	一般是在软土地基、河床无冲刷或冲刷轻微、水位变化小的河道上采用
齿槛式桥台	适用于软土地基和路堤较低的中小跨径拱桥

9.1.5 桥梁上部结构分类和特点

9.1.5.1 斜交板桥

斜交板桥的特点见表 9-2，其最大主弯矩方向如图 9-31 所示。

表 9-2　斜交板桥的特点

序号	内容
1	荷载有向两支承边之间最短距离方向传递的趋势
2	各角点受力情况可用比拟连续梁的工作来描述。钝角处产生较大的负弯矩,反力也较大,锐角点有向上翘起的趋势
3	在均布荷载作用下,当桥轴向的跨长相同时,斜板桥的最大跨内弯矩比正桥要小
4	在均布荷载作用下,当桥轴向的跨长相同时,斜板桥的跨中横向弯矩比正桥要小

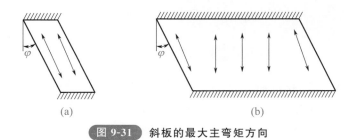

(a) (b)

图 9-31　斜板的最大主弯矩方向

9.1.5.2　装配式钢筋混凝土简支 T 梁

① 如图 9-32 所示，装配式钢筋混凝土简支 T 梁的肋与肋之间的处于受拉区域的混凝土得到较大挖孔，减轻结构自重。

② 装配式钢筋混凝土简支 T 梁既充分利用了扩展的桥面板的抗压性能，又有效发挥了梁肋下部受力钢筋的抗拉作用。

梁肋与翼板(桥面板)结合在一起作为承重结构

图 9-32　装配式钢筋混凝土简支 T 梁

9.1.5.3　预应力混凝土简支 T 梁

① 为提高核心矩，结构上采用大翼缘、薄肋板、宽矮马蹄的结构形式。

② 配合梁内正弯矩的分布，防止出现拉应力，纵向预应力筋须在梁端弯起或中间截断张拉，弯起可增强支点附近的抗剪能力。预应力混凝土简支 T 梁如图 9-33 所示。

核心矩越大，抗力效应增加

图 9-33 预应力混凝土简支 T 梁

9.1.5.4 连续体系桥梁

连续体系桥梁如图 9-34 所示。

① 由于支点存在负弯矩，使跨中存在的正弯矩显著减少，可以减少跨内主梁的高度，提高跨径，当加大支点截面附近梁高形成变截面时，可进一步降低跨中弯矩。

② 由于是超静定结构，产生附加内力的因素包括预应力、混凝土收缩徐变、墩台不均匀沉降、截面温度梯度变化。

③ 配筋要考虑正负两种弯矩的要求，顶推法施工要考虑截面正负弯矩的交替变化。

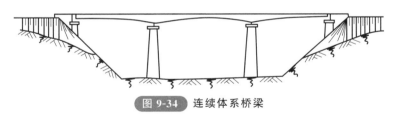

图 9-34 连续体系桥梁

9.1.5.5 斜拉桥

斜拉桥如图 9-35 所示。

① 斜拉索相当于增大了偏心距的体外索，充分发挥抵抗负弯矩的能力，节约

索塔

斜拉索

主梁多点弹性支承，高跨比小，自重轻，提高跨径

主梁

图 9-35 斜拉桥

钢材。

② 斜拉索的水平分力相当于混凝土的预压力。

9.1.5.6　悬索桥

① 如图 9-36 所示，对于连续吊桥，中间地锚的两侧拉索水平推力基本平衡，主要利用自重承受向上的竖向力。

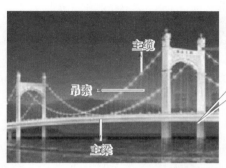

主缆

吊索

主梁

主缆为主要承重结构，巨大的拉力由牢固的地锚承受

图 9-36　悬索桥

② 主梁的变形非线性，一般采用挠度理论或变形理论。

a. 挠度理论：是考虑原有荷载（如恒载）已产生的主缆轴力对新的荷载（如活载）产生的竖向变形（挠度）将产生一种新的抗力，在变形之后再考虑内力的平衡。

b. 变形理论：将悬索桥看作由各单根构件所组成的结构体系，在力学分析中先计算每个构件的刚度，放入结构体系的矩阵内，进行总体平衡的求积。

9.1.6　桥梁施工方法分类与选择

9.1.6.1　就地浇筑法（现浇法）

现浇法在桥位处搭设支架安装模板，整体浇筑混凝土，待混凝土达到设计强度后拆除模板支架。

现浇法如图 9-37 所示，工期长、施工质量不容易控制；预应力混凝土梁因收缩徐变引起的应力损失大；施工中支架模板耗用量大、施工费用高；搭设支架影响

无需预制场地、不需要大型起吊运输设备、梁体主筋可不中断，整体性好

图 9-37　现浇法

桥下排洪、通航、通行。

9.1.6.2　预制安装法（装配式施工）

装配式施工如图 9-38、图 9-39 所示，在预制场内进行梁的预制工作，再对成品梁进行运输和安装。预制安装法能有效利用劳动力降低工程造价。其施工速度快，适用于紧急施工工程。

梁体预制后要存放一段时间，安装时已有一定龄期，可减少混凝土收缩徐变引起的变形。

工厂化生产的梁体质量较好，有利于确保梁体质量和尺寸精度，可以较多地采用机械化施工

图 9-38　装配式施工（一）

上下部结构可以平行作业，可缩短工期

图 9-39　装配式施工（二）

9.1.6.3　悬臂施工法

悬臂浇筑施工（挂篮法）：从桥墩开始，两侧对称现浇梁段直至跨中合拢。

悬臂拼装施工（悬拼法）：从桥墩开始，两侧对称将预制节段对称进行拼装。

悬臂施工如图 9-40、图 9-41 所示，多应用于预应力混凝土 T 形刚构桥、变截面连续桥梁和斜拉桥；非墩固结连续梁施工中有结构体系转换；悬臂浇筑施工简便，结构整体性好，常在跨径大于 100m 的大桥中采用。

9.1.6.4　转体施工法

将桥梁构件先在桥位处岸边进行预制，待混凝土达到设计强度后旋转构件合拢就位的施工方法。

转体施工法如图 9-42、图 9-43 所示，其特点是施工设备少，装置简单，容易

悬臂拼装法施工速度快，上下部结构可平行作业，施工精度要求高，常用于跨径100m以下的大桥

图 9-40　悬臂施工（一）

施工中可不用或少用支架，施工不影响通航或桥下交通

图 9-41　悬臂施工（二）

可以利用地形，方便预制构件

图 9-42　转体施工法（一）

施工期间不断航，不影响桥下交通，可在跨越通车线路上进行桥梁施工

图 9-43　转体施工法（二）

制作并便于掌握；节省木材，节省施工用料；减少高空作业，施工工序简单，施工迅速；在深水、峡谷、平原地区城市跨线桥施工中，采取转体法施工具有较好的技术经济效益，是大跨径及特大跨径桥梁的常用工法。

9.2 城市桥梁工程材料要求

① 混凝土原材料包括水泥、粗细骨料、矿物掺合料（图 9-44）、外加剂和水。对预拌混凝土的生产、运输等环节应执行现行国家标准，配制混凝土用的水泥等各种原材料，其质量应分别符合相应标准。

矿物掺合料是一种辅助胶凝材料，特别在近代高强、高性能混凝土中是一种有效的、不可或缺的主要组分材料

图 9-44 矿物掺合料

② 配制高强混凝土的矿物掺合料可选用优质粉煤灰、磨细矿渣粉、硅粉（图 9-45）和磨细天然沸石粉。

硅粉由工业电炉在高温熔炼工业硅及硅铁的过程中，随废气逸出的烟尘经特殊的捕集装置收集处理而成

图 9-45 硅粉

③ 常用的外加剂有减水剂（图 9-46）、早强剂、缓凝剂（图 9-47）、引气剂、防冻剂、膨胀剂、防水剂、混凝土泵送剂、喷射混凝土用的速凝剂等。

减水剂是一种在维持混凝土坍落度基本不变的条件下，能减少拌合用水量的混凝土外加剂

图 9-46　减水剂

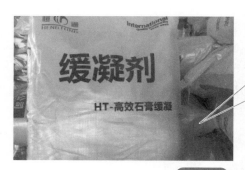

缓凝剂是一种降低水泥或石膏水化速度和水化热、延长凝结时间的添加剂

图 9-47　缓凝剂

10

桥梁基础施工

10.1 明挖基础

10.1.1 基底检验

基础是隐蔽工程，基坑施工是否符合设计要求，在基础浇筑前应按规定进行检验。《公路桥涵施工技术规范》（JTG/T 3650—2020）规定："基坑开挖并处理完毕，应首先由施工人员自检并报请检验，确认合格后填写地基检验表。经检验签证的地基检验表由施工单位保存作为竣工交验资料；未经签证，不得砌筑基础。"检验的目的在于：确定地基的容许承载力大小、基坑位置与高程是否与设计文件相符，以确保基础的强度和稳定性，不致发生滑移等病害。

10.1.1.1 检验内容

基底检验的主要内容应包括：检查基底平面位置、尺寸大小、基底高程；检查基底地质情况和承载力是否与设计资料相符；检查基底处理和排水情况是否符合上述规范要求；检查施工记录及有关试验资料等。

10.1.1.2 检验方法

按桥涵大小、地基土质复杂（如溶洞、断层、软弱夹层、易熔岩等）情况及结构对地基有无特殊要求，可采用以下检查方法。

① 小桥涵的地基，一般采用直观或触探方法，必要时可进行土质试验。特殊设计的小桥涵对地基沉降有严格要求，且土质不良时，宜进行荷载试验。对经加固处理后的特殊地基，一般采用触探或做压实度检验等。

② 大中桥和地基土质复杂结构对地基有特殊要求的地基检验，一般采用触探和钻探（钻深至少 4m）取样做土工试验，或按设计的特殊要求进行荷载试验。触探如图 10-1 所示。

③ 特大桥应按设计要求具体处理。

图 10-1 触探

10.1.1.3 检验标准

基底平面周线位置允许偏差不小于设计要求，一般不得大于 200mm；基底高程允许偏差不得超过 ±50mm（土质）、−200～+50mm（石质）。

255

10.1.2　基底处理

天然地基上的基础是直接靠基底土来承担荷载的，故基底土好坏，对基础及墩台、上部结构的影响极大，因此，基坑开挖至设计高程后，要按地质情况和设计要求采取相应的处理措施。地基处理的范围至少应宽出基础之外 0.5m。基底处理方法根据地基土的种类、强度和密度、现场情况而异，一般方法如下。

（1）细粒土及特殊土地基

属细粒土或特殊土类的饱和软弱黏土层、粉砂土层及湿陷性黄土、膨胀土和黏土及季节性冻土，强度低、稳定性差，处理时应视该类土的处治深度、含水率等情况，按基底的要求采取固结、换填等方法处理，以满足设计要求。

（2）粗粒土及巨粒土地基

对于强度和稳定性满足设计要求的粗粒土及巨粒土基底，应将其承重面平整夯实，其范围应满足基础的要求。基底有水不能彻底排干时，应将水引至排水沟，然后在其上修筑基础。

（3）岩层基底

若基底位于风化岩层上，则应按基础尺寸凿除已风化的表面岩层，直至满足地基承载力要求或其他方面的要求为止；在砌筑基础圬工的同时将基坑底填满、封闭。并应在挖至设计高程并满足地基承载力要求后尽快进行封闭，以防止其继续风化。岩层基底如图 10-2 所示。

对于一般性能良好的未风化岩石地基，应将岩面上的松碎石块、淤泥、苔藓等清除后洗净岩面，并凿出新鲜岩面；对于坚硬的倾斜岩层，应将岩层面凿平，若倾斜度较大、无法凿平时，还应将岩面凿成多级台阶，台阶的宽度宜不小于0.3m

图 10-2 岩层基底

（4）多年冻土地基

在多年冻土层（即永冻土）上修筑基础的基底时，基础不应置于季节性冻融土层上，且不得直接与冻土接触。基底之上应设置隔温层或保温层材料。且铺筑宽度应在基础外缘加宽 1m，隔温层一般为 10～30cm 粗砂或 10cm 的素混凝土垫层。施工时，明水应在距坑顶 10m 之外修排水沟。水沟之水应引于远离坑顶宣泄并及时排除融化水。多年冻土地基如图 10-3 所示。

按保持冻结的原则设计的明挖基础，其多年平均地温等于或高于−3℃时，应于冬季施工；多年平均地温低于−3℃时，可在其他季节施工，但应避开高温季节，并应按下列规定处理：
①严禁地表水流入基坑；
②及时排除季节冻层内的地下水和冻土本身的融化水；
③必须搭设遮阳棚和防雨棚

图 10-3   多年冻土地基

（5）溶洞地基

溶洞地基如图 10-4 所示。

对于影响基底稳定的溶洞，不得堵塞溶洞水路；而干溶洞可用砂砾石、碎石、干砌和浆砌片石及灰土等回填密实；当基底干溶洞较大、回填处理有困难时，可采用桩基处理，也可用钢筋混凝土盖板或梁跨越；桩基设计应履行设计变更手续，并应由设计单位进行设计

图 10-4   溶洞地基

（6）泉眼地基

处理泉眼地基，可将有螺口的钢管紧紧打入泉眼，盖上螺母并拧紧，阻止泉水流出；或向泉眼内压注速凝的水泥砂浆，再打入木塞堵眼。当堵眼有困难时，可采用管子塞入泉眼，将水引流至集水坑排出或在基底下设盲沟引流至集水坑排出。待基础圬工完成后，向盲沟压注水泥浆堵塞。采用此方法时，应注意防止砂土流失引起基底沉陷；不应由于泉眼而使基底泡水。

10.1.3　钢筋混凝土基础

旱地浇筑钢筋混凝土基础，应在对基底及基坑验收完成后，尽快绑扎并放置钢筋；在底部放置混凝土垫块，保证钢筋的混凝土净保护层厚度，同时安放墩柱或台身钢筋的预埋部分，保证其定位准确；对全部钢筋进行检查验收，保证其根数、直径、间距、位置满足设计文件和技术规范要求时，即可浇筑混凝土。拌制好的混凝土运输至现场后，若高差不大，可直接倒入基坑内；若倾卸高度过大，为防止发生离析，应设置串筒或滑槽，保证混凝土整体均匀运入基坑，用插入式振捣密实。浇筑应分层进行，但应连续施工，在下层混凝土开始凝结之前，应将上层混凝土灌注捣实完毕。基础全部筑完凝结后，要立即覆盖草袋、麻袋、稻草或砂子，并洒水养生。养生时间一般普通硅酸盐水泥混凝土为 7 天以上，矿渣水泥、火山灰质水泥或掺用塑化剂的混凝土应为 14d 以上。

　　水中混凝土基础在基坑排水的情况下施工方法与旱地基础相同，只是在混凝土凝固后即可停止排水，也不需再进行专门的养生工作；若渗漏严重、排水困难时，可采用水下灌筑混凝土的施工方法。水下灌筑分为水下封底和水下直接灌筑基础两种，前者封底后仍要排水再浇筑基础，封底只是起封闭渗水的作用，其混凝土只作为地基而不作为基础本身，适用于板桩围堰开挖的基坑。

10.1.4　块石（料石）基础

　　一般要求砌块在使用前必须浇水湿润，将表面的泥土、水锈清洗干净。砌第一层砌块时，如基底为岩层或混凝土基础，应先将基底表面清洗、湿润，再坐浆砌筑。砌筑应分层进行，各层先砌筑外圈定位行列，然后砌筑里层，外圈砌石与里层砌块交错连成一体。各砌层的砌块应安放稳固，砌块间应砂浆饱满，黏结牢固，不得直接贴靠或脱空。

10.2　沉入桩基础

10.2.1　沉入桩施工

（1）施工流程

施工准备→打桩机就位→吊桩、插桩→沉桩→吊桩、接桩→送桩。

（2）具体施工过程

① 施工准备

a. 施工场地：清除妨碍施工的地上和地下的障碍物。在桩位以外 4～6m 范围内的整个区域或桩机进出场地及移动路线上，应作适当平整压实，并做适当坡度，保证场地具有良好的排水。桩机进场后，按施工顺序铺设道路，选定位置架设桩机和设备，接通水和电源，进行试机，并移机至桩位，使桩架平稳垂直。打桩场地附近的建筑物或构筑物，如有震动要求或影响安全时，打桩前应会同有关产权单位或个人采取措施予以处理。根据测量设置定位点，定位点应设置在不受打桩影响的地点，打桩地区附近需设置不少于 2 个的水准点，在施工过程中可据此检查桩位的偏差以及桩的入土深度。打桩施工前，应在桩架或桩侧面设置标尺，以观测、控制桩的入土深度。

b. 技术准备：应取得工程地质资料、桩基施工相关图纸。桩基的轴线和高程均应测设完毕，并经过检查，办理复核手续。正式沉桩前应做数量不少于 2 根桩的打桩工艺试验，用以了解桩的贯入度、持力层强度、桩的承载力，以及施工过程中遇到的各种问题和反常情况等。检验打桩设备、打桩方案是否可行，以保证桩的施工质量。根据设计方及监理对施工图及施工质量的交底，召开内部技术质量要求交底会，使每个施工参与人员牢记工程施工的质量要求和各工序的质量控制要点。群桩施工时，为了保证质量和进度，防止周围建筑物被破坏，打桩前根据桩的密集程度、桩的规格、长短以及桩架移动是否方便等因素来选择正确的打桩顺序。

沉桩顺序的原则按以下原则确定：从中间向四周沉设，由中及外；从靠近现有建筑物最近的桩位开始沉设，由近及远，先沉设入土深度深的桩，由深及浅；先沉设断面大的桩，由大及小；先沉设长度大的桩，由长及短。

c. 材料准备

ⅰ. 钢筋混凝土预制桩、预应力管桩的规格、质量必须符合施工图纸和验收标准的规定，并有出厂合格证明。

ⅱ. 垫木、桩帽和送桩。当施工需要时准备垫木和桩帽，桩锤与桩帽之间放置垫木，可以减轻桩锤对桩帽的直接冲击。

ⅲ. 在打桩时，若要使桩顶打入土中一定深度，则需设置送桩。送桩器如图10-5所示。

送桩器的设计原则是打入阻力不能太大，容易拔出，能将冲击力有效地传到桩上，并能重复使用。送桩应有足够的强度、刚度和长度，其长度和截面尺寸应视需要而定

图 10-5　送桩器

② 打桩机就位。桩机就位并调整。

③ 吊桩、插桩。吊桩如图10-6所示。插桩必需垂直，其垂直度偏差不得超过

桩机就位后，复查桩位、桩身、桩架质量，确认合格后，将桩身吊具捆绑于桩上端约1/4处，起吊第一节预制桩，桩尖垂直对准桩位中心，将桩锤下桩帽（加好垫木）徐徐下放套住桩顶，松下吊钩，使锤、桩帽和桩三者处于同一铅垂线上

图 10-6　吊桩

0.3%。然后利用锤的自重使管桩下沉，桩不再下沉后再次调整桩机导向杆、桩帽以及桩的轴线，保持插桩垂直。

④ 沉桩

a. 沉桩：如图 10-7 所示。沉桩前，检查桩锤、桩帽与桩身的中心线，在纵、横两个方向应在同一轴线上；检查桩位和直桩垂直度或斜桩倾斜角应符合规定。

沉桩时宜重锤轻击。锤重、落距低可以延长锤击接触时间，从而降低锤的冲击应力，避免损坏桩头，重锤比轻锤的冲击效率高。

沉桩过程随时注意桩的位移或倾斜，若有不正常应及时纠正。

沉桩时，每根桩均应及时填写沉桩记录和沉桩记录整理表，并按每一墩、台桩基绘制桩位示意图

图 10-7　沉桩

b. 停锤：锤击现场如图 10-8 所示。

用柴油锤、双动气锤时，记录每下沉1m的锤击时间和全桩的总锤击时间，在剩余1m左右时，记录每10cm的锤击时间，取最后10cm的每分钟平均值作为停打的贯入度，单位以毫米计

图 10-8　锤击现场

当设计考虑硬层有冲刷时，应采取措施使桩尖达到设计高程。

桩尖设计位于一般土层时，应以桩尖设计高程控制为主，贯入度为辅。桩尖达到设计高程，但贯入度与试桩所确定的最终贯入度相比，或与地质资料对比有出入时，应与设计部门研究停锤控制标准。

当设计无规定时，应按以下方法确定停打贯入度：用坠锤沉桩时，记录每下沉1m 的锤击数和全桩的总锤击数；同时记录最后 1m 左右每下沉 10cm 的锤击数，最后加打 5 锤，记录桩的下沉量；算出每锤平均值，作为停打贯入度，单位以毫米计。

有时沉桩到位后需要进行基桩复打，复打应符合下列规定。

对发生"假极限"现象的桩、有上浮现象的桩，必须复打；复打前的"休息"

天数和复打要求，应符合现行相关标准的有关规定；复打应经休息后进行。休息时间按土质不同而不同，可由试验确定，一般不宜少于下列天数：桩穿过砂类土，桩尖位于大块碎石类土或紧密的砂类土，或坚硬的黏土上，不少于 1 天；在粗砂和不饱和细砂里，不少于 3 天；在黏性土和饱和的粉细砂里，不少于 6 天。复打时最终的贯入度按以下方法取值：使用坠锤时，取复打最后 5 锤的平均值；对柴油锤、双动气锤，取复打最后锤击 10cm 所需时间每分钟的平均值。

⑤ 吊桩、接桩。当桩的长度较大时，由于桩架高度以及制作运输等条件限制，往往需要分段制作和运输，沉桩时，分段之间就需要接头。一般混凝土预制桩接头不宜超过 2 个，预应力管桩接头不宜超过 4 个，应避免在桩尖接近硬持力层或桩尖处于硬持力层中时接桩。

桩的接头应有足够的强度，能传递轴向力、弯矩和剪力，接桩方法有：法兰连接、焊接连接及浆锚法。前二者适用于各类土层，后者适用于软土层。

a. 焊接法接桩（图 10-9）：当桩沉至操作平台时，在混凝土管桩下节桩上端部焊接角钢，该角钢与桩的主筋或预留钢板焊在一起；然后把上节桩吊起，在其下端主筋或预留钢板上焊接短角钢，最后把上、下两节桩对准，将已焊接的角钢连接，使之成为一个整体。

有时也采用预埋钢件进行接桩，接桩时应将预埋件上下表面清洁，上下节之间用薄钢板抄垫牢靠，焊接时应采取措施对称焊接，以减少变形，焊接焊缝应连续饱满。焊接后应进行外观检查，焊缝不得有凹痕、咬边、焊瘤、夹碴、裂缝等表面缺陷，发现缺陷时应返修，但同一条焊缝返修次数不得超过2次。焊接结束后，应让其自然冷却方可进行继续锤击

图 10-9　**焊接法接桩**

b. 浆锚法接桩：接桩可以采用硫黄胶泥或环氧树脂作为胶结剂的接桩工艺，接桩速度快。

在上节桩的下端伸出钢筋，下节桩的上端设预留锚筋孔，接桩时，把上节桩伸出的锚筋插入下节桩的预留孔中，此时安好施工夹箍，将熔化的硫黄胶泥注满锚筋孔和接头平面上，然后下落上节桩，当硫黄胶泥冷却并拆除夹箍后，方可继续沉桩。

c. 法兰接桩：如图 10-10 所示。

在预制桩时，在桩的端部设置法兰，需接桩时用螺栓把它们连在一起，这种方法施工简便、速度快，主要用于混凝土管桩。但法兰盘制作工艺复杂，用钢量大。

⑥ 送桩，如图 10-11 所示。

在接桩之前，检查桩的端头板是否完整，若有弯曲变形的现象，要做修补打磨或切除处理并清除接头处的浮锈、泥污、油脂等，使端头板露出金属光泽，避免锤击施工时应力集中造成桩头损坏。接桩时应保持各节桩的轴线在同一条直线上，上下节桩轴线偏斜不应大于0.3%，并应使各节偏斜反向错开

图 10-10　法兰接桩

在打桩时，若要使桩顶打入土中一定深度，则需设置送桩。用送桩打桩时，待桩打至自然地面上0.5m左右，截除桩头损坏部分并保持桩顶平整，才能把送桩套在桩顶上，同时安装上保护桩顶的装置。用桩锤击打送桩顶部时，应保持桩与送桩的纵轴线在同一直线上

图 10-11　送桩

10.2.2　锤击沉桩

锤击沉桩

扫码观看视频

沉桩前，应对桩架、桩锤、动力机械等主要设备部件进行检查；开锤前应再次检查桩锤、桩帽或送桩与桩的中轴线是否一致。锤击沉桩开始时，应严格控制各种桩锤的动能：用坠锤和单动气锤时，提锤高度不宜超过 0.50m；用双动气锤时，可少开气阀降低气压和进气量，以减少每分钟的锤击数。用柴油机锤时，可控制供油量以减少锤击能量，如桩尖已沉入到设计高程，但沉入度仍达不到要求时，应继续下沉至达到要求的沉入度为止。沉桩时，如遇到以下情况，应立即停止锤击：沉入度突然发生急剧变化；桩身突然发生倾斜、移位；桩不下沉，桩锤有严重的回弹现象；桩顶破碎或桩身开裂、变形，桩侧地面有严重隆起现象等。查明原因，采取措施后方可继续施工。锤击沉桩如图 10-12 所示。

沉桩如图 10-13 所示。沉桩的注意事项为：桩帽与桩周围应有 5～10mm 间隙，

锤击沉桩一般适用于黏质土、砂类土。沉桩设备是桩基施工的质量与成败的关键，应根据土质，工程量，桩的种类、规格、尺寸，施工期限现场水电供应等条件选择。冲击锤的选择，原则上是重锤低击，具体选择时可根据锤重与桩重的比值等予以考虑

图 10-12 锤击沉桩

以便锤击时桩在桩帽内可做微小的自由转动，避免桩身产生超过许可的扭转应力；打桩机的导向杆应予固定，以便施打时稳定桩身；导向杆设置应保证桩锤上下活动自由；预制桩顶面应附有适合桩帽大小的桩垫，其厚度视桩垫材料、桩长及桩尖所受抗力大小决定；桩垫破碎后应及时更换；选用的桩帽，应将锤的冲击力均匀分布于桩顶面。

从沉桩开始时起，就应严格控制桩位及竖桩的竖直度或斜桩的倾斜度；并且在

图 10-13 沉桩

沉桩过程中，不得采用顶、拉桩头或桩身办法来纠偏，以防桩身开裂并增加桩身附加弯矩。

10.2.3 射水沉桩

射水施工方法的选择，应视土质情况而异，在砂夹卵石层或坚硬土层中，一般以射水为主，锤击或振动为辅；在亚黏土或黏土中，为避免降低承载力，一般以锤击或振动为主，以射水为辅，并应适当控制射水时间和水量。下沉空心桩，一般用单管内射水，当下沉较深或土层较密实时，可用锤击或振动，配合射水；下沉实心桩，将射水管对称地装在桩的两侧，并能沿着桩身上下自由移动，以便在任何高度上射水冲土。射水沉桩如图 10-14 所示。

沉桩设备如射水管的布置，具体需根据实际施工需要的水压与流量而定。对于水压与流量关系到地质条件，选用的桩锤或振动机具、沉桩深度和射水管直径、数目等因素，较完善的方法是在沉桩施工前经过试桩后予以选定。

吊插基桩时要注意及时引送输水胶管，防止拉断与脱落；基桩插正立稳后，压上桩帽桩锤，开始用较小水压，使桩靠自重下沉。初期应控制桩身不使下沉过快，以免阻塞射水管嘴，并注意随时控制和校正桩的方向；下沉渐趋缓慢时，可开锤轻击，沉至一定深度（8~10m）已能保持桩身稳定后，可逐步加大水压和锤的冲击

必须注意，不论采取任何射水施工方法，为保证桩的承载力，当桩端沉至距设计高程为1.5倍桩径或边长(桩径或边长≤600mm)或1.0倍桩径或边长(桩径或边长＞600mm)时，应停止冲水，将水压减至0～0.1MPa，并改用锤击水冲锤击沉桩，应根据土质情况随时调节冲水压力，控制沉桩速度。用水冲锤击沉桩后，应及时与邻桩或固定结构夹紧，防止倾斜位移

图 10-14　射水沉桩

动能；沉桩至距设计高程一定距离停止射水，拔出射水管，进行锤击或振动使桩下沉至设计要求高程。中心射水沉桩如图 10-15 所示。

若采用中心射水法沉桩，要在桩垫和桩帽上留有排水通道，防止射水从桩尖孔返入桩内，产生水压，造成桩身胀裂。管桩下沉到位后，如设计要求以混凝土填芯时，应用吸泥等法清除沉渣以后，用水下混凝土填芯

图 10-15　中心射水沉桩

10.2.4　振动沉桩

振动沉桩适用于砂类土、黏质土和中密及较松的砾类土。对于软塑类黏土及饱和砂质土，当基桩入土深度＜15m 时，可只用振动沉桩机。除此情况外，宜采用射水配合沉桩。在选择沉桩机（锤）时，应验算振动上拔力对桩身结构的影响。同时应注意确保振动沉桩机、机座、桩帽连接可靠，沉桩和桩中心轴线尽量保持在同一直线上。每一根桩的沉桩作业应一次完成，不可中途停顿，以免土层的摩阻力恢复，增加下沉困难。振动沉桩如图 10-16 所示。

10.2.5　静力压桩

静力压桩的准备工作包括：根据地质钻探、静力触探或试桩资料估算压桩阻力；选用压桩设备，但应注意使设计承载力大于压桩阻力的 40%；压桩施工用辅助设备及测量仪器的检查校定；等等。压桩作业开始后，应尽可能连续施工，减少停顿次数和时间，以免产生过大的启动阻力。桩尖接近设计高程时，应严格控制压桩进程。当遇到插桩初压时，桩尖即有较大走位和倾斜，或

静力压桩

扫码观看视频

沉桩过程中桩身倾斜或下沉速度加快，以及压桩阻力突然剧增或压桩设备倾斜等情况时，应暂停施工，分析原因，及时处理。静力压桩如图10-17所示。

振动沉桩停振控制标准，应以通过试桩验证的桩尖高程控制为主，以最终贯入度(mm/min)或可靠的振动承载力公式计算的承载力作为校核

图 10-16　振动沉桩

静力压桩系采用静压力将桩压入土中，即以压桩机的自重克服沉桩过程中的阻力，适用于黏质土层，但不宜用于坚硬状态的黏质土和中密以上的砂类土。沉桩速度视土质状况而异。同一地区、相同截面尺寸与沉入深度的桩，其极限承载能力与锤击沉桩大体相同

图 10-17　静力压桩

10.3　沉井基础

10.3.1　沉井类型、特点及适用性

沉井埋深较大、整体性好、稳定性好，具有较大的承载面积，能承受较大的垂直和水平荷载。此外，沉井既是基础，又是施工时的挡土和挡水围堰结构物，其施工工艺简便，技术稳妥可靠，无需特殊专业设备，并可做成补偿性基础，避免过大沉降，在深基础或地下结构中应用较为广泛，如桥梁墩台基础，地下泵房、水池、油库、矿用竖井以及大型设备基础，高层和超高层建筑物基础等。但沉井基础施工工期较长，在粉砂、细砂类土环境中井内抽水时易发生流砂现象，造成沉井倾斜；沉井下沉过程中如遇大孤石、树干或井底岩层表面倾斜过大时，也将给施工带来一

定的困难。

沉井的适用性：当天然基础和桩基础受水文、地质条件限制施工困难时，可采用沉井基础，沉井基础尤其适用于竖向和横向承载力大的深基础。

按下沉方式，沉井基础可分为：就地建造下沉的沉井和浮运就位下沉的沉井。按建筑材料，沉井基础可分为：混凝土沉井、钢筋混凝土沉井等。按外观形状，在平面上可分为圆形、矩形及圆端沉井等；在竖剖面上可分为竖直式、倾斜式及阶梯式等。具体沉井类型的选择要视具体的下沉深度、墩（台）底部形状、土层性质等施工条件而定。

10.3.2　沉井构造与制作

10.3.2.1　构造

具体沉井类型的选择要视具体的下沉深度、墩（台）底部形状、土层性质等施工条件而定。沉井的基本构造如图 10-18 所示。

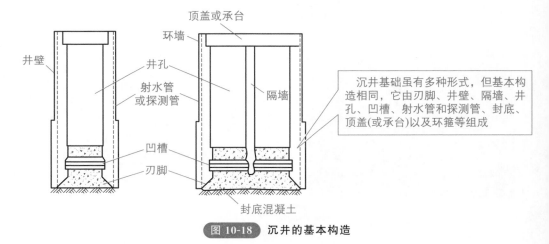

井壁　顶盖或承台　环墙　井孔　射水管或探测管　隔墙　凹槽　刃脚　封底混凝土

沉井基础虽有多种形式，但基本构造相同，它由刃脚、井壁、隔墙、井孔、凹槽、射水管和探测管、封底、顶盖(或承台)以及环箍等组成

图 10-18　沉井的基本构造

气压沉箱则是一种类似于沉井的深水基础，其不同之处是在沉井刃脚以上适当高度处设置一层密封的顶盖板。顶盖板以下为工作室，以上构造与沉井类似。顶盖板中开有空洞，安置升降井筒直出水面，井筒上端为气闸。压缩空气经气闸和井筒输入工作室，当压力相当于刃脚处水头时，工作室内积水被排出，施工人员就可以进入工作室，在气压（2~3 个大气压，视沉箱下沉深度而定）下进行挖土。挖出的土通过井筒提升，经气闸运出。这样，沉箱就可以利用其自重下沉到设计高程。沉箱的主要缺点是：对施工人员的身体有害（易得沉箱病），工效很低，现已基本不用。

10.3.2.2　制作

沉井位于浅水或可能被水淹没的岸滩上时，宜就地筑岛制作；沉井在制作至下沉过程中位于无被水淹没可能的岸滩上时，如地基承载力满足设计要求，可就地整平夯实制作，如地基承载力不够，应采取加固措施。在地下水位较低的岸滩，若土质较好时，可开挖基坑制作沉井。在水深流急、筑岛困难的情况下修建沉井基础，可采用浮式沉井，即把沉井底节做成空体结构，或采取其他办法使其在水中漂浮，用船只将其拖运到设计位置，再逐步用混凝土或水灌注，使其缓缓下沉直达河底。

（1）施工流程

清理场地→制造第一节（底节）沉井→拆模和抽除垫木→挖土下沉→接高沉井→筑井顶防水围堰→基底检验及处理→封底、填充井孔及浇筑盖板。

（2）具体施工过程

① 清理场地如图 10-19 所示。

如天然地面土质较好，只需将地面杂物清掉，整平地面，就可在其上制造沉井，如为了减小沉井的下沉深度，也可在基础位置处挖一浅坑，在坑底制造沉井下沉，坑底应高出地下水位 0.5～1.0m。如土质松软，应整平夯实或换土夯实。在一般情况下，应在整平场地上铺上不小于 0.5m 厚的砂或砂砾层

图 10-19 清理场地

② 制造第一节（底节）沉井如图 10-20 所示。由于沉井自重较大，刃脚踏面尺寸较小，应力集中，场地土往往承受不了这样大的压力。所以在整平的场地上应在刃脚踏面位置处对称地铺满一层垫木（可用 200mm×200mm 的方木）以加大支承面积，使沉井重量在垫木下产生的压应力不大于 100kPa。

垫木的布置应考虑抽除垫木方便(有时可用素混凝土垫层代替垫木)。然后在刃脚位置处放上刃脚角钢，竖立内模，绑扎钢筋，立外模，最后浇灌第一节沉井混凝土

图 10-20 制造第一节（底节）沉井

③ 拆模和抽除垫木如图 10-21 所示。沉井混凝土达到设计强度的 70％时可拆除模板，强度达设计强度后才能抽撤垫木。

④ 挖土下沉

a. 排水挖土下沉：如图 10-22 所示。

抽撤垫木应按一定的顺序进行，以免引起沉井开裂，移动或倾斜：先撤除内隔墙下的垫木，再撤除沉井短边下的垫木，最后撤长边下的垫木。撤长边下的垫木时，以定位垫木(最后抽撤的垫木)为中心，对称地由远到近拆除，最后拆除定位垫木

图 10-21 拆模和抽除垫木

当沉井穿过稳定的土层，不会因排水产生流砂时，可采用排水挖土下沉，土的挖除可采用人工挖土或机械除土。通常是先挖井孔中心，再挖隔墙下的土，后挖刃脚下的土

图 10-22 排水挖土下沉

b. 不排水挖土下沉：如图 10-23 所示。一般采用抓土斗或水力吸泥机。使用吸泥机时要不断向井内补水，使井内水位高出井外水位 1~2m，以免发生流砂或涌土现象。

基本要求：
尽量加大刃脚对土体的压力；
井内除土深度最深不低于刃脚下2m；
一般情况，各井孔内土面高差不超过50cm；
保持井内水位高出井外1~2m，防止流砂；
井内摩阻力较大时，可采用多种措施助沉

图 10-23 不排水挖土下沉

⑤ 接高沉井，如图 10-24 所示。

⑥ 筑井顶防水围堰如图 10-25 所示。

⑦ 基底检验及处理。沉井下沉至设计标高后，必须检验基底的地质情况是否与设计资料相符，地基是否平整。能抽干水的可直接检验，否则要由潜水员下水检验，必要时用钻机取样鉴定。基底应尽量整平，清除污泥，并使基底没有软弱夹层。

当沉井顶面离地面1～2m时，如还要下沉，应停止挖土，接筑上一节沉井。每节沉井高度以4～6m为宜。接高的沉井中轴应与底节沉井中轴重合。

混凝土施工接缝应按设计要求，布置好接缝钢筋，清除浮浆并凿毛，然后立模浇筑混凝土

图 10-24　接高沉井

如沉井顶面低于地面或水面，应在沉井上接筑围堰，围堰的平面尺寸略小于沉井，其下端与井顶上预埋锚杆相连。围堰是临时性的，待墩台台身出水后可拆除

图 10-25　钢板围堰

⑧ 封底、填充井孔及浇筑盖板如图 10-26 所示。

地基经检验、处理合格后，应立即封底，宜在排水情况下进行。

抽干水有困难时用水下浇筑混凝土的方法，待封底混凝土达到设计强度后方可抽水，然后填井孔。

对填砂砾或空孔的沉井，必须在井顶浇筑钢筋混凝土盖板。

盖板达到设计强度后，方可砌筑墩台

图 10-26　封底、填充井孔及浇筑盖板

10.3.3　沉井下沉

沉井下沉主要是通过从井孔除土，消除刃脚正面阻力及沉井内壁摩阻力后，依靠沉井自重下沉。排水除土下沉如图 10-27 所示。

不排水开挖下沉的挖土方法，可根据土质情况参考表 10-1 选用。一般宜采取抓泥、吸泥、射水交替或联合作业。必要时，可辅以其他措施，诸如压重、高压射水、炮振、抽水，以及采用泥浆润滑套或空气幕等方法。

井内挖土方法视土质情况而定，一般分为排水除土下沉和不排水除土下沉两种。在稳定性较好且渗水量不大的土层中(每m²沉井面积渗水量小于1.0m³/h)，抽水时不会发生翻砂现象，可采用排水除土下沉，否则应采用不排水除土下沉方法

图 10-27　排水除土下沉

表 10-1　不排水开挖下沉方法选用参考表

土质	下沉除土方法	说明
砂土	抓土、吸泥	若抓土宜用两瓣式挖斗抓土
卵石	吸泥、抓土	以直径大于卵石直径的吸泥机吸泥为好；若抓土宜用四瓣式挖斗抓土
黏性土	吸泥、抓土	一般需辅以高压射水，冲碎土层
风化岩	射水、放炮	碎块可用抓斗或吸泥机取出

10.3.4　沉井封底

10.3.4.1　施工流程

清基→封底平台布置→导管的布置→沉井封底施工。

10.3.4.2　具体施工过程

（1）清基

沉井清基与沉井下沉末期同步进行。沉井清基在沉井下沉到距设计标高 2m 时开始，此时应采用小型吸泥机控制排渣及下沉速度，控制各个井孔泥面标高基本一致，不形成较大锅底，避免沉井下沉过程中对基底土层的更大扰动。清基如图 10-28 所示。

清理采用吸泥机和高压射水，使井口内、刃脚及隔墙下的土层形成的封底锅底坑满足设计要求，当在井孔内除泥，刃脚及隔墙下的土层不能自行坍塌成设计要求的锅底坑时，可用高压射水将其土层冲碎并赶向井孔中部以便清除，在潜水员的配合下，如此反复清理，直至达到设计要求为止

图 10-28　清基

（2）封底平台布置

封底平台布置如图 10-29 所示。在封底混凝土浇筑时，为方便施工和保证操作安全，需临时搭设施工操作平台，作为封底导管安装与人员操作平台。封底平台采用单层双排贝雷梁支架，支架支承于龙门吊机轨道支架上。每个井孔共布置两组贝雷梁支架，两组支架通过平联连接，上面铺设分配梁、脚手板作为操作平台，平台四周设置防护栏杆。根据浇注分区的不同，在对应的井孔顶面布置施工平台，总共需安装 3 次施工平台。封底时，单个井孔共布置两套导管，

图 10-29 封底平台布置

每组支架上通过卡箍安装固定一套，两套导管的覆盖半径包含沉井单个井孔底面范围。

（3）导管的布置

导管利用原吸泥用导管，导管基本节长度为 12m，每套导管配有 2.0m、1.5m、1.0m 等长度不等的调整节，调整节装于顶部，便于封底时导管的提升拆除，以控制导管的埋深。导管节段之间，料斗与导管之间均通过法兰连接，橡胶密封圈止水。浇注水下混凝土前，每套导管均应在监理工程师在场的情况下，逐套进行水密性和压力性试验，试验压力取水压的 1.3 倍，合格后方能使用。组拼时须编号对接，确定导管长度和安装拼接顺序。

（4）沉井封底施工

沉井封底施工如图 10-30 所示。

沉井经观察下沉稳定后即可开始封底工作，沉井稳定的标准以设计要求为准，一般为 24h 内下沉量不大于 10mm 即可认为沉井已稳定，可开始封底

图 10-30 沉井封底施工

10.3.5 质量控制

（1）沉井下沉完毕就位的质量要求

① 沉井刃脚底面高程应符合设计要求。

② 底面和顶面中心与设计中心的允许偏差，纵横方向为沉井高度的 1/50（包括因倾斜而产生的位移）；对浮式沉井，允许偏差值增加 25cm。

③ 沉井的最大倾斜度为 1/50 沉井高度。

④ 矩形、圆端形沉井的平面扭转角偏差，就地制作的沉井不得大于 1°；浮式沉井不得大于 2°。

（2）沉井制作允许偏差

沉井制作允许偏差如表 10-2 所示。

表 10-2　沉井制作允许偏差

项目		规定值或允许偏差
沉井混凝土强度/MPa		在合格标准内
沉井平面尺寸 /mm	长度、宽度	±5%边长,大于 24m 时±120
	曲线部分的半径	±5%半径,大于 12m 时±60
	两对角线的差异	对角线长度 1%,且不大于 180
沉井井壁厚度 /mm	混凝土	+40,-30
	钢壳和钢筋混凝土	±15
沉井刃脚高程/mm		符合设计要求
中心偏差(纵、横) /mm	就地制作下沉	井高的 1%
	水中下沉	250+井高的 1%
最大倾斜度(纵、横向)		井高的 1%
平面扭转角/(°)	就地制作下沉	1
	水中下沉	2

10.4　钻（挖）孔桩基础

10.4.1　成孔方法与适用范围

灌注桩的成孔方法很多，各自适应于不同地层与环境条件。在桥梁工程中应用较多的是钻孔灌注桩、挖孔灌注桩两种。

10.4.1.1　钻孔灌注桩成孔方法

一般采用螺旋钻头或冲击锥等机具成孔，或用旋转机具辅以高压水冲成孔。国内常用的方法是螺旋钻钻孔法、机动推钻钻孔法、正循环回转法、反循环回转法、潜水电钻法、冲抓锥法，以及冲击锥法等。无论采用何种钻孔方法，对钻机扭矩功率、钻锥形式、钻杆截面、钢丝绳规格、泥浆泵泵量、泵压、真空泵真空度、吸泥泵吸量，气举法压缩空气的压力、排气量等，应按钻孔直径与深度、地层情况、工期、设备条件认真研究选择。各种钻孔机具（方法）的适用范围见表 10-3，主要成孔方法详述如下。

（1）正循环回转法

利用钻具旋转切削土体钻进，泥浆泵将泥浆压进泥浆龙头，通过钻杆中心从钻头喷入钻孔内，泥浆挟带钻渣沿钻孔上升，从护筒顶部排浆孔排出至沉淀池，钻渣在此沉淀，而泥浆流入泥浆池循环使用。正循环回转法如图 10-31 所示。

表 10-3　各种钻孔机具（方法）的适用范围

钻孔机具（方法）	使用范围			
	土层	孔径/cm	孔深/m	泥浆作用
长、短螺旋钻机	地下水位以上的细粒土、砂类土、砾类土、极软岩	长螺旋钻 30～80，短螺旋钻 50	26～70	干作业不需泥浆
机动推钻（钻斗钻）	细粒土、砂类土、卵石粒径小于1cm，含量少于30％的卵石土	80～200	30～60	护壁
正循环回转钻机	细粒土、砂类土、卵石粒径小 2cm，含量少于 20％ 的卵石土、软岩	80～300	40～100	悬浮钻渣并护壁
反循环回转钻机	细粒土、砂类土、卵石粒径小于钻杆内径 2/3，含量少于 20％的卵石土、软岩	80～250	泵吸<40、气举 150	护壁
正循环潜水钻机	淤泥，细粒土、砂类土、卵石粒径小于 10cm，含量少于 20％的卵石土	80～200	50～80	悬浮钻渣并护壁
反循环潜水钻机	细粒土、砂类土、卵石粒径小于钻杆内径 2/3，含量少于 20％的卵石土、软岩	80～200	100（泵吸<气举）	护壁
全护筒冲抓和冲击钻井	各类土层	80～200	30～60	不需泥浆
冲抓锥	淤泥、细粒土、砂类土、砾类土、卵石土	80～200	30～50	护壁
冲击实心锥	各类土层	80～200	100	短程浮渣并护壁
冲击管锥	细粒土、砂类土、砾类土、松散卵石土	60～150	100	短程浮渣并护壁

注：1. 土的名称依照《公路土工试验规程》（JTG 3430—2020）土的工程分类的规定。

2. 单轴极限抗压强度小于 30MPa 的岩石称为软岩，大于 30MPa 的称为硬岩，小于 5MPa 的称为极软岩。

3. 正、反循环回转钻机（包括潜水钻机）附着坚硬牙轮钻头时，可钻抗压强度达 100MPa 的硬岩。

4. 表中列各种钻机（力法）适用钻孔直径和孔深系指国内一般情况下的适用范围，随着钻孔钻机不断改进，扭矩功率增强，辅助设施提高，钻孔直径和孔深的范围将逐渐增大。

该方法适用于细粒土、砂类土、卵石粒径小于2cm含量少于20％的卵石土、软岩。其优点是钻进与排渣同时连续进行，在适用的土层中钻进速度较快，但需设置泥浆槽、沉淀池等，施工占地较多，且机具设备较复杂

图 10-31　正循环回转法

273

（2）反循环回转法

在泥浆输送方面与正循环法正好相反，即泥浆输入钻孔内，然后从钻头的钻杆下口吸进，通过钻杆中心排出至沉淀池内。该方法适用于细粒土、砂类土、卵石粒径小于钻杆内径 2/3，含量少于 20% 的卵石土、软岩。其钻进与排渣效率较高，但接长钻杆时装卸麻烦，钻渣容易堵塞管路。另外，因泥浆是从上向下流动，孔壁坍塌的可能性较正循环法的大，从而需采用较高质量的泥浆。

（3）冲抓锥法

冲抓锥构造简单，由三脚立架、锥头、卷扬机三部分组成。施工时，通过三脚立架、滑轮组、钢丝绳、卷扬机等使得锥头落入孔内抓土，于孔外卸土。过程中不需钻杆，钻进与提锥卸土均较推钻快。由于锥瓣下落时对土层有一股冲击力，故使用的土质较广。其优点是机械简单、成本较低，但施工自动化程度低，需人工操作；清运渣土，劳动强度大，施工速度较慢。另外，该方法不能钻斜孔；钻孔深度超过 20m 后，其钻孔进度大为降低；当孔内遇到漂石或探头石时冲抓较困难，需改用冲击锥钻进。

（4）冲击锥法

其设备由冲击钻头、三脚立架、卷扬机三部分组成。其工作原理是：用卷扬机、钢丝绳通过三脚立架上的滑轮将锥头提起，然后放开卷扬机，使锥头自然下落，锥头的冲击作用将砂砾石或岩石砸成碎末、细渣，靠泥浆将其悬浮起来排出孔外。该方法适用于各类土层。其优点是可 24h 连续作业，施工效率较高；在冲击锥下冲时有些钻渣被挤入孔壁，起到加强孔壁并增加土层与桩间的侧摩阻力的作用，但不能钻斜孔；钻普通土层时，进度比其他方法都慢；钻大直径孔时，需采取先钻小孔逐步扩孔的办法，即分级扩孔法。

10.4.1.2　挖孔灌注桩成孔方法

挖孔施工应根据地质和水文地质情况选择孔壁支护方案，并应经过计算，确保施工安全并满足设计要求。孔壁支护类型一般可选用木框架、竹篱、柳条、荆笆、现浇混凝土井圈支护，也可采用喷射混凝土护壁。挖孔直径应不小于1.2m，孔深不宜大于 15m。挖孔过程中，应经常检查桩孔尺寸、平面位置和竖轴线倾斜情况，如有偏差应随时纠正。挖孔时如有水渗入，除及时支护孔壁外，还应根据渗水量大小用水桶或水泵排走以保证施工安全，或采用井点法降低孔中地下水位。孔内遇到岩层须爆破时，宜采用浅眼松动爆破法，严格控制炸药用量并在炮眼附近加强支护；孔深大于 5m 时，必须采用电雷管引爆；孔内爆破后应先通风排烟 15min 并经检查无有害气体后，施工人员方可下井继续作业。挖孔达到设计深度后，应进行孔底处理，做到孔底表面无松渣、泥、沉淀土；若地质复杂，应探测了解孔底以下地质情况再作研究处理。挖孔灌注桩成孔如图 10-32所示。

挖孔灌注桩多用人工开挖和小型爆破,配合小型机具成孔,然后灌注混凝土形成桩基。它适用于无地下水或少量地下水,且较密实的土层或风化岩层。其优点是设备投入少,成本低,成孔后可直观检查孔内土质状况,基桩质量有可靠保证;缺点是施工速度较慢

图 10-32　挖孔灌注桩成孔

10.4.2　施工流程

钻孔平台搭设→护筒制作、埋设→泥浆制备及循环净化→钻孔（冲击锥法）→清孔→灌注混凝土。

具体施工过程如下。

① 钻孔平台搭设如图 10-33 所示。

无论陆上或水中桩,平台须平整牢靠稳定,能承受工作时所有静、动荷载

图 10-33　钻孔平台搭设

② 护筒制作、埋设。护筒最好采用钢护筒,冲击锥护筒内径必须比桩径大30cm,护筒应保证耐压、耐拉、不漏水。护筒埋设如图 10-34 所示。

护筒埋设采用先挖孔再静(振)压埋设,将护筒周围0.5～1m范围内的土(渣)挖除,深度为1.0m。放下护筒并定位,先用静力把护筒压埋到埋入深度,若埋入深度不够又压不下去则用振动锤振压到位。护筒埋设后的中心与桩中心线应重合,其平面位置允许误差小于5cm,竖直线倾斜度小于1%,经检测合格后,用膨润土与砂性土混合料夯填护筒周围,确保密实不漏水、不下沉

图 10-34　护筒埋设

图 10-35　泥浆制备

③ 泥浆制备及循环净化。泥浆制备及循环净化系统应由泥浆循环槽、泥浆搅拌机、制浆池、储浆池、泥浆分离器等组成。钻孔泥浆应采用由膨润土调制而成的优质泥浆。膨润土优先使用钠基膨润土，用土量为水的 8%。膨润土的化学成分及质量指标应满足规范要求。泥浆调制使用淡水，调制泥浆前先进行泥浆性能验证，满足施工要求后报监理工程师批准。泥浆制备如图 10-35 所示。

④ 钻孔（冲击锥法）如图 10-36 所示。在钻进过程中，让钻机的主吊钩始终承受部分钻具（钻杆、钻头、压重块）的重力，使孔底所受钻压不超过钻杆、钻头、压重块总重的 80%，以避免或减少斜孔、弯孔、扩孔现象。

钻进的速度控制由土层性质决定，钻进中应定时打捞钻渣，根据渣样的性质配合地质剖面图明确实际地质情况，以确定钻进速度。黏土中，笼式钻头以中速、稀泥浆钻进；砂土中，笼式钻头宜轻压，以低挡慢速、稠泥浆钻进；进入岩层或较硬的碎石土中，宜用低挡慢速、优质泥浆慢进尺钻进

图 10-36　钻孔

钻机每钻进 2.0m 左右或遇地层变化，均应在护筒口捞取钻渣。

⑤ 清孔如图 10-37 所示。钻孔达到图纸规定深度后，且成孔质量符合规范要求并经监理工程师批准（检查孔深及孔径）后，应立即进行清孔。清孔时孔内水位保持高出孔外水位 1.5～2.0m。

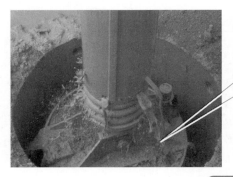

清孔时，应将附着于护筒壁的泥浆清洗干净，并将孔底钻渣及泥砂等沉淀物清除。清孔后从孔底部提出泥浆试样，其指标应符合规范要求，同时沉渣厚度不大于30mm，不得用加深孔底深度代替清孔。

钻孔在终孔和清孔后，要对桩孔的孔径、孔深、垂直度进行检验，要符合设计要求。

灌注水下混凝土前，应再次检查沉渣厚度，如不满足要求应借用导管进行二次清孔

图 10-37　清孔

⑥ 灌注混凝土。如图 10-38 所示。清孔满足要求后，应及时进行水下混凝土的灌注。水下混凝土一般采取垂直导管法灌注，导管由内径为 25～35cm 的钢管分段制作，接头处设法兰盘（底节出口端不设）。拼装好导管后应进行导管的水密、承压和接头抗拉等试验。导管沿孔中心缓缓下放，管底口应提离孔底 0.3～0.5m 高度，同时导管与料斗接头处法兰盘提出泥浆面，接头处放上活塞或球阀，在漏斗内储满混凝土。

图 10-38 灌注水下混凝土

10.5 管柱基础

管柱基础是由管柱群和钢筋混凝土承台组成的基础结构，也有由单根大型管柱构成基础的。它是一种深基础，埋入土层一定深度，柱底尽可能落在坚实土层或锚固于岩层中，作用在承台的全部荷载，通过管柱传递到深层的密实土或岩层上。

10.6 地下连续墙

10.6.1 地下连续墙特点及适用性

10.6.1.1 特点

① 刚度大。

② 防渗截水性能好。

③ 振动小噪声低。

④ 工期短。

⑤ 适用多种基础。

⑥ 适用多种地质条件。

⑦ 结构变形和地基土变形较小。

⑧ 要求技术熟练。

⑨ 需要选用适于地质条件的挖槽方法及护壁泥浆，确保槽壁稳定。有时也会产生漏浆或地下水渗入致使槽壁坍塌的情况。

⑩ 施工周围或沿线废弃泥浆弃土的处理费用（运输及化学处理）的增加和污染环境的影响。

10.6.1.2　适用范围

地下连续墙适用于作为地下挡土墙、挡水围堰、承受竖向和侧向荷载的桥梁基础、平面尺寸大或形状复杂的地下构造物及适用于除岩溶和地下承压水很高处的其他各类土层中施工。地下连续墙可采用直线单元节段式施工；亦可采用桩排式施工方式。

10.6.2　施工工艺与流程

（1）施工流程

导墙施工→泥浆护壁→成槽施工→水下灌注混凝土→墙段接头处理。

图 10-39　导墙施工

（2）具体施工过程

① 导墙施工如图 10-39 所示。导墙通常为就地灌注的钢筋混凝土结构。主要作用是：保证地下连续墙设计的几何尺寸和形状；容蓄部分泥浆，保证成槽施工时液面稳定；承受挖槽机械的荷载，保护槽口土壁不破坏，并作为安装钢筋骨架的基准。导墙深度一般为 1.2～1.5m。墙顶高出地面 10～15cm，以防地表水流入而影响泥浆质量。导墙底不能设在松散的土层或地下水位波动的部位。

② 泥浆护壁如图 10-40 所示。

通过泥浆对槽壁施加压力以保护挖成的深槽形状不变，灌注混凝土把泥浆置换出来。泥浆材料通常由膨润土、水、化学处理剂和一些惰性物质组成。

　　泥浆的作用是在槽壁上形成不透水的泥皮，从而使泥浆的静水压力有效地作用在槽壁上，防止地下水的渗水和槽壁的剥落，保持壁面的稳定，同时泥浆还有悬浮土渣和将土渣携带出地面的功能。在砂砾层中成槽必要时可采用木屑、蛭石等挤塞剂防止漏浆。泥浆使用方法分静止式和循环式两种。泥浆在循环式使用时，应用振动筛、旋流器等净化装置。在指标恶化后要考虑采用化学方法处理或废弃旧浆，换用新浆

图 10-40　泥浆护壁

③ 成槽施工如图 10-41 所示。成槽的专用机械有：旋转切削多头钻、导板抓斗、冲击钻等。施工时应视地质条件和筑墙深度选用。

一般土质较软，深度在15m左右时，可选用普通导板抓斗；对密实的砂层或含砾土层可选用多头钻或加重型液压导板抓斗；在含有大颗粒卵砾石或岩基中成槽，以选用冲击钻为宜。槽段的单元长度一般为6～8m，通常结合土质情况、钢筋骨架重量及结构尺寸、划分段落等决定。成槽后需静置4h，并使槽内泥浆相对密度小于1.3

图 10-41　地下连续墙成槽机

④ 水下灌注混凝土如图 10-42 所示。采用导管法按水下混凝土灌注法进行，但在用导管开始灌注混凝土前为防止泥浆混入混凝土，可在导管内吊放一管塞，依靠灌入的混凝土压力将管内泥浆挤出。混凝土要连续灌注并测量混凝土灌注量及上升高度。所溢出的泥浆送回泥浆沉淀池。

⑤ 墙段接头处理如图 10-43 所示。

图 10-42　水下灌注混凝土

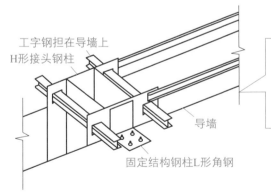

工字钢担在导墙上
H形接头钢柱
导墙
固定结构钢柱L形角钢

地下连续墙是由许多墙段拼组而成，为保持墙段之间连续施工，接头采用锁口管工艺，即在灌注槽段混凝土前，在槽段的端部预插一根直径和槽宽相等的钢管，即锁口管，待混凝土初凝后将钢管徐徐拔出，使端部形成半凹榫状接头

图 10-43　墙段接头处理

模板、拱架及支架

11.1 一般规定

本章内容适用于公路桥涵就地浇筑和工地、工厂预制构件的混凝土、钢筋混凝土、预应力混凝土和砖石圬工所用的模板、拱架及支架设计和施工。脚手架的设计和施工应符合相关规定。

11.1.1 模板、拱架及支架的设计和施工应符合的要求

模板、拱架及支架

扫码观看视频

① 具有必需的强度、刚度和稳定性，能可靠地承受施工过程中可能产生的各项荷载，保证结构物各部形状、尺寸准确。

② 尽可能采用组合钢模板或全钢大模板，如图 11-1 所示，以节约木材，提高模板的适应性和周转率。

全钢大模板是一种单块面积大、刚度好、板面平整度高、整体强度大的模板

图 11-1 全钢大模板

③ 模板板面平整，接缝严密不漏浆，如图 11-2 所示。

模板板面平整、光滑美观，不污染混凝土表面，可省去后期表面的二次抹灰工艺

图 11-2 模板板面平整

④ 拆装容易，施工时操作方便，保证安全。

11.1.2 模板、拱架及支架的国家标准

模板、拱架和支架宜采用钢材、木材和其他符合设计要求的材料制作，应符合《公路钢结构桥梁设计规范》（JTG D64—2015）中的承重结构选材标准，其树种可按各地区实际情况选用，材质不宜低于Ⅲ等材。

11.1.3 模板、支架及拱架的设计原则

① 宜优先使用胶合板和钢模板，如图11-3所示。

胶合板能提高木材利用率，是节约木材的一个主要途径。钢模板拼缝严密，不易变形，模板整体性好，抗震性强

(a) 胶合板　　　　　(b) 钢模板

图 11-3 胶合板和钢模板

② 在计算荷载作用下，对模板、支架及拱架结构按受力程序分别验算其强度、刚度及稳定性。

③ 模板板面之间应平整，接缝严密，不漏浆，保证结构物外露面美观、线条流畅，可设倒角，如图11-4所示。

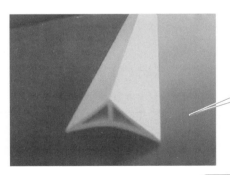

倒角可以去除零件上因机加工产生的毛刺，也便于零件的装配

图 11-4 倒角

④ 结构简单，制作、拆装方便。
⑤ 重复使用的模板、支架和拱架应经常检查、维修。

11.2　模板、支架和拱架设计

11.2.1　设计的一般要求

① 模板、支架和拱架的设计，应根据结构形式、设计跨径、施工组织设计、荷载大小、地基土类别及有关设计、施工规范进行。

② 绘制模板、支架和拱架总装图、细部构造图，例如柱模板细部构造图如图 11-5 所示。

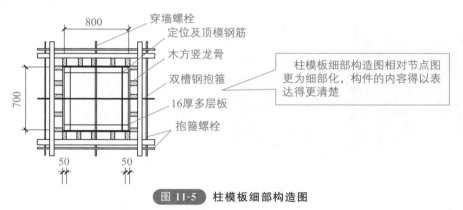

穿墙螺栓
定位及顶模钢筋
木方竖龙骨
双槽钢抱箍
16 厚多层板
抱箍螺栓

柱模板细部构造图相对节点图更为细部化，构件的内容得以表达得更清楚

图 11-5　柱模板细部构造图

③ 模板、支架和拱架结构的安装、使用、装卸、保养等符合有关技术安全措施和注意事项。

④ 编制模板、支架及拱架材料管理表如图 11-6 所示。材料管理表的作用是要整然有序地把所有的物料进行有效的管理，确保它的使用安全性。

⑤ 编制模板、支架及拱架设计说明书。

11.2.2　设计荷载

① 计算模板、支架和拱架时，应考虑下列荷载并按表 11-1 进行荷载组合。

表 11-1　模板、支架和拱架设计计算的荷载组合

模板结构名称	荷载组合	
	计算强度用	验算刚度用
梁、板和拱的底模板以及承担板、支架及拱等	a＋b＋c＋d＋g	a＋b＋g
缘石、人行道、栏杆、柱、梁、板、拱等侧模板	d＋e	e
基础、墩台等厚大建筑物的侧模板	e＋f	e

注：表中 a 为模板、支架和拱架自重；b 为新浇筑混凝土、钢筋混凝土或其他圬工结构物的重力；c 为施工人员和施工材料、机具等行走、运输或堆放的荷载；d 为振捣混凝土时产生的荷载；e 为新浇筑混凝土对侧面模板的压力；f 为倾倒混凝土时产生的水平荷载；g 为其他可能产生可能的荷载，如雪荷载、冬季保温措施荷载等。

原材料管理表

月份：　年　月　　　　　　　　　　　　　　　　　　　　　　　年　月　日

原料名	预定			实际			差异	摘要
	数量	单价	金额	数量	单价	金额		

图 11-6 材料管理表

② 钢、木模板、支架及拱架的设计，可按《公路钢结构桥梁设计规范》（JTG D64—2015）的有关规定执行。

③ 计算模板、支架和拱架的强度和稳定性时，应考虑作用在模板、支架和拱架上的风力。设于水中的支架，尚应考虑水中的压力、流冰压力和漂流物等的冲击力荷载。

④ 组合箱形拱，如是就地浇筑，其支架和拱架的设计荷载可只考虑承受拱肋重力及施工操作时的附加荷载。

11.2.3 稳定性要求

① 支架的立柱应保持稳定，立柱如图 11-7 所示，并用撑拉杆固定，撑拉杆如图 11-8 所示。当验算模板及支架在自重和风荷载等作用下的抗倾倒稳定时，验算倾倒的稳定系数不得小于 1.3。

② 支架受压构件纵向弯曲系数可按《公路钢结构桥梁设计规范》（JTG D64—2015）进行计算。

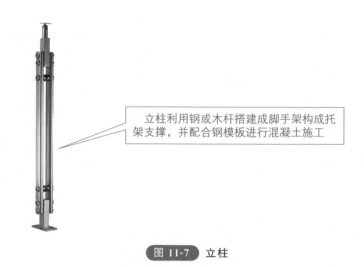

立柱利用钢或木杆搭建成脚手架构成托架支撑，并配合钢模板进行混凝土施工

图 11-7 立柱

撑拉杆主要起固定模板位置，保持模板整体稳定的作用

图 11-8 撑拉杆

11.2.4 强度及刚度要求

① 结构表面外漏的模板，挠度为模板构件跨度的 $1/400$。

② 结构表面隐藏的模板，挠度为模板构件跨度的 $1/250$。

③ 支架、拱架受载后挠曲的杆件（盖梁、纵梁），其弹性挠度为相应构件跨度的 $1/400$。

④ 钢模板的面板变形为 1.5mm。

⑤ 钢模板的钢棱和柱箍变形为 $L/500$ 和 $B/500$（其中 L 为计算跨径，B 为柱宽）。

⑥ 拱架各截面的应力演算，根据拱架结构形式及所承受的荷载，验算拱底、拱脚及 $1/4$ 跨各截面的应力，铁件及截点的应力，同时应验算分阶段浇筑或砌筑时的强度及稳定性。验算时不论板拱架或桁拱架均作为整体截面考虑，验算倾覆稳定系数不得小于 1.3。

11.3　模板构造

11.3.1　模板构造的组成

模板系统由模板和支撑两部分组成，如图 11-9 所示。

模板是使混凝土结构或构件成型的模型。模板系统对保证混凝土工程质量以及施工的安全起到重要的作用

图 11-9　模板系统的组成

① 模板是使混凝土结构或构件成型的模型。

② 支撑是保证模板形状、尺寸及其空间位置的支撑体系，如图 11-10 所示。

支撑在建筑上用于混凝土现浇施工的模板支撑结构，普遍采用钢或木梁拼装成模板托架

图 11-10　支撑

11.3.2　模板及其支撑系统必须符合的基本要求

① 保证土木工程结构和构件各部分形状尺寸和相互位置正确。

② 具有足够的强度、刚度和稳定性，能可靠地承受新浇混凝土的重量和侧压力，以及施工过程中所产生的荷载。

③ 构造简单，装拆方便，并便于钢筋的绑扎与安装、混凝土的浇筑及养护等工艺要求。

④ 模板接缝不应漏浆。

11.3.3　其他构造要求

① 模板及其支架在安装过程中，必须设置有效防倾覆的临时固定设施。

② 当支架立杆呈一定角度倾斜，或其支架立杆的顶表面倾斜时，应采取可靠措施确保支点稳定，支撑底脚必须有防滑移的可靠措施，例如橡胶支撑底脚，如图 11-11 所示。

通常橡胶的支撑底脚是固定的，不具有可调性，因此具有良好的防滑作用

图 11-11　橡胶支撑底脚

③ 模板支撑系统应为独立的系统，禁止与脚手架、接料平台、物料提升机及外用电梯等相连接。

④ 当模板高宽比大于 2 时，必须设置抛撑或缆风绳，抛撑如图 11-12 所示，用以保证架体的稳定性。

用于脚手架侧面支撑，与脚手架外侧面斜交的杆件，叫做抛撑

图 11-12　抛撑

11.4　模板的制作与安装

11.4.1　钢模板制作

① 钢模板宜采用标准化的组合模板。组合钢模板的拼装应符合现行国家标准

《组合钢模板技术规范》（GB/T 50214—2013）的要求。各种螺栓连接件应符合国家有关标准的要求。

② 钢模板及其配件应按批准的加工图加工，成品经检验合格后方可使用。

11.4.2 木模板制作

① 模板可在工厂或施工现场制作，木模与混凝土接触的表面应平整、光滑，多次重复使用的木模应在内侧加钉薄铁皮。木模的接缝可做成平缝、搭接缝或企口缝。当采用平缝时，应采取措施防止漏浆。木制的转角处应加嵌条或做成斜角，如图 11-13 所示。

木制的转角处做成斜角，可以防止混凝土洒漏及便于吊模安装

图 11-13 木制的转角处做成斜角

② 重复使用的模板应始终保持表面平整、形状准确，不漏浆，有足够的强度和刚度。

11.4.3 其他材料模板制作

① 钢框覆面胶合板模板的板面组配宜采取错缝布置，支撑系统的强度和刚度应满足要求。吊环应采用Ⅰ级钢筋制作，严禁使用冷加工钢筋，吊环计算拉应力不应大于 50MPa。

② 高分子合成材料面板、硬塑料板或玻璃钢模板等其他材料模板，如图 11-14 所示，制作接缝必须严密，边肋及加强肋安装牢固，与模板成一整体。施工时安放在支架的横梁上，以保证承载能力及稳定。

其他材料模板质地轻巧、原料丰富、加工方便、性能良好、用途也较为广泛

(a) 高分子合成材料面板　　(b) 硬塑料板　　(c) 玻璃钢模板

图 11-14 其他材料模板

③ 圬工外模的要求如下。

a. 土胎模制作的场地必须坚实、平整，底模必须拍实找平，土胎模表面应光滑，尺寸准确，表面应涂隔离剂。土胎模如图 11-15 所示。

土胎模能够最大限度地减小层板结构在施工过程中的不均匀沉降

图 11-15　土胎模

b. 砖胎模与木模配合时，砖作底模，木作侧模，砖与混凝土接触面应抹面，表面抹隔离剂。砖胎模如图 11-16 所示。

砖胎模就是用标准砖制作成模板，待有一定强度后，进行混凝土的浇筑工作

图 11-16　砖胎模

c. 混凝土胎模制作时保证尺寸准确，表面抹隔离剂。

④ 在条件适应处可使用土牛拱胎，如图 11-17 所示。制作时应有排水设施，土石分层夯实，压实度不得小于 90%，拱顶部分选用含水量适宜的黏土。土牛拱胎的尺寸、高程应符合设计要求。

土牛拱胎是指一种拱架，即先在桥下用土或砂、卵石填筑一个"土胎"，然后在上面砌筑拱圈，砌成之后再将填土清除即可

图 11-17　土牛拱胎

11.4.4 模板安装的技术要求

① 模板与钢筋安装工作应配合进行，妨碍绑扎钢筋的模板应待钢筋安装完毕后安设。模板不应与脚手架连接（模板与脚手架整体设计时除外），避免引起模板变形。

② 安装侧模板时，应防止模板移位和凸出。基础侧模可在模板外设立支撑固定，墩、台、梁的侧模可设拉杆固定。浇筑在混凝土中的拉杆，应按拉杆拔出或不拔出的要求，采取相应的措施。对小型构筑物，可使用金属线代替拉线，金属线如图 11-18 所示。

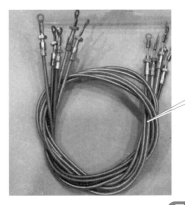

> 金属线不受气候条件的影响，性能稳定；同时防撞防潮，防冲击

图 11-18 金属线

③ 模板安装完毕后，应对其平面位置、顶部标高、节点联系及纵向稳定性进行检查，签字确认后方可浇筑混凝土。浇筑时，发现模板有超过允许偏差变形值的可能时，应及时纠正。

④ 模板在安装过程中，必须设置防倾覆设施。

⑤ 当结构自重和汽车荷载（不计冲击力）产生的向下挠度超过跨径的 1/1600 时，钢筋混凝土梁、板的底模板应设预拱度，预拱度值应等于结构自重和 1/2 汽车荷载（不计冲击力）所产生的挠度。纵向预拱度可做成抛物线或圆曲线。

⑥ 后张法预应力梁、板，应注意预应力、自重和汽车荷载等综合作用下所产生的上拱和下挠，应设置适当的预挠和预拱，设置预拱度的概念图如图 11-19 所示。

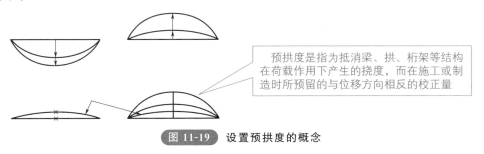

> 预拱度是指为抵消梁、拱、桁架等结构在荷载作用下产生的挠度，而在施工或制造时所预留的与位移方向相反的校正量

图 11-19 设置预拱度的概念

11.4.5　芯模的要求

中小跨径的空心板制作时使用的芯模应符合的要求如下。

① 充气囊使用前应经过检查，不得漏气，充气囊如图 11-20 所示，安装时应有专人检查钢丝头，钢丝头应弯向内侧，胶囊涂刷隔离剂。每次使用后，应妥善存放，防止污染、破坏及老化。

充气囊抽孔工艺设备简单，不仅节约材料，并且有形状多变等特点

图 11-20　充气囊

② 从开始浇筑混凝土到胶囊放气时止，其充气压力应保持稳定。

③ 浇筑混凝土时，为防止气囊上浮或移动偏位，应采取有效的措施加以固定，应对称平衡地进行浇筑，如图 11-21 所示。

混凝土入模，不得集中倾倒冲击气囊或钢筋骨架，当浇筑高度大于2m时，应采用串筒，溜管下料

图 11-21　浇筑混凝土

④ 胶囊的放气时间应经试验确定，以混凝土强度达到能保持构件不变形为宜。

⑤ 木芯模使用时应防止漏浆和采取措施便于脱模。要控制好拆芯模时间，过早易造成混凝土坍落，过晚拆模困难，应根据施工条件通过试验确定拆模时间。

⑥ 钢管芯模应由表面均匀、光滑的无缝钢管制作，混凝土终凝后，即可将芯模轻轻转动，然后边转动边拔出。

⑦ 充气胶囊芯模在工厂制作时，应规定充气变形值，如图 11-22 所示，保证制作误差不大于设计规范的误差要求。在设计无规定时，应满足规范对梁板构造尺寸的要求。

打开阀门充气到规定压力，即可关闭阀门，不得超压

图 11-22 充气胶囊芯模

11.4.6 滑升、提升、爬升及翻转模板的技术要求

① 滑升模板适用于较高的墩台和吊梁、斜拉桥的索塔施工。采用滑升模板时除应遵守现行《滑动模板工程技术标准》（GB/T 50113—2019）外还应遵守下列规定。

a. 滑升模板的结构应有足够的强度、刚度和稳定性，模板高度宜根据结构物的实际情况确定，滑升模板的支撑杆及提升设备如图 11-23 所示，应保证模板竖直均衡上升。滑升时应检测并控制模板位置，滑升速度宜为 100～300mm/h。

滑升模板是一种自行向上滑升的浇筑高耸构筑物。由模板系统、液压系统和操作平台系统三部分组成

图 11-23 滑升模板的支撑杆

b. 滑升模板组装时，应使各部尺寸的精度符合设计要求。组装完必须经全面检查试验后，才能进行浇筑。

c. 滑升模板施工应连续进行，如因故中断，在中断前应将混凝土浇筑齐平。中断期间模板应继续缓缓提升，直到混凝土与模板不致粘住时为止。

② 提升模架的结构应满足使用要求。大块模板应用整体钢模板，如图 11-24 所示，加劲肋在满足刚度需要的基础上应进行加强以满足使用要求。

整体钢模板组合刚度大，板块制作精度高，拼缝严密，不易变形，模板整体性好，抗震性强

图 11-24　整体钢模板

③ 爬升及翻转模板、模架爬升或翻转时结构的混凝土强度必须满足拆模时的强度要求。

11.5　支架、拱架的制作与安装

11.5.1　支架、拱架制作的强度和稳定

11.5.1.1　支架

支架整体、杆配件、节点、地基、基础和其他支撑物应进行强度和稳定验算。就地浇筑梁式的支架，应参考规范的规定执行。

11.5.1.2　木拱架

木拱架所用的材料规格及质量应符合要求，木拱架如图 11-25 所示。桁架拱架在制作时，各杆件应采用材质较强、无损伤及湿度不大的木材。夹木拱架制作时，木板长短应搭配好，纵向接头要求错开，其间距及每个断面接头应满足使用要求。面板夹木按间隔用螺栓固定，其余用铁钉与拱肋固定。木拱架的强度和刚度应满足

木拱架构造简单，受力明确，节点接头简便可靠，可避免承受拉力

图 11-25　木拱架

变形要求。杆件在竖直与水平面内，要用交叉杆件连接牢固，以保证稳定。木拱架制作安装时，应基本牢固，立柱正直，节点连接应采取可靠措施以保证支架的稳定，高拱架横向稳定应有保证措施。

11.5.1.3 钢拱架

① 常备式钢拱架纵、横向距离应根据实际情况进行合理组合，以保证结构的整体性。钢拱架如图 11-26 所示。

钢拱架可以很好地与锚杆、钢筋网、喷射混凝土相结合，构成联合支护，增强支护的有效性

图 11-26 钢拱架

② 钢管拱架排架的纵、横距离应按能承受拱券自重计算，各排架顶部的标高要符合拱券底的轴线。为保证排架的稳定，应设置足够的斜撑、剪力撑、扣件和风缆绳。

11.5.2 施工预拱度和沉落

① 支架和拱架应预留施工拱度，在确定施工拱度值时，应考虑下列因素。

a. 支架和拱架可承受施工荷载引起的变形。支架的变形如图 11-27 所示。

支架在外力作用下产生变形，从而大大降低了支架的刚度和稳定性

图 11-27 支架的变形

b. 可承受超静定结构由于混凝土收缩、徐变及温度变化而引起的挠度。

c. 承受推力的墩台，可承受由于墩台水平位移所引起的拱券挠度。

d. 可承受由结构重力引起的梁或拱券的弹性挠度，以及 1/2 汽车荷载（不计冲击力）引起的梁或拱券的弹性挠度。

e. 可承受受载后由于杆件接头的挤压和卸落设备压缩而产生的非弹性变形。

f. 可承受支架基础在受载后的沉陷。

② 为了便于支架和拱架的拆卸，应根据结构形式、承担的荷载大小及需要的卸落量，在支架和拱架适当的部位设置相应的木楔、砂筒或千斤顶等落模设备，落模设备如图 11-28 所示。

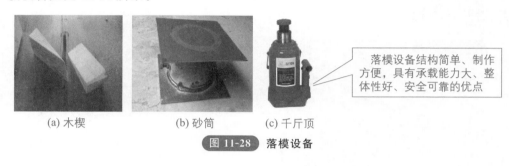

落模设备结构简单、制作方便，具有承载能力大、整体性好、安全可靠的优点

(a) 木楔　　　　　(b) 砂筒　　　(c) 千斤顶

图 11-28　落模设备

11.5.3　支架、拱架制作安装

① 支架和拱架宜采用标准化、系列化、通用化的构件拼装。无论使用何种材料的支架和拱架，均应进行施工图设计，并验算其强度和稳定性。

② 制作木支架、木拱架时，长杆件接头应尽量减少，两相邻柱的连接接头应尽量分设在不同的水平面上。主要压力杆的纵向连接应使用对接法，并用木夹板或铁夹板夹紧。铁夹板如图 11-29 所示。次要构件的连接可用搭接法。

铁夹板对压力杆的纵向连接，使支架、拱架更具有整体性

图 11-29　铁夹板

③ 安装拱架前，对拱架立柱和拱架支撑面应详细检查，准确调整拱架支撑面和顶部标高，并复测跨度，确认无误后方可进行安装。各片拱架在同一节点处的标高应尽量一致。

④ 支架和拱架应稳定、坚固，应能抵抗在施工过程中有可能发生的偶然冲撞和振动。安装时应注意以下几点。

a. 支架立柱必须安装在有足够承载力的地基上，立柱底端应设垫木来分布和传递压力，并保证浇筑混凝土后不发生超过允许的沉降量。

b. 船只或汽车通行孔的两边支架应加设护桩，夜间应用灯光标明行驶方向，如图 11-30 所示。施工中宜受漂流物冲撞的河中支架应设坚固的防护设备。

两边支架加设护桩和警示灯的目的是警示过往船只和车辆注意安全

图 11-30 两边支架加设护桩和警示灯

c. 支架和拱架安装完毕后，应对其平面位置、顶部标高、模板部位和混凝土所达到的强度来决定安装是否合格。

11.6　模板、支架和拱架的拆除

11.6.1　拆除期限的原则规定

① 模板、支模和拱架的拆除期限应根据结构物特点、模板部位和混凝土所达到的强度来决定。

a. 非承重侧模板应在混凝土强度能保证其表面棱角不致因拆模而受损坏时方可拆除，一般应在混凝土抗压强度达到 2.5MPa 时方可拆除侧模板。

b. 芯模和预留孔道内模，应在混凝土强度能保证其表面不发生塌陷和裂缝现象时方可拔除。采用胶囊作芯模时，其拔除时间可按实际现场试验确定。

c. 钢筋混凝土结构的承重模板、支架和拱架，应在混凝土强度能承受自重及其他可能的叠加荷载时，方可拆除，如图 11-31 所示。当构件跨度不大于 4m 时，

拆模间隙时，应将已活动的模板、拉杆、支撑等固定牢固，严防突然掉落、倒塌伤人

图 11-31　模板拆除

在混凝土强度符合设置标准值的 50％后，方可拆除；当构件跨度大于 4m 时，混凝土强度符合设置标准值的 75％后，方可拆除。

如设计上对拆除承重模板、支架、拱架另有规定，应按照设计规定执行。

② 石拱桥的拱架卸落时间应符合下列要求。

a. 浆砌石拱桥，须待砂浆强度达到设计要求，或设计无要求，则须达到砂浆强度的 70％。

b. 跨径小于 10m 的小拱桥，宜在拱上建筑全部完成后卸架；中等跨径的实腹式拱，宜在护拱砌完后卸架；大跨径空腹式拱，宜在拱上小拱墙砌好（未砌小拱券）时卸架，卸架如图 11-32 所示。

> 卸架一定要按照先上后下、先外后里、先架面材料后构架材料、先辅件后结构件和先结构件后附墙件的顺序进行

图 11-32　卸架

c. 当需要进行裸拱卸架时，应对裸拱进行截面强度及稳定性验算，并采取必要的稳定措施。

11.6.2　拆除时的技术要求

① 模板拆除应按设计的顺序进行，设计无规定时，应遵循先支后拆、后支先拆的顺序，拆时严禁抛扔。

② 卸落支架和拱架应按拟定的程序进行，分几个循环卸完，卸落量开始宜小，以后逐渐增大。在纵向对称均衡卸落，在横向应同时一起卸落。拟定卸落程序时应注意以下几点。

a. 在卸落前应在卸架设备上画好每次卸落量的标记。

b. 满布式拱架卸落时，可从拱顶向拱脚依次循环卸落，满布式拱架如图 11-33

> 满布式拱架卸落时遵循"先搭后拆、后搭先拆"的原则。人员要做好安全防护措施以及周边警戒标示等重要工作

图 11-33　满布式拱架

所示；拱式拱架可在两支座处同时均匀卸落。

c. 简支架、连续梁宜从跨中向支座依次循环卸落；悬臂梁应先卸挂梁及悬臂的支架，再卸无铰跨内的支架。

d. 多孔拱桥卸架时，若桥墩允许承受单孔施工荷载，可单孔卸落，否则应多孔同时卸落，或各连续孔分阶段卸落。

e. 卸落拱架时，应设专人用仪器观测拱券挠度和墩台变化情况，并详细记录，挠度检测仪如图 11-34 所示。另设专人观测是否有裂缝现象。

挠度检测仪可以在任意角度测量物体垂直、水平相对位移的二维变化量

图 11-34 挠度检测仪

③ 墩、台模板宜在其上部结构施工前拆除。拆除模板、卸落支架和拱架时，不允许用猛烈的敲打和强扭等方法进行。

④ 模板、支架和拱架拆除后，应维修整理，分类妥善存放，如图 11-35 所示。

模板、支架和拱架存放现场要设明显标志，四周应设防护栏杆，禁止行人穿行

图 11-35 模板、支架和拱架拆除后的存放

桥梁下部结构施工

12.1　各类围堰施工要求

12.1.1　围堰施工的一般规定

① 围堰高度应高出施工期间可能出现的最高水位（包括浪高）0.5～0.7m。

② 围堰外形一般有圆形；圆端形（上、下游为半圆形，中间为矩形）；矩形；带三角的矩形等。

③ 堰内平面尺寸应满足基础施工的需要。

④ 围堰要求防水严密，减少渗漏。

⑤ 堰体外坡面有受冲刷危险时，应在外坡面设置防冲刷设施。围堰施工如图 12-1 所示。

围堰是指在水利工程建设中，为建造永久性水利设施修建的临时性围护结构

图 12-1　围堰施工

12.1.2　土围堰施工要求

① 筑堰材料宜用黏性土、粉质黏土或砂夹黏土。填出水面之后应进行夯实。

② 筑堰前，必须将堰底下河床底上的杂物、石块及树根等清除干净。

③ 堰顶宽度可为 1～2m。机械挖基时不宜小于 3m。堰外边坡迎水流一侧坡度宜为（1∶2）～（1∶3），背水流一侧可在 1∶2 之内。堰内边坡宜为（1∶1）～（1∶1.5）。内坡脚与基坑的距离不得小于 1m。土围堰如图 12-2 所示。

填土应自上游开始至下游合龙

图 12-2 土围堰

12.1.3 土袋堰施工要求

① 围堰两侧用草袋、麻袋、玻璃纤维袋或无纺布袋装土堆码。袋中宜装不渗水的黏性土，装土量为土袋容量的 1/2～2/3。袋口应缝合。堰外边坡为 (1∶0.5)～(1∶1)，堰内边坡为 (1∶0.5)～(1∶0.2)。

② 堆码土袋应自上游开始至下游合龙。上下层和内外层的土袋均应相互错缝，尽量堆码密实、平稳。

③ 筑堰前，堰底河床的处理、内坡脚与基坑的距离、堰顶宽度与土围堰要求相同。土袋堰如图 12-3 所示。

围堰中心部分可填筑黏土及黏性土芯墙

图 12-3 土袋堰

12.1.4 钢板桩施工要求

① 有大漂石及坚硬岩石的河床不宜使用钢板桩围堰。

② 钢板桩的机械性能和尺寸应符合规定要求。

③ 施打钢板桩前，应在围堰上下游及两岸设测量观测点，控制围堰长、短边方向的施打定位。施打时，必须备有导向设备，以保证钢板桩的正确位置。

④ 施打前，应对钢板桩的锁口用止水材料捻缝，以防漏水。

⑤ 施打顺序一般为从上游分两头向下游合龙。

⑥ 钢板桩可用捶击、振动、射水等方法下沉，但在黏土中不宜使用射水下沉

办法。

⑦ 经过整修或焊接后的钢板桩应用同类型的钢板桩进行锁口试验、检查。接长的钢板桩，其相邻两钢板桩的接头位置应上下错开。

⑧ 施打过程中，应随时检查桩的位置是否正确、桩身是否垂直，否则应立即纠正或拔出重打。钢板桩如图 12-4 所示。

其作用是防止水和土进入建筑物的修建位置，以便在围堰内排水，开挖基坑，修筑建筑物

图 12-4 钢板桩

12.1.5 钢筋混凝土板桩围堰施工要求

① 板桩断面应符合设计要求。板桩桩尖角度视土质坚硬程度而定。沉入砂砾层的板桩桩头，应增设加劲钢筋或钢板。

② 钢筋混凝土板桩的制作，应用刚度较大的模板，榫口接缝应顺直、密合。如用中心射水下沉，板桩预制时，应留射水通道。

③ 目前钢筋混凝土板桩中，空心板桩较多。空心多为圆形，用钢管作芯模。桩尖一般斜度为 $(1:2.5) \sim (1:1.5)$。钢筋混凝土板桩围堰施工如图 12-5 所示。

板桩的榫口一般以圆形较好

图 12-5 钢筋混凝土板桩围堰施工

12.1.6 套箱围堰施工要求

① 无底套箱用木板、钢板或钢丝网水泥制作，内设木、钢支撑。套箱可制成整体式或装配式。

② 制作中应防止套箱接缝漏水。

③ 下沉套箱前，同样应清理河床。若套箱设置在岩层上时，应整平岩面。套桩围堰施工如图 12-6 所示。

当岩面有坡度时，套箱底的倾斜度应与岩面相同,以增加稳定性并减少渗漏

图 12-6 套桩围堰施工

12.1.7 双壁钢围堰施工要求

① 双壁钢围堰应作专门设计，其承载力、刚度、稳定性、锚锭系统及使用期等应满足施工要求。

② 双壁钢围堰应按设计要求在工厂制作，其分节分块的大小应按工地吊装、移运能力确定。

③ 双壁钢围堰各节、块拼焊时，应按预先安排的顺序对称进行。拼焊后应进行焊接质量检验及水密性试验。

④ 钢围堰浮运定位时，应对浮运、就位和灌水着床时的稳定性进行验算。尽量安排在能保证浮运顺利进行的低水位或水流平稳时进行，宜在白昼无风或小风时浮运。在浮运、下沉过程中，围堰露出水面的高度不应小于 1m。双壁钢围堰施工如图 12-7 所示。

在水深或水急处浮运时，可在围堰两侧设导向船。围堰下沉前初步锚固于墩位上游处

图 12-7 双壁钢围堰施工

⑤ 就位前应对所有缆绳、锚链、锚锭和导向设备进行检查调整，以使围堰落床工作顺利进行，并注意水位涨落对锚锭的影响。

⑥ 锚锭体系的锚绳规格、长度应相差不大。锚绳受力应均匀。边锚的预拉力要适当，避免导向船和钢围堰摆动过大或折断锚绳。

⑦ 准确定位后，应向堰体壁腔内迅速、对称、均衡地灌水，使围堰落床。

⑧ 落床后应随时观测水域内流速增大而造成的河床局部冲刷，必要时可在冲刷段用卵石、碎石垫填整平，以改变河床上的粒径，减小冲刷深度，增加围堰稳定性。

⑨ 钢围堰落床后，应加强对冲刷和偏斜的情况进行检查，发现问题及时调整。

⑩ 钢围堰浇筑水下封底混凝土之前，应按照设计要求进行清基，并由潜水员逐片检查合格后方可封底。

⑪ 钢围堰落床后的允许偏差应符合设计要求。钢围堰着床如图 12-8 所示。

当作承台模板用时，其误差应符合模板的施工要求

图 12-8　钢围堰着床

12.2　桩基础施工方法与设备选择

12.2.1　沉入桩基础施工

常用的沉入桩有钢筋混凝土桩（图 12-9）、预应力混凝土桩和钢管桩。

钢筋混凝土预制桩是指在预制构件加工厂预制，经过养护，达到设计强度后，运至施工现场，用打桩机打入土中，然后在桩的顶部浇筑承台梁(板)的桩基础

图 12-9　钢筋混凝土桩

12.2.1.1　沉桩方式及设备选择

① 锤击沉桩宜用于砂类土、黏性土。桩锤的选用应根据地质条件、桩型、桩的密集程度、单桩竖向承载力及现有施工条件等因素确定。

② 振动沉桩宜用于锤击沉桩效果较差的密实的黏性土、砾石、风化岩。

③ 在密实的砂土、碎石土、砂砾的土层中用锤击法、振动沉桩法有困难时，可采用射水作为辅助手段进行沉桩施工。在黏性土中应慎用射水沉桩；在重要建筑物附近不宜采用射水沉桩。

④ 静力压桩宜用于软黏土（标准贯入度 $N<20$）、淤泥质土。

⑤ 钻孔埋桩宜用于黏土、砂土、碎石土且河床覆土较厚的情况。河床如图 12-10 所示。

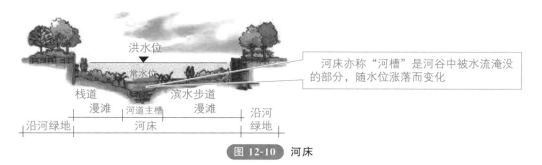

河床亦称"河槽"是河谷中被水流淹没的部分，随水位涨落而变化

图 12-10 河床

12.2.1.2 准备工作

① 沉桩前应掌握工程地质钻探资料、水文资料和打桩资料。

② 沉桩前必须处理地上（下）障碍物，平整场地，并应满足沉桩所需的地面承载力。

③ 应根据现场环境状况采取降噪声措施；城区、居民区等人员密集的场所不得进行沉桩施工。

④ 对地质复杂的大桥、特大桥，为检验桩的承载能力和确定沉桩工艺，应进行试桩。

⑤ 贯入度应通过试桩或做沉桩试验后会同监理及设计单位研究确定。沉桩试验如图 12-11 所示。

沉桩试验是运用在工程上对桩基承载力进行检测的一项技术

图 12-11 沉桩试验

⑥ 用于地下水有侵蚀性的地区或腐蚀性土层的钢桩应按照设计要求做好防腐处理。

12.2.1.3　施工技术要点

① 预制桩的接桩可采用焊接、法兰连接或机械连接，接桩材料工艺应符合规范要求。

② 沉桩时，桩帽或送桩帽与桩周围间隙应为 5～10mm；桩锤、桩帽或送桩帽应和桩身在同一中心线上；桩身垂直度偏差不得超过 0.5%。

③ 沉桩顺序：对于密集桩群，自中间向两个方向或四周对称施打；根据基础的设计标高，宜先深后浅；根据桩的规格，宜先大后小、先长后短。打桩如图 12-12 所示。

图 12-12　打桩

④ 施工中若锤击有困难时，可在管内助沉。

⑤ 桩终止锤击的控制应视桩端土质而定，一般情况下以控制桩端设计标高为主，贯入度为辅。

⑥ 沉桩过程中应加强邻近建筑物、地下管线等的观测、监护。

⑦ 在沉桩过程中发现以下情况应暂停施工，并应采取措施进行处理：贯入度发生剧变；桩身发生突然倾斜、位移或有严重回弹；桩头或桩身破坏；地面隆起；桩身上浮。

12.2.2　钻孔灌注桩基础施工

12.2.2.1　准备工作

① 施工前应掌握工程地质资料、水文地质资料，具备所用各种原材料及制品的质量检验报告。

② 施工时应按有关规定，制定安全生产、保护环境等措施。

③ 灌注桩施工应有齐全、有效的施工记录。钻孔灌注桩如图 12-13 所示。

钻孔灌注桩是指在工程现场通过机械钻孔、钢管挤土或人力挖掘等手段在地基土中形成桩孔，并在其内放置钢筋笼、灌注混凝土而做成的桩

图 12-13　钻孔灌注桩

12.2.2.2　成孔方式与设备选择

依据成桩方式可分为泥浆护壁成孔桩、干作业成孔桩、沉管成孔灌注桩及爆破成孔桩，施工机具类型及土质适用条件可见表 12-1。

表 12-1　成桩方式与适用条件

序号	成桩方式与设备		适用土质条件
1	泥浆护壁成孔桩	正循环回转钻	黏性土,粉砂,细砂,中砂,粗砂,含少量砾石、卵石(含量少于 20%)的土,软岩
		反循环回转钻	黏性土、砂类土,含少量砾石、卵石(含量少于 20%,粒径小于钻杆内径 2/3)的土
		冲击钻	黏性土、粉土、砂土、填土、碎石土及风化岩层
		旋挖钻	
		潜水钻	黏性土、淤泥、淤泥质土及砂土
2	干作业成孔桩	冲抓钻	黏性土、粉土、砂、填土、碎石、风化岩
		长螺旋钻孔	地下水位以上的黏性土、砂土及人工填土非密实的碎石类土、强风化岩
		钻孔扩底	地下水位以上的坚硬、硬塑的黏性土及中密以上的砂土风化岩层
		人工挖孔	地下水位以上的黏性土、黄土及人工填土
3	沉管成孔灌注桩	夯扩	桩端持力层为埋深不超过 20m 的中、低压缩性黏性土、粉土、砂土和碎石类土
		振动	黏性土、粉土和砂土
4	爆破成孔桩		地下水位以上的黏性土、黄土碎石土及风化岩

12.2.3　人工挖孔桩施工

人工挖孔桩（图 12-14）施工要点如下。

① 人工挖孔桩必须在保证施工安全前提下选用。

② 人工挖孔桩的孔径（不含孔壁）不得小于 0.8m，且不宜大于 2.5m；挖孔深度不宜超过 25m。

③ 采用混凝土或钢筋混凝土支护孔壁技术，护壁的厚度、拉结钢筋、配筋、混凝土强度等级均应符合设计要求；井圈中心线与设计轴线的偏差不得大于 20mm；上下节护壁混凝土的搭接长度不得小于 50mm；每节护壁必须保证振捣密实，并应当日施工完毕；应根据土层渗水情况使用速凝剂；护壁模板的拆除应在灌注混凝土 24h 之后，强度大于 5MPa 时方可进行。

④ 挖孔达到设计深度后，应进行孔底处理。必须做到孔底表面无松渣。

人工挖孔桩，是指人力挖土、现场浇筑的钢筋混凝土桩

图 12-14　人工挖孔桩

12.3　沉井基础施工

12.3.1　施工准备

主要包括自然条件的调查、物资材料及机具设备的准备、施工设施的准备以及技术准备（沉井设计、交底、测量放样定位）等。

12.3.2　筑岛

筑岛的工序如下。

① 原地面整平碾压并铺一层厚约 30cm 的石碴，如图 12-15 所示，碾压后沿边墙挖 1.1m 深、2.5m 宽的槽（同时在两边各引一条排水盲沟），将槽底夯实，再分层夯填碎石，第一层厚 10cm，以后每 30cm 一层，碎石顶面以约 3cm 厚水泥砂浆整平。

石碴，即同一种材质的大小规格在规定范围之内的石料。多用于工程施工中的回填物。碴，指小碎块

图 12-15　石碴

② 填筑土模，每 30cm 一层。分层夯实碾压。每碾压一层即在同墙下挖 0.6m 宽槽并夯填碎石一层，最后碎石顶面以约 3cm 厚水泥砂浆整平。要求同一标高的

砂浆面任意二点高差不大于 2cm。土模如图 12-16 所示。

③ 切除周边土模，用 M4 混合砂浆砌砖并粉面，形成刃脚内模。砌砖时并预埋拉杆螺栓和墙后分布应力的木板，为使砖砌体能较好地传递沉井压力，水平砖缝应尽量减薄。

土模，是指用土做成的预制混凝土构件的模型

图 12-16 土模

12.3.3 模板的制造与安装

① 模板安装前必须精确放线，位置务求准确。安装允许误差规定如下：

a. 模板轴线与设计位置的偏差±10mm；

b. 两模板内侧宽度的误差为，25cm 厚墙±10mm、50cm 厚墙±20cm、100cm 厚墙±30mm。

c. 沉井全长或全宽误差±50mm。

② 按设计图留通水孔。

12.3.4 沉井的灌注及下沉

(1) 沉井分节制作及下沉

一般规定为：第一节混凝土达到 70% 强度后灌第二节，第二节混凝土达到 70% 强度再灌第三节。第三节沉井混凝土强度达 100% 后开始人工挖土下沉。为保证沉井刃脚的稳定性，在第一节拆模后，须沿沉井外壁分三层夯填 1m 高、2m 宽的土。沉井下沉如图 12-17 所示。

施工下沉过程中，如沉井倾斜较大，则应及时纠正

图 12-17 沉井下沉

（2）沉井抓泥下沉

沉井底节和中节混凝土分别达到设计强度的 100％和 75％时，方可抓（吸）泥下沉沉井。

① 人工挖土的次序是先挖井孔中央后四周，均衡对称地进行，并根据要求保留土堤。下沉初期沉井容易偏斜，施工更应注意。两井孔内泥面高差不应大于1.0m。初始阶段配合人工挖土先挖掉隔墙底处，不使隔墙底部支顶在土层上，再从井孔中心向四周均匀扩展，分层对称取土，每层厚度不大于 0.5m。特别注意沉井下沉中的调平。防止沉井倾斜而产生位移。

② 人工无法挖土时，两井孔均匀抓泥，一般情况每 10 斗即换孔。抓斗在水中抓土时，锅底深度不得低于刃脚踏面下 1.5m。抓斗如图 12-18 所示。值班技术人员根据地质、沉井高差及位移等情况决定抓泥措施。

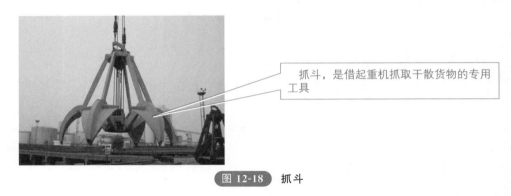

抓斗，是借起重机抓取干散货物的专用工具

图 12-18　抓斗

③ 沉井的最大倾斜和位移在下沉过程中不得大于 1％，超过时须采取纠偏（正）措施。为了纠偏采取不均匀堆土或取土时，由值班技术员决定堆土位置及高度，将处理意见报告主管工程师，并经领导批准方可进行。

④ 值班技术人员必须跟班倒。建立沉井吸泥下沉记录，每个工作班均应做好泥面标高、下沉量、倾斜的测量工作，定期观测沉井在下沉各阶段的位移和扭角。初沉（沉井重心入土前的下沉阶段）和终沉阶段（由设计高程以上 1.5m 沉至设计高程的下沉阶段）应增加观测次数，填写好记录上报分析。

⑤ 井孔内抓出的土应填平沉井四周的低洼地，大致平整后，弃土远离，不得堆积，以免土压力不均，造成沉井倾斜位移及扭角。沉井倾斜如图 12-19 所示。

⑥ 在沉井顶安装好装水的水平塑料软管，以观察沉井倾斜状态。

（3）沉井吸泥下沉

① 吸泥机在吸泥过程中，应处于悬吊状态，根据出泥情况及泥面高程移动，升降其位置，以保证吸泥机的最佳效果。在吸泥过程中，沉井的最大斜倾和位移均不得大于 1％，扭角不大于 1°，超过时须采取纠偏（正）措施。吸泥机如图 12-20所示。

② 使用空气吸泥机吸泥，排水量较大，为保证井内外水位平衡，防止翻砂，

要及时记录观测，观察沉井倾斜的程度

图 12-19 沉井倾斜

在正常吸泥情况下如发生沉井下沉速度迟缓，应研究并采取适当措施，不能吸泥过深

图 12-20 吸泥机（一）

应设置相应的水泵不断向井内补水。沉井进入粉细砂层时易塌孔、易翻砂，所以在砂黏土及黏砂土中，井内水位必须高出井外 2m 以上。

③ 沉井突然下沉，可能导致土壁崩塌，引起沉井过大的位移与倾斜。节假日或其他原因停工时，应有专人负责观测，井内水位必须保持与井外水位齐平。

④ 吸泥机应做好长度标记，在砂土中吸泥，吸泥机位置应在孔中心吸，吸泥深度一般应低于刃脚 1m，刃脚处除土泥面应高出刃脚 0.5m，防止吸泥过快，致使吸泥深度瞬间超过规定。吸泥时应经常换点，分层取土，在不纠倾的情况，相邻两井孔泥面高差超过 50cm 吸泥机即应换孔，保持沉井均匀下沉。吸泥机如图 12-21 所示。

吸泥时应经常换点，分层取土

图 12-21 吸泥机（二）

⑤ 由井孔内壁所测得的平均泥面高程与刃脚齐平时，沉井仍不下沉，即停止吸泥，将吸泥机底口提离泥面 2m 以上，然后灌风并停止向井孔内补水。采用空气幕降低井壁摩阻力的方法使沉井下沉。严禁排水下沉，若沉井不能下沉，可根据实测的土壤安息角情况，报上级单位批准方能增加吸泥深度，再利用空气幕迫使沉井下沉。

⑥ 防偏及纠偏。沉井下沉到后期纠偏较难，所以沉井施工应以防偏为主。在早期下沉时注意边下沉、边纠偏。若沉井发生倾斜，纠正倾斜时，一般可采取取土、压重、顶部施加水平力或刃脚下支垫等方法进行。对空气幕沉井可采取侧压气纠偏。若倾斜发生在吸泥下沉阶段，应立即停止整体吸泥下沉，在沉井顶面高的一侧刃脚处进行边吸泥、边取土，刃脚低的一侧保持不动，尽可能地减少高的一侧的正面阻力，保留低侧沉井孔局部土壤，增大沉井的纠偏力矩，随着高侧的下沉，倾斜即可纠正。

⑦ 沉井下沉至设计高程以上 2m 前，应控制井内除土量，注意调平沉井，防止因除土量过大及除土不均，使沉井突然大量下沉而产生较大的偏斜，增大施工中的困难。沉井下沉如图 12-22 所示。

施工中要注意防止沉井下沉，从而造成倾斜

图 12-22　沉井下沉

⑧ 随时观测沉井周围地面塌陷和开裂状况，并做好记录，每 1～2 天观测一次，观测点由测量组选定。

（4）清基

清基内容见表 12-2。

表 12-2　清基内容

序号	内容
1	清基时应根据井内泥面高程确定每层的清基深度,清基应分层进行,每层厚度一般不要超过 50cm
2	清基过程中,值班人员要经常测量井内泥面高程,据以确定吸泥机插放位置
3	沉井达到设计高程,在清基过程中经常用水平仪测量并观察沉井有无下沉、翻砂现象。若有应立即停吸,并报告项目总工程师研究,根据实际情况决定是否继续清孔
4	清基时沉井内水位只能以补平堰顶为限,应控制井孔除土量,吸泥机减少风量、少量排泥,必要时辅以 $\phi150$ 吸泥机进行除泥。当井内水位低于围堰顶 0.3m 时应停吸,补满水再吸

（5）清基标准

清基标准见表 12-3。

表 12-3 清基标准

序号	内容
1	沉井井孔内在靠井壁周围的垂线上，基底面不应高出刃脚高程 0.5m，在井孔内基底面略形成锅底状，低于刃脚不宜超过 0.5m
2	隔墙下净空不得少于 0.4m
3	刃脚斜面外露长度不宜小于 1.4m
4	在每一井孔取出土样，由技术负责人进行校核

（6）清底

沉井底清底完成后，由测量组用测锤测量各点泥面高程，合格后由潜水员下水检查并丈量刃脚处隔墙下斜面的外露长度。

（7）封底

在沉井下沉到设计高程，清基后进行沉降观测，待 8h 内累计下沉量不大于 10mm 时方可检查、验收清基质量并进行封底工作。

12.3.5 测量及检查

测量与检查内容见表 12-4。

表 12-4 测量与检查内容

序号	内容
1	施工测量工作是沉井下沉工作的关键一环，因此必须做到每天至少测量一次，当日提供测量资料，施工人员对测量资料要及时分析，及时采取有利于下沉的措施
2	每次灌注混凝土时，都要在沉井中线上和四角处预埋 8 个测量标志于混凝土面，施工单位还要在地面沉井四角处预设标志，据以随时观测沉井的下沉动态，遇有可疑情况，随时通知测量组检查
3	为观测沉井除土后基底土壤的回弹数值，应先在沉井四角和中部埋设测量标杆。为保证测标不被挖土施工碰撞移动，在挖土时，应注意寻找砂柱，掌握测标位置，应在测标处留土墩，再逐层轻轻剥去上面的砂土，露出测标顶，当标杆顶面和沉井中间部分全部外露时，要分别测量标杆顶面标高和沉井井内土面标高，连同埋设测标时的原始标高一起通知设计单位
4	施工人员应严格执行三检制和工序间交接制，认真把好质量关，对施工中发生的不符合设计要求及施工工艺的现象要坚决纠正制止
5	各道工序都要做好技术交底工作，每班均有下沉记录，严格执行交接班制度，使每个施工人员都要做到心中有数。技术人员要做好下沉记录和各项技术资料的整理
6	每道工序完成之后，均应有相关单位和部门鉴定认可之后方可进行下步工作。如遇有重大技术问题需及时向总工程师汇报

12.4 桥梁墩台及盖梁施工

12.4.1 现浇混凝土墩台、盖梁

现浇混凝土
墩台、盖梁

扫码观看视频

12.4.1.1 重力式混凝土墩台施工

① 墩台混凝土浇筑前应对基础混凝土顶面做凿毛处理，清除锚筋污锈。

② 墩台混凝土宜水平分层浇筑，每层高度宜为 1.5～2m。

③ 墩台混凝土分块浇筑时，接缝应与墩台截面尺寸较小的一边平行，邻层分块接缝应错开，接缝宜做成企口形。分块数量，墩台水平截面积在 200m² 内不得超过 2 块；在 300m² 以内不得超过 3 块。每块面积不得小于 50m²。墩台如图 12-23 所示。

明挖基础上灌注墩台第一层混凝土时，要防止水分被基础吸收或基顶水分渗入混凝土而降低强度

图 12-23 墩台

12.4.1.2 柱式墩台施工

① 模板、支架稳定计算中应考虑风力影响。

② 墩台柱与承台基础接触面应凿毛处理，清除钢筋污锈。浇筑墩台柱混凝土时，应铺同配合比的水泥砂浆一层。墩台柱的混凝土宜一次连续浇筑完成。

③ 柱身高度内有系梁连接时，系梁应与柱同步浇筑。V 形墩柱混凝土应对称浇筑。

④ 采用预制混凝土管做柱身外模时，预制管安装应符合下列要求：基础面宜采用凹槽接头，凹槽深度不得小于 50mm；上下管节安装就位后，应采用四根竖方木对称设置在管柱四周并绑扎牢固，防止撞击错位；混凝土管柱外模应设斜撑，保证浇筑时的稳定；管节接缝应采用水泥砂浆等材料密封。

⑤ 钢管混凝土墩柱（图 12-24）应采用补偿收缩混凝土，一次连续浇筑完成。钢管的焊制与防腐应符合设计要求或相关规范规定。

12.4.1.3 盖梁施工

① 在城镇交通繁华路段施工盖梁时，宜采用整体组装模板、快装组合支架的方法，以减少占路时间。盖梁施工如图 12-25 所示。

钢管混凝土墩柱一般是大体积混凝土，用补偿收缩混凝土可以使得混凝土水化过程中的收缩得到适当补偿，达到减少开裂的目的

图 12-24 钢管混凝土墩柱

盖梁指的是为支承、分布和传递上部结构的荷载，在排架桩墩顶部设置的横梁，又称帽梁

图 12-25 盖梁施工

② 盖梁为悬臂梁时，混凝土浇筑应从悬臂端开始；预应力钢筋混凝土盖梁拆除底模时间应符合设计要求；如设计无要求，应在孔道压浆强度达到设计强度后，方可拆除底模板。

12.4.2 预制混凝土柱和盖梁安装

12.4.2.1 预制柱安装

① 基础杯口的混凝土强度必须达到设计要求，方可进行预制柱安装。杯口在安装前应校核长、宽、高，确认合格。杯口与预制件接触面均应凿毛处理，埋件应除锈并应校核位置，合格后方可安装。

② 预制柱安装就位后应采用硬木楔或钢楔固定，并加斜撑保持柱体稳定，在确保稳定后方可摘去吊钩。预制柱吊装如图 12-26 所示。

③ 安装后应及时浇筑杯口混凝土，待混凝土硬化后拆除硬楔，浇筑二次混凝

图 12-26　预制柱吊装

> 预制柱是指把传统建造方式中的大量现场作业工作转移到工厂进行，在工厂加工制作好建筑用构件和配件，运输到建筑施工现场进行施工

土，待杯口混凝土达到设计强度 75% 后方可拆除斜撑。

12.4.2.2　预制钢筋混凝土盖梁安装

① 预制盖梁安装前，应对接头混凝土面凿毛处理，预埋件应除锈。

② 在墩台柱上安装预制盖梁时，应对墩台柱进行固定和支撑，确保稳定。

③ 盖梁就位时，应检查轴线和各部尺寸，确认合格后方可固定，并浇筑接头混凝土。预制钢筋混凝土盖梁安装如图 12-27 所示。

图 12-27　预制钢筋混凝土盖梁安装

> 接头混凝土达到设计强度后，方可卸除临时固定设施

13

桥梁上部结构施工

13.1 桥梁上部结构装配式施工

13.1.1 装配式梁（板）施工方案

（1）装配式梁（板）施工方案编制前
应对施工现场条件和拟定运输路线社会交通进行充分调研和评估。

（2）预制和吊装方案
① 应按照设计要求，并结合现场条件确定梁板预制和吊运方案。装配式梁板
如图 13-1 所示。

装配式结构是装配式混凝土结构的简称，是以预制构件为主要受力构件经装配、连接而成的混凝土结构

图 13-1　装配式梁板

② 应依据施工组织进度和现场条件，选择构件厂（或基地）预制和施工现场
预制。

③ 依照吊装机具不同，梁板架设方法分为起重机架梁法、跨墩龙门吊架梁法
和穿巷式架桥机架梁法。每种方法的选择都应在充分调研和技术经济综合分析的基
础上进行。吊装机具如图 13-2 所示。

13.1.2 装配式梁（板）的预制、场内移运和存放

（1）构件预制
① 如图 13-3 所示，构件预制场的布置应满足预制、移运、存放及架设安装的
施工作业要求；场地应平整、坚实。预制场地应根据地基及气候条件，设置必要的
排水设施，并应采取有效措施防止场地沉陷。砂石料场的地面宜进行硬化处理。

② 预制台座的地基应具有足够的承载力。

③ 预制台座（图 13-4）的间距应能满足施工作业要求；台座表面应光滑、平

吊装系统是悬臂拼装施工的重要机具设备

图 13-2　吊装机具

预制场是指在建筑工程中，制备商品混凝土或各种建筑构件的场地，加工成型后的预制件直接运到施工现场进行安装

图 13-3　构件预制场

在桥梁施工中，箱梁预制前不可避免地需建设临时预制梁台座

图 13-4　预制台座

整，在 2m 长度上平整度的允许偏差应不超过 2mm，且应保证底座或底模的挠度不大于 2mm。

④ 对预应力混凝土梁、板，应根据设计单位提供的理论拱度值，结合施工的实际情况，正确预计梁体拱度的变化情况，在预制台座上按梁、板构件跨度设置相应的预拱度。当后张预应力混凝土梁预计的拱度值较大时，可考虑在预制台座上设置反拱。

⑤ 各种构件混凝土的浇筑除应符合规定外，尚应遵守如下规定：腹板底部为扩大断面的 T 形梁，应先浇筑扩大部分并振实后，再浇筑其上部腹板。U 形梁可上下一次浇筑或分两次浇筑。

⑥ 对高宽比较大的预应力混凝土 T 形梁和工形梁，应对称、均衡地施加预应力，并应采取有效措施防止梁体产生侧向弯曲。T 形梁如图 13-5 所示。

T形梁指横截面形式为T形的梁。两侧挑出部分称为翼缘，中间部分称为梁肋(或腹板)

图 13-5 T 形梁

（2）构件的场内移运和存放

① 构件在脱底模、移运、吊装时，混凝土的强度不得低于设计强度的 75%，后张预应力构件孔道压浆强度应符合设计要求或不低于设计强度的 75%。

③ 存放台座应坚固稳定，且宜高出地面 200mm 以上。存放场地应有相应的防水排水设施，并应保证梁、板等构件在存放期间不致因支点沉陷而受到损坏。

③ 梁、板构件存放时，其支点应符合设计规定的位置，支点处应采用垫木和其他适宜的材料支承，不得将构件直接支承在坚硬的存放台座上；存放时混凝土养护期未满的，应继续洒水养护，如图 13-6 所示。

④ 构件应按其安装的先后顺序编号存放，预应力混凝土梁、板的存放时间不宜超过 3 个月，特殊情况下不应超过 5 个月。

图 13-6 洒水养护

⑤ 当构件多层叠放时，层与层之间应以垫木隔开，各层垫木的位置应设在设计规定的支点处，上下层垫木应在同一条竖直线上；叠放高度宜按构件强度、台座地基承载力、垫木强度以及堆垛的稳定性等经计算确定。大型构件宜为 2 层，不应

超过 3 层；小型构件宜为 6～10 层。

⑥ 雨期和春季融冻期间，应采取有效措施防止因地面软化下沉导致构件断裂及损坏。

13.1.3　装配式梁（板）的安装

（1）吊运方案

① 吊运（吊装、运输）应编制专项方案，并按有关规定进行论证、批准。

② 吊运方案应对各受力部分的设备、杆件进行验算，特别是吊车等机具安全性验算，起吊过程中构件内产生的应力验算必须符合要求。梁长 25m 以上的预应力简支梁应验算裸梁的稳定性。吊运如图 13-7 所示。

> 吊运过程要按照施工方案进行，避免造成事故

图 13-7　吊运

③ 应按照起重吊装的有关规定，选择吊运工具、设备，确定吊车站位、运输路线与交通导行等具体措施。

（2）技术准备

① 按照有关规定进行技术及安全交底。

② 对操作人员进行培训和考核。

③ 测量放线，给出高程线、结构中心线、边线，并加以清晰地标识。测量放线如图 13-8 所示。

> 放线是为了方便工人施工，也是为了能够严格符合设计图纸的设计意图。一般来说，所有的建筑轴线可称之为大线，相应的小线就是结构构件的边线和尺寸线

图 13-8　测量放线

（3）构件的运输

① 板式构件运输时，宜采用特制的固定架稳定构件。小型构件宜顺宽度方向侧立放置，并应采取措施防止倾倒；如平放，在两端吊点处必须设置支搁方木。

② 梁的运输应顺高度方向竖立放置，并应有防止倾倒的固定措施；装卸梁时，必须在支撑稳妥后，方可卸除吊钩。

③ 采用平板拖车或超长拖车运输大型构件时，车长应能满足支点间的距离要求，支点处应设活动转盘防止搓伤构件混凝土；运输道路应平整，如有坑洼而高低不平时，应事先处理平整。平板拖车如图 13-9 所示。

拖车一般指清障车，清障车全名为道路清障车

图 13-9　平板拖车

④ 水上运输构件时，应有相应的封仓加固措施，并应根据天气状况安排装卸与运输作业时间，同时应满足水上（海上）作业的相关安全规定。

（4）简支梁、板安装

① 安装构件前必须检查构件外形及其预埋件尺寸和位置，其偏差不应超过设计或规范允许值。

② 装配式桥梁构件在脱底模、移运、堆放和吊装就位时，混凝土的强度不应低于设计要求的吊装强度，设计无要求时一般不应低于设计强度的 75%。后张预应力混凝土构件吊装时，其孔道水泥浆的强度不应低于构件设计要求。如设计无要求时，不应低于 30MPa。吊装就位如图 13-10 所示。

吊装前应验收合格

图 13-10　吊装就位

③ 安装构件前，支承结构（墩台、盖梁等）的强度应符合设计要求，支承结构和预埋件的尺寸、标高及平面位置应符合设计要求且验收合格。桥梁支座的安装质量

应符合要求，其规格、位置及标高应准确无误。墩台、盖梁、支座顶面清扫干净。

④ 采用架桥机进行安装作业时，其抗倾覆稳定系数应不小于 1.3，架桥机过孔时，应将起重小车置于对稳定最有利的位置，且抗倾覆系数应不小于 1.5。

⑤ 梁、板安装施工期间及架桥机移动过孔时，严禁行人、车辆和船舶在作业区域的桥下通行。

⑥ 梁板就位后，应及时设置保险垛或支撑将构件临时固定，对横向自稳性较差的 T 形梁和工形梁（图 13-11）等，应与先安装的构件进行可靠的横向连接，防止倾倒。

工形梁指横截面形式为H形的梁。其上面的翼板称为上翼缘，下面的翼板称为下翼缘，连接两翼缘的板称为腹板

图 13-11　工形梁

⑦ 安装在同一孔跨的梁、板，其预制施工的龄期差不宜超过 10d。梁、板上有预留孔洞的，其中心应在同一轴线上，偏差应不大于 4mm。梁、板之间的横向湿接缝，应在一孔梁、板全部安装完成后方可进行施工。

⑧ 对弯、坡、斜桥的梁，其安装的平面位置、高程及几何线形应符合设计要求。

13.2　桥梁上部结构支架施工

（1）地基处理与支架模板施工

① 地基处理。

② 支架。支架施工如图 13-12 所示。

预拱度设置时要考虑张拉上拱的影响，预拱度一般按二次抛物线设置

图 13-12　支架施工

③ 支架应根据技术规范的要求进行预压，以收集支架、地基的变形数据，作为设置预拱度的依据。

（2）混凝土的浇筑

桥梁现浇施工时，梁体混凝土在顺桥向宜从低处向高处进行浇筑，在横桥向宜对称进行浇筑。悬臂浇筑如图 13-13 所示。

混凝土如采用分次浇筑，第二次混凝土浇筑时，应将接触面上第一次浇筑的混凝土凿毛，清除浮浆

图 13-13　悬臂浇筑

（3）预应力张拉

① 当梁体混凝土强度达到设计规定的张拉强度（试压与梁体同条件养护的试件）时，方可进行张拉。预应力张拉如图 13-14 所示。

② 箱梁预应力的张拉采用双控，即以张拉力控制为主，以钢束的实际伸长量进行校核。

预应力张拉就是在构件中提前加拉力，使得被施加预应力张拉构件承受压应力，进而使得其产生一定的形变，来应对结构本身所受到的荷载

图 13-14　预应力张拉

（4）压浆、封锚

① 张拉完成后要尽快进行孔道压浆和封锚。压浆所用灰浆的强度、稠度、水灰比、泌水率、膨胀剂剂量按施工技术规范及试验标准中要求控制。一般宜采用强度为 52.5 号的普通硅酸盐水泥，水灰比 0.4～0.45，膨胀剂为铝粉，掺量为水泥重量的万分之一，铝粉需经脱脂处理。

② 压浆使用活塞式压浆泵缓慢均匀进行。压浆的最大压力一般为 0.5～0.7MPa，当孔道较长或输泵管较长时，压力可大些，反之可小些。每个孔道压浆到最大压力后，应有一定的稳定时间。压浆应使孔道另一端饱满和出浆，并使排气

孔排出与规定稠度相同的水泥浓浆为止。压浆见图 13-15。

　　③ 压浆完成后，应将锚具周围冲洗干净并凿毛。

预应力管道，特别是长大管道压浆宜采用真空辅助压浆工艺

图 13-15　压浆

13.3　桥梁上部结构逐孔施工

13.3.1　概述

逐孔施工法从施工技术方面讲有三种类型。

（1）采用临时支承组拼预制节段逐孔施工

它是将每一桥跨分成若干节段预制完成后在临时支承上逐孔组拼施工，如图 13-16 所示。

从桥梁一端开始，采用一套施工设备或一、二孔施工支架，逐孔施工上部主梁，直至全部完成的多跨长大桥梁建造方法

图 13-16　逐孔施工

（2）使用移动支架逐孔现浇施工

此法亦称移动模梁法，它是在可移动的支架、模板上完成一孔桥梁的全部工序。此法是在桥位上现浇施工，因此可免去大型运输和吊装设备。桥梁整体性好；同时它还具有在桥梁预制厂（图 13-17）生产的特点，可提高机械设备的利用率和生产效率。

在预制场预制好梁和板之后，直接运送到施工现场进行施工

图 13-17 桥梁预制厂

（3）采用整孔吊装或分段吊装逐孔施工

这种施工方法是早期连续梁桥采用逐孔施工的唯一方法，可用于混凝土连续梁和钢连续梁桥的施工。

13.3.2 用临时支承组拼预制节段逐孔施工的要点

（1）节段划分

① 桥墩顶节段：由于桥墩节段要与前一跨连接，需要张拉钢索或钢索接长，为此对墩顶节段构造有一定要求。此外，在墩顶处桥梁的负弯矩较大，梁的截面还要符合受力要求。

② 标准节段：前一跨墩顶节段与安装跨第一节段间可以设置就地浇筑混凝土封闭接缝，用以调整安装跨第一节段的准确程度。封闭接缝宽 15～20cm，拼装时由混凝土垫块调整。在施加初预应力后用混凝土封填，这样可调整节段拼装和节段预制的误差。

（2）支承梁

① 钢桁架导梁：钢梁应设置预拱度，要求当每跨箱梁节段全部组拼之后，钢导梁上弦应符合桥梁纵断面标高要求。同时还需准备一些附加垫片，用于临时调整标高。支承梁如图 13-18 所示。

② 下挂式高架钢桁架：在节段组拼过程中，架桥机前臂必然下挠，安装桥跨第一块中间节段的挠度倾角调整是该跨架安设的关键，因此要求当一跨节段全部由架桥机空中吊起后，第一个中间节段与墩上节段的接触面应全部吻合。

支撑梁一般用在基础的上方，放在两桥台(墩)之间的梁，一般是纵向的，防止因填土的推力造成桥台的向内位移

图 13-18 支承梁

13.3.3　用移动支架逐孔现浇施工（移动模架法）

当桥墩较高，桥跨较长或桥下净空受到约束时，可以采用非落地支承的移动模架逐孔现浇施工，称为移动模架法。移动模架法如图 13-19 所示。

移动模架系统主要由主框架、后行走机构、后支承、中主支腿、前支腿、起吊小车、吊挂外肋、外模系统、端模系统、外肋横移机构、吊挂外肋、横向锁定机构、拆装式内模系统、电气液压系统及辅助设施等部分组成

图 13-19　移动模架法

移动模架法施工的主要工序见表 13-1。

表 13-1　移动模架法施工的主要工序

工序	内容	工序	内容
1	侧模安装就位	8	顶板钢筋绑扎
2	安装底模	9	箱梁混凝土浇筑
3	支座安装	10	内模脱模
4	预拱度设置与模板调整	11	施加预应力
5	绑扎底板及腹板钢筋	12	管道压浆
6	预应力系统安装	13	落模
7	内模就位	14	拆底模及滑模纵移

模板安装的注意事项如表 13-2 所示。

表 13-2　模板安装的注意事项

工序	内容
1	模板与钢筋安装工作应配合进行,妨碍绑扎钢筋的模板应待钢筋安装完毕后安设
2	安装侧模时,应防止模板移位和凸出。混凝土中的拉杆,应按拉杆拔出或不拔出的要求,采取相应的措施。对小型结构物,可使用金属线代替拉杆,最好设置拔出拉杆为宜。对大型结构物应采用圆钢筋做拉杆,并采用法兰螺钉上紧
3	模板安装完毕后,应对其平面位置、顶部标高、节点联系及纵横向稳定性进行检查。浇筑时发现模板有超过允许偏差变形值的可能时,应及时纠正
4	当结构自重和汽车荷载(不计冲击力)产生的向下挠度超过跨径的 1/600 时,钢筋混凝土梁、板的底模板应设预拱度
5	后张法预应力梁、板,应注意预应力、自重力和汽车荷载等综合作用下所产生的上拱或下挠,应设置适当的反拱或预拱

续表

工序	内容
6	模板纵横肋的间距布置要合理,对不同材质的面模板要采用不同的纵横肋间距
7	固定于模板上的预埋件和预留孔洞尺寸、位置必须准确并安装牢靠,防止浇筑混凝土过程中的移位

施工中现浇梁模板应注意的问题:施工挂篮底模与模板的配置不当会造成施工操作困难、箱梁逐节变化的底板接缝不和顺、底模架变形、侧模接缝不平整、梁底高低不平、梁体纵轴向线形不顺。

原因分析:悬臂浇筑一般采用挂篮法施工,挂篮底模架的平面尺寸未能满足模板施工的要求,底模架的设置未按箱梁断面渐变的特点采取措施,使梁底接缝不平、漏浆、梁底线形不顺。侧模的接缝不密贴,造成漏浆,墙面错缝不平。

13.4　桥梁上部结构悬臂施工

13.4.1　概述

悬臂施工适用于大跨径的预应力混凝土悬臂梁桥、连续梁桥、T型刚构桥、连续刚构桥,其特点是无须建立落地支架,无须大型起重与运输机具,主要设备是一对能行走的挂篮。

13.4.2　施工准备

(1) 挂篮设计及加工

挂篮是悬浇箱梁的主要设备,它是沿着轨道行走的活动脚手架及模板支架。挂篮就国内外现有的结构形式可分为桁架式、三角斜拉带式、预应力束斜拉式、斜拉自锚式;按行走方式可分为滑移式和滚动式;按平衡方式可分为压重式和自锚式。对某一具体工程,应根据梁段分段情况,根据对挂篮重量的要求、承受荷载及施工经验对挂篮进行认真详细的设计,除必须满足强度、刚度、稳定性要求外,还要使其行走、锚固方便可靠,重量不大于设计规定。挂篮如图 13-20 所示。

挂篮由主桁架、锚固系统、平衡系统及吊杆、纵横梁等部分组成,由工厂或现场根据挂篮设计图纸加工而成

图 13-20　挂篮

（2）0 号、1 号块的施工

挂篮是利用已浇注的箱梁段作为支撑点，通过桁架等主梁系统、底模系统，人为创造一个工作平台。0 号、1 号块挂篮没有支撑点或支撑长度不够，需采用其他方式浇注，一般采用扇形托架浇注。扇形托架可用万能杆件、贝雷片或其他装配式杆件组成，托架可支撑在桥墩基础承台上或墩身上。扇形托架如图 13-21 所示。

> 托架除须满足承重强度要求外，还须具有一定的刚度，各连续点应连接紧密，螺栓旋紧，以减少变形，防止梁段下沉和裂缝

图 13-21 扇形托架

（3）临时固结

对于连续箱梁，梁与墩未固结在一起，施工时，两侧悬浇施工难以保持绝对平衡，必须在施工中采取临时固结措施，使梁具有抗弯能力。临时固结一般采用在支座两侧临时加预应力筋，梁和墩顶之间浇注临时混凝土垫块。将梁固结在桥墩上，使梁具有一定的抗弯能力。在条件成熟时，再采用静态破碎方法解除固结。

13.4.3　悬浇施工工序

（1）上挂篮

上挂篮前 0 号、1 号块必须是浇注完成并张拉的，对支座做了临时固结措施。为减小梁段上的作业，可根据起吊运输能力将挂篮杆件在加工场拼装成若干组件，再将挂篮组件吊至 0 号、1 号块梁段上进行组装。在已浇筑的 0 号、1 号块箱梁顶面进行水平及中线测量，铺设轨道，组装挂篮，并将挂篮对称行走就位、锚固。在底篮两侧，前后端及外模两侧均设置固定平台，内外模及箱梁前端设置悬吊工作平台。挂篮拼装完毕后，为验证挂篮的可靠性和消除其非弹性变形及其测出挂篮在不同荷载下的实际变形量，以便在挠度控制中修正立模标高，应在第一次使用前对挂篮进行试压。挂篮如图 13-22 所示。

（2）模板校正、就位

模板分为底模、外侧模及内模。底模支撑在吊篮底的纵、横梁上，外侧模一般由外框架预先装成整体，内模由侧模、顶模及内框架组成，内模的模板及框架因每一梁段均须修改高度，不宜做成整体。根据箱梁截面的情况确定混凝土是一次浇筑还是分次浇筑，一次浇筑时，应在顶板中部留一窗口，使混凝土由窗口进入箱内，分布到底模上。当箱梁较高时，应用减速漏斗向下传送混凝土。采用二次浇筑时，

试压的方式常用的有：水箱加载法、千斤顶高强钢筋加力法等

图 13-22 挂篮

先安装底模、侧模及底板、侧板的普通钢筋、预应力筋，待浇筑第一次混凝土后，再安装内模及顶板普通钢筋及预应力筋。箱梁由根部至端部为二次抛物线，每浇筑一个梁端均须将底模提高一次，提高不多时，可采用支垫底模的方法，经几次提高后，高差变大时，须用提升吊篮的方法提高底模。模板如图 13-23 所示。

悬臂浇筑时，为保证箱梁的设计高度和挠度，各梁段的模板均须设置一定的预加抬高量，其预加抬高量根据设计规范要求及施工经验确定，并须及时校对调整

图 13-23 模板

（3）布置预应力管道

悬浇箱梁的普通钢筋及预应力管道除须满足一般施工工艺要求外，要特别注意对预应力管道要严格按设计的要求布置，当与普通钢筋发生矛盾时，优先保证预应力管道的位置正确；对预应力用的定位筋固定牢固，确保其保护层的厚度；纵向管道的接头多，接头处理必须仔细，并要采取措施防止孔管堵塞。布置预应力管道如图 13-24 所示。

由于纵向管道较长，一般要在管道中间增设若干个压浆三通，以便压浆时，可以作为排气孔或压浆孔，以保证孔道压浆密实

图 13-24 布置预应力管道

（4）混凝土浇筑

悬浇箱梁的混凝土强度一般都较高，必须认真做好混凝土的配合比设计，混凝土的搅拌根据条件可采用陆上搅拌，水上运输至现场，或直接在水上搅拌。悬浇时必须对称浇筑，重量偏差不超过设计规定的要求，浇筑从前端开始逐步向后端，最后与已浇梁端连接。分次浇筑时，第二次浇筑混凝土前必须将首次混凝土的接触面凿毛冲洗干净，对上、下梁段的接触面应凿毛、清洗干净。底、肋板的混凝土的振动以附着式振动器为主，插入式为辅，顶板、翼板混凝土的振动以附着式为辅、插入式为主、辅以平板振动器拖平。混凝土浇筑如图 13-25 所示。

混凝土成型后，要适时覆盖，洒水养生

图 13-25　混凝土浇筑

（5）张拉、压浆

张拉前按规范要求对千斤顶、油泵进行标正，对管道进行清洗、穿束，准备张拉工作平台等。

当混凝土达到设计及规范要求的张拉强度后按设计规定的先后次序，分批、对称进行张拉，严格按照张拉程序进行，如图 13-26 所示。

张拉后按规范要求对管道进行压浆

图 13-26　智能张拉、压浆

（6）拆模及移动挂篮

本梁段设计的张拉束张拉后，落底模，铺设前移轨道，移动挂篮就位，开始下一梁段的施工。移动挂篮如图 13-27 所示。

图 13-27 移动挂篮

13.5 现浇预应力（钢筋）混凝土连续梁施工

13.5.1 支（模）架法

（1）支架法现浇预应力混凝土连续梁

支架法现浇预应力混凝土连续梁的工序见表 13-3。

表 13-3 支架法现浇预应力混凝土连续梁的工序

工序	内容
1	支架的地基承载力应符合要求，必要时，应采取加强处理或其他措施
2	应有简便可行的落架拆模措施
3	各种支架和模板安装后，宜采取措施消除拼装间隙和地基沉降等非弹性变形
4	安装支架时，应根据梁体和支架的弹性、非弹性变形，设置预拱度
5	支架基础周围应有良好的排水措施，不得被水浸泡
6	浇筑混凝土时应采取措施，避免支架产生不均匀沉降

（2）移动模架上浇筑预应力混凝土连续梁

移动模架上浇筑预应力混凝土连续梁的工序见表 13-4。

表 13-4 移动模架上浇筑预应力混凝土连续梁的工序

工序	内容
1	模架长度必须满足施工要求
2	模架应利用专用设备组装，在施工时能确保质量和安全
3	浇筑分段工作缝，必须设在弯矩零点附近
4	箱梁内、外模板在滑动就位时，模板平面尺寸、高程、预拱度的误差必须控制在容许范围内
5	混凝土内预应力筋管道、钢筋、预埋件设置应符合规范规定和设计要求

13.5.2　悬臂浇筑法

悬臂浇筑的主要设备是一对能行走的挂篮。挂篮在已经张拉锚固并与墩身连成整体的梁段上移动。绑扎钢筋、立模、浇筑混凝土、施加预应力都在其上进行。完成本段施工后，挂篮对称向前各移动一节段，进行下一梁段施工，循序渐进，直至悬臂梁段浇筑完成。

（1）挂篮设计与组装

挂篮结构主要设计参数应符合表 13-5 的规定。

表 13-5　挂篮结构主要设计参数

参数	内容
1	挂篮质量与梁段混凝土的质量比值控制在 0.3～0.5，特殊情况下不得超过 0.7
2	允许最大变形（包括吊带变形的总和）为 20mm
3	施工、行走时的抗倾覆安全系数不得小于 2
4	自锚固系统的安全系数不得小于 2
5	斜拉水平限位系统和上水平限位安全系数不得小于 2

挂篮组装后，应全面检查安装质量，并应按设计荷载做载重试验，以消除非弹性变形。

（2）浇筑段落

悬浇梁体一般应分四大部分浇筑，见表 13-6。

表 13-6　浇筑段落

段落	内容
1	墩顶梁段（0 号块）
2	墩顶梁段（0 号块）两侧对称悬浇梁段
3	边孔支架现浇梁段
4	主梁跨中合龙段

（3）悬浇顺序及要求

① 在墩顶托架或膺架上浇筑 0 号段并实施墩梁临时固结。

② 在 0 号块段上安装悬臂挂篮，向两侧依次对称分段浇筑主梁至合龙前段。

③ 在支架上浇筑边跨主梁合龙段。

④ 最后浇筑中跨合龙段，形成连续梁体系。托架、膺架应经过设计，计算其弹性及非弹性变形。在梁段混凝土浇筑前，应对挂篮（托架或膺架）、模板、预应力筋管道、钢筋、预埋件、混凝土材料、配合比、机械设备、混凝土接缝处理等情况进行全面检查，经有关方签认后方准浇筑。悬臂浇筑混凝土时，宜从悬臂前端开始，最后与前段混凝土连接。桥墩两侧如图 13-28 所示。

桥墩两侧梁段悬臂施工应对称、平衡,平衡偏差不得大于设计要求

图 13-28 桥墩两侧

（4）张拉及合龙

① 预应力混凝土连续梁悬臂浇筑施工中,顶板、腹板纵向预应力筋的张拉顺序一般为上下、左右对称张拉,设计有要求时按设计要求施作。张拉如图 13-29 所示。

预应力张拉就是在构件中提前加拉力,使得被施加预应力张拉构件承受压应力,进而使得其产生一定的形变,来应对结构本身所受到的荷载

图 13-29 张拉

② 预应力混凝土连续梁合龙顺序一般是先边跨、后次跨、最后中跨。

③ 连续梁（T 构）的合龙、体系转换和支座反力调整应符合表 13-7 的规定。

表 13-7 连续梁（T 构）的合龙、体系转换和支座反力调整规定

序号	内容
1	合龙段的长度宜为 2m
2	合龙前应观测气温变化与梁端高程及悬臂端间距的关系
3	合龙前应按设计规定,将两悬臂端合龙口予以临时连接,并将合龙跨一侧墩的临时锚固放松或改成活动支座
4	合龙前,在两端悬臂预加压重,并于浇筑混凝土过程中逐步撤除,以使悬臂端挠度保持稳定
5	合龙宜在一天中气温最低时进行
6	合龙段的混凝土强度宜提高一级,以尽早施加预应力
7	连续梁的梁跨体系转换,应在合龙段及全部纵向连续预应力筋张拉、压浆完成,并解除各墩临时固结后进行
8	梁跨体系转换时,支座反力的调整应以高程控制为主,反力作为校核

（5）高程控制

预应力混凝土连续梁，悬臂浇筑段前端底板和桥面标高的确定是连续梁施工的关键问题之一，确定悬臂浇筑段前端标高时应考虑表13-8所列的因素。

表 13-8 确定悬臂浇筑段前端标高时应考虑的因素

序号	内容
1	挂篮前端的垂直变形值
2	预拱度设置
3	施工中已浇段的实际标高
4	温度影响

因此，施工过程中的监测项目为前三项；必要时结构物的变形值、应力也应进行监测，保证结构的强度和稳定。

13.6 钢-混凝土结合梁施工

（1）基本工艺流程

钢梁预制并焊接传剪器→架设钢梁→安装横梁（横隔梁）及小纵梁（有时不设小纵梁）→安装预制混凝土板并浇筑接缝混凝土或支搭现浇混凝土桥面板的模板并铺设钢筋→现浇混凝土→养护→张拉预应力束→拆除临时支架或设施。

（2）施工技术要点

施工技术要点见表13-9。

表 13-9 施工技术要点

序号	内容
1	钢梁制作、安装应符合相关规定
2	钢主梁架设和混凝土浇筑前,应按设计要求或施工方案设置施工支架。施工支架设计验算除应考虑钢梁拼接荷载外,应同时计入混凝土结构和施工荷载
3	混凝土浇筑前,应对钢主梁的安装位置、高程、纵横向连接及施工支架进行检查验收,各项均应达到设计要求或施工方案要求。钢梁顶面传剪器焊接经检验合格后,方可浇筑混凝土
4	现浇混凝土结构宜采用缓凝、早强、补偿收缩性混凝土
5	混凝土桥面结构应全断面连续浇筑,浇筑顺序:顺桥向应自跨中开始向支点处交汇,或由一端开始浇筑;横桥向应由中间开始向两侧扩展
6	桥面混凝土表面应符合纵横坡度要求,表面光滑、平整,应采用原浆抹面成活,并在其上直接做防水层。不宜在桥面板上另做砂浆找平层

续表

序号	内容
7	施工中,应随时监测主梁和施工支架的变形及稳定,确认符合设计要求;当发现异常应立即停止施工并启动应急预案
8	设有施工支架时,必须待混凝土强度达到设计要求且预应力张拉完成后,方可卸落施工支架

13.7　钢筋（管）混凝土拱桥施工

13.7.1　小石子混凝土的技术要求

拱券如图 13-30 所示。用小石子混凝土砌筑拱券时，靠拱模一面的块石应稍加修整。砌缝中的小石子混凝土应饱满、密实。较宽的竖缝可在填塞小石子混凝土的同时，填塞一部分小石块，将砌缝挤满。

拱背面应大致平顺，砌缝宽度不应大于 50mm

图 13-30　拱券

13.7.2　拱券的砌筑方法和工艺

① 跨径小于 16m 的拱券或拱肋混凝土，应按拱券全宽从两端拱脚向拱顶对称、连续浇筑，并在拱脚混凝土初凝前全部完成。拱券的组成如图 13-31 所示。

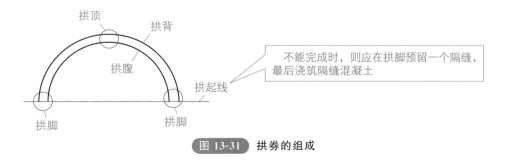

拱顶　拱背　拱腹　拱起线　拱脚　拱脚

不能完成时，则应在拱脚预留一个隔缝，最后浇筑隔缝混凝土

图 13-31　拱券的组成

② 跨径大于或等于 16m 的拱券或拱肋，宜分段浇筑。分段位置，拱式拱架宜设置在拱架受力反弯点、拱架节点、拱顶及拱脚处；满布式拱架宜设置在拱顶、1/4 跨径、拱脚及拱架节点等处。各段的接缝面应与拱轴线垂直，各分段点应预留间隔槽，其宽度宜为 0.5～1m。拱式拱架如图 13-32 所示。

当预计拱架变形较小时，可减少或不设间隔槽，应采取分段间隔浇筑

图 13-32　拱式拱架

③ 分段浇筑程序应符合设计要求，并应对称于拱顶进行。各分段内的混凝土应一次连续浇筑完毕，因故中断时，应将施工缝凿成垂直于拱轴线的平面或台阶式接合面。

④ 间隔槽混凝土浇筑应由拱脚向拱顶对称进行，应待拱券混凝土分段浇筑完成且强度达到 75％设计强度并且接合面按施工缝处理后再进行。施工缝如图 13-33 所示。

施工缝指的是在混凝土浇筑过程中，因设计要求或施工需要分段浇筑，而在先、后浇筑的混凝土之间所形成的接缝

图 13-33　施工缝

⑤ 分段浇筑钢筋混凝土拱券（拱肋）时，纵向不得采用通长钢筋，钢筋接头应安设在后浇的几个间隔槽内，并应在浇筑间隔槽混凝土时焊接。

⑥ 浇筑大跨径拱券（拱肋）混凝土时，宜采用分环（层）分段方法浇筑，也可纵向分幅浇筑，中幅先行浇筑合龙，达到设计要求后，再横向对称浇筑合龙其他幅。

⑦ 拱券（拱肋）封拱合龙时混凝土强度应符合设计要求。设计无要求时，各

段混凝土强度应达到设计强度的 75%；当封拱合龙前用千斤顶施加压力的方法调整拱券应力时，拱券（包括已浇间隔槽）的混凝土强度应达到设计强度。合龙如图 13-34 所示。

修筑堤坝或桥梁时从两端开始施工，最后在中间接合，称"合龙"

图 13-34　合龙（一）

13.7.3　缆索吊装施工要点

① 吊装前，应针对工程的具体情况，制定和实施相应的安全施工组织设计，其中必须包括安全防护设施标准要求和具体的安全技术措施。对施工人员进行安全教育。

② 安装时，应有统一的指挥信号。

③ 登高操作人员应携带工具袋。

④ 安全带不得挂在主索、扣索、缆风绳等上面。

⑤ 牵引卷扬机启动要缓慢，行进速度要平稳。构件在吊运时，起重卷扬机要协调配合，并控制好构件在空中的位置。起重卷扬机不得突然起升和下降构件，避免产生过大弹跳。构件吊运至安装部位时，作业人员要等构件稳定后再进行操作。卷扬机如图 13-35 所示。

卷扬机，是用卷筒缠绕钢丝绳或链条提升或牵引重物的轻小型起重设备，又称绞车

图 13-35　卷扬机

⑥ 构件不能垂直就位而需旁侧主索吊具协助斜拉时，指挥信号要明确，各组卷扬机要协调动作。

⑦ 缆索吊装大型构件时，应事先检查塔架、地锚、扣架、滑车、钢丝绳等机具设备。正式吊装前必须进行吊载试运行。缆索吊装如图 13-36 所示。

缆索吊装施工法通过缆索系统把预制构件吊装成桥梁

图 13-36 缆索吊装

⑧ 缆索跨越公路、铁路时，应搭设架空防护支架。在靠近街道和村镇的地方应设立警示标志。

⑨ 在通航航道上空吊装作业，应与当地港航主管部门取得联系，获得批准后方可进行。通航航道上空的吊装作业如图 13-37 所示。

吊装作业宜采取临时封航措施

图 13-37 通航航道上空的吊装作业

13.7.4 装配式桁架拱和钢构拱安装

① 装配式桁架拱如图 13-38 所示。装配式桁架拱、刚构拱采用卧式预制拱片时，为防止拱片在起吊过程中产生扭折，起吊时必须将全片水平吊起后，再悬空翻身竖立。在拱片悬空翻身的整个过程中，各吊点受力应均匀，并始终保持在同一平

桁架拱桥是指中间用实腹段，两侧用拱形桁架片构成的拱桥

图 13-38 装配式桁架拱

面内，不得扭转。

② 大跨径桁式组合拱，拱顶湿接头混凝土，宜采用较构件混凝土强度高一级的早强混凝土。

③ 安装过程中应采用全站仪（图 13-39）对拱肋、拱券的挠度和横向位移、混凝土裂缝、墩台变位、安装设施的变形和变位等项目进行观测。

全站仪是全站型电子速测仪的简称，是电子经纬仪、光电测距仪及微处理器相结合的光电仪器

图 13-39 全站仪

④ 拱肋吊装定位合龙时，应进行接头高程和轴线位置的观测，以控制、调整其拱轴线，使之符合设计要求。拱肋松索成拱以后，从拱上施工加载起，一直到拱上建筑完成，应随时对 1/4 跨、1/8 跨及拱顶各点进行挠度和横向位移的观测。

⑤ 大跨度拱桥施工观测和控制宜在每天气温、日照变化不大的时候进行，尽量减少温度变化等不利因素的影响。

13.8 斜拉桥施工

13.8.1 斜拉桥施工要点

13.8.1.1 索塔施工的技术要求和注意事项

① 索塔的施工可视其结构、体型、材料、施工设备和设计要求综合考虑，选用适合的方法。索塔施工如图 13-40 所示。

② 斜拉桥施工时，应避免塔梁交叉施工干扰。必须交叉施工时应根据设计和施工方法，采取保证塔梁质量和施工安全的措施。

③ 倾斜式索塔施工时，必须对各施工阶段索塔的强度和变形进行计算，应分高度设置横撑，使其线形、应力、倾斜度满足设计要求并保证施工安全。倾斜式索塔如图 13-41 所示。

④ 索塔横梁施工时应根据其结构、重量及支撑高度设置可靠的模板和支撑系

统。要考虑弹性和非弹性变形、支承下沉、温差及日照的影响。索塔横梁施工如图 13-42 所示。

索塔施工宜用爬模法，横梁较多的高塔，宜采用劲性骨架挂模提升法

图 13-40　索塔施工（一）

索塔指的是悬索桥或斜拉桥支承主索的塔形构造物。索塔的高度通常与桥梁主跨有关，主梁的最大跨度与索塔高度的比一般为3.1～6.3，平均为5.0左右

图 13-41　倾斜式索塔

必要时，应设支承千斤顶调控。体积过大的横梁可分两次浇筑

图 13-42　索塔横梁施工

⑤ 索塔混凝土现浇，应选用输送泵施工，超过一台泵的工作高度时，允许接力泵送，但必须做好接力储料斗的设置，并尽量降低接力站台的高度。

⑥ 必须避免上部塔体施工时对下部塔体表面的污染。

⑦ 索塔施工必须制定整体和局部的安全措施，如设置塔吊起吊重量限制器、断索防护器、钢索防扭器、风压脱离开关等；防范雷击、强风、暴雨、寒暑、飞行器对施工的影响；防范掉落和作业事故，并有应急的措施。索塔施工如图 13-43 所示。

应对塔式起重机、支架安装、使用和拆除阶段的强度稳定等进行计算和检查

图 13-43 索塔施工（二）

13.8.1.2 主梁施工技术要求和注意事项

（1）斜拉桥主梁施工方法

① 施工方法与梁式桥基本相同，大体上可分为顶推法、平转法、支架法和悬臂法；悬臂法分悬臂浇筑法和悬臂拼装法。斜拉桥主梁施工如图 13-44 所示。

由于悬臂法适用范围较广而成为斜拉桥主梁施工最常用的方法

图 13-44 斜拉桥主梁施工

② 悬臂浇筑法，在塔柱两侧用挂篮对称逐段浇筑主梁混凝土。

③ 悬臂拼装法（图 13-45），是先在塔柱区浇筑（对采用钢梁的斜拉桥为安装）

悬臂拼装法指的是在桥墩两侧设置吊架，平衡地逐段向跨中悬臂拼装水泥混凝土梁体预制件，并逐段施加预应力的施工方法

图 13-45 悬臂拼装法

一段放置起吊设备的起始梁段，然后用适宜的起吊设备从塔柱两侧依次对称拼装梁体节段的方法。

（2）混凝土主梁施工方法

① 斜拉桥的零号段是梁的起始段，一般都在支架和托架上浇筑。支架和托架的变形将直接影响主梁的施工质量。斜拉桥如图 13-46 所示。

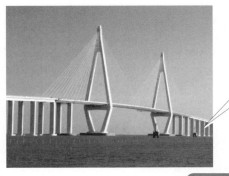

在零号段浇筑前，应消除支架的温度变形、弹性变形、非弹性变形和支承变形

图 13-46　斜拉桥

② 当设计采用非塔、梁固结形式时，施工时必须采用塔、梁临时固结措施，必须加强施工期内对临时固结的观察，并按设计确认的程序解除临时固结。

③ 采用挂篮悬浇主梁时，挂篮设计和主梁浇筑应考虑抗风振的刚度要求；挂篮制成后应进行检验、试拼、整体组装检验、预压，同时测定悬臂梁及挂篮的弹性挠度、调整高程性能及其他技术性能。挂篮悬浇如图 13-47 所示。

图 13-47　挂篮悬浇

④ 主梁采用悬拼法施工时，预制梁段宜选用长线台座或多段联线台座，每联宜多于 5 段，各端面要啮合密贴，不得随意修补。

⑤ 大跨径主梁施工时，应缩短双向长悬臂持续时间，尽快使一侧固定，以减少风振时的不利影响，必要时应采取临时抗风措施。

⑥ 为防止合龙梁段施工出现的裂缝，在梁上下底板或两肋的端部预埋临时连接钢构件，或设置临时纵向预应力索，或用千斤顶调节合龙口的应力和合龙口长度，并应不间断地观测合龙前数日的昼夜环境温度场变化与合龙高程及合龙口长度变化的关系，确定适宜的合龙时间和合龙程序。合龙两端的高程在设计允许范围之内，可视情况进行适当压重。合龙如图 13-48 所示。

（3）钢主梁施工方法

① 钢主梁应由资质合格的专业单位加工制作、试拼，经检验合格后，安全

合龙浇筑后至预应力索张拉前应禁止施工荷载的超平衡变化

图 13-48 合龙（二）

运至工地备用。堆放应无损伤、无变形和无腐蚀。

② 钢梁制作的材料应符合设计要求。焊接材料的选用、焊接要求、加工成品、涂装等项的标准和检验按有关规定执行。钢梁如图 13-49 所示。

③ 应进行钢梁的连日温度变形观测对照，确定适宜的合龙温度及实施程序，并应满足钢梁安装就位时高强度螺栓定位所需的时间。

图 13-49 钢梁

13.8.2 斜拉桥施工监测

（1）施工监测目的与监测对象

① 施工过程中，必须对主梁各个施工阶段的拉索索力、主梁标高、塔梁内力以及索塔位移量等进行监测。斜拉桥施工监测如图 13-50 所示。

② 监测数据应及时将有关数据反馈给设计等单位，以便分析确定下一施工阶段的拉索张拉量值和主梁线形、高程及索塔位移控制量值等，直至合龙。

（2）施工监测主要内容

施工监测的主要内容如表 13-10 所示。

图 13-50 斜拉桥施工监测

表 13-10 施工监测的主要内容

序号	内容	要求
1	变形	主梁线形、高程、轴线偏差、索塔的水平位移
2	应力	拉索索力、支座反力以及梁、塔应力在施工过程中的变化
3	温度	温度场及指定测量时间塔、梁、索的变化

14.1　桥面铺装层施工

桥面铺装又称行车道板铺装，是桥梁结构施工的一个重要组成部分。桥面铺装的作用是保护属于主梁整体部分的行车道板不受车辆轮胎（或履带）的直接磨耗，防止主梁受雨水或桥面腐蚀介质的侵蚀，并对车辆轮重的集中荷载起一定的分布作用，改善行车条件，延长桥梁使用寿命。因此，桥面铺装应具有抗车辙、行车舒适、抗滑等特点。

桥面铺装的结构形式应与所连接的公路路面相协调。同时，桥面铺装部分在桥梁荷载中占有相当的比例，在小跨径桥梁所占比例则更大。因此，应尽量设法减小桥面铺装的自重。

如果桥面铺装采用水泥混凝土，其强度不应低于桥面板混凝土的强度。

14.1.1　水泥混凝土桥面铺装层施工

14.1.1.1　施工流程

水泥混凝土桥面铺装层的施工工艺为：测量放样→安装模板→桥面钢筋绑扎→混凝土制备→混凝土运输→桥面混凝土浇筑→接缝施工→表面修整→养护。

14.1.1.2　具体施工过程

（1）梁顶标高的测定和调整

预应力混凝土空心板或大梁在预制后存梁期间由于预应力的作用，往往会产生反拱，如果反拱过大就会影响到桥面铺装层的施工，因此设计中对存梁时间、存梁方法都做了一定要求。如果架梁前已发现反拱过大，则应采取降低墩顶高程、减少垫石厚度等方法，以保证铺装层厚度。架梁后对梁顶高程进行测量，测定各跨中线、边线的跨中和墩顶处的高程，分析评价其是否满足规范要求，若偏差过大，则应采取调整桥面高程、改变引线纵坡等方法，以保证铺装层厚度，使桥梁上部结构形成整体。

桥面初次清扫后，测量员每隔 5m 每断面 4 个点进行坐标放线，以红油漆做点并复测出标高，如图 14-1 所示。

（2）桥面处理

为了使现浇混凝土铺装层与梁、板结合成整体，预制梁板时对其顶面进行凿毛处理。凿毛机具如图 14-2 所示。有些设计中要求梁顶每隔 50cm 设一条 1～1.5cm 深齿槽。浇筑前要用清水冲洗梁顶，不能留有灰尘、油渍、污渍等，并使板顶充分湿润，如图 14-3 所示。

施工前由测量人员复测桥面中心线、桥面宽度、泄水管位置和桥面板高程

图 14-1　测量放样

对桥面的浮浆、浮渣、杂物进行全面的凿除、清理，一般采用凿毛机与人工凿毛锤相配合的方法进行，整体拉网式向前推进，彻底将桥面上的浮浆、浮渣、杂物全部清理干净，这项工作很重要，直接影响到桥面铺装与梁顶面的连接密实程度

(a) 凿毛锤　　　　　(b) 凿毛机

图 14-2　凿毛机具

高压风吹灰

桥面浮浆、浮渣及杂物清理完成后，人工用扫把进行清扫，再用高压风吹桥面残留的灰尘，接着使用高压水枪进行冲洗并配以竹扫把或钢刷再次清扫，冲洗沿着桥梁横坡，将水及杂物从泄水孔排出，冲洗后的桥面干净、无积水

高压水

图 14-3　桥面清理

（3）桥面钢筋绑扎

桥面钢筋网按设计文件要求下料制作，用混凝土垫块将钢筋网垫起，满足钢筋设计位置及混凝土净保护层的要求。若为低等级公路桥梁，用铺装层厚度调整桥面

横坡，横向分布钢筋要做相应弯折，与桥面横坡相一致。在两跨连接处，若为桥面连续，应同时布设桥面连续的构造钢筋；若为伸缩缝，要注意做好伸缩缝的预埋钢筋。桥面钢筋绑扎如图 14-4 所示。

钢筋网吊运上桥面按设计图纸搭接绑扎，在桥面铺装范围内均匀预埋钢筋的保护层支撑钢筋，预埋钢筋的横纵向间距不得大于1m，支撑钢筋与钢筋网片点焊连接固定

图 14-4　桥面钢筋绑扎

（4）桥面混凝土浇筑

桥面混凝土浇筑如图 14-5 所示。人工布料如图 14-6 所示。振捣如图 14-7 所示。

钢筋网绑扎锚固完毕后，测量人员对中线位置、轨道顶标高、轨道顶横纵坡进行复核，确认无误后即可浇筑混凝土。混凝土施工前需先将桥面板洒水润湿

图 14-5　桥面混凝土浇筑

采用自制机具布料

图 14-6　人工布料

人工初平后，先使用振捣棒及平板振动器初步振捣收平

图 14-7 振捣

　　浇筑混凝土时，宜从下坡向上坡进行，注意要连续施工，以防止产生施工缝。混凝土振捣时，先用插入式振捣器沿模板边角均匀插捣，然后用平板振捣器对中间部分混凝土进行振捣，直至混凝土不再下沉，最后用振动梁进行粗平。水泥混凝土桥面施工可采用真空脱水工艺，脱水后还应进行表面平整和提浆。如不采用真空脱水工艺，应采用抹子反复抹面直至表面平整、无泌水为止。整平机整平如图 14-8 所示。人工收面如图 14-9 所示。检查修正如图 14-10 所示。

启用整平机，保持规定速度运行。及时处理面层浮浆

图 14-8 整平机整平

为防止混凝土表面出现裂缝，首先采用木质收面器反复压抹至表面平整，然后采用铁质收面器收平至表面光洁，最后在混凝土初凝前使用铁质收面器再一次收面

图 14-9 人工收面

在收面过程中，反复用铝合金条对桥面板横向及纵向的平整度进行检查验证

图 14-10　检查修正

收面完成后立即采用拉毛器进行拉毛，如图 14-11（a）所示；拉毛结束后使用压纹器进行压纹，如图 14-11（b）所示。

（a）拉毛

（b）压纹

图 14-11　拉毛与压纹

（5）养护

浇筑完后待表面有一定硬度时即可开始养护，如图 14-12 所示。常用的养护方法为覆盖草麻袋、草帘、塑料薄膜、土工布等并洒水。

针对夏季高温施工，混凝土在初凝后立即覆盖，覆盖采用复合土工布，并在高边设置喷淋养护，养护用水干净无杂质，养护时间为7～15天

图 14-12　养护

14.1.2　沥青混凝土桥面铺装层施工

沥青混凝土桥面铺装层与同等级公路沥青混凝土路面的材料、施工工艺、施工方法相同，一般与路面同时施工。施工中必须注意控制好沥青混合料各阶段的温度、碾压的压实度、面层的平整度和抗滑性等关键技术指标。

沥青面层宜采用高温稳定性好的中粒式热拌热铺沥青混凝土铺筑，施工环境温度应在10℃以上。沥青混凝土桥面铺装前，应检查桥面是否平整、粗糙、干燥、整洁；桥面横坡应符合设计要求，不符合时应予以处理，铺筑前应洒布黏层沥青。

14.2　人行道、护栏、缘石施工

人行道、护栏、缘石等都属于桥面系附属工程，它们对桥梁的正常使用及较好地完成桥梁功能也是非常重要的。下面简要介绍这些附属工程的施工。

（1）人行道施工

人行道顶面一般高出桥面250～300mm。按人行道板安装在主梁上的位置，人行道分为搁置式和悬臂式。人行道、栏杆通常采用预制块件安装施工方法，有些桥的人行道采用整块预制，分端块和中块两种，如果为斜交桥其端块还要做特殊设计。预制时要严格按照设计尺寸制模成形，保证强度。大部分桥梁人行道采用分构件预制法。

（2）栏杆与护栏施工

栏杆是桥梁工程的重要组成部分。栏杆施工不仅要保证质量，还要满足艺术和美观的要求。

桥梁栏杆形式多样，取材广泛，施工方法各异，具体方法可参照设计图样，按图施工。

组合式防撞护栏可采用现浇法施工，也可采用预制件拼装。实际施工中主要采用现浇法。常规施工程序如下。

① 在浇筑桥面板或人行道板时，准确地设置预埋拉结钢筋，以便与防撞护栏的钢筋骨架拉结。

② 绑扎混凝土护栏钢筋骨架，与桥面板拉结筋做好连接，如图14-13所示。

③ 搭设混凝土护栏模板和工作平台，如图14-14所示，并设置预埋件，以便安装上部栏杆柱。顶部预埋钢板和螺栓的位置必须准确。

④ 浇筑护栏混凝土，同时制作栏杆、扶手等构件，如图14-15所示。

⑤ 安装栏杆柱、扶手等构件，安装时注意控制螺栓的扭矩，初始时不宜拧得过紧，以便在安装过程中进行调整，使扶手线形平顺，最后拧紧螺栓。注意钢管扶手在护栏伸缩缝处必须断开。外露钢构件必须经防腐处理，再涂上面漆。

按设计要求进行防护栏钢筋的施工，主筋与预埋防护栏钢筋应进行搭接焊，搭接长度符合规范要求，横向水平筋用扎丝绑扎牢固。每平方米设置垫块不少于4个，确保混凝土的保护层厚度

图 14-13　钢筋绑扎

内、外模板安装时需紧贴混凝土底座并用螺栓拉杆拉紧联结，下部及顶部各设置一道拉杆。模板安装时内、外侧底线必须与防撞护栏放样墨线吻合

图 14-14　模板安装

防撞护栏混凝土施工时以相邻两断缝之间混凝土为一个浇筑单元，每一个浇筑单元分三层一次浇筑成型，以避免或减少防撞护栏倒角处产生气泡、水纹等的病害。混凝土浇筑从一端开始，按水平分层斜向推进。最底下一层混凝土浇筑高度到达内侧模板下部的第一个转角处，第二层混凝土浇筑高度到达内侧模板的第二个转角处，第三层混凝土直接浇筑到顶面

图 14-15　浇筑护栏混凝土

（3）护轮安全带和路缘石施工

护轮安全带可以做成预制块件安装，或与桥面铺装层一起现浇。预制的安全带块件有矩形截面和肋板截面两种，其中矩形截面最为常用。现浇的安全带宜每隔

2.5～3m 做一断缝，以避免与主梁的收缩不一致而被拉裂。

预制块件安装前要精确放样，弯桥、坡桥要注意线形的平顺。块件必须坐浆安装，要落位准确，全桥对直，安装后线条直顺、整齐、美观。

路缘石施工方法和工艺要求与护轮安全带相同。

14.3　伸缩缝安装施工

桥梁伸缩缝分为以下五大类：钢制支承式、组合剪切式（板式）、模数支承式、对接式及无缝式伸缩缝。

在钢制支承式中，国内常见的钢梳齿板伸缩装置安装方法为：切缝开槽→清理→放置→检查→钢筋焊接→模板安装及浇筑混凝土→梳齿板安装→养护。

（1）切缝开槽

在施工前根据施工设计图纸放样，使用切割机锯缝，注意对锯缝线以外路面的保护，防止污染，并保证切缝切口完好，如图 14-16 所示。安装尽量在路面铺好后进行，安装前须对预留槽的宽度、深度及预埋钢筋进行检查，使之符合安装伸缩缝的要求。

在开槽切割线内，首先用风镐打松沥青混凝土，一要确保原伸缩缝安全，二是防止切缝区外(路面和桥面)松动

图 14-16　切缝开槽

（2）清理

清理槽口，所有污物、尘土及其他不必要的杂质全部予以清除，如图 14-17 所示。

（3）放置

伸缩缝安装螺栓组吊装就位，使其安装中心线与梁端预留间隙中心线对正，其长度与缝区的长度对正。

（4）检查

检查伸缩装置的位置，使其符合设计要求，如果此时个别预埋钢筋对伸缩缝正确安装有妨碍，可以用气割割掉。

表层清除后，采用人工对伸缩缝区清理；清理干净后，对槽区内混凝土面进行凿毛处理，此工序作用为增加新、老混凝土黏结

图 14-17　清扫

（5）钢筋焊接

伸缩缝与桥梁上的钢筋进行焊接，如图 14-18 所示。

伸缩装置正确就位后，先将伸缩装置一侧的锚固筋与预留槽的预埋钢筋相连并焊接，焊接时可以间隔一个焊一个，然后再将另一侧的锚固钢筋按上述步骤焊接。伸缩装置确认固定好后，夹具便可以卸下，然后将其余未焊锚固钢筋与预埋钢筋完全焊接，使伸缩装置可靠锚固

图 14-18　焊接

（6）模板安装及浇筑混凝土

填塞泡沫板，保证浇筑混凝土不漏浆。在缝区内喷洒适量水，先浇注支座底部及梳齿板下的混凝土，混凝土沿两边槽区堆高，用插入式振捣棒严格按要求快插慢拔、均匀振捣，如图 14-19 所示。

（7）梳齿板安装

梳齿板安装，如图 14-20 所示。应防止产生梳齿不平、扭曲及其他的变形。

（8）养护

待混凝土初凝后，用土工布或稻草覆盖并按时洒水进行养护，确保覆盖物不得干燥。在养护期间要封闭交通，包括行人，以防被人或车踩压后影响其平整度。

待混凝土完全振捣密实后，将混凝土上表面刮平。在刮平的混凝土表面铺转角橡胶垫、缓冲垫和不锈钢滑板

图 14-19 浇筑混凝土

按编号装配大小板，然后以两侧路面为基准，使梳齿板上表面与路面相平。

浇注梳齿板两侧混凝土，用振捣棒以同样的方法把混凝土振捣密实，使混凝土面和两侧路面及梳齿钢板面接平，误差必须控制在-2～0mm内

图 14-20 梳齿板安装

14.4 桥面防水系统施工

14.4.1 基层要求与处理

（1）基层要求

① 基层混凝土强度应达到设计强度的 80％以上，方可进行防水层施工。

② 当采用防水卷材时，基层混凝土表面的粗糙度应为 1.5～2.0mm；当采用防水涂料时，基层混凝土表面的粗糙度应为 0.5～1.0mm。对局部粗糙度大于上限值的部位，可在环氧树脂上撒布粒径为 0.2～0.7mm 的石英砂进行处理，同时应将环氧树脂上的浮砂清除干净。

③ 混凝土的基层平整度应小于或等于 1.67mm/m。

④ 当防水材料为卷材及聚氨酯涂料时，基层混凝土的含水率应小于 4％（质量比）。当防水材料为聚合物改性沥青涂料和聚合物水泥涂料时，基层混凝土的含水率应小于 10％（质量比）。

⑤ 基层混凝土表面粗糙度处理宜采用抛丸打磨。基层表面的浮灰应清除干净，并不应有杂物、油类物质、有机质等。抛丸打磨如图 14-21 所示。

抛丸设备两次施工行车道之间需要搭接3～5cm，根据工程的具体特点和施工需要，合理调节设备，使搭接的部分与整体抛丸处理后的效果一致，无明显接痕，保证抛丸处理后的表面平整度，以防出现高低差等缺陷。根据待处理表面不同区域的不同状况及浮浆层的厚度，确定抛丸处理的深度，一般将处理去除深度控制在1～3mm内

图 14-21　抛丸打磨

⑥ 结构缝清理如图 14-22 所示。

水泥混凝土铺装及基层混凝土的结构缝内应清理干净，结构缝内应嵌填密封材料。嵌填的密封材料应黏结牢固、封闭防水，并应根据需要使用底涂

图 14-22　结构缝清理

（2）基层处理

① 基层处理剂可采用喷涂法或刷涂法（如图 14-23 所示）施工。喷涂应均匀，

喷涂基层处理剂前，应采用毛刷对桥面排水口、转角等处先行涂刷，然后再进行大面积基层面的喷涂

图 14-23　刷涂基层处理剂

覆盖完全，待其干燥后应及时进行防水层施工。

② 喷涂基层处理剂前，应采用毛刷对桥面排水口、转角等处先行涂刷，然后再进行大面积基层面的喷涂。

③ 基层处理剂涂刷完毕后，其表面应进行保护，且应保持清洁。涂刷范围内，严禁各种车辆行驶和人员踩踏。

④ 防水基层处理剂应根据防水层类型、防水基层混凝土龄期及含水率、铺设防水层前对处理剂的要求，按《城市桥梁桥面防水工程技术规程》（CJJ 139—2010）中的表 5.2.4 选用。

14.4.2　防水卷材施工

① 卷材防水层铺设前应先做好节点、转角、排水口等部位的局部处理，然后再进行大面积铺设。

② 当铺设防水卷材时，环境气温和卷材的温度应高于5℃，基面层的温度必须高于0℃；当下雨、下雪和风力大于或等于5级时，严禁进行桥面防水层体系的施工。当施工中途下雨时，应做好已铺卷材周边的防护工作。

③ 铺设防水卷材时，任何区域的卷材不得多于3层，搭接接头应错开500mm以上，严禁沿道路宽度方向搭接形成通缝。接头处卷材的搭接宽度沿卷材的长度方向应为150mm，沿卷材的宽度方向应为100mm。

④ 铺设防水卷材应平整顺直，搭接尺寸应准确，不得扭曲、皱褶。卷材的展开方向应与车辆的运行方向一致，卷材应采用沿桥梁纵、横坡从低处向高处铺设，高处卷材应压在低处卷材之上。

⑤ 当采用热熔法铺设防水卷材时，应满足下列要求。

a. 应采取措施保证均匀加热卷材的下涂盖层，且应压实防水层。多头火焰加热器的喷嘴与卷材的距离应适中并以卷材表面熔融至接近流淌为度，防止烧熔胎体。

b. 滚铺卷材如图 14-24 所示。

c. 搭接缝部位应将热熔的改性沥青挤压溢出，溢出的改性沥青宽度应在

卷材表面热熔后应立即滚铺卷材，滚铺时卷材上面应采用滚筒均匀辊压，并应完全粘贴牢固，且不得出现气泡

图 14-24　滚铺卷材

20mm 左右，并应均匀顺直封闭卷材的端面。在搭接缝部位，应将相互搭接的卷材压薄，相互搭接卷材压薄后的总厚度不得超过单片卷材初始厚度的 1.5 倍。当接缝处的卷材有铝箔或矿物粒料时，应清除干净后再进行热熔和接缝处理。

⑥ 当采用热熔胶法铺设防水卷材时，应排除卷材下面的空气，并应辊压粘贴牢固。搭接部位的接缝应涂满热熔胶，且应辊压粘贴牢固。搭接缝口应采用热熔胶封严。

⑦ 铺设自粘性防水卷材时应先将底面的隔离纸完全撕净。

⑧ 卷材的储运、保管应符合现行行业标准《道桥用改性沥青防水卷材》（JC/T 974—2005）中的相应规定。

14.4.3　防水涂料施工

① 防水涂料严禁在雨天、雪天、风力大于或等于 5 级时施工。聚合物改性沥青溶剂型防水涂料和聚氨酯防水涂料施工环境气温宜为 $-5 \sim 35 ℃$；聚合物改性沥青水乳型防水涂料施工环境气温宜为 $5 \sim 35 ℃$；聚合物改性沥青热熔型防水涂料施工环境气温不宜低于 $-10 ℃$；聚合物水泥涂料施工环境气温宜为 $5 \sim 35 ℃$。

② 防水涂料配料时，不得混入已固化或结块的涂料。

③ 防水涂料宜多遍涂布，如图 14-25 所示。

防水涂料应保障固化时间，待涂布的涂料干燥成膜后，方可涂布后一遍涂料。涂刷法施工防水涂料时，每遍涂刷的推进方向宜与前一遍相一致。涂层的厚度应均匀，且表面应平整，其总厚度应达到设计要求并应符合规程的规定

图 14-25　涂布防水涂料

④ 涂料防水层的收头，应采用防水涂料多遍涂刷或采用密封材料封严。

⑤ 涂层间设置胎体增强材料的施工，宜边涂布边铺胎体。胎体应铺贴平整，排除气泡，并应与涂料黏结牢固。在胎体上涂布涂料时，应使涂料浸透胎体，覆盖完全，不得有胎体外露现象。

⑥ 涂料防水层内设置的胎体增强材料，应顺桥面行车方向铺贴。铺贴顺序应自最低处开始向高处铺贴并顺桥宽方向搭接，高处胎体增强材料应压在低处胎体增强材料之上。沿胎体的长度方向搭接宽度不得小于 70mm、沿胎体的宽度方向搭接宽度不得小于 50mm，严禁胎体搭接沿道路宽度方向形成通缝。采用两层胎体增强材料时，上下层应顺桥面行车方向铺设，搭接缝应错开，其间距不应小

于幅宽的 1/3。

　　⑦ 防水涂料施工应先做好节点处理，然后再进行大面积涂布。转角及立面应按设计要求做细部增强处理，不得有削弱、断开、流淌和堆积现象。

　　⑧ 道桥用聚氨酯类涂料应按配合比准确计量、混合均匀，已配成的多组分涂料应及时使用，严禁使用过期材料。

　　⑨ 防水涂料的储运、保管应符合现行行业标准《道桥用防水涂料》（JC/T 975—2005）中的相应规定。

15

城市地道桥和人行天桥

15.1　城市地道桥

15.1.1　工作坑

15.1.1.1　工作坑施工流程

工作坑围护→工作坑一次开挖→深井降水→地基加固→工作坑二次开挖→井点降水、深井降水。

15.1.1.2　具体施工过程

（1）工作坑围护

根据现场地质、地形、地物和施工要求来决定是否进行围护。软土地基、四周附近有建筑物、深度 5m 及以上的深基工作坑，都要采取围护加固措施。工作坑围护结构墙体通常采取钻孔桩、搅拌桩、型钢水泥土复合连续墙及钢板桩等类型。下面以钻孔桩施工为例讲述施工过程。

① 放线定桩位　定位后要在每个桩中心点打入一根 $\phi16\times800$mm 的钢筋做桩位标记，并用混凝土固定好。桩位放线后会同有关人员对轴线桩位进行复核，并要有交接记录。轴线经复核无误后才允许进行施工。放线定桩位如图 15-1 所示。

坑挖好后四周用黏土回填，分层夯实，并随填随观察，防止填土时护筒位置偏移。护筒埋好后应复核校正，偏差不得大于50mm

图 15-1　放线定桩位

② 护筒设置

a. 护筒一般用 4～6mm 厚的钢板加工制成，高度为 1.5～2m。钻孔桩护筒内径应比钻孔头直径大 10mm。护筒顶部应开设溢浆口，并高出地面 0.15～0.30m。

b. 护筒位置要根据设计桩位轴线中心埋设。埋设护筒挖坑不要太大。

c. 护筒埋设深度：在黏土中不得小于1m，砂土中不得小于1.5m，并应保持孔内泥浆液面高于地下水位1m以上。

护筒设置如图15-2所示。

坑挖好后四周用黏土回填，分层夯实，并随填随观察，防止填土时护筒位置偏移。护筒埋好后应复核校正，偏差不得大于50mm

图 15-2 护筒设置

③ 护壁泥浆配制

a. 在黏土中成孔时应注入清水，以原土造浆护壁。循环泥浆相对密度应控制在1.1～1.3。

b. 在砂土和较厚砂层中成孔时，应制备泥浆，泥浆相对密度应控制在1.2～1.3。

c. 泥浆控制指标：黏度18～22s；含砂率不大于8%；胶体率不大于90%。施工中应经常测定泥浆密度、黏度、含砂率和胶体率。

泥浆池如图15-3所示。

泥浆池和沉淀池面标高应比护筒顶低0.5～1m，以利泥浆回流顺畅。泥浆池和沉淀池的位置要合理布局，不得妨碍吊机和钻机行走

图 15-3 泥浆池

④ 钻孔

a. 在一般黏土、淤泥、淤泥质黏土以及砂土中采用笼式钻头。

b. 在淤泥质土中，应根据泥浆的补给情况，严格控制钻进速度，一般不宜大于1m/min；在松散砂层中，钻进速度不宜超过3m/h。

钻孔如图15-4所示。

⑤ 清孔。对以原土造浆的钻孔，钻到设计深度后，可使钻头空转不进尺，循环搅浆。泥浆相对密度应控制在（1∶1.15）～（1∶1.1）。清孔结束后，孔内保持水

钻进过程中若发现斜孔、缩颈、塌孔或护筒周围冒浆及地面沉陷时，应停止钻进，查明原因，采取有效措施后方可继续施工

图 15-4　钻孔

头高度，并应在 30min 内灌注混凝土，沉渣厚度不得大于 200mm，若超过间隔时间或超过沉渣规定厚度时，应重新清孔至符合要求。清孔如图 15-5 所示。

图 15-5　清孔

⑥ 制作安装钢筋笼。钢筋笼安装深度要符合设计要求，其允许偏差为 ±100mm。制作安装钢筋笼如图 15-6 所示。

⑦ 灌注水下混凝土。混凝土灌注过程作业要点：混凝土灌注过程中应注意上下运行导管，以增加混凝土侧向挤压力，保证混凝土和孔壁的密实性。混凝土面接近钢筋笼底端时，导管埋入混凝土面的深度宜保持 4m 左右，灌注速度可适当放

全部安装入孔后应检查钢筋笼安装标高，确认符合设计要求后，采用钢筋笼吊筋固定在钻机底盘上

图 15-6　制作安装钢筋笼

钢筋笼制作

扫码观看视频

慢。当混凝土面进入钢筋笼底端 2～3m 后可适当提升导管，同时注意不要碰撞钢筋笼。灌注水下混凝土如图 15-7 所示。

混凝土灌注完毕后，应及时割断吊筋、拔除护筒、清除孔口泥浆、回填或加盖

图 15-7 灌注水下混凝土

（2）工作坑开挖

根据现场地质、地形、地物和施工要求，工作坑可采取放坡开挖和采取围护加固后开挖两种形式。

① 放坡开挖。当基坑深度较浅，周围无邻近的重要建筑物及地下管线时，可采取放坡开挖。

a. 开挖前准备工作。调查基坑施工范围内地上、地下管线，落实拆迁单位，签订好监护安全协议。根据挖土深度及地下水情况，做好排水、降水工作，落实弃土地点，修好运土道路。

b. 开挖施工。由于深度小，挖土机械可一次开挖至设计标高。软底基坑可采用反铲挖土机配合运土翻斗车在地面作业。反铲挖土机开挖如图 15-8 所示。

为了预防超挖，基底300mm的土层采用人工挖除

图 15-8 反铲挖土机开挖

② 围护结构工作坑开挖。挖土的顺序、方法必须与围护设计工况相一致，并遵循"开槽支撑，先撑后挖，分层开挖，严禁超挖"的原则。

小型挖掘机开挖如图 15-9 所示。

小型挖掘机的特点：较小巧、灵活、功能多和效率高、质量轻、保养维修方便等

图 15-9 小型挖掘机开挖

基坑开挖施工应遵循"先端部、后中间"的原则，即先将端头斜撑位置土体挖出，放出 1:2.5 坡后挖中间段。在中间段挖土中也必须分层、分小段开挖，随挖随撑，每层深度控制在 1.50m 左右，分层开挖如图 15-10 所示。基坑开挖从上到下分层分块进行，分层开挖过程中临时放坡为 1:1.5，基坑开挖到坑底标高时放坡为 1:2.5。每挖一层土后面都要大致平整。在最后一层开挖时，机械挖深应控制离坑底标高 300mm 范围内，余下的一律改人工修整坑底，并及时排除积水，保证底板垫层能铺在原状土上。随挖土逐层加深，要及时凿除围护墙上的混凝土凸瘤与积土，对支撑腹下残留的陡峭土尖应及时清除，防止坍落伤人。

将分层位置、深度、各道支撑标高、挖运顺序等画出示意图，向作业人员技术交底

图 15-10 分层开挖

15.1.2 后背

后背位于工作坑后部，是顶进施工时千斤顶的承力面，承受顶进时的水平反力。后背和滑板是临时构筑物，但对顶进施工十分重要，应根据顶力大小、地形地貌、土质、机具设备及运输等条件来选定，但必须安全可靠，才能确保顶进施工顺利进行。

（1）后背的功能要求

① 要有一定的刚度，压缩变形要小。

② 具有足够的承载力和稳定性，不致因顶力大而坍塌。顶前后背能承受背后土体的水平推力。

③ 后背土体应一致，压缩均匀，以免顶力大时后背倾斜。

④ 后背壁面应平整，垂直于箱体中轴线，便于安装顶进设备。后背宽度应根据单位宽度提供的土抗力和设计顶力确定（包括斜桥顶进斜偏顶力），其位置应与千斤顶布置相对应。

⑤ 后背设置应留有补强余地。当后背的水平反力不足时，可将后背梁和滑板连成整体；亦可采用串联式后背使其整体反力满足最大顶力的需要。

（2）后背的类型

根据地形地貌、土质情况，施工时选择后背类型的原则应因地制宜、就地取材，尽量利用原土。其他软土地基常用的后背还有以下几种形式。

① 浆砌片石后背：其优点是可就地取材，砌筑方便，稳定性强，无压缩变形。当土质比较坚硬、后背单宽顶力在 $500kN/m^2$ 及以下时，可用浆砌片石重力式挡墙或预制块拼装，浆砌片石后背示意图如图 15-11 所示。

浆砌片石后背采用砂浆与片石料砌筑，石料属不规则形状，一般接近长方体的为片石，接近正方体为块石

图 15-11 浆砌片石后背示意图
1—块石；2—填土夯实

② 板桩式后背：单宽顶力在 $500\sim1000kN/m^2$ 宜采用钢板桩，单宽顶力在 $1000\sim1500kN/m^2$ 宜采用型钢水泥搅拌桩、钻孔灌注桩等形式。其优点在于先成桩后开挖，既可以减少开挖大量土方，又能保证桩后土的密实性。此种板桩式后背一般适用于地质较差的情况下，主要由板桩、后背梁和后背填土三部分组成。板桩式后背如图 15-12 所示。

板桩式后背是指利用板桩挡土，靠自身锚固力或设帽梁、拉杆及固定在可靠基础上的锚板维持稳定的结构

图 15-12 板桩式后背

③ 整体浇筑式钢轨混凝土后背：当台后是湖塘或道路已经修筑完成不具备利用原土修筑的情况下，可采用滑板与后背联结一体的钢轨钢筋混凝土整体式后背。但此后背耗用材料多，一般箱身较小，在单宽顶力不大的情况下，经技术、经济比较后慎用。整体浇筑式钢轨混凝土后背如图 15-13 所示。

> 整体浇筑式钢轨混凝土后背的优点：有很好的整体性，有利于抗震，能抵抗振动和爆炸冲击波

图 15-13　**整体浇筑式钢轨混凝土后背**

15.1.3　设备

顶进设备由液压系统和传力设备两部分组成。液压系统主要包括千斤顶、高压油泵、阀门和其他液压元件，传力设备主要包括顶铁、横梁的顶轨等。

15.1.3.1　液压系统

设计液压系统应通过多种方案的比较，采用合理而又经济的回路方案。加强设备检修维护，确保顶进施工不间断进行。

（1）千斤顶

① 千斤顶选用。千斤顶一般分单作用和双作用两种方式。单作用千斤顶其柱塞式油缸仅可单向运动，反向运动则需借助外力进行。双作用油缸的千斤顶，其活塞能作往复双向运动，即能自动回镐，不需要设拉镐装置，故在顶进中使用双作用油压千斤顶较为方便，一次顶程 1m 左右，效率高，是箱形桥顶进施工中首选的方式。千斤顶规格和数量由箱身计算顶力和箱体底板宽度来确定，通常选用双作用、卧式、起重力为 150～200t、顶程 1.0m 的千斤顶为宜。千斤顶的顶力可按额定顶力的 70% 计算，还应有适当的储备。YSD-150 型双作用千斤顶如图 15-14 所示。

> 双作用千斤顶是具有张拉和顶压锚固两种功能的千斤顶。按构造有双作用穿心式千斤顶和锥锚式千斤顶

图 15-14　**YSD-150 型双作用千斤顶**

② 千斤顶布置。千斤顶的布置分为两种形式，一种放在箱体底板尾部，顶进过程中随箱身一起前移；另一种放在后背前端，顶进过程中千斤顶保持在原位不动，应从传力设备、吊安操作和顶进出土车辆行走方便等因素综合考虑进行选择。一座箱桥的顶进应使用同一类型的千斤顶，并在一般情况下应以箱身中心线为轴对称设置。千斤顶布置如图 15-15 所示。

在保证千斤顶横梁的刚强度要求的同时，必须考虑底盘纵梁的受力变形，必须进行刚度加强

图 15-15 千斤顶布置

（2）高压油泵

① 技术参数选定。顶进施工中采用高压油泵与千斤顶配合使用。由于受千斤顶设备数量的限制，需要油泵产生较高的工作压力。一般选用压力为 32MPa 的柱塞式高压油泵，顶进时其工作压力能维持在 20MPa 左右，工作压力可选择在额定压力的 60%～70%，并以此压力来配备千斤顶。高压油泵输出流量应符合顶进速度的要求，并可根据供油量计算，确定高压油泵数，一般油泵的流量控制在 10L/min 即可，必要时可将小流量油泵并联使用。

② 操作要求

a. 油泵工作液体要根据施工气温的不同来选择，冬季施工常用黏度较低的锭子油，夏季则可用低标号的机油。

b. 高压油泵安装位置随千斤顶布置的方式不同而异，原则上安设在靠近千斤顶的位置，在工作坑没有位置的情况下，可以安设后背上或顶进的箱身内。

c. 高压油泵和千斤顶连接管路和配件要牢固，在最大压力下，不要有漏油现象。高压油泵如图 15-16 所示。

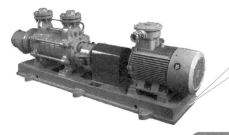

高压油泵要有动力源才能运转，它下部的凸轮轴是由发动机曲轴齿轮带动的

图 15-16 高压油泵

（3）液压阀

液压阀是控制油的压力、调节流量及改变流向的装置。根据液压阀在油压系统中所起的不同作用可分为压力控制阀、流量控制阀和方向控制阀三类，并都由阀体、阀芯和操作控制机构三个主要部分组成。液压阀如图 15-17 所示。操作控制机构又分为电磁阀和手动操纵阀两种类型。经过改进的 YDB 32-50/25 液压泵站采用手动操纵阀集中控制，使用双泵双压回路使空程和回程速度加快，避免了原电磁阀因液压油不洁造成的故障，提高了作业效率，更适用于现场工地的使用环境。

液压阀常用于夹紧、控制、润滑等油路。优点：流体通过液压阀时，压力损失小；阀口关闭时，密封性能好，内泄漏小，无外泄

图 15-17 液压阀

（4）液压辅件

① 油箱。油箱具备储油和散热功能，箱内有效储油量应为油泵排量的 3 倍以上。油箱内应设隔板，回油管与吸油管应尽量远离些，能保证充分沉淀并防止气泡进入吸油管。油箱底部应有放油孔，且底面倾斜，便于排渣、放油和清洗。油箱上应装有油位表、滤网、排气孔、供油孔、检查孔等，箱内放永久磁铁以吸附铁屑。油箱如图 15-18 所示。

油箱的回油管应尽量设在油液液面以下，以免回油液冲击油箱内油液液面，造成气穴现象，对液压系统产生不良影响

图 15-18 油箱

② 油管和管接头

a. 油管，常用的油管有钢管、铜管、橡胶软管和尼龙管等。油管内径应按流

量确定，回油管的内径不得小于 10mm，分油表内径不得小于 6mm。由于现场顶进施工的相对运动量大，通常选用橡胶软管进行连接，不仅安装方便，且能吸收油液系统中的冲击和振动。

b. 管接头，根据连接管的材料和压力来选用，常用的接头有焊接式和卡套式等。当采用法兰盘连接时，应垫以 1~2mm 厚的紫铜板或铝板。安装前必须清洗，一般可用 20% 的硫酸或盐酸清洗，然后用 10% 的苏打水中和，再用温水洗干净后，进行干燥处理，涂油并做预压试验，确认合格后才能使用。油管和管接头如图 15-19 所示。

管接头应满足装拆方便、连接牢靠、密封可靠、外形尺寸小、通油能力大、压力损失小、加工工艺性好等要求

图 15-19 油管和管接头

③ 密封装置 密封是液压传动中最基本的条件，密封装置要满足以下要求。

a. 有可靠的密封性能。

b. 使用寿命长及摩擦损失小。

c. 容易加工，便于更换和维修。

15.1.3.2 传力设备

顶入法是依靠后背来实现顶进的。随着箱涵逐渐顶进，在千斤顶至后背间，距离愈来愈大，需设置大量传力设备以保证箱涵的继续顶进。这些传力设备按顶进箱的大小、顶程的长短，一般包括顶铁、顶柱、横梁。

（1）顶铁

根据千斤顶的顶程来更换不同尺寸的顶铁。以使用顶程 20cm 的千斤顶为例，顶铁长度一般分为 10cm、15cm、20cm、30cm、60cm、80cm 六种规格，还有不同厚度的补空铁垫板用以填充空隙。顶铁的材料可用铸铁或型钢。杆顶铁如图 15-20 所示。

（2）顶柱

顶柱可用钢轨钢板组焊而成，或型钢钢板组焊而成，横截面为方形，常用长度为 1m、2m、4m 等，在起吊设备方便的情况下，也可以制成 8m 长的顶柱。此外，也可结合利用其他工程制作的钢筋混凝土构件，例如直径为 40~50cm 的钢筋混凝土管桩，如图 15-21 所示。

杆顶铁用来在柱杆顶部和宽的挡泥板凸缘上生成隆起，与支架或其他车身内部构件形成一个封闭结构的板件

图 15-20　杆顶铁

钢筋混凝土管桩具有制作简便、强度高、刚度大和可制成各种截面形状的优点，是被广泛采用的一种桩型

图 15-21　钢筋混凝土管桩

（3）横梁

横梁分活动横梁和固定横梁两种。

① 活动横梁。活动横梁常用工字钢及钢板焊接而成。目前一般是用一块 20mm 厚的钢板置于箱涵底板后端以直接承受顶力。活动横梁如图 15-22 所示。

活动横梁

活动横梁的作用：液压机与工作缸柱塞杆连接传递液压机的压力，通过导向套沿立柱导向面上下往复运动；安装固定模具及工具等，因此需要有较好的强度、刚度及导向结构

图 15-22　活动横梁

② 固定横梁。固定横梁其位置固定后，不能移动。它是顶柱的横向连接梁。通常每隔 8m 顶柱长设置一道，顶柱与横梁之间用螺栓连接牢固，其作用为均匀传递顶力，保证顶柱的受压稳定。

15.1.4 顶进方法

15.1.4.1 顶进法定义

顶进法施工是指在铁路、公路或其他建筑物下方，顶入预制的钢筋混凝土箱型框架，建成各种地下通道或地下建筑物。这种方法适用于：原有铁路和公路平交道口不能适应交通安全和车流畅通要求而改建为立交道口；农田灌溉或通航需要增建穿越铁路的过水桥涵或过船桥涵；在处理旧线既有桥涵病害时，要求扩建或增建新桥涵；明挖法修建地下通道，某些地段不能开挖路面等情况。

顶进法是地下建筑物施工的一种基本方法，在不中断地面交通的前提下，将预制好的涵管或箱体，采用机械力量顶入地层中。此法适用于穿越公路、铁路、河流、建筑物、街道的各种桥涵、地道、地下管道等。顶进法现场如图 15-23 所示。

顶进法注意事项：做好洞口构造、中继环的设置、压浆孔的布置、稳定土层的措施要做好检查

图 15-23 顶进法现场

15.1.4.2 顶入方法分类

（1）一次顶入法

一次顶入法也称整体顶入法，是指箱体整体预制，纵向不分节、横向不分体，从箱体顶进到箱体就位一气呵成。

一次顶入法可使钢筋混凝土结构一次预制完成。只要有足够的顶力设备，对正交或斜交、各种路基土质、覆土深度，一般均能用此法一次顶入。其优点是对铁路运输干扰较小，顶进时间集中，慢行时间短。由于整体顶进可连续完成，施工期较短，对运输干扰时间短，故目前被广泛采用。一次顶入法如图 15-24 所示。

一次顶入法通常顶进应连续进行，但当列车通行时，要停止顶进及挖土作业

图 15-24 一次顶入法

367

（2）多箱分次顶入法

箱体间设计净距一般控制在 10cm 左右为宜，太小了箱身预制若发生偏差就难以顶入；太大了由于后续箱体的顶进，仅一侧受土压力，间距难以控制。

多孔箱涵顶进顺序可根据线路加固长度、箱孔大小、施工安全、工期要求、经济效益等因素综合进行方案比较，择优选用。多箱分次顶入法如图 15-25 所示。

> 单节箱体顶进通常以30m为限。顶进长度超过30m就分为两节或多节箱体分节连续顶进

图 15-25　多箱分次顶入法

（3）对顶法

对顶法是在铁路两侧各挖一工作坑，将箱涵分成两半，分别在两侧工作坑内预制，并修筑后背，同样各借后背反力将箱涵顶入路基。

对顶法要求接口严密不漏水，要求防止两侧箱身顶进后的"错牙"现象，故对顶进工艺的要求比较严格。一般是采用预留缺口设橡胶止水带的方法，具体做法是在最后一镐顶进至接缝约 70mm 宽间隙时停止顶进，在接缝内塞直径 50mm 的沥青麻筋辫，安设止水带并用预埋螺栓加扁钢压紧。再开动千斤顶挤实，最后用防水混凝土将缺口补平。

对顶法主要是当箱涵过长（如图 15-26 所示），顶进距离也很长，需要顶力大，致使后背修建及顶进设备顶入困难，或工作坑长度受限制，而设置中继间也有困难时才采用的。这个方法虽具有分建后背和减小顶力的优点，但要修建两处后背并需最后"对接"合龙，故对顶进方向和高程有较高的要求，通常是在地基较好并有切实纠偏措施时才考虑采用。

> 对顶箱涵就位后要拆除两箱涵端部的刃角，随后浇筑空隙部位的混凝土。其顶进方法与单节箱涵顶进方法相同

图 15-26　箱涵过长

纠偏措施主要是千斤顶的调整及控制挖土两项。轴线纠偏以调整千斤顶为主，因此在配备千斤顶时应考虑到有足够的纠偏余量。箱涵前端头部位置要控制严格，让刃角切土位置正确，这样经过长距离顶进后会形成一个正确的孔道。轴线偏差一般控制头部在 2cm 以下，尾部在 4cm 以下。高低偏差调整以控制挖土为主，当发现箱涵"扎头"时，前端挖土要少挖 10～20cm，当发现"抬头"时，前端挖土要挖至底板下 5～10cm。

备节接缝处理是在箱涵就位之前，于接缝周围填入 55mm 的普通胶管，每节箱涵最后一镐将缝挤紧，然后在缝内塞入沥青麻筋，再用硬性水泥砂浆将缝填平，箱涵顶部接缝作甲种防水层，延至侧壁下 2m，其上再做水泥砂浆保护层。

15.1.5 铁路下顶进

15.1.5.1 铁路下顶进注意事项

铁路是国家运输大动脉，铁路下的城市地道桥的施工要保证铁路运输的安全。为此，铁路下箱体顶进必须注意下列事项。

① 施工组织设计中的工程进度安排，箱涵顶进要避开雨季和春运期进行顶进作业。

② 施工中遇到有关铁路管线等障碍的处理均应征得铁路部门的同意，并由铁路部门负责监管，发生问题由铁路部门处理。

③ 箱涵顶进作业应在铁路有关部门的监护下进行。列车通过时，任何情况下均应停止顶进作业，工作人员应避入安全区。

④ 顶进作业的全过程要保证箱涵前端工作面的稳定。同时要备有一定的物资材料以备急用。

15.1.5.2 施工流程

箱体顶进施工的流程为：试顶与调整→挖土与运土→顶进→安装顶铁→接长车道→测量校正。

15.1.5.3 具体施工过程

（1）准备工作

① 线路慢行，便梁已架设，如图 15-27 所示。门槛设置、滑板已接长；对桥体结构、后背已进行全面检查验收，混凝土都已达到设计强度。

便梁架设完毕后，必须在便梁横向设限位装置，防止横向位移，线路工要24h观察，检查养护并要有记录

图 15-27 便梁架设

② 顶进设备和现场照明安装完毕，顶进液压系统试运行符合要求，降水系统切实有效。

③ 顶进范围内管线和障碍物迁移、防护已完成，顶进施工涉及各业务部门按协议作施工配合准备，派驻现场值勤人员已到位。

④ 观测仪器及观测点、标尺安装完毕，经校正对准，基准点已测出初读数。

⑤ 建立现场指挥机构，编制跟班作业人员表，明确其分工和职责，各项工作已落实到人。

⑥ 应急预案已制订，备用抢险物资应落实，联络信号、值班人员已明确。

（2）施工作业

① 试顶与调整。试顶是箱桥顶进施工必不可少的步骤，它可以检验顶进设备液压系统是否正常有效，后背是否稳固可靠，测得箱身启动顶力数值等，以利改进调整，使施工人员更主动地把握后续顶进作业。

② 挖土与运土。挖土与运土如图 15-28 所示。

无法用机械开挖时应适当放慢挖机的开挖速度，尽量保证人工挖土速度能跟上挖机速度，同时二者须错开时间和地点，以确保安全

图 15-28　挖土与运土

（3）顶进

当箱体底板挖土完成一进尺长度时，开动高压油泵使千斤顶受液压力而产生顶力，推动箱身前进，通常每一冲程 200～500mm。当千斤顶已到限位时，控制操作系统把活塞退回原位，在空挡处增放顶铁，以待下次开镐。循环往复，直至就位。

顶进如图 15-29 所示。

顶进过程中，为保证箱体均匀受力，平行推进，液压系统装置采用集中控制，同时调动顶镐，每顶完一镐后，详细测量其中线和高程以防止涵洞偏移和抬扎头

图 15-29　顶进

（4）安装顶铁（顶柱）

① 为保证顶柱的受压稳定，一般在顶柱与横梁间用螺栓拴牢，并每隔 8m 设横梁一道，如图 15-30 所示，使传力较均匀及增加顶柱横向稳定。

② 每行顶铁与千斤顶应保持一条直线，并与后背梁垂直，各行长度要力求一致，有缝隙时要用铁片塞紧。预防受力不均损坏失稳。

③ 顶铁数取决于总顶力与顶铁（柱）的允许顶力，必须有一定的安全储备。

> 设置横梁具备减震效果好的优点，解决了常见的构成桥梁中的横梁减震效果不理想的问题

图 15-30　设横梁

（5）接长车道

为保证挖掘出的土方能及时运出箱身，以保证顶进作业的连续性，运土一般采用活动车道。活动车道如图 15-31 所示。活动车道一般由型钢与钢板组成，也可以采用两个木垛上铺设方木组成车道。车道固定在箱涵底板上，可在顶进中随箱身一同前进。

> 活动车道随着箱涵不断顶推予以接长，运土用机动小翻斗车从洞内活动车道上将土运出

图 15-31　活动车道

（6）测量校正

在顶进过程中，应对原线路加固系统、箱体各部位、顶力系统和后背进行测量校正。测量校正方案应纳入施工组织设计或施工技术方案中。测量校正如图 15-32 所示。

> 为了准确掌握箱涵顶进的方向和高程，应在箱涵的后方设置观测站，观测箱涵顶进时的中线和水平偏差

图 15-32　测量校正

15.2 人行天桥

15.2.1 钢筋混凝土人行天桥

（1）概况

钢筋混凝土人行天桥自重轻，结构跨度大，现场拼接吊装容易，对营业线的行车干扰小，投资较小。钢筋混凝土人行天桥如图 15-33 所示。

> 钢筋混凝土人行天桥具有混凝土坚固耐用的特性，可以根据不同的地理位置设计建造出各种不同形式的人行天桥，既适用于繁华的城市，也适用于乡村

图 15-33 钢筋混凝土人行天桥

（2）总体布置

① 基础施工。开挖站内线间双肢柱排架墩基坑时，要对线路进行加固防护，其他基础开挖时可以不设防护。基坑挖好后须立即浇筑混凝土杯形基础。

② 桥墩台施工。杯形基础混凝土达到强度后，可进行桥墩的安装。先将预制好的双肢柱排架用平板车运到现场，再用吊车把排架吊放入杯形基础中，然后用细石混凝土填充杯形基础，安装时一定要保证墩身的垂直度。四柱排架墩的安装是将两个双肢柱排架如前面一样安放好后，用横向杆件进行焊接，使之成为一个整体，然后用混凝土包封接头。两桥台用浆砌片石砌筑。四柱排架墩如图 15-34 所示。

> 排架墩的作用是支承桥跨结构。而桥台除了起支承桥跨结构的作用外，还要与路堤衔接并防止路堤滑场

图 15-34 四柱排架墩

③ 主梁的架设。桥墩台及橡胶支座安装好以后，下一步工作就是吊装钢筋混凝土桁梁。在预制场地将两片主桁架按设计要求焊接上下平联，拼装成 16.9m 桁梁，然后再把桁梁装入一台平板车上，用一台轨道车拉至桥位，在所有准备工作就绪后，对线路要点封锁，同时用一台 40t 汽车吊将桁梁吊起就位。

④ 全桥栏杆设置、桥面铺装及桥上附属工程。栏杆花饰预制好以后，先将桥上预埋钢筋与栏杆立柱主筋焊接牢固，然后再绑扎立柱及栏杆扶手和下联杆钢筋，同时把栏杆花饰与扶手及下联杆的钢筋连接，浇筑栏杆立柱、扶手和下联杆混凝土，使之成为整体。桥面铺装采用 200 号水泥砂浆抹面，桁架及栏杆用白色涂料粉刷，同时安装桥上照明。

15.2.2　钢箱梁结构人行天桥

（1）概况

天桥的景观，必须结合其所在的周边环境而客观地考虑，在城市中心区，附近一般形成了高大建筑群，为使天桥从属于周边环境，从景观上起到配合或点缀作用，而不是喧宾夺主，所以一般应采用简洁、流畅的桥型。由于梁桥简洁、朴素、刚劲有力，具有水平方向左右伸展的律动感和穿越感，符合"简单即美"的原则，同时，相对于混凝土结构和钢桁架等，钢箱梁有自重轻、整体性好、抗震性能优越、施工周期短、达到使用寿命后可回收利用等优点而获得广泛应用，尤其适用于建筑密集区域的中等跨度的人行桥。钢箱梁结构人行天桥如图 15-35 所示。

钢箱梁结构人行天桥常采用抛物线形，厂内分段或整跨预制，现场拼装后焊接或用高强螺栓连接

图 15-35　钢箱梁结构人行天桥

（2）总体布置

① 主桥。

② 梯道、坡道。梯道、坡道结构形式可根据跨径，选用钢箱梁或型钢梁的形式。钢箱梁梯道如图 15-36 所示。

钢箱梁梯道具有梁截面小、自重轻、抗震性好、施工方便快捷、易于与周围环境结合等优点

图 15-36　钢箱梁梯道

③ 下部结构。上部结构采用简支或连续钢箱梁时，下部一般采用简洁的柱式墩、V 形墩、Y 形墩等。

④ 附属设施。人行天桥由于桥梁跨径小、活载相对较小，疲劳引起开裂等问题不明显，基本上各种铺装均可适用于钢箱梁天桥。

在南方多雨地区，很多天桥设置有雨棚，如图 15-37 所示。但现实生活中，除了休闲为主的天桥外，很少会有人在天桥上欣赏城市景观，长时间驻留在天桥上。此外，雨棚的设置会使天桥的体量陡然增大，整体显得很突出，很难与周边环境融为一体。因此，建议除休闲为主的天桥，以及车站等人群特别密集、有特殊需求的天桥外，尽量不设置雨棚。

雨棚具有遮阳避雨、自动排水、隔热、防紫外线、高透光、方便出行等优点

图 15-37　雨棚

天桥上还有一类常见的构筑物是通长的广告牌，不仅增大了结构自重和横向风载，还封闭了桥面，引起行人的压抑感和不安全感。建议控制天桥上设置广告牌的长度和高度，以免给结构安全和行人心理带来不利影响。

15.2.3　空间球网架结构人行天桥

15.2.3.1　概况

螺栓球节点空间钢网架结构由螺栓球和连接杆连接而成，螺栓球上带有螺栓孔，杆件两端设高强螺栓。

15.2.3.2　总体布置

球网架安装可在空中整体安装，也可在地面上安装成型后，整体吊装就位。第一种方法，先搭设支架、平台，然后在平台上放线，拼装球网架，此方法适用于较大跨度的天桥。第二种方法，在地面上搭平台，在地面上拼装球网架，用吊车和吊架整体吊装就位，此方法适用于较小跨度的天桥。高强螺栓分两次施拧（初拧、终拧），施工时须准确控制整体结构的形位尺寸和预拱度。

（1）安装前的准备工作

① 搭设脚手架平台（空中满堂红平台），满堂红脚手架如图 15-38 所示。

② 在地面上搭设拼装场地。

③ 现场复测支承网架预埋件的轴线、标高尺寸，要求轴线误差小于 10mm，高差小于 5mm，平整度小于 3mm，并记录每一支座的标高，弹出支座的中心线。

满堂红脚手架为高密度脚手架，相邻杆件的距离固定，压力传导均匀，因此也更加稳固

图 15-38 满堂红脚手架

（2）安装方法

安装方法主要有以下两种方案。

① 方案一：网架安装采用高空散装法，安装人员及网架配件全部在脚手平台上进行组装，如图 15-39 所示。依据工程特点，安装程序为由下层开始，逐步向前推进，再安装两侧及顶部。具体步骤如下。

高空散装法可以不需要大型施工机械，操作比较简便，且只需搭设支撑脚手架，从而大大提高了劳动效率，降低了劳动强度

图 15-39 高空散装法

② 方案二：网架安装采用地面拼装、整体吊装的方法进行，地面拼装如图 15-40 所示。在适合吊装的位置选一块平整场地，将网架进行拼装，拼装时根据设计院预留拱度值放好线，根据各点的高程架设垫块，然后拼装。施拧后经检验合格后撤掉垫块，再次测量拱度值，检验合格后用两部 50t 吊车吊装就位（与

拼装前应对拼装场地做好安全设施、防火设施。拼装前应对拼装胎位进行检测，防止胎位移动和变形

图 15-40 地面拼装

支座相连）。

　　网架吊装如图 15-41 所示。

网架根据图纸技术要求和轴线到位后，进行轴线、标高的复核，达到技术要求后，方可进行电焊临时固定。采用经纬仪、水准仪进行标高和垂直度、跨度的复测

图 15-41　网架吊装

16

管涵和箱涵施工

涵洞是城镇道路路基工程的重要组成部分，涵洞有管涵、拱形涵、盖板涵、箱涵。小型断面涵洞通常用作排水，一般采用管涵形式，统称为管涵。大断面涵洞分为拱形涵、盖板涵、箱涵，用作人行通道或车行道。本章内容主要涉及管涵、箱涵施工技术要点。

16.1 管涵施工

16.1.1 管涵施工准备工作

公路工程中的管涵有混凝土管涵和钢筋混凝土管涵，多采用钢筋混凝土管涵。施工中多用预制成管节，每节长度多为 1m，然后运往现场安装。

管涵施工
准备工作

扫码观看视频

（1）涵管预制和运输

预制混凝土圆管可采用振动制管法、离心法、悬辊法和立式挤压法。鉴于公路工程中涵管一般为外购，故对涵管预制不再进行详细说明，但涵管进场后必须对其质量进行检验。

管节成品的质量检验分为管节尺寸检验和管节强度检验，钢筋混凝土管节各部尺寸不得超过表 16-1 规定的允许偏差。管节混凝土强度应符合设计要求。

管节端面应平整并与其轴线垂直。斜交管涵进出水口管节的外端面，应按斜交角度进行处理。管壁内外侧表面应平直圆滑，如有蜂窝，每处面积不得大于 30mm×30mm，其深度不得超过 10mm；总面积不得超过全面积的 1% 并不得露筋，蜂窝处应修补完善后方可使用。

管节外壁必须注明适用的管顶填土高度，相同的管节应堆置在一处，以便取用，防止弄错。

表 16-1 混凝土圆管管节成品质量标准

项目	规定值或允许偏差	项目	规定值或允许偏差
混凝土强度/MPa	在合格标准内	顺直度	矢量不大于 0.2% 管节长
内径/mm	不小于设计值	长度/mm	+5，−0
壁厚/mm	正值不限，−3		

（2）管节运输、装卸防碰措施

管节在运输、装卸过程中应采取防碰措施，避免管节损坏，应注意以下问题。

① 待运的管节其各项质量应符合前述的质量标准，应特别注意检查待运管节设计涵顶填土高度是否符合设计要求，防止错装、错运。

② 运输管节的工具，可根据道路情况和设备条件采用汽车、拖拉机拖车，不通公路的地段可采用马车。

③ 管节的装卸可根据工地条件，使用各种起重设备如龙门吊机、汽车吊和小型起重工具滑车、链滑车等。

④ 在装卸和运输过程中，应小心谨慎。运输途中每个管节底面宜铺以稻草，用木块圆木楔紧，并用绳索捆绑固定，防止管节滚动、相互碰撞破坏。

⑤ 从车上卸下管节时，应采用起重设备。严禁由汽车上将管节滚下，造成管节破裂。

16.1.2　管涵施工工艺流程与技术要点

16.1.2.1　施工流程

圆管涵施工工艺流程：测量放线→基坑开挖→基础施工→涵节安装→接缝处理→管座及端翼墙施工→涵背回填。

16.1.2.2　具体施工过程

（1）测量放线

涵洞基坑临时放样点应在场地平整完成以后进行，临时平面点位应距离基坑开挖上边缘 5m 左右，并设置明显的标志，避免开挖和运输机械的破坏。测量放线如图 16-1 所示。

根据测量放样的临时平面点，采用石灰粉等绘出基坑开挖的上口边线，基坑开挖交底中应明确开挖坡度，以便控制基底开挖边线满足施工需要

图 16-1　测量放线

（2）基坑开挖

基础采用人工配合机械开挖，用挖掘机按放出的开挖轮廓线从上而下开挖，挖出的土用自卸汽车运走，基底平面尺寸每边宽出结构边线，机械开挖至基底标高以上厚时，停止开挖，向监理工程师报检并对地基基底进行处理。人工开挖如图 16-2 所示。

待检验合格后，人工修整边坡，开挖剩余后的基坑土方，平整且夯实基底，然后向监理工程师报检，待地基承载力检验合格后，进行下一步施工。基础夯实如图 16-3 所示。

基底应避免超挖，松动部分应清除。使用机械开挖时，不得破坏基底土的结构，可在设计高程以上保留30cm厚度由人工开挖

图 16-2 人工开挖

基础夯实至符合设计要求

图 16-3 基础夯实

（3）基础施工

① 基底处理。砂砾垫层回填前先将基顶整平夯实，并控制基顶标高线，根据回填砂砾中部和端部厚度不同，分层进行填筑夯实，砂砾采用质地坚硬的砂砾石，不得含有植物、垃圾等杂质。填充砂砾垫层的目的是用以增加基础的均匀性。砂砾垫层如图 16-4 所示。

施工前先做好砂砾石的配合比试验，确定最佳含水量和分层铺设厚度，每层全面均匀夯压4～5遍

图 16-4 砂砾垫层

② 混凝土基础。根据基础的纵横轴线、平面尺寸进行放线，再根据边线对模板进行加固。模板采用组合钢模板，模板采用的原则：结构物所需的模板块数少、拼接少，节省连接和支撑配件，减少拆除工作量，增强模板整体刚度，配板时将钢模板的长度方向沿着基础结构的长度方向排列以利于用长度规格较大的钢模板和增

大钢模板的支承跨度。钢模板在拼装超过 4m 时，每 4.5m 留 3～5mm 的富余，在安装端头时统一处理。

　　混凝土采用分层浇筑，第一层先浇筑至管节底水平高度，待管节安装后再进行下层混凝土浇筑，直至到基础设计标高线，混凝土的搅拌、浇筑均按施工规范要求进行施工。混凝土基础浇筑如图 16-5 所示。

使用插入式振动棒振捣过程中应避免碰撞模板、钢筋及其他预埋部件

图 16-5　混凝土基础浇筑

　　混凝土振捣完成后，应及时修整、抹平混凝土裸露面，待定浆后再抹第二遍并压光或拉毛。抹面时严禁洒水，并应防止过度操作影响表层混凝土的质量。混凝土浇筑完毕，初凝后采用土工布覆盖，终凝后洒水养生不小于 4 天。管座基础抹面如图 16-6 所示。

寒冷地区受冻融作用的混凝土和暴露于干旱地区的混凝土，尤其要注意施工抹面工序的质量保证

图 16-6　管座基础抹面

　　为适应地基的不均匀沉降，管座基础应设置沉降缝。沉降缝每 4～6m 设置 1 道，管节沉降缝与基础沉降缝需垂直且形成通缝。沉降缝如图 16-7 所示。

　　（4）涵节安装

　　涵管一般采用预制件。应待基础强度合格后方可进行管节安装。精确放出每一个管节接头位置并进行标识，安装时以此作为管节安装位置，如图 16-8 所示。

图 16-7　沉降缝

应先在基础上标示出涵管的中心线

图 16-8　在基础上标示中心线

管节安装时，先安装进出水口处的端部管节，以控制涵管全长。端部管节安装如图 16-9 所示。然后逐节安装中部管节，管节按所放涵轴线位置安装平稳，再进行下一节安装，如图 16-10 所示。管节安装就位后，应对出入口水流的水面高程和纵坡进行测量。接头检查如图 16-11 所示。

需垫设管节临时垫块，垫块在管节两侧对称设置，纵向间距以0.5m为宜。垫块采用与管座同标号的混凝土预制，垫块必须保证管节安装后的稳定

图 16-9　端部管节安装

保持整体轴线不出现偏位

图 16-10　逐节安装

（5）接缝处理

为防止圆管接头漏水，应对接缝处进行防水处理。一般圆管涵采用平口接头。平口接头常用防水处理方法如图 16-12～图 16-14 所示。

各相邻管节应保持底面不出现错口，安装时应用水平尺对接头处进行检查。相邻管节的接缝宽度应不大于1～2cm

图 16-11　接头检查

平口接头的接缝通常先用热沥青浸透过的麻絮填塞。上半圈应从外往里堵填，下半圈应从里往外堵塞

图 16-12　麻絮填塞

图 16-13　热沥青填充

（6）管座及端翼墙施工

① 管座施工。混凝土施工前，应将基础混凝土顶面清理干净。混凝土浇筑前，应将基础混凝土顶面湿润。管座浇筑如图 16-15 所示。

② 端翼墙施工。圆管涵一般常采用端墙式洞口（也称为一字墙洞口），可用砌石或混凝土浇筑。端墙式洞口一般在端墙外用锥坡与天然沟槽及路基相连接，如图 16-16 所示。

最后用涂满热沥青的油毛毡裹两层

图 16-14　裹油毛毡

混凝土应分层对称浇筑，分层厚度为30cm，振捣采用插入式振动器，振捣时移动间距不得超过振动器作用半径的1.5倍，振动棒不要触碰模板，振动棒要插入下层混凝土50～100mm

图 16-15　管座浇筑

一字墙洞口在浇筑管涵管座护壁混凝土同时支模浇筑完成，八字墙洞口在涵洞洞身安装完成后，放出进出水口基础轮廓线，即可支模板，混凝土浇筑工序与管座施工相同。

端墙

锥坡

图 16-16　端墙与锥坡

石料丰富的地区也可采用翼墙洞口，如图 16-17 所示。

翼墙

图 16-17　端墙与翼墙

洞口铺砌：砌筑前根据设计图纸放出砌筑边线，在砌筑前每一石块用干净水洗净并使之彻底饱和，在砌筑片石时应先铺砂浆，再将砌筑片石，上层砌石应与下层砌石错缝，砂浆饱满，不能有通缝，砌体应分层砌筑。

为防止水流冲刷，应对进口沟床及出口沟槽进行铺砌加固，铺砌长度一般不小于 1m，水流流速较大时可延长铺砌或加深截水墙。

（7）涵背回填

涵背回填必须在基础、涵台身等部位强度达到设计强度要求后方可进行。回填前需要对基坑进行清理及压实，如图 16-18 所示。

清除结构物两侧的施工垃圾，并进行地表清理，清理完成后，对基底进行压实，压实深度范围为清理整平后地面以下30cm(压实度为96%)

图 16-18　清理及压实

涵背回填前做好施工前排水，确保施工中不留积水。涵背回填应从涵洞洞身两侧不小于 2 倍孔径范围内进行水平分层填筑、夯实。填筑材料宜选用透水性好的砂砾。

碾压及夯实，涵背回填应严格按照设计要求每 20cm 一层进行水平分层填筑、压实（夯实不留缺口，确保达到涵背回填压实度要求），且两边对称进行回填，并严格按分层厚度填筑。圆管涵的顶部填土厚度小于 1m 时，不得采用大型振动压路机进行碾压。小型机夯实如图 16-19 所示。

大型压路机碾压不到的部位应用小型振动压实设备分层进行碾压，填料的松铺厚度不宜大于20cm，碾压遍数应通过试验确定

图 16-19　小型机夯实

路堤与涵洞过渡段填料和结构形式应满足设计要求。当涵洞顶至路基面高度小于 1.5m 时，涵洞顶面以上路堤填筑级配碎石。涵洞顶面及其两端 20m 范围内路堤级配碎石应按设计掺适量水泥。

16.2　箱涵施工

当新建道路下穿铁路、公路、城市道路路基施工时，通常采用箱涵顶进施工技术。现浇箱涵主要由基础、涵身、翼墙、端墙、帽石、出入口铺砌、沉降缝、锥体等部分组成。钢筋混凝土现浇箱涵主体采用模筑法分次浇筑施工。

采用预制钢筋混凝土箱涵顶进工法施工的下立交道路，其原理是在基坑内的滑板上面预制箱涵，利用油压千斤顶顶动箱涵向前挺进，到达设计的位置。然后在箱涵前后两端连接引道。箱涵内通过汽车，在顶板上行驶火车。

16.2.1　箱涵顶进准备工作

（1）作业条件

① 现场做到"三通一平"，满足施工方案设计要求。

② 完成线路加固工作和既有线路监测的测点布置。

③ 完成工作坑作业范围内的地上构筑物、地下管线调查，并进行改移或采取保护措施。

④ 工程降水（如需要）达到设计要求。

（2）机械设备、材料

按计划进场，并完成验收。

（3）技术准备

① 施工组织设计已获批准，施工方法、施工顺序已经确定。

② 全体施工人员进行培训、技术安全交底。

③ 完成施工测量放线。

④ 既有线路主管部门相关审批验收手续已完成。

16.2.2　箱涵施工工艺流程与施工技术要点

16.2.2.1　工艺流程

工作坑开挖→后背制作→滑板制作→铺设润滑隔离层→箱涵制作→顶进设备安装→既有线加固→箱涵试顶进→吃土顶进→纠偏→箱体就位。

16.2.2.2　具体施工过程

（1）工作坑开挖

箱涵在基坑内进行制作，所以必须先挖好基坑。基坑土方开挖的施工方法一般可以采用是井点降水，土体放边坡开挖土方。或者采用钢板桩作围护，并辅以井点降水开挖基坑的方法。土方工程利用履带式吊车抓斗挖土，人工进行边坡修正面开挖，直到基坑满足设计要求。

工作坑开挖如图 16-20 所示。

土层中有水时，工作坑开挖前应采取降水措施，将地下水位降至基底0.5m以下，并疏干后方可开挖。工作坑开挖时不得扰动地基，不得超挖。工作坑底应密实平整，并有足够的承载力。基底允许承载力不宜小于0.15MPa

图 16-20　工作坑开挖

（2）后背制作

根据箱涵顶进所需最大的顶力来设计后背。后背须承受箱涵顶进最大顶力和一定的变形量，以此设计后背的强度和刚度。一般后背的后坐力是以土体的被动土压力抵消后背的后反力来设计。在必要时，为了满足后背的足够稳定，可以加高后面的土体高度以增加在后背的被动土压力。

后背制作如图 16-21 所示。

后背墙是顶进的主要受力结构，虽系施工临时建筑物，但其作用很重要，必须安全可靠，故施工质量一定要保证

图 16-21　后背制作

（3）滑板制作

滑板中心线应与箱涵设计中心线一致。滑板须承受箱涵自重和箱涵顶进时克服滑板与箱涵间摩阻力而产生的拉力，因此必须有足够的抗拉强度。

① 为确保底板有足够的抗滑能力，按设计尺寸开挖并浇筑混凝土锚梁，导向墩应与锚梁同步施工。

② 排水槽必须与顶进方向一致，并前宽后窄、前深后浅（一般前比后大 2～3cm），槽道表面应用水泥砂浆抹光。

③ 滑板需要光滑以减少摩阻力，可在底板浇筑后用 1∶3 水泥砂浆压实抹光。

④ 仰坡可根据施工组织设计要求设置，在底板上设有相应前高后低的坡度提高量，以防止顶进过程中"扎头"。

⑤ 滑板前端轴线方向钢筋应有端头，板前预留出至少 30cm 的预留筋，以便在接长滑道板时连接接长滑板纵向筋。

滑板钢筋绑扎如图 16-22 所示。

(1)滑板中心线要与箱体顶进方向一致。
(2)滑板要有较高的平整度,施工中可用方格网控制底板高程,滑板混凝土面用3m直尺检查,其平整度小于5mm

图 16-22 滑板钢筋绑扎

（4）铺设润滑隔离层

为了尽量减小箱涵与滑板产生的摩阻力,滑板表面必须满足一定的平整度要求,所以在滑板表面并涂上润滑剂。滑板上润滑隔离层的制作方法较多。

① 采用石蜡和滑石粉润滑剂:石蜡宜加热到150℃,融化后用扁嘴壶浇在滑板上预先放置的两道 10 号铁丝（每米 1 道）之间,随即用木刮板刮平,铁丝抽去后槽痕用喷灯烤合。石蜡凝固后在上面用刮板均匀摊铺滑石粉（约厚 1mm）。

② 采用石蜡、机油润滑剂:将石蜡加热融化后掺入 10％～25％废机油,然后均匀摊铺在底板上,厚度约 3mm。

③ 采用机油滑石粉润滑剂:将废机油与滑石粉按体积比（1：1.5）～（3：1）加热拌匀后用大刷子涂即可。

④ 塑料薄膜隔离层:在润滑剂推铺后可在其上平行顶进方向覆盖一层塑料膜,薄膜间应相互搭 0.2m 并用塑料胶带（宽 5cm）粘接接缝,可避免搭接时常出现的错动现象。

⑤ 在滑板面上涂一层黄油（2～3mm）,再在其上平行顶进方向铺设油毛毡作隔离层。箱体重量在 2000t 以上应铺设二油二毡,并增设水垫,以进一步减少启动阻力。

⑥ 水垫管埋设:为了减少启动阻力,软土地基大型箱体顶进施工一般需设水垫管,水垫管应在润滑隔离层铺设时一并埋设。

铺设润滑隔离层如图 16-23 所示。

（5）箱涵制作

箱涵是钢筋混凝土箱形结构,用顶进法施工的箱桥,其箱身一般都在工作坑内进行预制。单孔箱身在工作坑内预制的施工程序是:

① 在工作坑内的滑板上支立箱身底板的模板;

② 绑扎底板钢筋;

③ 浇筑底板混凝土;

④ 支立内模;

施工时将石蜡加热至150℃左右(夏季可略低,冬季可略高),再掺入机油搅拌均匀后,用扁喷嘴壶将其浇在滑板上预先放置的两道10号铅丝(每米一道)之间,然后用木刮板刮平。铅丝起去后的槽痕用喷灯烤合。浇洒的石蜡面上还须洒滑石粉一道(约厚1mm),然后再铺塑料薄膜一层

图 16-23　铺设润滑隔离层

⑤ 绑扎侧墙及顶板钢筋;

⑥ 支外模;

⑦ 浇筑侧墙及顶板混凝土;

⑧ 养生;

⑨ 拆模;

⑩ 做防水层。

箱涵底板浇筑如图 16-24 所示。

1.箱涵底板面前端2～4m范围内宜设高5～10cm船头坡。
2.箱身混凝土分阶段施工时,其底板或顶板混凝土应一次浇筑,浇筑底板混凝土时,应严格控制振捣深度,防止振坏隔离层

图 16-24　箱涵底板浇筑

（6）顶进设备安装

顶进设备由液压系统和传力设备两部分组成。液压系统主要包括千斤顶、高压油泵、阀门和其他液压元件,传力设备主要包括顶铁、横梁的顶轨等。

千斤顶的布置分为两种形式,一种放在箱体底板尾部,顶进过程中随箱身一起前移;另一种放在后背前端,顶进过程中千斤顶保持在原位不动。应从传力设备吊安操作和顶进出土车辆行走方便等因素综合考虑进行选择。顶进应使用同一类型的千斤顶,并在一般情况下应以箱身中心线为轴对称设置。

顶进设备如图 16-25 所示。

（7）既有线加固

线路加固方式有多种,选择时应以对运输干扰较小,而又确保铁路运输安全,

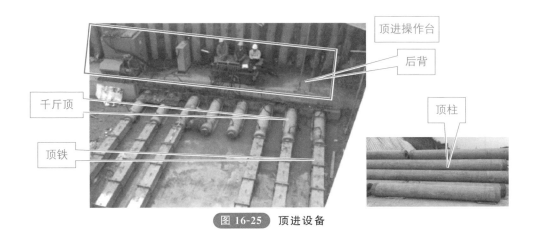

图 16-25　顶进设备

同时施工简便易行为原则。一般线路的加固可分为以下三种情况。

① 当顶进框架桥的结构尺寸较小，如孔径小于 2m 时，处于直线地段，运输不甚繁忙，路基填土密实，桥顶覆土厚度在 3m 以上时，可不进行线路加固。但需限速通过，并有专人监视线路，如有异状及时进行整修。当路基土质不良，有塌方可能时，可用 3-3-3-3、3-5-3 或 3-7-3 的吊轨布置形式进行线路加固，以增加线路的强度及稳定性。

② 当顶进桥涵孔径较大如净跨在 8m 以下，覆土厚度在 1m 以上时，可采用便梁法、轨束梁法或工字钢束梁法加固线路。另外，还可以用钢板脱壳法稳定桥顶以上覆土，防止线路横移，但线路仍以 3-3-3-3 或 3-7-3 吊轨加固之。

钢板脱壳法系在框架桥顶部铺一层分成许多条的薄钢板，钢板端部用螺栓固定在钢刃上（注意将螺母放在内侧）。待框架桥顶入路基后，若线路产生横移，在框架桥内将螺母拧下，把螺栓顶入土中，使钢板不再随框架桥一同前进，从而防止线路横移，至框架桥顶入就位后将钢板一条一条抽出。

③ 当顶进桥涵净跨大于 8m，顶上又无覆土或覆土很薄时，可采用吊轨加横梁加固法或吊轨加纵横梁加固法。

该法的具体做法如下。

a. 铺设吊轨（图 16-26）。组装形式按 3-3-3-3 或 3-5-3 的布置形式扣设吊轨，钢轨接头需错开 1m 以上，两端延伸出箱涵边墙以外 3～5m，为保证行车安全，并加设临时梭头，吊轨与其下面的枕木用 $\phi 22$ 的 U 形螺栓和角钢连在一起以增加其整体性。

b. 铺设横梁（图 16-27）。横梁按轨底到涵顶的高度用工字钢组成，铺设间距一般取 1.5m 左右。横梁的长度在预制箱涵的一侧为距钢轨外侧 3～5m，另一侧距钢轨外侧 2～4m 为宜，并使用 $\phi 22$ 的 U 形螺栓及扣

图 16-26　铺设吊轨

为减少箱涵顶入时的阻力，每组横梁下垫以槽钢(滑道)横梁的一端支承在箱涵顶上，另一端则支承在路基枕木垛上

图 16-27　铺设横梁

板将横梁与吊轨联结牢固。

c. 铺设纵梁（图 16-28）。当框架桥与线路斜交时，线路加固范围相应要求长得多，架空跨度也大，斜交顶进容易产生方向偏差，以致带动线路走动，故宜加设纵梁架空线路。

纵梁与横梁垂直扣接
横梁
扣轨

纵梁一般设在线路两侧，并用U形螺栓与横梁连接牢固

图 16-28　铺设纵梁

当框架桥通过道岔区时，线路上吊轨应尽量设到每个角落，还应根据需要增加辅助横梁（特别是叉心处），以保证道岔的稳定性。

（8）箱涵试顶进

① 各有关部位应有专人负责观测，观察设备、设施变化情况。

② 开泵后，每当油压升高 5～10MPa 时，须停泵观察，发现异常及时处理。

③ 当千斤顶活塞开始伸出，顶柱（铁）压紧后应即停顶，经检查各部位无异常现象时，可再开泵，直至桥身起动。

④ 箱涵启动后，应立即检查后背、工作坑周围土体稳定情况，无异常情况方可继续顶进。

千斤顶顶进如图 16-29 所示。

当顶力达到结构自重的80%时箱涵未启动，应立即停止顶进；找出原因，采取措施解决后方可重新加压顶进

图 16-29　千斤顶顶进

（9）吃土顶进

① 根据箱涵的净空尺寸、土质情况，可采取人工挖土或机械挖土。一般宜选用小型反铲按设计坡度开挖，每次开挖进尺 0.4～0.8m，配装载机或直接用挖掘机装汽车出土。顶板切土、侧墙刃脚切土及底板前清土须有人工配合。挖土顶进应三班连续作业，不得间断。

② 两侧应欠挖 50mm，钢刃脚切土顶进。当属斜交涵时，前端锐角一侧清土困难，应优先开挖。如没有中刃脚时应紧挨着土切土前进，使上下两层隔开，不得挖通露天，平台上不得积存土料。

③ 列车通过时严禁继续挖土，人员应撤离开挖面。当挖土或顶进过程中发生塌方，影响行车安全时，应迅速组织抢修加固，做出有效防护。

④ 挖土工作应与观测人员密切配合，随时根据箱涵顶进轴线和高程偏差，采取纠偏措施。顶进挖土如图 16-30 所示。

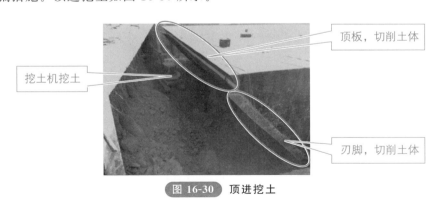

顶板，切削土体

挖土机挖土

刃脚，切削土体

图 16-30　顶进挖土

⑤ 每次顶进应检查液压系统、顶柱（铁）安装和后背变化情况等。顶柱安装如图 16-31 所示。

⑥ 箱涵身每前进一顶程，应观测轴线和高程，发现偏差及时纠正。

⑦ 箱涵吃土顶进前，应及时调整好箱涵的轴线和高程。在铁路路基下吃土顶进，不宜对箱涵做较大的轴线、高程调整动作。

挖运土方与顶进作业循环交替进行。每前进一顶程，即应切换油路，并将顶进千斤顶活塞回复原位；按顶进长度补放小顶铁，更换长顶铁，安装横梁

图 16-31 顶柱安装

⑧ 桥涵身每前进一顶程，应观测记录轴线和高程，发现偏差及时纠正，如图 16-32 所示。

⑨ 在顶进时要有专人监测行车线路，发现移动时应立即停止顶进，组织人员维护。

安装顶柱应与顶力线一致，每隔4～8m设一道横梁，顶进过程中如发现顶柱弯曲、起拱、错位等变形时，应立即停止作业。顶进作业中严禁操作人员在顶柱上站立

横梁

(a) 调整前

(b) 调整后顺直的顶杆

图 16-32 工人调整顶杆位置

⑩ 顶进测量。顶进之前，分别在箱涵内前后口处放样箱涵轴线，并明显标记（如图 16-33 所示），以及在后背梁处设置测站点，利用全站仪控制箱涵顶进过程中的轴线偏差。

同时分别在箱涵前后四处拐角处读取底板原始标高，做好标记并记录，以此来控制箱涵顶进过程中的高程偏差。

每顶一镐（即 1m），测量轴线及高程偏差，顶进操作人员根据测量数据，调整油顶及挖土深度，进行轴线及高程调整，如图 16-34 所示。

图 16-33　箱涵轴线标记

图 16-34　测量轴线偏差

（10）纠偏

① 方向纠偏。方向纠偏主要有以下几种方法。

a. 增减一侧千斤顶的顶力：如向左偏，即关闭或减少右侧千斤顶，向右偏则反之操作。

b. 开动两边高压油泵调整；如向左偏就开左侧高压油泵，向右偏就开右侧高压油泵。

c. 可在前端一侧超挖，另一侧少挖土或不挖来调整方向。如箱身前端向右偏，即在右侧箱身前超挖 20～50cm。

d. 在箱身前端加横向支撑来调整，一端支撑在箱身边墙上，另一端支在开挖面上，顶进时迫使其向被顶一侧调整。

方向纠偏方法较多，常用方法为第 a. 条，方便、快捷，其余方式适用于偏差较大的情况，因此顶进过程中强调每顶一镐必须测量一次。

② 高程纠偏

a. 纠正箱身"抬头"的方法：箱涵抬头即箱涵前口高程明显高于后口高程，箱身轴线由水平变为倾斜状态，当箱身"抬头"量不大时，可将箱身前开挖面挖到与箱底面平或稍做超挖。如"抬头"量较大，则多超挖一些，在顶进中逐步调整。

b. 纠正"扎头"的方法如下。吃土顶进：挖土时，开挖面基底保持在箱身底面以上 8～10cm，利用船头坡将高出部分土壤压入箱底，纠正"扎头"；如基底土壤松软时，可用换铺碎石、混凝土碎块，打入短木桩、砂桩等方法加固地基，增加承载力，纠正"扎头"；用增加箱身后端平衡压重的办法，改变箱身前端土壤受力状态，达到纠正"扎头"的目的，但应注意增加重量后要逐步卸载，否则会出现"抬头"现象。同理亦可用于纠正"抬头"现象；利用箱身前端底板设置的"船头坡",将箱身底板前端的土方欠挖,造成一个上坡的趋向;最可靠的方法是接长滑板,使箱体在预定的行进轨道上正常前进。

(11) 箱体就位

顶进就位后测量箱涵中心偏差,箱底、箱顶标高,拆除顶进设备,线路恢复常速。

箱涵已顶进就位如图 16-35 所示。

箱涵顶进监控检查项目如下。

① 箱涵顶进前,应对箱涵原始(预制)位置的里程、轴线及高程测定原始数据并记录。顶进过程中,每一项程要观测并记录各观测点左、右偏差值,高程偏差值和顶程及总进尺。观测结果要及时报告现场指挥人员,用于控制和校正。

② 箱涵自启动起,对顶进全过程的每一个顶程都应详细记录千斤顶开动数量、位置,油泵压力表读数、总顶力及着力点。如出现异常应立即停止顶进,检查分析原因,采取措施处理后方可继续顶进。

③ 箱涵顶进过程中,每天应定时观测箱涵底板上设置的观测标钉高程,计算相对高差、展图,分析结构竖向变形。对中边墙应测定竖向弯曲,当底板侧墙出现较大变位及转角时应及时分析研究并采取措施。

④ 顶进过程中要定期观测箱涵裂缝及开展情况,重点监测底板、顶板、中边墙,中继间牛腿或剪力铰和顶板前、后悬臂板,发现问题应及时研究采取措施。

技术人员查看箱涵就位线如图 16-36 所示。

图 16-35　箱涵已顶进就位

图 16-36　技术人员查看箱涵就位线

17

桥面及附属工程的施工与养护

17.1 支座安装

（1）板式橡胶支座安装

支座安装前，除了再次测量支承垫石高程外，还要对两个方向的四角高差进行测量，其四角高差不大于 1mm。测量并放出支座纵横向十字中线，标出支座准确安放位置。支座纵桥向中线与主桥中心线重合或平行。板式橡胶支座安装如图 17-1 所示。

> 严格控制支座平整度，每块支座都必须用铁水平尺测其对角线，误差超标应及时予以调整。座与支承面接触应不空鼓，如支承面上放置钢垫板时，钢垫板应在桥台和墩柱盖梁施工时预埋，并在钢板上设排气孔，保证钢垫板底混凝土浇筑密实

图 17-1 板式橡胶支座安装

支座安装在找平层砂浆硬化后进行；黏结时，宜先黏结桥台和墩柱盖梁两端的支座，经复核平整度和高程无误后，挂基准小线进行其他支座的安装。

当桥台和墩柱盖梁较长时，应加密基准支座防止高程误差超标。

黏结时先将砂浆摊平拍实，然后将支座按标高就位，支座上的纵横轴线与垫石纵横轴线要对应。

（2）盆式橡胶支座安装

盆式橡胶支座（图 17-2）安装时，支承垫石顶面应该凿毛，并用清水冲去垫

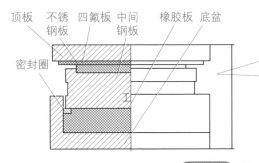

顶板　不锈　四氟板　中间　橡胶板　底盆
　　　钢板　　　　钢板
密封圈

> 在螺栓预埋砂浆固化后找平层环氧砂浆固化前进行支座安装；找平层要略高于设计高程，支座就位后，在自重及外力作用下将其调至设计高程；随即对高程及四角高差进行检验，误差超标及时予以调整，直至合格

图 17-2 盆式橡胶支座

石上面的杂物，待垫石表面干燥后，在锚固螺栓孔位置以外的支承垫石顶面涂满环氧砂浆调平层，支座就位后、对中并调整水平后，用垫块将支座垫起，用环氧砂浆或强度等级较高的砂浆灌注套筒周围空隙及支座底板四周未填满环氧砂浆的位置，并且将砂浆捣实，完工后应该将支座底板以外溢出的砂浆清理干净，砂浆硬化后再拆去支座垫块。

（3）球形支座安装

球形支座如图 17-3 所示。

① 墩台顶凿毛清理。清理前检查校核墩台顶锚固螺栓孔的位置、大小及深度，合格后彻底清理。

② 配制砂浆。环氧砂浆配制方法应符合拌制环氧砂浆有关要求，补偿收缩砂浆的配制按配合比进行，其强度不得低于 35MPa。

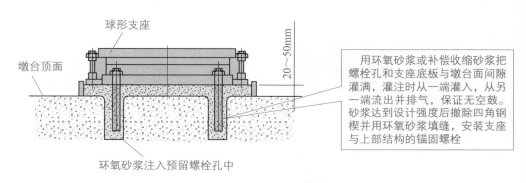

图 17-3　球形支座

③ 安装锚固螺栓及支座。支座底板底面宜高出墩台顶 20～50mm，模板沿桥墩横向轴线方向两侧尺寸应大于支座宽度各 100mm。

17.2　伸缩装置

安装时，按实际温度确定其安装宽度值。伸缩缝安装过程，必须使用伸缩缝装置整齐排列，保持一定的倾斜度。确保伸缩装置的最高平面与完工的桥面相平。

① 清理槽口，使之达到设计宽度和深度，清除对位移箱埋入有干扰的钢筋，预留坑的开口必须大于伸缩缝的安装宽度。

② 检查伸缩装置的各梁之间间隙是否符合安装温度要求，否则，应用水平千斤顶、夹具进行调整直至符合设计要求，调整好后，立即安上专用夹具。伸缩装置如图 17-4 所示。

③ 根据伸缩缝中心位置设置起吊装置，将伸缩装置安入在槽口内，并使伸缩装置的顶面与桥面标高相同。同时注意纵横坡也应与桥面相符。

伸缩装置吊入预留槽后，其中心线应与梁端预留间隙中心线对正，其长度与桥梁宽度对正。对伸缩装置直线段进行调整，并使各纵梁的缝隙均匀一致

图 17-4　伸缩装置

④　再在伸缩装置箱体或锚固板处，立焊 $\phi 16$ 以上的钢筋进行高度定位，横焊 $\phi 16$ 钢筋进行宽度定位。

⑤　伸缩装置正确就位锚固后，便可以将伸缩装置一侧的锚固钢筋和预留槽预留钢筋焊接以保证伸缩装置线向固定并找平，焊接时只要每隔 2～3 个锚固筋焊接一个即可，然后再按步骤④焊接另一侧的锚固筋。待两侧达到固定后，就可将其余焊接的锚固筋再进行焊接，确保可靠锚固。在焊接锚固筋时要注意不要在边梁和中梁上任意施工焊接，以防钢梁发生扭曲变形。

⑥　伸缩装置如果分段安装，接缝处必须焊接，焊接应由专业人员进行，每根梁焊好后，再按⑤步骤进行锚固。

⑦　根据缝的外形尺寸和预留槽口制作模板，模板放好后应遮挡严实，以防水浆流入位移箱内，伸缩缝上平面加盖板，以防砂浆落入橡胶密封带，在检查装置的正确平整度和中线位置以及缝隙均符合要求后，方可灌入混凝土，并对混凝土充分振捣压实，尤其应注意位移箱与预留坑基面不能留下空洞。待混凝土固化后撤去模板和伸缩缝上的固定卡。伸缩缝安装如图 17-5 所示。

在伸缩缝处混凝土未达到80%的强度前，伸缩缝不能承受外来荷载作用。伸缩装置的平面位置及高程调整好后，可采用两台电焊机由中间向两端将伸缩装置的一侧与预埋筋点焊定位；如位置、高程有变化，应采取边调边焊的方式，点焊完再加焊，每个焊点的焊缝长度不得少于50mm

图 17-5　伸缩缝安装

点焊间距应控制在 1m 之内，两侧点焊、一侧加焊完成后，在气温接近预计安装温度时采用气割解除锁定，再焊接所有连接钢筋。

17.3　桥面防水

（1）基层要求

基层混凝土强度应达到设计强度的 80% 以上，方可进行防水层施工。当采用防水卷材时，基层混凝土表面的粗糙度应为 1.5～2.0mm。混凝土的基层平整度应小于或等于 1.67mm/m。

当防水材料为卷材及聚氨酯涂料时，基层混凝土的含水率应小于 4%（质量比）。当防水材料为聚合物改性沥青涂料和聚合物水泥涂料时，基层混凝土的含水率应小于 10%（质量比）。基层处理如图 17-6 所示。

基层混凝土表面粗糙度处理宜采用抛丸打磨。基层表面的浮灰应清除干净，并不应有杂物、油类物质、有机质等

图 17-6　基层处理

当防水层施工时，因施工原因需在防水层表面另加设保护层及处理剂时，应在确定保护层及处理剂的材料前，进行沥青混凝土与保护层及处理剂间、保护层及处理剂与防水层间的黏结强度模拟试验。试验结果满足规程要求后，方可使用与试验材料完全一致的保护层及处理剂。

（2）基层处理

基层处理剂可采用喷涂法或刷涂法施工，喷涂应均匀，覆盖完全，待其干燥后应及时进行防水层施工。

喷涂基层处理剂前，应采用毛刷对桥面排水口、转角等处先行涂刷，然后再进行大面积基层面的喷涂（图 17-7）。防水基层处理剂应根据防水层类型、防水基层混凝土龄期及含水率等选用。

基层处理剂涂刷完毕后，其表面应进行保护，且应保持清洁。涂刷范围内，严禁各种车辆行驶和人员踩踏

图 17-7　基层喷涂

（3）防水卷材施工

卷材防水层铺设前应先做好节点、转角、排水口等部位的局部处理，然后再进行大面积铺设。当铺设防水卷材时，环境气温和卷材的温度应高于5℃，基面层的温度必须高于0℃；当下雨、下雪和风力大于或等于5级时，严禁进行桥面防水层体系的施工。当施工中途下雨时，应做好已铺卷材周边的防护工作。防水卷材的施工如图17-8所示。

铺设防水卷材时，任何区域的卷材不得多于3层。搭接接头应错开500mm以上，严禁沿道路宽度方向搭接形成通缝。接头处卷材的搭接宽度沿卷材的长度方向应为150mm，沿卷材的宽度方向应为100mm

图 17-8 防水卷材的施工

铺设防水卷材应平整顺直，搭接尺寸应准确，不得扭曲、皱褶。卷材的展开方向应与车辆的运行方向一致，卷材应采用沿桥梁纵、横坡从低处向高处施工的方法，高处卷材应压在低处卷材之上。

当采用热熔法铺设防水卷材时，应满足下列要求。

① 应采取措施保证均匀加热卷材的下涂盖层，且应压实防水层。多头火焰加热器的喷嘴与卷材的距离应适中并以卷材表面熔融至接近流淌为度，防止烧熔胎体。

② 卷材表面热熔后应立即滚铺卷材，滚铺时卷材上面应采用滚筒均匀辊压，并应完全粘贴牢固，且不得出现气泡，如图17-9所示。

铺设自粘性防水卷材时应先将底面的隔离纸完全撕净。搭接缝部位应将热熔的改性沥青挤压溢出，溢出的改性沥青宽度应在20mm左右，并应均匀顺直封闭卷材的端面

图 17-9 热熔法铺设防水卷材

（4）防水涂料施工

防水涂料严禁在雨天、雪天、风力大于或等于5级时施工。防水涂料配料时，

不得混入已固化或结块的涂料。防水涂料宜多遍涂布。防水涂料应保障固化时间，待涂布的涂料干燥成膜后，方可涂布后一遍涂料。涂刷法施工防水涂料时，每遍涂刷的推进方向宜与前一遍一致。涂层的厚度应均匀且表面平整，其总厚度应达到设计要求并应符合规程的规定。防水涂料铺贴施工如图 17-10 所示。

铺贴顺序应自最低处开始向高处铺贴并顺桥宽方向搭接。高处胎体增强材料应压在低处胎体增强材料之上。严禁沿道路宽度方向胎体搭接形成通缝。采用两层胎体增强材料时，上下层应顺桥面行车方向铺设，搭接缝应错开，其间距不应小于幅宽的1/3

图 17-10　防水涂料铺贴施工

涂料防水层的收头，应采用防水涂料多遍涂刷或采用密封材料封严。

涂层间设置胎体增强材料的施工，宜边涂布边铺胎体。胎体应铺贴平整，排除气泡，并应与涂料黏结牢固。在胎体上涂布涂料时，应使涂料浸透胎体，覆盖完全，不得有胎体外露现象。涂料防水层内设置的胎体增强材料，应顺桥面行车方向铺贴。

防水涂料施工应先做好节点处理，然后再进行大面积涂布。转角及立面应按设计要求做细部增强处理，不得有削弱、断开、流淌和堆积现象。

17.4　桥面铺装

（1）施工流程

测量放样→桥面板清理→焊接钢筋网绑扎→设立振捣梁轨道→调整保护层、固定钢筋网的平面位置→混凝土施工→混凝土养护。

（2）具体施工过程

① 测量放样。施工前由测量班复测桥面中心线、桥面宽度、泄水管位置和桥面板高程，根据桥纵向里程桩号按 5m 为一个断面（半幅一个断面平均布设三个点）实施测量。

② 桥面板清理。目前常用的桥面处理方法主要有铣刨、露石、凿点、刻槽和拉毛等，这些方法一般是用物理或化学手段对桥面板制造一些表面纹理，使板面凹凸不平，增加接触面积，在铺筑沥青铺装层后增加上下两层的嵌挤力，从而加强层间连接，避免铺装层破坏。桥面板清理如图 17-11 所示。

③ 焊接钢筋网绑扎（图 17-12）。钢筋网吊运上桥面按设计图纸搭接绑扎，在桥面铺装范围内均匀预埋钢筋的保护层支撑钢筋，预埋钢筋的横纵向间距不得大于1m，支撑钢筋与钢筋网片点焊连接固定，$\phi 8$ 钢筋网搭接长度不小于 12cm。

先凿除桥面板上的浮浆剂及松散混凝土、护栏根部外露的海绵条及松散混凝土，然后用空压机辅助人工冲水将桥面板彻底清理干净，做到无积尘、浮浆剂松散混凝土

图 17-11 桥面板清理

桥面铺装层的钢筋焊接网应运用焊接网或预制冷轧带肋钢筋焊接网，不宜运用绑扎钢筋焊接网。钢筋网格长度范围内不应少于2条横向钢筋，近1横条与计算截面之间的距离不应小于50mm

图 17-12 焊接钢筋网绑扎

④ 设立振捣梁轨道。混凝土振捣梁轨道采用三排 5mm 厚槽钢沿桥纵向铺设在预埋支撑螺杆上，沿护栏和护栏底座分别向内侧 1m 处预埋布设轨道支撑螺杆，桥面中间设置一道支撑螺杆（支撑螺杆由 $\phi10$ 钢筋制作），如图 17-13 所示。

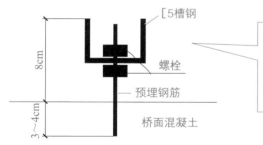

为保证振捣梁轨道具有足够的刚度和稳定性，轨道每0.5m布设一道支撑螺杆。支撑螺杆预埋结束后，严格按照测量班提供的高程数据调节下螺帽确定标高，轨道[5槽钢按支撑螺杆开孔，铺设在螺帽上，其顶面高程即是桥面铺装混凝土的控制标高

图 17-13 振捣梁轨道

轨道槽钢内用土工布塞满，防止混凝土进入槽钢，减少拆除轨道时的工作量。三条轨道的平整度、高程、纵坡和横坡的坡度等级技术要求都严格控制在桥面铺装对应的各项技术标准内。

⑤ 调整保护层、固定钢筋网的平面位置。振捣梁轨道铺设完毕后，在同一里程桩号振捣梁轨道顶带线调整钢筋网的平面位置，调整使钢筋网顶面距拉线垂直距离 3.2cm，并将钢筋网与预埋保护层钢筋点焊连接牢固。钢筋网调整如图 17-14 所示。

钢筋网距轨顶拉线的垂直距离按照钢筋网保护层技术标准控制

图 17-14　钢筋网调整

⑥ 混凝土施工。采用振动棒配合三辊轴摊铺机施工，以一联为作业单元进行施工，每个施工循环长度为 10m 左右，混凝土布料后采用振动棒初振一遍，三辊轴摊铺机施工时，采用前进振动，后退静辊的工艺，振动和静辊交叉进行，振动 2～3 遍，然后将振动轴提离标高带，前后静辊至平整度符合要求。然后用 3m 刮尺饰面，每次饰面间隔约为 30min，刮平饰面不少于 3 遍，并设专人检查尺杆与面层的接触情况。然后拆除轨道槽钢，用人工将轨道槽填满，木抹子人工找平，最后用铁抹压光成型。混凝土施工如图 17-15 所示。

桥面铺装采用C50泵送防水混凝土，塌落度100～140mm。钢筋网绑扎锚固完毕后，测量人员对中线位置，轨道顶标高、轨道顶横纵坡进行复核，确认无误后即可浇注混凝土。混凝土施工前需先将桥面板洒水润湿

图 17-15　混凝土施工

⑦ 混凝土养护。桥面铺装混凝土浇筑完成后，待表面收浆后尽快对混凝土进行养生，洒水养生应最少保持 7 天或按照监理工程师指示的天数，预应力混凝土的养生应延长至施加预应力完成为止。桥面混凝土养护如图 17-16 所示。

混凝土磨光糙面1h后，用土工布覆盖洒水养生，用水泵就近抽水上桥养护且不少于7天，保持养生期内桥面湿润

图 17-16　桥面混凝土养护

17.5　桥梁栏杆安装

（1）施工流程

栏杆由一端向另一端逐节安装，确保安装线型平顺、美观，安装过程中人工搬运、就位、安装。安装施工顺序为：定位放线→立柱安装→栏杆安装→检查校核→立柱防锈漆涂装。

（2）施工过程

① 定位放线。

② 立柱安装。立柱安装如图 17-17 所示。

立柱准确就位后，由焊工立即进行将立柱槽钢与预埋件焊接。立柱与预埋件的焊缝质量不低于二级，焊接时首先进行初焊，立柱间栏板安装完成、线型校核后再进行满焊

图 17-17　立柱安装

③ 栏杆安装。栏杆安装如图 17-18 所示。

金属栏杆为定制栏杆，栏杆均作外墙氟碳漆。出厂前底层刮原子灰1遍，中层刷环氧富锌漆2遍；栏杆安装完成后面层喷涂2层金属氟碳漆

图 17-18　栏杆安装

④ 检查校核。

⑤ 立柱防锈漆涂装（图 17-19）。

立柱内侧斜面角度较大，施工人员由上而下操作时，中心会无法靠近立柱。施工前在靠近立柱的位置，用 $\phi 8$ 钢丝绳作为轨道绳，从立柱的顶部拉到柱底部，并用花篮螺丝收紧。施工人员用锁扣扣紧轨道绳，靠近立柱进行施工

图 17-19　立柱防锈漆涂装

17.6　桥梁养护维修

（1）桥梁维修

① 桥面铺装及桥面系养护维修。桥面铺装可能出现的病害包括坑塘，雍包，龟裂，起砂，松散，车辙和纵、横向贯通裂缝等。发现铺装病害应立即查明原因，及时修理，对于无法判明的铺装层病因可提出特殊检测的要求。

对桥面裂缝的维修：对于黑色路面纵、横向裂缝，先清扫干净缝隙，并用压缩机吹去尘土后，用热沥青或乳化沥青灌缝撒料法去封堵。对大于 3mm 的桥面裂缝，应检查其发生原因。在确定无结构破坏和延续发展的条件下，可进行灌缝处理。桥梁沥青路面如图 17-20 所示。

对麻面或松散的维修：对局部地段的麻面或松散，可清扫干净，铣刨后重新摊铺。对雍包的维修：雍包范围内用直尺画线成矩形(与中心线平行或垂直)，用小型切割机切深4cm，再采用宽500mm的铣刨机铣平。采用原有结构层一样的沥青填补，并压实

图 17-20　桥梁沥青路面

② 排水设施的养护维修（图 17-21）。大桥进水口都要进行清捞，保持进水口干净。进水口按每月三次频率清捞。对损坏、缺损的大桥进水口须及时进行更换维修时，应采用与原设施性质相同的材料，进水口抹面要光洁。立管按每两个月一次疏通。立管修复时要擦清管口，涂刷胶水均匀，管道接好，要检查保证不渗水。管道安装抱箍要安放水平，螺栓要牢固。

立管集水斗要定期清捞，每季度一次，汛期中要加大清捞频率。桥面泄水孔应完好、畅通、有效。发现泄水管损坏应及时修补，损坏严重的应及时更换

图 17-21　排水设施的养护维修

③ 伸缩缝的养护维修（图 17-22）。伸缩装置应每月保养一次，及时清除缝内

的垃圾和杂物，使其平整、顺直、收缩自如、缝内整洁，处于良好的工作状态；橡胶止水带损坏后及时更换（满足原设计的规格和性能要求）；发现伸缩缝钢构件锈蚀时通过喷防锈漆处理，并使用油脂或润滑剂涂抹表面；伸缩缝出现损坏而无法修复时，宜选用原型号伸缩缝产品进行整体更换；伸缩缝的预埋部分与混凝土结合完好，上部各部位有局部损坏的，相应更换上部构件。

采用环氧砂浆预埋钢筋或种植钢筋，打膨胀螺栓；若旧桥面铺装层较薄，可将桥面凿开从而将锚筋直接焊接在桥面钢筋上。安装新伸缩缝构件，涂界面剂，灌筑钢筋混凝土

图 17-22　伸缩缝的养护维修

伸缩缝预埋部分损坏与混凝土结合已脱离时，凿除部分损坏的混凝土结合部位，重新焊接预埋件，再将预埋件与伸缩缝的主体钢与预埋件焊接，浇筑 C40 钢纤维混凝土，必要时更换损坏的伸缩缝装置；当伸缩缝整体损坏，边缘混凝土碎裂，则采用整体更换的方法维修。

④ 附属设施养护维修。人行道护栏每日擦洗一次，中心隔离栏每十日擦洗一次。

栏杆的维修：对损坏的栏杆先进行切除，修复栏杆要注意水平度和垂直度，控制好线型的顺直。焊接要求进行满焊，并进行油漆，如焊接底板松动时先处理底板。桥梁栏杆维修如图 17-23 所示。

隔离栏杆上部结构为钢制栏杆，下部为水泥混凝土墩。中心隔离栏杆维修：固定中心隔离栏杆发生小部分损坏时进行修理，首先要立模板并用界面剂对破损面进行界面处理后，才可用混凝土进行修复

图 17-23　桥梁栏杆维修

配电箱盖板维修：发现掉落要及时复位，发生部分锈蚀时敲铲油漆，发生严重锈蚀时进行更换。

桥面上人行道铺装、盲道和缘石应完好、平整。当有缺损时，应及时维修或更换。

⑤ 桥面防水层的养护维修。损坏的防水层，应及时进行修补。防水层维修应按施工要求进行。修补后的防水层，其防水性能、整体强度、与下层黏结强度和耐久性等指标应满足原设计要求。

当防水混凝土表皮脱落或粉化轻微而整体强度未受影响，且防水混凝土层与下层连接牢固时，应彻底清除脱落表皮和粉化物。

当防水混凝土受到侵蚀，表皮严重粉化且强度降低或防水混凝土层与下层已脱离黏结时，应完全清除该层结构，重新进行浇筑。桥面防水层的养护维修如图 17-24 所示。

> 清理表皮脱落层时，应清理至具有强度的表面完全露出。清除损坏的结构层时，应切割清理边界，然后再进行清除作业。清除应彻底，不得留隐患。应避免扰动其他完好部分

图 17-24　桥面防水层养护维修

选用的防水混凝土抗渗等级应高于 P6，且不得低于原设计指标要求。在使用除雪剂的北方地区和酸雨多发地区，防水混凝土的耐腐蚀系数不应小于 0.8。严禁使用普通配比混凝土替代防水混凝土。

⑥ 支座养护维修

a. 桥梁支座的日常养护工作内容主要有：支座各部应保持完整、清洁，每半年至少清扫一次，清除支座周围的油污、垃圾，防止积水、积雪，保证支座正常工作；对钢支座要进行除锈防腐，支座各部分除铰轴和滚动面外，其余部分均应涂刷油漆保护。支座养护如图 17-25 所示。

各种橡胶支座应经常清扫污水，排除墩、台帽积水，要防止橡胶支座接触油脂，对梁底及墩、台帽上的残存机油等应进行清洗，防止因橡胶老化、变质而失去作用。对盆式橡胶支座应定期进行清扫，并应设置支座防尘罩，防止灰尘落入或雨、雪渗入支座内，支座的外露部分应定期涂红丹防锈漆进行防护。

b. 支座的维修。对于较轻微的病害，加强后期的维护、维修可延长支座的使用寿命；对于严重的病害，则必须采取更换支座的措施。支座的维修如图 17-26 所示。

滚动支座滚动面上应定期涂润滑油(一般每年一次)，在涂油之前，应把滚动面揩擦干净；对固定支座应检查锚栓的坚固程度，支承垫板应平整紧密，及时拧紧各部结合螺栓

图 17-25　支座养护

调整、更换板式橡胶支座、钢板支座、油毛毡垫层支座时可采用如下方法：在支座旁边的梁底或端隔处设置千斤顶，将梁(板)适当顶起，使支座脱空不受力，然后进行调整或更换。调整完毕或新支座就位后，落梁(板)到使用位置

图 17-26　支座的维修

需要抬高支座时，可根据抬高量的大小选用下列几种方法。方法一，垫入钢板（50mm 以内）或铸钢板（50～100mm）；方法二，就地浇筑钢筋混凝土支座垫石，垫石高度按需要设置，一般应大于 100mm。

滑移的支座应及时恢复原位；脱空支座应及时维修。球形支座应每年清除尘土，更换润滑油一次。支座地脚螺母不得剪断，橡胶密封圈不得龟裂、老化。支座相对位移应均匀，并记录位移量；支座高度变化不应超过 3mm；应每两年对支座钢件（除不锈钢滑动面外）进行油漆防锈处理。

⑦ 下部结构的养护维修。当墩、台、柱由于混凝土温度收缩，施工质量不良及基础不均匀沉降等原因产生裂缝时，应视裂缝大小及损坏原因采取不同措施进行维修。桥梁墩台裂缝如图 17-27 所示。

台身发生纵向贯通裂缝，可用钢筋混凝土围带或粘贴钢板进行加固；如因基础不均匀下沉引起自下而上的裂缝，则应先加固基础，再采用灌缝或加筋方法进行维修。

当混凝土表面部分严重风化和破坏时，应及时清除损坏部分后用与原结构相同材料补砌，应结合牢固，色泽和质地宜与原砌体一致。当表面风化剥落深度在

裂缝宽小于规定限值时，可凿槽并采用喷浆封闭裂缝的方法。裂缝宽大于规定限值时，可采用压力灌浆法灌注水泥砂浆、环氧砂浆等灌浆材料修补。支座失灵造成墩台拉裂，应修复或更换支座

图 17-27　桥梁墩台裂缝

30mm 及以内时，应采用 M10 以上的水泥砂浆修补；当剥落深度超过 30mm，且损坏面积较大时，应增设钢筋网浇筑混凝土层，浇筑混凝土前应清除松浮部分，用水冲洗，并采用锚钉连接。墩台出现变形应查明原因，采取针对性措施进行加固。混凝土裂缝如图 17-28 所示。

当混凝土表面发生侵蚀剥落、蜂窝麻面等病害时，应及时将周围凿毛洗净后做表面防护

图 17-28　混凝土裂缝

桥台锥坡及八字翼墙在洪水冲击或填土沉落的作用下容易产生变形和勾缝脱落，修复时应夯实填土，常水位以下应采用浆砌片（块）石法，并勾缝。

（2）养护技术措施

① 沥青路面修补路面做到圆洞方补、浅洞深补、湿洞干补。凿边要求四周修凿垂直不斜，基底保持干燥，填筑厚度差在 ±5mm 内，表面粗细均匀，无毛细裂缝，碾压紧密，无明显轮迹。平整度控制为人工摊铺高低差不大于 5mm，机械摊铺不大于 2mm，路框差控制为井框周围无沉陷，与路面高低差不得大于 5mm，横坡与原路面横坡一致，不得有积水。

② 伸缩缝外形整齐，平整顺适，牢固完整，无破损，无漏水，行车无颠簸，伸缩变形应稳定，缝内无垃圾。

③ 混凝土结构提高新老混凝土之间的黏结力，用丙酮清洗混凝土表面和钢筋，在处理表面上均匀涂上胶黏剂；为防止混凝土表面中性化，对新浇混凝土进行表面处理，应涂上防水剂。

④ 定期对支座钢件进行油漆防锈，定期清除支座附近的杂物和灰尘，对智能型支座应观测、记录其滑移量，并判断其是否运行正常。

⑤ 排水设施

a. 高架快速路排水口要进行清捞，保持排水口干净；对损坏、缺损的须进行更换维修，采用与原设施性质相同的材料，抹面要光洁、平整。

b. 立管修复时要擦净连接管口，均匀涂刷胶水，管道接好，要检查保证不渗水；管道安装抱箍要水平，螺栓要牢固。

17.7　桥梁加固

（1）桥梁上部结构加固方法

① 增大截面和配筋加固法。当梁的强度、刚度、稳定性和抗裂性能不足时，采用同种材料即混凝土和钢筋增大结构物的截面面积以提高结构的承载力，这种方法称增大截面和配筋加固法，又称包混凝土加固法。方案分以加大截面面积为主和以加配钢筋为主两种。该法施工工艺简单、适应性强，并具有成熟的设计和施工经验，广泛用于梁桥及拱桥拱肋的加固。但施工时间长，需封闭交通，加固后的建筑物净空会减小。某主拱券加固平面布置示意图如图 17-29 所示。

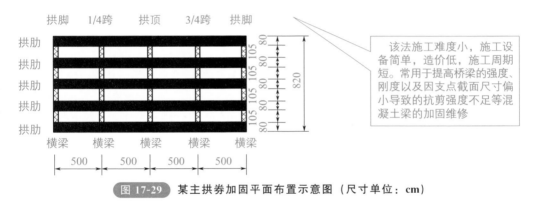

图 17-29　某主拱券加固平面布置示意图（尺寸单位：cm）

② 外部预应力加固法。在施工中，预应力硅梁板钢筋的运用，可以对受拉区施加预应力以达到加固目的，其工作原理是抵消一定的重力，并且可以卸载、减小跨中挠度、减小裂缝宽度或闭合裂缝，以此高效提升桥梁的承载功能。在运用这种方式的过程中，工作人员在桥梁原结构或者新加结构上施加必要的应力以实现加固的目的。外部预应力加固体系如图 17-30、图 17-31 所示。

③ 粘贴钢板加固法。当主梁承载力不足或纵向主筋严重锈蚀，导致主梁严重横向裂缝时，采用环氧树脂等黏合剂将型钢、钢板、玻璃钢等材料粘贴在结构构件的受拉边缘或薄弱部位，使之与结构物形成整体，从而提高结构物承载力的方法。粘贴钢板加固法如图 17-32 所示。

（2）桥梁下部结构加固方法

桥梁下部结构加固改造的方法。采取加固的方法提高桥梁承载力、抗弯能力、

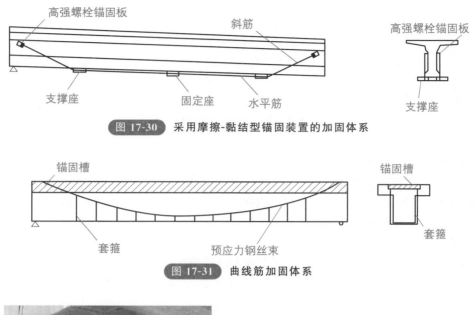

图 17-30　采用摩擦-黏结型锚固装置的加固体系

图 17-31　曲线筋加固体系

该方法基本不改变原结构尺寸，施工简单、快速，技术可靠，质量容易控制，且不影响结构外形、不减小桥梁净空，加固费用低，短期加固效果好且工艺成熟，适用于构件尺寸受到限制但又必须提高承载力的情况

图 17-32　粘贴钢板加固法

抗剪能力、荷载等级等是最经济、最简单和最适用的措施，依据不同的桥梁现状和加固要求可以采取不同的方法。

① 扩大基础加固法（图 17-33）。

② 支撑法加固。对单跨小跨径桥桥台，可在两台之间加设水平支撑，如整跨浆砌片石撑板或用支撑梁进行加固。对于因桥台背水平土压力太大而引起的桥台倾斜，应设法减少桥台后壁的土压力，可在台背增建一挡土墙，承担部分台背水平土压力。

③ 钢筋套箍或护套加固法。钢筋套箍或护套加固法适用于桥梁墩、台出现贯通裂缝及大面积破损、风化、剥落等情况时。钢筋套箍加固法如图 17-34所示。

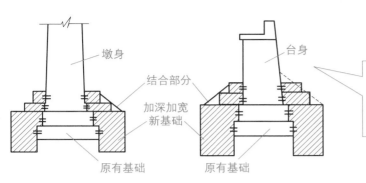

(a) 桥墩基础   (b) 桥台基础

图 17-33 墩台扩大基础加固法

新、旧基础也必须注重牢固的紧密结合性，在施工过程中还可以增设锚固钢筋，使新、旧基础的整体性能得到进一步强化

图 17-34 钢筋套箍加固法

411

18

桥梁工程质量检查与病害防治

18.1 桥梁工程质量检查与验收

18.1.1 钻孔灌注桩施工质量检查与验收

（1）原材料的检测及验收

① 混凝土的原材料质量必须符合现行有关标准规定，拌制所用混凝土原材料的品种及规格，必须符合混凝土施工配合比的规定。

② 水泥进场时，必须有质量证明书，如图 18-1 所示。水泥质量证明书能标明所用原材料规格、性能参数；并且提供主要性能指标、提供试验报告或检测结果。水泥应符合现行水泥标准的规定要求，必须有制造厂的试验报告单、质量检验单、出厂证等证明文件。并应对其品种、标号、包装（或散装仓号）、出厂日期等检查

水泥质量证明书及试验报告汇总表

工程名称：

质检登记号：

序号	生产厂名	品种规格	质保书编号	出厂日期	试验日期	数量/t	3天(7天)强度报告编号	28天补强报告编号	试验结果	使用部位
1										
2										
3										
4										
5										
6										
7										
8										
9										
10										
11										
12										
13										
经统计，试验报告共　　份										
施工单位意见： 项目经理：(章)					监理单位意见： 项目总监：(章)					

图 18-1 水泥质量证明书

验收。对水泥质量有怀疑或水泥出厂超过三个月（快硬硅酸盐水泥为一个月）时，应复查试验，并按其试验结果使用。

③ 散装水泥用量尺法检验，或用轨道衡计量，汽车称重时采用地中衡（图 18-2）称量，也可采用电子秤称重。

地中衡由承重台、第一杠杆、传力杠杆、示准器、小游砣、大游砣、计量杠杆、平衡砣、调整砣和第二杠杆等部分组成

图 18-2　地中衡

④ 每批进场的石料必须附有包括下列内容的质量证明书或产品合格证：

a. 生产厂名和产地；

b. 合格证编号和签发日期；

c. 产品的批号和数量；

d. 运输条件；

e. 产品的颗粒级配，针、片状颗粒含量和含泥量检验结果；

f. 产品的强度指标（岩石立方体强度或压碎指标值）。

石料进场前，应检查产品质量是否符合要求，而且至少应采样进行颗粒级配、针、片状颗粒含量和含泥量检验。在发现产品质量显著变化时，应按其变化情况随时进行取样检验，符合要求时方可进场。其质量标准和检验方法必须符合《普通混凝土用砂、石质量及检验方法标准》（JGJ 52—2006）的规定。

⑤ 入场后的碎石或卵石应按产地、种类和规格分别堆放，如图 18-3 所示。堆放时，堆料高度不宜超过 5m，但对于单粒级或最大粒径不超过 20mm 的连续粒

碎石或卵石堆放高度不得过高，保证顶部平整，减少级配离析

图 18-3　碎石或卵石分类堆放

413

级，堆料高度允许增加到 10m。

⑥ 每批进场的砂必须附有包括下列内容的质量证明书或产品合格证：

a. 生产厂名和产地；

b. 合格证编号和签发日期；

c. 产品的批号和数量；

d. 运输条件；

e. 产品的种类（按产源和细度模数），颗粒级配及其所属级配区；

f. 产品中颗粒小于 0.080mm 的尘屑、淤泥和黏土的总含量；

g. 如为海砂，应注明氯盐含量。

砂进场前，至少应取样进行颗粒级配和含泥量检验，如为海砂，还应检验其氯盐含量。在发现产品质量有显著变化时，应按其变化情况，随时进行取样检验，合格后方可进场。其质量标准的检验方法必须符合《普通混凝土用砂、石质量及检验方法标准》（JGJ 52—2006）的规定。

⑦ 夏季或雨后灌注混凝土前必须对砂石料含水量进行检测，并及时调整实配混凝土的加水量。水分检测仪如图 18-4 所示。

该仪器体积小，方便携带，检测速度快，便于现场检测使用

图 18-4　水分检测仪

⑧ 钢筋进场须附有质量证明书或检验报告单，每捆（盘）钢筋均应有标牌，如图 18-5 所示。进场时应按炉罐（批）号及直径分批验收。验收内容包括查对标牌、外观检查，并按有关标准的规定抽取试样做机械性能试验，合格后方可使用。对质量有怀疑时应取样做材质检验，以及拉力、焊接试验。

⑨ 焊条的规格型号、外加剂的质量均符合要求。

（2）单桩检验及验收

① 单桩质量检验及验收主要包括桩位、标高是否准确，成孔、清孔、钢筋的制作安放、混凝土的配制和灌注等各工序施工质量，原始资料是否齐全、准确、清晰。

② 桩位的确定必须进行测量和复测。钻机就位后须进行桩孔对位误差检测和

钻机水平检查，要求安装水平、稳固，底座大梁必须垫实，不得有悬空现象。水平定向钻机如图 18-6 所示。

钢筋标牌明确该捆钢筋的直径、数量、规格型号、炉批号、生产厂家、生产日期等

图 18-5 钢筋标牌

水平定向钻机广泛应用于供水、电力、电信、天然气、煤气、石油等柔性管线铺设施工中

图 18-6 水平定向钻机

③ 钻孔完工后，须检查和校正孔深，桩孔深度应不小于设计深度；孔径偏差经测井仪检测或钻头外径测量应符合规定。

④ 清孔结束后，在进孔泥浆的相对密度不大于 1.15 时，出口泥浆相对密度不大于 1.25。

⑤ 钢筋笼吊放前必须重新丈量每节钢筋笼的直径和长度，焊接质量及筋距偏差、吊筋长度等，并填写隐蔽工程验收单，吊放好的钢筋笼尽量与钻孔轴线同心。吊放钢筋笼如图 18-7 所示。

⑥ 在搅拌和灌注混凝土过程中，应按下列规定进行检查。

a. 检查混凝土组成材料的质量和用量，每条桩不少于两次。

b. 检查混凝土在拌制地点和灌注地点的坍落度，每条桩至少两次。

c. 如混凝土配合比由于外界影响而有变动时，应及时检测。

d. 混凝土的拌制时间应随时检测。

起吊时防止钢筋笼变形，注意不得碰撞孔壁。如钢筋笼太长时，可分段起吊，在孔口进行垂直焊接或机械连接

图 18-7　吊放钢筋笼

⑦ 冬季施工时，还应每两小时检查一次下列内容。

a. 检查外加剂的加量。

b. 测量水（包括外加剂溶液）和骨料的加热温度以及加入搅拌时的温度。

c. 测量混凝土自搅拌机中卸出料的温度和灌注时的温度，如图 18-8 所示。检查结果应及时填入"混凝土配制记录"。

测温主要是为了避免温差过大导致裂缝的产生，一般内部温度与大气温度差不超过25℃

图 18-8　测量混凝土的温度

⑧ 高温期间施工时应检测下列内容。

a. 外加剂溶液的质量和加量，每条桩不少于两次。

b. 混凝土出机温度和灌注前的温度，每两小时一次。

⑨ 混凝土的灌注充盈系数不小于1；沉管成孔灌注桩任意一段平均直径与设计直径之比不小于1。

⑩ 单桩施工完毕后应提交下列资料。

a. 钻孔桩桩孔钻进记录。

b. 钢筋笼吊装记录。

416

c. 混凝土配制（含试块捣制）记录。

d. 混凝土灌注记录。

e. 事故情况处理记录。事故情况记录表如图 18-9 所示。

质量事故处理记录

编号：R-ZJ-10

事故事由		事故性质	
事故部门		事故日期	
产品名称		生产日期	
数　量		损失金额	
事故责任者		处理人	
事故原因：			
处理意见：			
质量负责人意见：			

事故情况记录表的作用：吸取经验教训、总结过去、制定整改措施

签章　　　年　月　日

图 18-9 事故情况记录表

（3）全部工程质量检验与验收

① 桩位偏差，按总桩数抽查 10％，但不少于 3 根。

② 灌注桩用的原材料和混凝土强度必须符合设计要求及施工规范的规定。混凝土强度的评定须按《建筑装饰装修工程质量验收标准》（GB 50210—2018）执行。

③ 混凝土的配合比、原材料的计量、搅拌、养护和试块留制必须符合规范的要求。检查混凝土抗压强度应以边长为 150mm 的立方体试块（如图 18-10 所示），在温度为（20±3）℃和相对湿度为 90％以上潮湿环境或水中的标准条件下，经 28 天养护后试压确定，其压试结果作为桩体混凝土是否能够达到设计强度等级的依据。作为评定桩身混凝土强度等级的试块，应在灌注地点制作。

④ 标准养护的试块组数，应按每条桩不少于一组留制。每组（三块）试块应在同盘混凝土中取样制作，其强度代表值按下述规定确定。

a. 取三个试块试验结果的平均值，作为该组试块强度代表值，其基本单位为 MPa。

用于测定混凝土抗压强度的混凝土试块，可以分析结构混凝土强度检测结果的不确定度

图 18-10　检查混凝土抗压强度的立方体试块

b. 当三个试块中的过大或过小的强度值，与中间值相比超过 15％时，以中间值代表该组的混凝土试块的强度。试块外形与试验方法不符合试验要求时，其试验结果不应采用。

⑤ 桩身质量须经过下列检测。

a. 静压试桩数量一级为桩数的 1％，但不少于 2 根，允许承载力满足设计要求。

b. 钻探抽心验桩的抽检数量，一般端承桩为桩数的 10％，摩擦桩为 5％～15％；混凝土密实连续，强度和孔底沉渣满足设计要求。

c. 动测、超声等无损检测比例一般为桩数的 20％～50％；要求桩身混凝土连续、质量合格，桩径符合要求。桩基的无损检测如图 18-11 所示。

桩基无损检测的方法，通常使用的是超声波埋管法、大应变法和小应变法

图 18-11　桩基的无损检测

⑥ 分项工程质量评定合格。

⑦ 分部工程质量评定合格。

⑧ 工程竣工提交以下资料。

a. 桩位测量放线平面图。

b. 材料检验、试块试压记录。

c. 桩的工艺试验记录。

d. 桩和承台的施工记录或施工记录汇总表。

e. 隐蔽工程验收记录。

f. 设计变更通知书、事故处理记录及有关文件。

g. 桩基竣工平面图。

h. 竣工报告。单位工程竣工报告单如图 18-12 所示。

单位工程竣工报告

<table>
<tr><td>工程名称</td><td></td><td>建筑面积</td><td></td><td>地点</td><td></td></tr>
<tr><td>建设单位</td><td></td><td>结构类型</td><td></td><td>造价</td><td></td></tr>
<tr><td>项目经理</td><td></td><td>计划工期</td><td></td><td>实际工期</td><td></td></tr>
<tr><td>开工日期</td><td colspan="2">年　月　日</td><td>拟竣工日期</td><td colspan="2">年　月　日</td></tr>
<tr><td>技术资料齐全情况</td><td colspan="5"></td></tr>
<tr><td>竣工标准达到情况</td><td colspan="5"></td></tr>
<tr><td>甩项项目和原因</td><td colspan="2"></td><td rowspan="2">监理单位审核意见：
签名　(公章)
年　月　日</td><td colspan="2" rowspan="2">建设单位审批意见：
签名　(公章)
年　月　日</td></tr>
<tr><td colspan="3">本工程已于　年　月　日全部完工，请于　年　月　日　时在　派人验收。
技术负责人：
项目经理：
承包商(公章)
年　月　日</td></tr>
</table>

竣工报告的作用：对收尾工程处理的意见、项目投产的初步意见、对今后工程建设工作的经验教训和建议等

图 18-12 单位工程竣工报告单

i. 如实际的地质资料与设计不符，或在施工时对桩身质量和承载力有疑问时，可采用荷载试验或其他检验手段进行检查，其数量由设计、施工及其他有关单位共同研究决定。

（4）特种工程质量检验与验收

① 特种工程的施工程序应符合相关规程规定。

② 特种工程所使用的机具和设施应符合相关规程规定。

③ 特种工程采用的材料必须符合设计要求。

④ 特种工程施工的原始资料应能反映实际情况和存档要求。

（5）原始资料整理归档

① 工程施工合同签订后，应及时收集有关经济技术文件资料，整理交卷，经主任工程师审查后归档。

② 钻孔灌注桩工程归档资料应包括以下文件。

a. 工程施工承包合同及预决算单。

b. 施工设计图。

c. 施工组织设计。

d. 开工报告、基桩工程开工验收单、桩施工轴线移交验签单。

e. 单桩施工原始记录、工程联系单、工序验收资料和隐蔽工程验收单等反映施工实际情况的技术资料。

f. 竣工后向甲方所提交的全部技术资料及技术总结。

g. 反映特种工程施工和质量验收的技术资料。

18.1.2　大体积混凝土浇筑施工质量检查与验收

18.1.2.1　控制混凝土裂缝

（1）裂缝分类

大体积混凝土出现的裂缝按深度不同，分为表面裂缝、深层裂缝和贯穿裂缝三种，如图 18-13 所示。

裂缝不仅会影响公路桥梁的施工质量，还会影响其性能和使用寿命

　　(a) 表面裂缝　　　　(b) 深层裂缝　　　　(c) 贯穿裂缝

图 18-13　裂缝分类

表面裂缝主要是温度裂缝，一般危险性较小，但影响外观质量。

深层裂缝部分地切断了结构断面，对结构耐久性产生一定危害。

贯穿裂缝是由混凝土表面裂缝发展为深层裂缝，最终形成贯穿裂缝；它切断了结构的断面，可能破坏结构的整体性和稳定性，其危害性是较严重的。

（2）裂缝发生的原因

① 水泥水化热影响。

② 内外约束条件的影响。

③ 外界气温变化的影响。

④ 混凝土的收缩变形。在设计上，混凝土表层布设抗裂钢筋网片，可有效防止混凝土收缩时产生干裂（图 18-14）。

⑤ 混凝土的沉陷裂缝。支架、支撑变形下沉会引发结构裂缝，过早拆除模板支架易使未达到强度的混凝土结构发生裂缝和破损。

18.1.2.2　质量控制要点

（1）施工方案的编制应做到科学合理

施工方案的内容应主要包括如下项目。

布设抗裂钢筋网片可以增强混凝土抗裂能力，提高抗震性能，特别适用于大面积混凝土工程

图 18-14 混凝土表层布设抗裂钢筋网片

① 材料要求和配合比设计。

② 支架模板及支撑搭设与拆除的稳定性、安全性措施。

③ 混凝土的搅拌、运输和浇筑方案，分层分块浇捣措施。

④ 温度控制，包括混凝土的测温和降温等措施。

⑤ 养护措施。

（2）控制非沉陷裂缝的产生

防止混凝土非沉陷裂缝的关键是混凝土浇筑过程中温度和混凝土内外部温差控制（温度控制）。温度控制就是对混凝土的浇筑温度和混凝土内部的最高温度进行人为的控制。施工前应进行热工计算，施工措施应符合国家标准《大体积混凝土施工标准》（GB 50496—2018）的有关规定。

18.1.2.3 质量控制的主要措施

（1）优化混凝土配合比

① 大体积混凝土因其水泥水化热的大量积聚，易使混凝土内外形成较大的温差，从而产生温差应力，因此应选用水化热较低的水泥，例如粉煤灰水泥，如图 18-15 所示，以降低水泥水化所产生的热量，从而控制大体积混凝土的温度升高。

粉煤灰水泥与一般掺活性混合材的水泥相似，水化热低，抗腐蚀能力较强

图 18-15 粉煤灰水泥

② 充分利用混凝土的中后期强度，尽可能降低水泥用量。

③ 严格控制集料的级配及其含泥量。如果含泥量大的话，不仅会增加混凝土的收缩，而且会引起混凝土抗拉强度的降低，对混凝土抗裂不利。

④ 选用合适的缓凝剂、减水剂等外加剂，如图 18-16 所示，以改善混凝土的性能。加入外加剂后，可延长混凝土的凝结时间。

外加剂对混凝土的抗碳化性能有一定的改善作用，混凝土的碳化深度和孔隙率间存在一定的线性关系

图 18-16　混凝土外加剂

⑤ 控制好混凝土坍落度，不宜过大，一般在 120mm±20mm 即可。

（2）浇筑与振捣措施

分层浇注混凝土，利用浇筑面散热，以大大减少施工中出现裂缝的可能性。选择浇筑方案时，除应满足每一处混凝土在初凝以前就被上一层新混凝土覆盖并捣实完毕外，还应考虑结构大小、钢筋疏密、预埋管道和地脚螺栓的留设、混凝土供应情况以及水化热等因素的影响，常采用的方法有以下几种。

① 全面分层：即在第一层全面浇筑完毕后，再回头浇筑第二层，如图 18-17 所示。此时应使第一层混凝土还未初凝，如此逐层连续浇筑，直至完工为止，分层厚度宜为 1.5～2.0m。采用这种方案时结构的平面尺寸不宜太大，且施工时从短边开始，沿长边推进比较合适。必要时可分成两段，从中间向两端或从两端向中间同时进行浇筑。

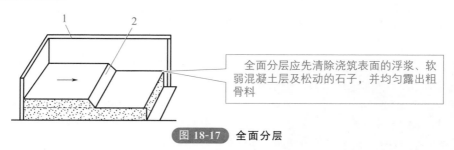

全面分层应先清除浇筑表面的浮浆、软弱混凝土层及松动的石子，并均匀露出粗骨料

图 18-17　全面分层

② 分段分层：混凝土浇筑时，先从底层开始，浇筑至一定距离后浇筑第二层，如此依次向前浇筑其他各层，如图 18-18 所示。由于总的层数较多，所以浇筑到顶后，第一层末端的混凝土还未初凝，又可以从第二段依次分层浇筑。这种方案适用于单位时间内要求供应的混凝土较少，结构物厚度不太大而面积较大的工程。当截面面积在 200m^2 以内时分段不宜大于 2 段，在 300m^2 以内时不宜大于 3 段，每段面积不得小于 50m^2。

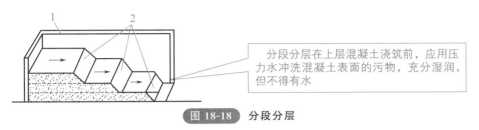

图 18-18 分段分层

③ 斜面分层：要求斜面的坡度不大于 1/3，适用于结构的长度超过厚度 3 倍的情况，如图 18-19 所示。混凝土从浇筑层下端开始，逐渐上移。混凝土的振捣也要适应斜面分层浇筑工艺，一般在每个斜面层的上、下各布置一道振动器。上面的一道布置在混凝土卸料处，保证上部混凝土的捣实。下面一道振动器布置在近坡脚处，确保下部混凝土密实。随着混凝土浇筑向前推进，振动器也相应跟上。

图 18-19 斜面分层

（3）养护措施

大体积混凝土养护的关键是保持适宜的温度和湿度，以便控制混凝土内外温差，在促进混凝土强度正常发展的同时防止混凝土裂缝的产生和发展。大体积混凝土的养护，不仅要满足强度增长的需要，还应通过温度控制，防止因温度变形引起混凝土开裂。混凝土养护阶段的温度控制措施如下。

① 混凝土的中心温度与表面温度之间、混凝土表面温度与室外最低气温之间的差值均应小于 20℃；当结构混凝土具有足够的抗裂能力时，差值不大于 25～30℃。

② 混凝土拆模时表面温度与中心温度之间、表面温度与外界气温之间的温差不超过 20℃。

③ 采用内部降温法来降低混凝土内外温差。内部降温法是在混凝土内部预埋水管，通入冷却水，降低混凝土内部的最高温度，如图 18-20 所示。冷却在混凝土刚浇筑完成时就开始进行。还有常见的投毛石法，也可以有效控制混凝土开裂。

④ 保温法是在结构外露的混凝土表面以及模板外侧覆盖保温材料（如草袋、锯木、湿砂等），保温材料如图 18-21 所示。在缓慢散热的过程中，保持混凝土的内外温差小于 20℃。根据工程的具体情况，尽可能延长养护时间，拆模后立即回填或再覆盖保护，同时预防近期骤冷气候影响，防止混凝土早期和中期裂缝。

内部降温法不仅成本相对较高，且管理不善的话易使大体积混凝土产生贯穿性裂缝，这类方法在房屋建筑工程中较少采用

图 18-20　内部降温法

  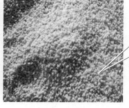

保温材料有极佳的温度稳定性和化学稳定性，对环境和人体无害，具有良好的环境保护效益

(a) 草袋　　　　　　　　(b) 锯木　　　　　　　　(c) 湿砂

图 18-21　保温材料

大体积混凝土湿润养护时间应符合下列规定。

硅酸盐水泥、普通硅酸盐水泥养护时间为 14 天；火山灰质硅酸盐水泥、矿渣硅酸盐水泥、地热微膨胀水泥、矿渣硅酸盐大坝水泥；在现场掺粉煤灰的水泥养护时间为 21 天；高温期湿润养护时间均不得少于 28 天。

18.1.3　预应力张拉施工质量事故预防措施

18.1.3.1　基本规定

（1）人员控制

① 承担预应力施工的单位应具有相应的施工资质。

② 预应力张拉施工应由工程项目技术负责人主持。

③ 张拉作业人员应经过培训考核，合格后方可上岗。

（2）设备控制

① 张拉设备的检定期限不得超过半年，且不得超过 200 次张拉作业。

② 张拉设备应配套检定，配套使用。

18.1.3.2　准备阶段质量控制

（1）预应力施工

应按设计要求，编制专项施工方案和作业指导书，并按相关规定审批。

（2）预应力筋进场检验

① 外观检验：预应力筋展开后应平顺，不得有弯折，表面不应有裂纹、小刺、机械损伤、氧化铁皮和油污等。外观检验如图 18-22 所示。

外观检验合格后，应及时见证取样送有资质的检测机构进行复试，复试合格后方可使用

图 18-22 外观检验

② 根据《预应力混凝土用钢绞线》（GB/T 5224—2014）规定，按进场的批次抽样进行力学性能等检验，并检查产品合格证、出厂检验报告和进场实验报告。

③ 遵从进场检验批和项目的规定。

（3）预应力用锚具、夹具和连接器进场检验

① 外观检验：核对数量、型号及相应配件。锚具应无锈蚀、机械损伤和裂纹等，尺寸满足允许偏差要求。锚具如图 18-23 所示。

预先安装好定位，然后浇筑混凝土，埋在混凝土的两端的波纹管的两个端头，是为了张拉时千斤顶的稳定作用而设置的端面

图 18-23 锚具

② 按照相关规范规定，按进场的批次抽样复验其硬度、静载锚固试验等，并检查产品合格证、出厂检验报告和进场试验报告。

③ 遵从进厂检验批和项目的规定。

（4）管道进厂检验

① 金属螺旋管外观检查应无锈蚀、空洞和不规则皱褶，无咬口开裂、脱扣等现象。

② 塑料波纹管内壁应光滑，壁厚均匀，且不应有气泡、裂口、分解变色线及明显杂质。塑料波纹管如图 18-24 所示。

塑料波纹管的主要用途是作为压力测量仪表的测量元件，将压力转换成位移或力

图 18-24　塑料波纹管

18.1.3.3　施工过程控制要点

（1）下料与安装

① 预应力筋及孔道的品种、规格、数量必须符合设计要求。

② 预应力筋下料长度应经计算，并考虑模具尺寸及张拉千斤顶所需长度；严禁使用电弧焊切割。

③ 锚垫板和螺旋筋安装位置应准确，保证预应力筋与锚垫板面垂直。锚板受力中心应与预应力筋合力中心一致。锚垫板如图 18-25 所示。

锚垫板就是预应力施工时，对预应力筋进行锚固所需要的一块钢板或者铸铁板，其强度必须满足预应力张拉施工时的压应力要求

图 18-25　锚垫板

④ 管道安装应严格按照设计要求确定位置，曲线平滑、平顺；架立筋应绑扎牢固，管道接头应严密，不得漏浆。管道应留压浆孔和溢浆孔。

⑤ 预应力筋及管道安装应避免电焊火花等造成损伤。

⑥ 预应力筋穿束宜采用卷扬机整束牵引，应依据具体情况采用先穿法或后穿法，卷扬机如图 18-26 所示。但必须保证预应力筋平顺，没有扭绞现象。

卷扬机，用卷筒缠绕钢丝绳或链条，用以提升或牵引重物的轻小型起重设备，又称绞车

图 18-26　卷扬机

（2）张拉与锚固

① 张拉时，混凝土强度、张拉顺序和工艺应符合设计要求和相关规范规定。

② 张拉前应根据设计要求对孔道的摩阻损失进行实测，以便确定张拉控制力，并确定预应力筋的理论伸长量。

③ 张拉应保证逐渐加大拉力，不得突然加大拉力，以保证应力正确传递。张拉过程中，先张预应力筋的断丝、断筋数量不得超过规范要求，后张预应力筋的滑丝、断丝、断筋数量不得超过规定。

④ 张拉施工质量控制应做到"六不张拉"，即：没有预应力筋出厂材料合格证，预应力筋规格不符合设计要求，配套件不符合设计要求，张拉前交底不清，准备工作不充分，安全设施未做好、混凝土强度达不到设计要求，不张拉。

⑤ 张拉控制应力达到稳定后方可锚固，锚固后预应力筋的外露长度不宜小于30mm，对锚具应采用封端混凝土保护，当需要较长时间外露时，应采取防锈蚀措施。锚固完毕经检验合格后，方可切割端头多余的预应力筋，严禁使用电弧焊切割。电弧焊如图18-27所示。

电弧焊的原理是利用电弧放电所产生的热量将焊条与工件互相熔化并在冷凝后形成焊缝，从而获得牢固接头的焊接过程

图 18-27　电弧焊

（3）压浆与封锚

① 张拉后，应及时进行孔道压浆，如图18-28所示。宜采用真空辅助法压浆，水泥浆的强度应符合设计要求，且不得低于30MPa。

孔道压浆是指用水泥净浆，掺入外添加剂，压浆前先用压力清水冲洗将要压浆的孔道，再将水泥净浆从孔的一端压入，另一端排出浓浆后封闭

图 18-28　孔道压浆

② 压浆时排气孔、排水孔应有水泥浓浆溢出。应从检查孔抽查压浆的密实情况，如有不实，应及时处理。

③ 压浆过程中及压浆后 48h 内，结构混凝土的温度不得低于 5℃。当白天气温高于 35℃时，压浆宜在夜间进行。

④ 压浆后应及时浇筑封锚混凝土，封锚后的构件如图 18-29 所示。封锚混凝土的强度应符合设计要求，不宜低于结构混凝土强度等级的 80%，且不得低于 30MPa。

封锚的目的是为防护锚头，使之免受损伤和锈蚀

图 18-29　封锚

18.1.4　钢管混凝土建筑施工质量检查与验收

18.1.4.1　钢管混凝土施工质量控制

（1）质量标准

① 钢管（钢管柱和钢管拱）内混凝土浇筑的施工质量是验收主控项目。

② 钢管内混凝土应饱满，管壁与混凝土紧密结合，混凝土强度应符合设计要求。

③ 检验方法：观察出浆孔混凝土溢出情况，检查超声波检测报告，检查混凝土试件试验报告。

（2）基本规定

① 钢管上应设置混凝土压浆孔、倒流截止阀、排气孔等。倒流截止阀如图 18-30

倒流截止阀起防止倒流的作用，是为了防止浇筑时钢管拱里的混凝土发生特殊情况导致倒流

图 18-30　倒流截止阀

所示。

② 钢管混凝土应具有低泡、大流动性、收缩补偿、延缓初凝和早强的性能。

③ 混凝土浇筑泵送顺序应按设计要求进行，宜先钢管后腹箱。

④ 钢管混凝土的质量检测应以超声波检测为主，人工敲击为辅。

18.1.4.2 钢管柱混凝土浇筑

① 钢管柱具有加工简单、重量轻、便于吊装、安装方便等特点，在城市桥梁工程和轻轨交通工程中被广泛用作钢管墩柱（图18-31）。

钢管墩柱的形式一般根据桥梁的所在环境确定，一般采用柱式桥墩的结构，便于泄洪

图 18-31 钢管墩柱

② 钢管柱内混凝土的浇筑与水平结构混凝土施工基本相同，一层一浇筑，施工时钢管上的端口既作为混凝土入口又作为振捣口。

③ 混凝土宜连续浇筑，一次完成。

④ 终凝后应清除钢管柱内上部的混凝土浮浆，然后焊接临时端口。

18.1.4.3 钢管拱混凝土浇筑

（1）准备工作

① 应检查混凝土压注孔、倒流截止阀、排气孔等，保证通畅。

② 应清洗管拱内污物，并润湿管壁。

③ 应按设计要求确定浇注顺序。

（2）浇筑作业

① 应采用泵送顶升压注的施工方法，如图18-32所示，由两拱脚至拱顶对称均衡地连续压注一次完成。

② 应先泵入适量水泥浆，再压注混凝土，直至钢管顶端排气孔排出合格的混凝土后停止。压注混凝土完成后应关闭倒流截止阀。

③ 大跨径拱肋钢管混凝土应根据设计加载程序，分环、分段并隔仓由拱脚向拱顶对称均衡压注。压注过程中拱肋变位不得超过设计要求。

泵送顶升压注不搭设高空脚手架，减少高空作业及劳动强度，操作更为简便安全

图 18-32　泵送顶升压注

④ 钢管混凝土的泵送顺序宜先钢管后腹箱。

⑤ 应按照施工方案进行钢管混凝土养护。

18.2　桥梁工程质量通病及防治措施

18.2.1　钻孔灌注桩断桩的防治

钻孔灌注桩基础由于其施工设备简单、易于操作而被广泛应用于桥梁建设中，目前已形成了一套比较成熟的施工技术。但是由于钻孔灌注桩的施工受多种因素影响，处理不好容易引起断桩，因此对断桩的预防是钻孔灌注桩施工中的一个重要问题。

（1）断桩原因

断桩是指钻孔灌注桩在灌注混凝土的过程中，泥浆或砂砾进入水泥混凝土，把灌注的混凝土隔开并形成上下两段，造成混凝土变质或截面积受损，从而使桩不能满足受力要求。常见的断桩原因大致可分为以下几种情况。

① 由于混凝土坍落度过小，或由于石料粒径过大、导管直径较小，在灌注过程中堵塞导管，且在混凝土初凝前无法疏通好，不得不提起导管，形成断桩。断桩如图 18-33 所示。

断桩会造成严重的质量缺陷，一定要在施工开始前就彻底清除隐患，预防事故的发生

图 18-33　断桩

② 由于运输或等待时间过长等原因使混凝土发生离析，如图 18-34 所示，又没有进行二次搅拌，灌注时大量骨料卡在导管内，不得不提出导管进行清理，引起断桩。

离析使混凝土强度大幅度下降，严重影响混凝土结构承载能力，破坏结构的安全性能

图 18-34　混凝土离析

③ 由于水泥结块，如图 18-35 所示，或者在冬季施工时因集料含水量较大而冻结成块，搅拌时没有将结块打开，结块卡在导管内，而在混凝土初凝前不能疏通好，造成断桩。

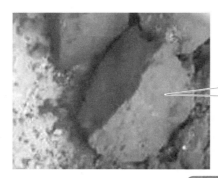

水泥结块造成混凝土内水泥均匀分布减少，从而使混凝土强度降低

图 18-35　水泥结块

④ 混凝土灌注过程中发生塌孔，无法清理，或使用吸泥机清理不彻底，使灌注中断，造成断桩。

⑤ 由于检测和计算错误，导管长度不够，使底口与孔底距离过大，首批灌注的混凝土不能埋住导管底部，从而形成断桩。

⑥ 在提拔导管时，盲目提拔，将导管提拔过量，使导管底口拔出混凝土面，或使导管口处于泥浆层，形成断桩。

⑦ 在提拔导管时，钢筋笼卡住导管，在混凝土初凝前无法提起，造成混凝土灌注中断，形成断桩。

⑧ 导管接口渗漏，使泥浆进入导管，在混凝土内形成夹层，造成断桩。

⑨ 处理堵管时，将导管提升到最小埋置深度，猛提猛插导管，使导管内连续下落的混凝土与表面的浮浆、泥土相结合，形成夹泥缩孔，如图 18-36 所示。

431

夹泥缩孔使桩身混凝土不连续，无法承受弯矩和地震引起的水平剪切力，使桩报废

图 18-36　夹泥缩孔

⑩ 导管埋置深度过深，无法提起导管或将导管拔断，造成断桩。

⑪ 由于其他意外原因（如机械故障、停电、材料供应不足等）造成混凝土不能连续灌注，中断时间超过混凝土初凝时间，致使导管无法提起，形成断桩。

由此可见，钻孔灌注桩的施工受多方面因素的影响，灌注前应从各方面做好充分的准备，尽可能避免意外情况的发生。

（2）可采取的预防措施

① 材料方面。集料的最大粒径应不大于导管内径的 1/8～1/6 以及钢筋最小净距的 1/4，同时不大于 40mm。搅拌前，应检查水泥是否结块；如果在冬季施工，搅拌前还应将细集料过筛，以免因细集料冻结成块造成堵管。控制混凝土的坍落度在 18～22cm 范围内，混凝土拌合物应有良好的和易性。在运输和灌注过程中，混凝土不应有离析、泌水现象。

② 混凝土灌注。

a. 制作钢筋笼时，为使焊口平顺，最好采用对焊的方法，如图 18-37 所示。若采用搭接焊法，要保证接头不在钢筋笼内形成错台，以防钢筋笼卡住导管。

对焊要求焊件接触处的截面尺寸、形状相同或相近，以保证焊件接触面加热均匀

图 18-37　钢筋对焊

b. 根据桩径和石料的最大粒径确定导管的直径，尽量采用大直径导管。使用前要对每节导管编号，进行水密承压和接头抗拉试验，以防导管渗漏。导管安装完

毕后还应该建立复核和检验制度，尤其要记好每节导管的长度。导管检查如图 18-38 所示。

导管检查时导管接头丝扣应保持良好。连接后应平直，同心度要好

图 18-38 导管检查

c. 若使用传统的运输车从搅拌站运送混凝土，为保证首批混凝土灌注后导管的埋置深度，可在施工现场设置两条运输便道，前两辆运输车同时从两条便道运送混凝土，连续灌注。

d. 混凝土运至灌注地点时，应检查其均匀性和坍落度等，如不符合要求，应进行第二次搅拌，二次搅拌后仍不符合要求时，不能使用。

e. 下导管时，其底口距孔底的距离应不大于 40~50cm（导管口不能埋入沉淀的回淤泥渣中）。首批灌注混凝土的数量应能满足导管首次埋置深度（≥1m）和填充导管底部的需要。下导管现场图如图 18-39 所示。

下导管之前要进行闭水试验和接头抗拉试验，试验合格后方可使用

图 18-39 下导管现场图

f. 关键设备（如混凝土搅拌设备、发电机、运输车辆等）要有备用，材料要准备充足，以保证混凝土能够连续灌注。

g. 首批混凝土拌合物下落后，应连续灌注混凝土。在随后的灌注过程中，一般控制导管的埋置深度在 2~6m 范围内为宜，要适时提拔导管，不要使其埋置过深。

（3）处理断桩的几种方法

① 断桩后如果能够提出钢筋笼，可迅速将其提出孔外，然后用冲击钻重新钻孔。清孔后下钢筋笼，再重新灌注混凝土。用冲击钻钻孔如图 18-40 所示。

冲击钻钻孔时严禁采用加深钻孔深度的方法代替清孔

图 18-40　冲击钻钻孔

② 如果因严重堵管造成断桩，且已灌混凝土还未初凝时，在提出并清理导管后可使用测锤测量出已灌混凝土顶面位置，并准确计算漏斗和导管容积，将导管下沉到已灌混凝土顶面以上大约 10cm 处加球胆（图 18-41）。继续灌注时观察漏斗内混凝土顶面的位置，当漏斗内混凝土下落填满导管的瞬间（此时漏斗内混凝土顶面位置可以根据漏斗和导管容积事先计算确定）将导管压入已灌混凝土顶面以下，即完成湿接桩。

将球胆拔出后，在上部混凝土压力作用下克服泥浆浮力而下沉直至孔底，使得混凝土在导管内的下落过程中始终与泥浆水处于分离状态

图 18-41　球胆

③ 若断桩位置处于距地表 10m 以下处，且混凝土已终凝，可使用直径略小于钢筋笼内径的冲击钻在原桩位进行冲击钻孔至钢筋笼底口以下 1m 处，然后往孔内投放适量炸药，待钢筋笼松动后整体吊出或一根根吊出。然后再进行二次扩孔至设计直径，清孔后重新灌注混凝土。

④ 若断桩位置处于距地表 5m 以内，且地质条件良好时，可开挖至断桩位置，将泥浆或掺杂泥浆的混凝土清除，露出良好的混凝土并凿毛，如图 18-42 所示，将钢筋上的泥浆清除干净后，支模浇筑混凝土。拆模后及时回填并夯实。

凿毛混凝土主要是增加后浇混凝土和断桩的黏结力，使新老结合处的混凝土密实，结合牢固

图 18-42 凿毛混凝土

⑤ 若断桩位置处于地表 5m 以下、10m 以内时，或虽距地表 5m 以内但地质条件不良时，可将比桩径略大的混凝土管或钢管一节节接起来，直到沉到断桩位置以下 0.5m 处，清除泥浆及掺杂泥浆的混凝土，露出良好的混凝土面并对其凿毛，清除钢筋上的泥浆，然后以混凝土管或钢管为模板浇筑混凝土。

⑥ 若因坍孔、导管无法拔出等造成断桩而无法处理时，可由设计单位结合质量事故报告提出补桩方案，在原桩两侧进行补桩。补桩如图 18-43 所示。

在原桩两侧进行补桩，两桩共同承担上部柱子传下来的力

图 18-43 补桩

18.2.2 钢筋混凝土梁桥预拱度偏差的防治

（1）原因分析

① 现浇梁。由于支架的形式多样，对地基在荷载作用下的沉陷、支架弹性变形、混凝土梁挠度等计算所依据的一些参数均是建立在经验值上的，因此计算得到的预拱度往往与实际发生的有一定的差距。

② 预制梁。

a. 由于混凝土强度的差异、混凝土弹性模量不稳定导致梁的起拱值的不稳定、施加预应力时间差异、架梁时间不一致，导致预拱度计算各种假定条件与实际情况

435

不一致，造成预拱度的偏差。

　　b. 理论计算公式本身是建立在一些试验数据的基础上的，理论计算与实际本身存在细微偏差（如用标准养护的混凝土试块弹性模量作为施加张拉条件。当标准养护的试块强度达到设计的张拉强度时，由于梁板养护条件不同，其弹性模量可能尚未达到设计值，导致梁的起拱值大）。

　　c. 千斤顶张拉力误差、钢绞线弹性模量偏差都会引起预制梁的预应力的偏差，进而引起预拱度偏差。实际预应力超过设计预应力易引起大梁的起拱值大，且出现裂缝。

　　d. 施工工艺的原因，如波纹管竖向偏位过大，造成零弯矩轴偏位，则最大正弯矩发生变化较大，导致梁的起拱值过大或过小。

　　（2）预拱度偏差防治措施

　　① 提高支架基础、支架及模板的施工质量，确保模板的标高无偏差。

　　② 加强施工控制，及时调整预拱度误差。

　　③ 严格控制张拉时的混凝土强度，控制张拉的试块应与梁板同条件养护，梁板养护如图 18-44 所示。对于预制梁还需要控制混凝土的弹性模量。

进行梁板洒水养护，有利于提高梁板的强度，养护效果较明显

图 18-44　梁板养护

　　④ 要严格控制预应力筋在结构中的位置，波纹管的安装定位应准确；控制张拉时的应力值，按要求的时间持荷。

　　⑤ 钢绞线伸长值的计算应采用同批钢绞线弹性模量的实测值。

　　⑥ 预制梁的存放时间不宜过长。

18.2.3　箱梁两侧腹板混凝土厚度不均的防治

　　（1）原因分析

　　① 箱梁模板设计不合理。

　　② 横板强度不足，或箱梁内模没有固定牢固，使内模与外模相对水平位置发生偏差。

　　③ 箱梁内模由于刚度不够，在浇筑混凝土过程中发生变形。箱梁内模如图 18-45 所示。

箱梁内模有良好的耐老化性能，使用寿命长，适用温度广泛，使用后方便拆除

图 18-45 箱梁内模

④ 混凝土没有对称浇筑，由于单侧压力过大，使内模偏向另一侧。

（2）防治措施

① 内模要坚固，刚度符合相关施工规范要求。

② 将箱梁内模固定牢固，使其上下左右均不能移动。

③ 内模与外模在两侧腹板部位设置支撑，如图 18-46 所示。

④ 浇筑腹板混凝土时，两侧应对称进行。

支撑是一种辅助构件，两侧腹板部位设置支撑是为了保持主构件的稳定

图 18-46 两侧腹板部位设置支撑

18.2.4 钢筋混凝土结构构造裂缝的防治

18.2.4.1 原因分析

构造裂缝是结构非荷载原因产生的混凝土结构物表面裂缝。

（1）材料原因

① 水泥质量不好（如水泥安定性不合格等，浇筑后产生不规则的裂缝）。

② 骨料含泥料过大，混凝土干燥收缩后出现不规则的花纹状裂缝，如图 18-47 所示。

③ 骨料为风化性材料，形成以骨料为中心的锥形剥落。

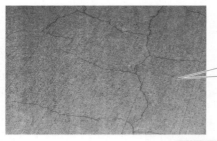

出现花纹状裂缝就应该及时用环氧树脂类材料进行填充封闭，阻止空气流通，防止钢筋锈蚀

图 18-47　花纹状裂缝

（2）施工原因

① 混凝土搅拌和运输时间过长，导致整个结构产生细裂缝。

② 模板移动鼓出使混凝土浇筑后不久产生与模板移动方向平行的裂缝。

③ 支架模板：基础与支架的强度、刚度、稳定性不够，引起支架下沉、不均匀下沉。脱模过早，导致混凝土浇筑后不久产生裂缝，裂缝宽度较大。

④ 接头处理不当，导致施工缝变成裂缝。

⑤ 养护问题：塑性收缩状态会在混凝土表面发生方向不定的收缩裂缝，这类裂缝在大风、干燥天气最为明显。

⑥ 混凝土高度突变以及钢筋保护层较薄部位，由于振捣或析水过多造成沿钢筋方向的裂缝。

⑦ 大体积混凝土：未采用缓凝和降低水泥水化热的措施、使用了早期水泥的混凝土，受水化热影响浇筑后 2～3 天导致结构中产生裂缝。同一结构的不同部位温差大，导致混凝土凝固时，收缩产生的收缩应力超过混凝土极限抗拉强度。内外温差大，表面拉应力超过混凝土极限抗拉强度而产生裂缝。

⑧ 水灰比大的混凝土，由于干燥收缩，在龄期 2～3 个月内产生裂缝。

18.2.4.2　防治措施

① 使用优质水泥及骨料。

② 配合比。合理设计混凝土配合比，改善骨料级配、降低水灰比、掺加粉煤灰等掺合料、掺加缓凝剂，如图 18-48 所示。在满足工作条件下，尽可能采用较小水灰比及较低坍落度的混凝土。

掺合料可以改善混凝土的流动性、黏聚性和保水性，使混凝土拌合料易于泵送、浇筑成型

(a) 粉煤灰　　　　　(b) 缓凝剂

图 18-48　掺合料

③ 避免混凝土搅拌时间过长。

④ 加强模板施工质量，避免出现模板移动、鼓出等问题。

⑤ 支架模板：基础与支架应有较好的强度、刚度、稳定性并采用预压措施，防止支架下沉和模板不均匀沉降，避免过早脱模。

⑥ 混凝土浇筑要充分振捣，如图 18-49 所示。混凝土浇筑后要及时养护。

振捣顺序的方向尽量和混凝土流动的方向相反，这样可以使得振捣好的混凝土不再进去游离水和气泡

图 18-49 混凝土振捣

⑦ 大体积混凝土：使用矿渣水泥等低水化热水泥，采用搭设遮阳棚，或者布置冷却水管等降温措施，如图 18-50 所示，降低混凝土水化热、推迟水化热峰值出现时间。同一结构物的不同位置温差应满足设计规范要求。

布置冷却水管具有布置便利、灵活、适应及有效的特点，是混凝土施工的重要温控措施

图 18-50 布置冷却水管

18.2.5 悬臂浇筑钢筋混凝土箱梁的施工（挠度）控制

18.2.5.1 原因分析

（1）悬臂浇筑混凝土箱梁的施工标高误差

由于梁体采用节段悬臂浇筑施工，施工中立模标高的计算采用的参数与实际有差异，计算公式为经验公式。

（2）影响因素

① 混凝土重力密度的变化、截面尺寸的变化。

② 混凝土弹性模量随时间的变化。

③ 混凝土的收缩徐变规律与环境的影响。

④ 日照及温度变化引起的挠度变化。

⑤ 张拉有效预应力的大小。

⑥ 结构体系转换以及桥墩变位对挠度的影响。

⑦ 施工临时荷载对挠度的影响。

18.2.5.2　防治措施

（1）挂篮

对挂篮进行加载试验，消除非弹性变形。向监测人员提供非弹性变形值及挂篮荷载-弹性变形曲线。挂篮如图 18-51 所示。

挂篮是悬臂施工中的主要设备，其设计原则是自重轻、结构简单、坚固稳定、前移和装拆方便

图 18-51　挂篮

（2）相对坐标系

在 0 号块箱梁顶面建立相对坐标系，以此相对坐标控制立模标高值施工过程中，及时采集观测断面标高值提供给监控人员。

（3）温度控制

梁体上布置温度观测点进行观测，掌握箱梁截面内外温差和温度在界面上的分布情况，获得较准确的温度变化规律。

（4）挠度观测

在一天中温度变化相对较小的时间；在箱梁的顶板、底板布置测点，如图 18-52 所示；测立模时、混凝土浇筑前后、预应力束张拉前后的标高。

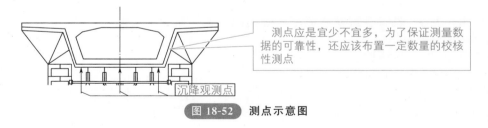

测点应是宜少不宜多，为了保证测量数据的可靠性，还应该布置一定数量的校核性测点

沉降观测点

图 18-52　测点示意图

（5）应力观测

在梁体合理布置测试断面和测点；在施工过程中测试截面的应力变化与分布情况；验证各施工阶段被测梁段的应力值和仿真分析的吻合情况。严格控制施工过程中不平衡荷载的分布及大小。

18.2.6　桥面铺装病害的防治

（1）原因分析

① 桥面铺装与梁表面的混凝土黏合不好。常见的桥面铺装病害如图 18-53 所示。桥面病害不仅影响行车的安全和舒适性，进一步发展还会影响桥梁主要承重构件，发生受力性病害。

(a) 露骨　　　　　　　　(b) 裂缝

(c) 剥落　　　　　　　　(d) 坑槽

图 18-53　常见的桥面铺装病害

② 铺装层厚薄不均匀。

③ 混凝土的质量不好。混凝土质量的优劣直接决定了桥面铺装的好坏。水泥、水灰比、砂率及砂石料的性能、级配等因素都会影响混凝土的质量。

④ 铺装压实不够、离析。如图 18-54 所示。

离析问题会导致混凝土的泵送性能下降，混凝土质量下降，会产生气泡，造成蜂窝现象

图 18-54　离析问题

（2）防治措施

① 坑槽修补法。坑槽修补法如图 18-55 所示。施工过程应注意的事项有：开槽要到稳定部位，槽壁应垂直，并将槽底清理干净，新填补部分要比原路面略高，行车压实后保持与原路面一致。

坑槽修补法具有使用便捷、修复及时、节能环保、施工简单、不用剃坑槽等特点

图 18-55　**坑槽修补法**

② 灌缝法。当前受设计水平、铺装材料和经济条件的影响，桥面铺装的开裂是不可避免的，修复裂缝大多采用灌缝法，如图 18-56 所示。

灌缝法施工工艺简单，易行，施工速度快，止水效果较快

图 18-56　**灌缝法**

③ 车辙处理法。表面磨损严重的车辙，要用以下方法修复：第一，采用路面铣刨机或风镐翻松车辙表面一定深度，如图 18-57 所示，并清扫干净；第二，铺筑前先喷洒 $0.3\sim0.5\mathrm{kg/m^2}$ 的黏层沥青；第三，使用与原路面结构相同的沥青混合料铺筑，使路面横坡恢复；第四，周围接槎处要碾压紧密。属于路面横向推挤形成的横向波形车辙且已经稳定的，宜按照上述步骤铣高补低，恢复路面横坡。若是因路面不稳定夹层引起的，就要清除不稳定层，重铺面层。施工时要注意控制好处理车辙的深度。

④ 铺装层改造法。对于因单板受力引起的纵向裂缝，通常可以使用桥面铺装改造法，凿除铺装层，全部用钢筋混凝土铺筑，重新做铺装层，从根本上改善桥梁整体受力功能，灌缝无法根除这种裂缝。施工时要注意将桥面凿除干净，避免桥面

路面铣刨机施工工艺简单，铣刨深度易于控制，操作方便灵活，机动性能好

图 18-57 路面铣刨机翻松

板被凿坏，桥面植筋时要注意控制间距，植筋如图 18-58 所示；浇注前要清理干净桥面碎块，养生期间要注意洒水，不允许外荷载在桥面施压，还要控制好交通。

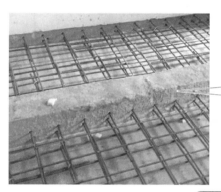

植筋是指在混凝土、墙体岩石等基材上钻孔，然后注入高强植筋胶，插入钢筋或型材，胶固化后将钢筋与基材黏结为一体

图 18-58 植筋

18.2.7 桥梁伸缩缝施工质量问题

18.2.7.1 伸缩缝常见病害

伸缩缝常见的形式主要有以下几种，如图 18-59 所示。伸缩缝在于调节由车辆荷载和桥梁建筑材料所引起的上部结构之间的位移和联结。

（1）梳齿型伸缩缝

梳齿型伸缩缝的病害主要为梳齿板松动，严重时梳齿板整块脱落，主要出现于在行车道、超车道车轮常规行驶的梳齿板位置，对过往车辆造成安全隐患。

（2）模数式伸缩缝

模数式伸缩缝大部分使用情况较好，尤其是毛勒伸缩缝，基本上无病害。

（3）异型钢单缝式伸缩缝

异型钢伸缩缝的病害主要包括伸缩缝装置两侧水泥混凝土损坏、伸缩缝异型钢结构失效及伸缩缝橡胶条老化等，其中以伸缩缝装置两侧水泥混凝土损坏居多。

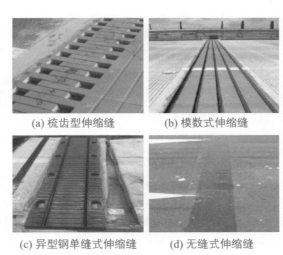

(a) 梳齿型伸缩缝　　　　　　(b) 模数式伸缩缝

(c) 异型钢单缝式伸缩缝　　　　(d) 无缝式伸缩缝

图 18-59　伸缩缝的形式

（4）无缝式伸缩缝

无缝式伸缩缝使用情况较好，主要病害为桥台在土压力的作用下略微发生了错位，影响到伸缩缝的使用，再加上长期在车辆荷载、雨水、气温变化等作用下，导致伸缩缝处变形开裂。

18.2.7.2　桥梁伸缩缝病害产生的主要原因

造成桥面伸缩装置破坏的主要原因可归纳为如下几方面。

（1）设计方面的原因

① 设计时梁端部未能慎重考虑，在反复荷载作用下，梁端破损引起伸缩装置失灵。有些桥梁结构，桥面板端部刚度不足，当桥面板受到汽车荷载作用时，因翼板较薄，横向联系较弱，导致桥面板反复变形过大。

② 伸缩量计算不准确，没有考虑到伸缩装置安装时的实际温度对伸缩装置的影响，伸缩装置本身无法或很难调整初始位移量。选型不当，采用过小的伸缩间距，这些皆会导致伸缩装置破损。

③ 一些设计是将伸缩装置的锚固件置于桥面铺装层中，与主梁（板）连接的部分很少，而且力的分布不容易传递，微小的变形可能演变成大的位移，最终导致混凝土黏结力的失效。

④ 使用黏结或橡胶材料等制造的新型伸缩装置，材料和结构选择不当，防水、排水设施不完善，造成锚固件受腐蚀，梁端和支座侵蚀严重，如图 18-60 所示。

⑤ 设计上未严格规定伸缩装置两侧的后浇和铺装层材料的选择、配合比、强度及压实度，产生不同程度的破坏，致使伸缩装置营运质量下降。

（2）施工方面的原因

① 对桥梁伸缩装置施工工艺重视不够，未能严格掌控施工工艺和标准，未按安装程序及有关操作要求施工，致使伸缩装置不能正常工作。

支座侵蚀会损坏大梁、桥面、墩台，损坏伸缩缝

图 18-60　支座侵蚀

② 伸缩装置两侧水泥混凝土和沥青铺装层结合不好，碾压不密实，容易产生开裂、脱落。加上刚柔相接，容易产生台阶，最终引起伸缩装置的破坏。

③ 后浇（或其他填充料）浇注不密实，时常出现蜂窝、孔洞等，如图 18-61 所示，达不到设计的强度要求，难以承受车辆荷载的强烈冲击。有时提前开放交通，致使过渡段的锚固混凝土产生早期损伤，从而导致伸缩缝营运环境下降。

应当调整混凝土的配合比或者改善混凝土的浇筑方法

图 18-61　浇注出现蜂窝

④ 伸缩装置安装是桥梁施工的最后工序之一，为了赶竣工通车，常忽视内部质量管理，施工人员疏忽大意，伸缩装置锚固钢筋焊接不牢或产生遗漏预埋钢筋的现象，梁端伸缩缝间距人为地放大和缩小，定位角钢位置不正确，给伸缩缝缝身造成隐患，质量不能保证。

18.2.7.3　桥梁伸缩缝的施工质量控制

在众多的步骤中，安装品质是确保其综合品质符合规定的重要步骤。在安装的时候，要做好如下工作。

（1）前期的检验和准备活动

① 检查伸缩装置钢构件，要确保它从外在上看非常地平顺，而且不能有变形等现象发生。

② 伸缩装置在运输中轻装轻放，在工地堆放时枕木垫高离地 30mm，如图 18-62 所示，并使用一定的布料遮挡。

③ 以桥面中心线为基准切缝到位，取出损坏的伸缩装置并保证其切缝深度≥380mm，宽度≥450mm，认真地清除其中的杂碎物质，并且要使用水枪配合工作。

堆放场地地基须平整、洁净、干燥、牢固，排水及通风条件良好

图 18-62　伸缩装置的堆放

④ 依照伸缩缝位移控制箱的位置切割妨碍后续施工的钢筋，但不得从根处进行。

（2）分析好伸缩数值

安装时的伸缩量须根据具体桥梁及实际施工气温计算确定。

（3）伸缩缝标高及纵横坡控制

施工时定制长 1.2m 的定位角钢，每间隔 2m 固定于伸缩缝顶面，定位角钢两端用螺栓顶贴沥青路面，通过螺栓进退来调节伸缩缝的标高，用 3m 不锈钢直尺测定，使伸缩缝顶面与两侧沥青路面处于同一平面内。

（4）伸缩装置安装

安装时，通常是使用半幅路面来进行，使用建设标记把车流和工作区域分开。最好选择在 100～200℃ 温度范围内焊接固定伸缩装置；浇筑混凝土时，注意伸缩缝的中心线与桥梁结构缝的中心线在同一条线上，并使其顺缝向和垂直缝向顶面标高与设计标高相吻合后，按照要求穿放横向连接水平钢筋，然后用钢筋焊接在位移箱紧靠边梁的两侧，以防止伸缩缝本身自重产生挠度，同时将伸缩缝的锚固装置焊接在预埋钢筋上，每隔 1.5～2m 一个焊点，确保处理后的缝隙不出现位移现象。伸缩装置安装如图 18-63 所示。

伸缩缝切缝、凿毛、清理时应采取洒水降尘措施，防止粉尘污染

图 18-63　伸缩装置安装

（5）浇筑混凝土

浇筑混凝土前，在伸缩缝间隔处，先使用塑料将缝堵塞，避免浇筑时有所干扰，然后安装必要的模板。在混凝土预留槽内根据设计要求分段浇筑混凝土，应特别注意控制箱底板下混凝土的振捣密实。

第3篇

城市管道工程

19

市政管道工程概述

19.1 给水管道工程

19.1.1 给水管网系统的类型

19.1.1.1 按水源种类划分

按水源种类可将城市给水系统划分为以地下水为水源的给水系统和以地表水为水源的给水系统。

（1）以地下水为水源的给水系统

地下水源是指原水埋藏于地表以下的地层之中，水质受污染少，比较清洁，水温低而且水质较稳定，一般不需净化或稍加净化就能满足生活饮用水水质标准的要求，如潜水、承压水和泉水等。图 19-1 就是以地下水为水源的城市给水系统。

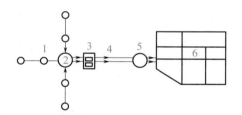

图 19-1 以地下水为水源的城市给水系统

1—井群；2—吸水井；3—泵站；4—干管；5—水塔；6—管网

（2）以地表水为水源的给水系统

地表水是指存在于地壳表面，暴露于大气，如江河湖泊和水库等的水源。地表水易受到污染，含杂质较多，水质和水温都不稳定，但水量充沛。图 19-2 是以地表水为水源的城市给水系统，取水构筑物 1 从江河取水，经一级泵站 2 送往处理构筑物 3，处理后的清水贮存在清水池 4 中，二级泵站 5 从清水池取水，经输水干管 6 送往管网 7 供应用户。

19.1.1.2 按供水方式划分

按供水方式可将城市给水系统划分为重力给水系统、多水源给水系统、分质给水系统、分压给水系统、循环给水系统和循序给水系统。

① 重力给水系统：水从取水构筑物到用水点或从处理厂到用水点都是靠重力输送，不必抽升，这是最省能源而又安全的系统。

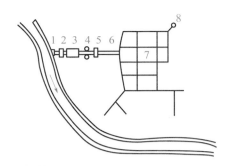

图 19-2 以地表水为水源的城市给水系统

1—取水构筑物；2——级泵站；3—处理构筑物；4—清水池；
5—二级泵站；6—输水干管；7—管网；8—水塔

② 多水源给水系统：由几个地面或几个地下水源或者地面水源和地下水源结合起来供水，适用于大城市的供水，或以地下水为水源的水资源缺乏的地区。

③ 分质给水系统：根据用水对象对水质的不同要求，可以分成完全处理、部分处理几个系统供水。这往往出现于同时向城市和工业供水的系统，或者几种工业用水水质相差较大的供水系统。

④ 分压给水系统：根据用水区压力的不同要求分为高压区和低压区供水，地形高程相差很大的地区可采用分压给水系统。

⑤ 循环给水系统：将用水点使用过的水经适当处理和补充新鲜水后重复供给用水点的用水系统，常用的是循环冷却水系统。

⑥ 循序给水系统：将水质要求高的用水单位用过的水供给水质要求较低的单位，这也是一种有效的节约水资源的用水系统。

19.1.1.3　按使用目的划分

按使用目的可将城市给水系统划分为生活给水系统、生产给水系统和消防给水系统。

（1）生活给水系统

生活给水系统是为人们生活提供饮用、烹调、洗涤、盥洗、沐浴等用水的给水系统。根据供水用途生活给水系统分为：直饮水给水系统、饮用水给水系统、杂用水给水系统。生活给水系统除需要满足用水设施对水量和水压的要求外，还应符合国家规定的相应的水质标准。

（2）生产给水系统

生产给水系统是为产品制造、设备冷却、原料和成品洗涤等生产加工过程供水的给水系统。由于其中采用的工艺流程不同以及生产同类产品的企业对水量、水压、水质的要求不同，可能存在较大差异。

（3）消防给水系统

消防用水只是在发生火灾时使用，一般从街道上消火栓和室内消火栓取水，用以扑灭火灾，其对水质没有特殊要求。此外，在有些建筑物中也可采用特殊消防措施，如自动喷水设备等。

消防给水设备由于不是经常工作，所以可与城市生活饮用水给水系统合在一起考虑。扑灭火灾时，消防水量和消防时所需水压以生活饮用水给水系统提供。只有在防火要求特别高的建筑物、仓库或工厂，才设立专用的消防给水系统。

19.1.2　给水管道系统的组成

城市给水系统的主要任务是从水源取水，按照用户对水质的要求处理，然后将水输送至给水区，并向用户配水。

没有足够的水，人们无法维持正常生活，更谈不上提高物质文化和生活水平。城市给水系统是维持城市正常运作的必要条件，通常由下列工程设施组成。

19.1.2.1　取水构筑物

取水构筑物是指用以从地表水源或地下水源取得要求的原水，并输往水厂的工程设施。

取水构筑物可分为地下水取水构筑物和地表水取水构筑物。

（1）地下水取水构筑物

地下水取水构筑物主要有管井、大口井、辐射井和渗渠几种形式。

① 管井。管井由井室、井管、过滤器和沉淀管等组成。

② 大口井。

③ 辐射井如图 19-3 所示。辐射管管径一般为 100～250mm，管长一般为 10～30m。

图 19-3　辐射井

④ 渗渠。渗渠由水平集水管、集水井、检查井和泵站等组成。如图 19-4 所示。

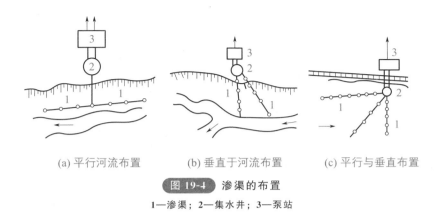

(a) 平行河流布置　　(b) 垂直于河流布置　　(c) 平行与垂直布置

图 19-4 渗渠的布置

1—渗渠；2—集水井；3—泵站

（2）地表水取水构筑物

地表水取水构筑物有固定式和移动式两种，在修建构筑物时，应根据不同的需求和河流的地质水文条件合理选择取水构筑物的位置和形式，它将直接影响取水的水质、水量和取水的安全、施工、运行等各个方面。

① 固定式取水构筑物。固定式取水构筑物由于供水比较安全可靠，维护管理方便，适应性较强，因此，无论从河流、湖泊或蓄水库取水，均广泛应用。但水下工程量较大，施工期较长以及投资较大，特别是在水位变幅很大的河流上，投资甚大。固定式取水构筑物按构造特点可分为以下两种。

a. 岸边式取水构筑物。岸边式取水构筑物由集水井和泵站两部分组成，集水井和泵站可以分建，也可合建。

岸边合建式取水构筑物如图 19-5 所示，分建式取水构筑物如图 19-6 所示。

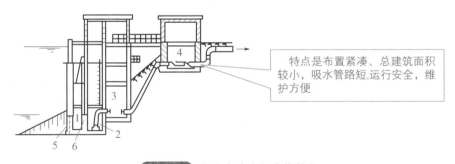

特点是布置紧凑、总建筑面积较小，吸水管路短,运行安全，维护方便

图 19-5 岸边合建式取水构筑物

1—格网；2—集水井；3—泵房；4—阀门井；5—进水孔

b. 河床式取水构筑物。河床式取水构筑物主要由取水头部、自流管或虹吸管、集水井、取水泵房等部分组成。取水井和泵房可以分建或合建。

② 移动式取水构筑物。移动式取水构筑物主要有浮船和缆车两种形式。

a. 浮船式取水构筑物。

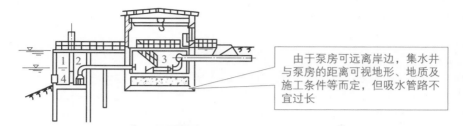

图 19-6　岸边分建式取水构筑物

1—进水孔；2—集水井；3—泵房；4—格栅

由于泵房可远离岸边，集水井与泵房的距离可视地形、地质及施工条件等而定，但吸水管路不宜过长

浮船取水具有投资少、施工期限短、调动灵活的优点，但也有供水的安全性较差、管理比较麻烦的缺点。在河流水位变幅较大，水位变化速度不大于 2m/h 的河面上，宜采用浮船取水的方式。

b. 缆车式取水构筑物。缆车式取水构筑物主要由泵车、坡道、输水斜管、牵引设备等主要部分组成。

19.1.2.2　水处理构筑物

水处理构筑物是指用以对原水进行水质处理使水质达到生活饮用或工业生产所需要的水质标准的工程设施，常用的处理方法有沉淀、过滤、消毒等。

处理构筑物主要有过滤池、澄清池、化验室、加药间等原水处理系统设备。水处理构筑物常集中布置在水厂内。图 19-7 为自来水厂平面布置图，其由生产构筑

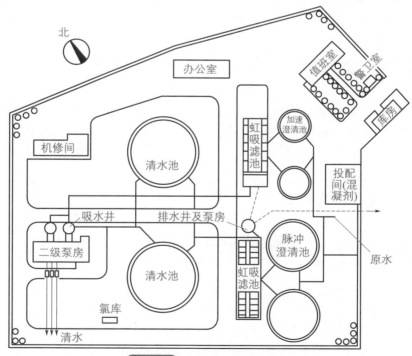

图 19-7　自来水厂平面布置图

452

物、辅助构筑物和合理的道路布置等组成。

19.1.2.3　泵站

泵站是指用以将所需水量提升到要求高度的工程设施。按泵站在给水系统中所起的作用，可分为以下几类。

① 一级泵站。一级泵站直接从水源取水，并将水输送到净水构筑物，或者直接输送到配水管网、水塔、水池等构筑物中。

② 二级泵站。二级泵站通常设在净水厂内，自清水池中取净化了的水，加压后通过管网向用户供水。

③ 加压泵站。加压泵站用于升高输水管中或管网中的压力，自一段管网或调节水池中吸水压入下一段输水管或管网，以便提高水压来满足用户的需要。

19.1.2.4　输水管（渠）和管网

（1）输水管（渠）

输水管（渠）是将原水送到水厂或将水厂处理后的清水送到管网的管（渠）。

选择线路时，应充分利用地形，优先考虑重力流输水或部分重力流输水。管线走向有条件时最好沿现有道路或规划道路敷设，应尽量避免穿越河谷、重要铁路、沼泽、工程地质不良的地段以及洪水淹没的地区。

（2）管网

管网是将处理后的水送到各个给水区的全部管道，按管径不同可分为以下几类。

① 干管。干管的主要作用是输水至城市各用水地区，同时也为沿线用户供水。

② 分配管。分配管的主要作用是把干管输送来的水，配给接户管和消火栓。此类管线均敷设在每一条街道或工厂车间的前后道路下面。

③ 接户管。接户管就是从分配管接到用户去的管线，其管径视用户用水的多少而定。

19.1.3　给水管网的布置

19.1.3.1　给水管网布置原则

给水管网的规划布置应符合下列基本原则。

① 应符合城市总体规划的要求，布置管网时应考虑给水系统分期建设的可能性，并留有充分的发展余地。

② 管网应布置在整个供水区域内，在技术上要使用户有足够的水量和水压，并保证输送的水质不受污染。

③ 必须保证供水安全可靠，当局部管网发生故障时，断水范围应减到最小。

④ 力求以最短距离敷设管线，并尽量减少穿越障碍物等，以节约工程投资与运行管理费用。

⑤ 尽量减少拆迁，少占农田或不占农田。

⑥ 管渠的施工、运行和维护方便。

给水管网的规划布置主要受给水区域下列因素影响：地形起伏情况；天然或人为障碍物及其位置；街道情况及其用户的分布情况，尤其是大用户的位置；水源、水塔、水池的位置等。

19.1.3.2　给水管网布置的基本形式

遵循给水管网布置的原则及要求，给水管网有两种基本的布置形式：树状管网和环状管网，分别如图 19-8、图 19-9 所示。

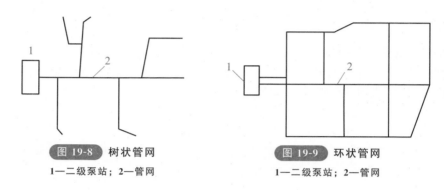

图 19-8　树状管网	图 19-9　环状管网
1—二级泵站；2—管网	1—二级泵站；2—管网

树状管网中从水厂二级泵站或水塔到用户的管线布置似树枝状。随着从水厂泵站或水塔到用户管线的延伸，即顺着水流方向，其管径越来越小。当管网中的任一段管线损坏时，在该管线以后的所有管线就会断水。因此，树状网的供水可靠性较差，而且，在树状网的末端，因用水量已经很小，管中的水流缓慢，甚至停滞不流动，因此水质容易变坏。但这种管网的总长度较短，构造简单，投资较省。因此最适用于小城镇和小型工矿企业采用，或者在建设初期采用树状管网，待以后条件具备时，再逐步发展成环状管网。

环状管网中管线连接成环状。当任一段管线损坏时，可以关闭附近的阀门，与其余的管线隔开，然后进行检修，水还可从另外管线供应用户，断水的地区可以缩小，从而增加供水可靠性。环状网还可以大大减轻因水锤作用产生的危害，而在树状管网中，则往往因此而使管线损坏。但是，环状管网管线总长度较大，建设投资明显高于树状管网。对于供水连续性、安全性要求较高的供水区域一般采用环状管网。

一般在城镇建设初期可采用树状网，以后随着城市的发展逐步连成环状网。实际上，现有城市的给水管网，多数是将树状网和环状网结合起来。在城市中心地区，往往布置成环状网，在郊区则以树状网形式向四周延伸。供水可靠性要求较高的工矿企业须采用环状网，并用树状网或双管输水至个别较远的车间。

给水管网的布置既要考虑供水的安全性，同时也要经济合理。从安全性上看，环状管网优于树状管网；从经济性上看，树状管网的投资省。在管线的布置时，应既要考虑到供水的安全性，同时也要考虑到节约投资的可能性，即尽量以最短的线路敷管并考虑分期建设的可能性，先按近期规划敷管，到远期随着用水量的增大再逐步增设管线。管网的布置对管网的施工难易程度及系统的运行和经营管理等有较大的影响。因此，在进行给水管网具体规划布置时，应深入调查研究，充分分析现有资料，对多个可行的布置方案进行技术经济比较后再加以确定。

19.1.3.3 城市给水系统的布置

按照城市规划，水源情况，城市地形，用户对水量、水质和水压要求等方面的不同情况，给水系统可有多种布置方式。常用的布置形式有以下几种。

（1）统一给水系统

城市生活饮用水、工业用水、消防用水等都按照生活饮用水水质标准，用统一的给水管网供给用户的给水系统，称为统一给水系统。

统一给水系统的特点是调度管理灵活，动力消耗较少，管网压力均匀，供水安全性较好。较适用于中小城镇、工业区、大型厂矿企业用户集中不需要长距离传输水量，各用户对水质、水压要求相差不大，地形起伏变化较小，建筑物层数差异不大的城市。统一给水系统如图 19-10 所示。

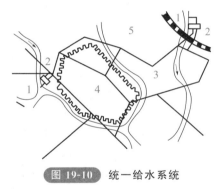

图 19-10 统一给水系统

1—取水构筑物；2—水厂；3—给水管网；4—旧城区；5—新城区

（2）分质给水系统

工业布局集中的城市或区域中，工业用水量通常较大，对个别用量大、水质要求较低或特殊的工业用水，可单独设置管网供应。分质给水系统是指取水构筑物从水源取水，经不同的净化过程，用不同的管道，分别将不同水质的水供给各个用户。

分质给水系统的优点是适用于优质水源较贫乏，中低质水的用水量所占比例较大的城市或地区，其优点是处理构筑物的容积较小，投资不多，特别是可以节约大量药剂费用和动力费用；但管道系统增多，管理较复杂。分质给水系统如图 19-11 所示。

（3）分区给水系统

通常在给水区很大，地形高差显著，或远距离输水时，都可以考虑采用分区给水系统。

根据城市或工业区的特点将给水系统分成几个系统，每个系统都可独立运行，

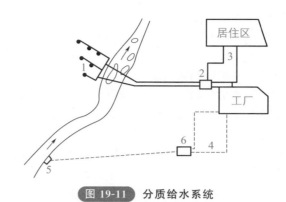

图 19-11　分质给水系统

1—管井群；2—泵站；3—生活用水管网；4—生产用水管网；5—取水构筑物；6—生产用水处理构筑物

又能保持系统间的相互联系，以便保证供水的安全性和调度的灵活性。分区给水系统的特点是能根据各区不同情况，考虑管网布置，可节约动力费用和管网投资；但管理比较分散，适宜于当城市用水量较大，城市面积辽阔或延伸很长，或城市被自然地形分割成若干部分，或者功能分区比较明确的大中型城市。分区给水系统如图 19-12 所示。

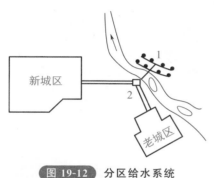

图 19-12　分区给水系统

1—管井群；2—泵站

（4）分压给水系统

分压给水系统是指因用户对水压要求不同而采用扬程不同的水泵分别提供不同压力的水至高压管网和低压管网的给水系统。

分压给水系统的特点是能减少动力费用，降低管网压力，减少高压管道和设备用量，供水较为安全，并可分期建设；但所需管理人员和设备比较多。

分压给水系统适用于城市地形高差较大及各用户对水压要求相差较大的城市或工业区，如图 19-13 所示。

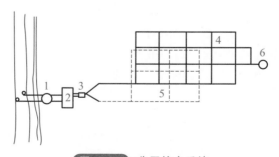

图 19-13　分压给水系统

1—取水构筑物；2—水处理构筑物；3—泵站；4—低压管网；5—高压管网；6—水塔

19.1.4 给水管材

19.1.4.1 市政给水管道材料应满足的要求

① 市政给水管道中的水流为压力流（相对压强 1.6MPa 以下，一般情况下 1.0MPa 以下），因此对管材强度有一定的要求。

② 市政给水应满足用户对水质的要求，因而管材不能污染水质。

③ 控制管网发生漏损及能量损失，因而要求管材的接口严密，管道内壁整齐光滑。

④ 对管材的使用寿命有一定要求，以免更换管材引起麻烦以及不必要的损耗。

⑤ 对于埋地管，要求有较强的耐腐蚀能力。

⑥ 材料来源广，价格低廉。

满足以上要求的常用的市政给水管材有铸铁管、焊接钢管、钢筋混凝土管、塑料管如聚乙烯塑料管。目前市政中使用频率较高的是球墨铸铁管，管径 300mm 以下的使用较多的是聚乙烯管道。在大型的输水工程中常用预应力钢筒混凝土管（PCCP）。

19.1.4.2 常见的市政给水管材

（1）钢管（SP）

含碳量 2.11%（质量）以下的铁碳合金称为钢。以钢为材料的管道按照其制作工艺及强度又可以分为无缝钢管和有缝钢管。无缝钢管以普通碳素钢、普通低合金钢、优质碳素结构钢、优质合金结构钢和不锈钢制成。无缝钢管是用一定尺寸的钢坯经过穿孔机，热轧或冷拔等工序制成的中空而横截面封闭的无焊接缝的钢管，所以无缝钢管较焊接钢管有更好的强度，一般能承受 3.2～7.0MPa 的压力。

无缝钢管按制作工艺的不同又可分为热轧和冷拔无缝钢管两类，热轧的长度为 3～12.5m；冷拔的无缝钢管，管径较小，市政给水管网中不考虑。用途不同，无缝钢管承受的压力不同，要求的壁厚的差别也很大，因此，无缝钢管的规格以外径×壁厚来表示，单位为毫米（mm）。如 108×5 表示该管道的外径为 108mm，厚度为 5mm。

一般无缝钢管主要适用于中、高压流体输送，一般在 0.6MPa 的气压以上管路都应采用无缝钢管。在市政给水中主要用于泵站内，低压给水管网中较少用。

有缝钢管也称为焊接钢管，是用钢板或钢带经过卷曲成型后焊接制成的钢管。焊接钢管生产工艺简单，生产效率高，品种规格多，设备投资少，但一般强度低于无缝钢管。20 世纪 30 年代以来，随着优质带钢连轧生产的迅速发展以及焊接和检验技术的进步，焊缝质量不断提高，焊接钢管的品种规格日益增多，并在越来越多的领域代替了无缝钢管。

焊接钢管按照是否镀锌处理分为非镀锌管（俗称黑管）和镀锌电焊钢管（俗称白管）；钢管按壁厚分为普通钢管和加厚钢管；接管端形式分为不带螺纹钢管（光管）和带螺纹钢管；焊接钢管按焊缝的形式分为直缝焊管和螺旋焊管，直缝焊管生产工艺简单，生产效率高，成本低，发展较快。螺旋焊管的强度一般比直缝焊管高，能用较窄的坯料生产管径较大的焊管，还可以用同样宽度的坯料生产管径不同的焊管。但是与相同长度的直缝管相比，焊缝长度增加 $30\%\sim100\%$，而且生产速度较低。因此，较小口径的焊管大都采用直缝焊，大口径焊管则大多采用螺旋焊。螺旋缝钢管按照其焊缝形成工艺不同有螺旋缝埋弧焊接钢管（简称 SAW）和高频直缝电阻焊接钢管（简称 ERW）。ERW 钢管较 SAW 钢管焊缝对接质量高，因而技术性能更优。ERW 钢管目前正得到越来越广泛的使用。

焊接钢管中直缝钢管的长度一般为 $6\sim10m$，螺旋缝钢管长度为 $8\sim18m$。焊接钢管的规格用公称直径 DN（mm）表示，公称直径是内径的近似值。工程上习惯以英寸、英分表示，如 1/2 英寸（即 4 英分，约为 $DN15$ 的管）等。

无论是无缝钢管还是焊接钢管，其最大的缺点是耐腐蚀性差，一般使用年限为 20 年，采用了绝缘防腐后，使用年限可以适当延长。所以在工程上使用时，要采取防腐蚀措施，如外表面绝缘防腐、外表面刷油防腐等。

市政给水钢管多采用焊接连接，需要拆卸或维修的地方，如与阀门，水泵等采用法兰连接，镀锌钢管（$DN\leqslant100mm$）一般采用螺纹连接，也称丝扣连接。

（2）铸铁管

铸铁是含碳量在 2.11% 以上的铁碳合金。铸铁管是市政给水管网中使用最多的一种管材。铸铁因其组织中含有石墨，故耐腐蚀性强，性质较脆。根据铸铁中石墨的形状特征可分为灰口铸铁（石墨成片状），球墨铸铁管（石墨成球状）及可锻铸铁（石墨成絮状）。

① 灰口铸铁管。灰口铸铁管是目前最常见，最主要的管材，使用的历史较长。灰口铸铁以其折断后断口层呈灰色而得名。灰口铸铁易切削加工，属脆性材料，石墨状态为片状，没有伸长性，当受外力作用应力集中时，管体易发生折断。铸铁管的铸造方法有砂型离心浇铸和连续浇铸，根据材料和铸造工艺分为高压管（$P<1MPa$）和普压管（$P<0.7MPa$）及低压管（$P<0.45MPa$）。灰铁管的规格以公称直径表示，其规格为 $DN75\sim DN1500$，长度有 4m、5m、6m。铸铁管接口形式如图 19-14 所示。

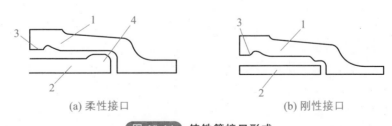

(a) 柔性接口　　　　　　　　　　　(b) 刚性接口

图 19-14　铸铁管接口形式

1—承口；2—插口；3—水线；4—小台

灰口铸铁管使用的标准有：《灰口铸铁管件》（GB/T 3420—2008）、《连续铸铁管》（GB/T 3422—2008）。灰口铸铁管的接口一般分为柔性接口和刚性接口两种，如图 19-15 所示。常用的填料有麻-石棉水泥、麻-膨胀水泥、麻-铅水泥、胶圈-石棉水泥、胶圈-膨胀水泥等。承插式铸铁管接口形式如图 19-15 所示。

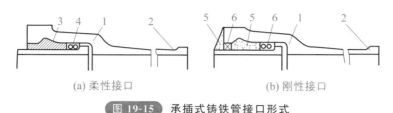

(a) 柔性接口　　　　　　　　　　(b) 刚性接口

图 19-15 承插式铸铁管接口形式

1—承口；2—插口；3—铅；4—胶圈；5—水泥；6—浸油麻丝

② 球墨铸铁管。球墨铸铁管具有铸铁的本质、钢的性能，既具有良好的抗腐蚀性，又具有与钢管相似的抗外力性能。球墨铸铁管壁较灰铁管薄，因此，减轻了管道单位长度的重量，有利于降低成本和施工强度。近年来，世界先进国家均以球墨铸铁管代替灰口铁管。球墨铸铁管采用离心浇铸，其规格为 $DN80\sim DN2600$，长度为 $4\sim 9m$。具有较强的韧性和抗高压、抗氧化、抗腐蚀等优良性能。球墨铸铁管采用推入式（简称 T 形）承插式柔性接口，橡胶圈填实，在国内外输配水工程中广泛采用。

③ 可锻铸铁。可锻铸铁是用白口铸铁经过热处理后制成的有韧性的铸铁。别名：马铁、玛钢、蠕墨铸铁。

可锻铸铁有较高的强度和可塑性，可以切削加工。焊接钢管的螺纹连接管件一般均由可锻铸铁制造。由于可锻铸铁中的石墨呈团絮状，因此它的力学性能比灰铸铁高，塑性和韧性好，但可锻铸铁并不能进行锻压加工。

可锻铸铁带一般用在与管道附件如阀门等的接口以及与设备如水泵等的接口，一般采用可拆卸的法兰接口形式。

（3）塑料管

塑料管道均由合成树脂，并附加一些辅助性的稳定性原料经过一定的工艺过程如注塑挤压、焊接等制成，与传统的金属管、混凝土管相比，具有耐腐蚀、不结垢、管壁光滑、水流阻力小（输水能耗降低 5％以上）、质量小（仅为金属管的 1/10～1/6）、综合节能性好（制造能耗降低 75％）、运输安装方便、使用寿命长（30～50 年）、综合造价低等优点，因此被广泛应用在城市给排水、建筑给排水、供热采暖、城市燃气、农用排灌、化工用管以及电线电缆套管等诸多领域。

用于城市供水中的塑料管，输送流体阻力小，能耗低，耐腐蚀，使用寿命长（50 年）。品种包括聚乙烯（PE）管、硬聚氯乙烯（PVC-U）管（非铅盐稳定剂）、玻璃钢夹砂（GRP）管、钢骨架（含钢丝网骨架）聚乙烯复合管、钢塑复合（PSP）管。产品性能应符合相应的国家或行业标准要求，设计施工应符合相应的工程技术规程要求，且复合管端头金属外露处必须做好防腐处理。

塑料管材主要缺点表现在：热线胀系数大，比金属管大好几倍；综合机械性能低，但某些塑料管材低温抗冲击性优异；耐温性差，受连续和瞬时使用温度及热源距离等的限制；刚度低，弯曲易变形等。受塑料管径的限制，大口径（DN300 以上）的给水管较少用到塑料管。

（4）钢筋混凝土管

钢筋混凝土管分为自应力和预应力钢筋混凝土管两种。市政给水用的钢筋混凝土管的管径一般比较大，其规格一般以公称内径表示。

① 自应力钢筋混凝土管（SSCP）。它是自应力混凝土并配置一定数量的钢筋用离心法制成的。国内生产的自应力管规格主要为 100～800mm，管长为 3～4m，工作压力为 0.4～1.0MPa。此种管材工艺简单、制管成本低，但耐压强度低，且容易出现二次膨胀及横向断裂，目前主要用于小城镇及农村供水系统。

② 预应力钢筋混凝土管（PCP）。预应力钢筋混凝土管分普通和加钢套筒两种。

a. 普通预应力钢筋混凝土管。管径一般为 400～1400mm，管长为 5m，工作压力可达到 0.4～1.2MPa。PCP 与自应力钢筋混凝土管相比，耐压高、抗震性能好；与金属管相比，内壁光滑、水力条件好、耐腐蚀、价格低等，因此使用较为广泛。但是 PCP 抗压强度不如金属管，抗渗性能差，因而修补率高。

b. 预应力钢筒混凝土管道（PCCP）。

预应力钢筒混凝土管的管径一般为 400～4000mm，工作压力为 0.4～2.0MPa（分九级）。PCCP 管材的行业标准已经颁发，其应用前景非常广阔。产品标记以管道代号、公称内径、压力等级、标准号组成。如 PCCPL1000 Ⅰ1JC625，表示公称内径为 1000mm、压力级别为 Ⅰ1 级、内衬式预应力钢筒混凝土管。

预应力钢筒混凝土管的优点：与预应力及自应力混凝土管相比，由于钢筒（厚1.5mm）的作用，抗渗能力非常好，管道的接口采用钢制承插口，尺寸较准确，并设置橡胶止水圈（单胶圈或双胶圈），因而止水效果好，该管材属于复合管材，其内部有钢筒，所以埋于土中易于巡管定位。

PCCP 管材的接口为承插式，承口环和插口环均用扁钢压制成型，与钢筒焊成一体，管件配套齐全简便、可靠，目前已经有一系列相应的专用管件。引接分支管时一律使用套管三通，从而使预应力管可用于配水管线上，而不依赖大量金属配套管材转换，既方便可靠又节省造价。

19.1.5　给水管网附件

市政管道附件包括控制附件和配水附件，控制附件指的是各类阀门，配水附件在市政管网中主要是指消火栓。

19.1.5.1　阀门

阀门是用来调节水量及水压的重要设施。一般设置在管线的分支处、较长的直线管段上，或穿越障碍物前。因大口径阀门价高，并会引起管路的水力损失，因而在保证能调节灵活的前提下应尽量少设置阀门。

配水干管上装设阀门的距离一般为 400～1000m，且不应超过三条配水支管，主要管线和次要管线交接处的阀门常设在次要管线上。阀门一般设在配水支管的下游，一般关闭阀门时不影响支管的供水。在支管上也应设阀门。配水支管上的阀门间距不应隔断 5 个以上消火栓。

阀门内径一般与管径同，若阀门价格很高时，可以安装给水管的管径 80% 的阀门。市政给水中所用的阀门有闸阀和蝶阀，这两类阀门均用于双向流管道上，即无安装方向，用以调节流量和水压。

19.1.5.2 排气阀和泄水阀

排气阀安装在管线的隆起部分，使管线投产或检修后通水时，管内空气经此阀排出，平时用来排出从水中释出的气体，以免空气积存管中减小管道过水断面，增加管道的水头空。检修时，可自动进入空气保持排水通畅。产生水锤时可使空气自动进入，避免产生负压。排气阀应垂直安装在水平管道上，排气口应竖直向上，不要倾斜安装或水平安装自动排气阀。可单独或与其他管件一起设置于阀门井内。排气阀需要定期检修经常维护，使排气灵活，在冰冻地区应有适当的保温措施。

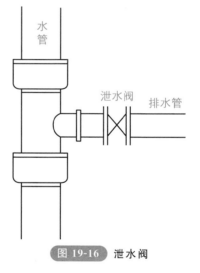

泄水阀用于排除管道积水。由于市政给水管网投产前须冲洗及消毒，检修时需排除管道积水或沉积物，如图 19-16 所示。进入冬季时为防止管内积水冻坏管道，需要放空管道时，都应在泄水管线最低的部位安装泄水阀，同时应考虑排水的出路，泄水阀及排水管径则由放空时间及放空方式决定。泄水阀和其他阀门一样应设置于阀门井中以便于维护和检修。

图 19-16 泄水阀

19.1.5.3 消火栓

消火栓是用于市政消防的取水设施。由阀、出水口和壳体等组成。与市政给水管网的分配支管相连接。栓前设置阀门，以便检修。

消火栓的设置应符合下列要求。

① 室外消防栓宜采用地上式，应沿道路敷设；距一般路面边缘不大于 5m，距建筑物外墙不小于 5m。

② 为了防止消火栓被车辆撞坏，地上式消火栓距城市道路路面边缘不小于 0.5m；距公路双车道路肩边缘不小于 0.5m；距自行车道中心线不小于 3m。

③ 地上式消火栓的大口径出水口应面向道路；地下式消火栓应有明显标志。

④ 消火栓的数量及位置应按其保护半径及被保护对象的消防用水量等综合计算确定；消火栓的保护半径不应超过 120m；高压消防给水管道上的消火栓的出水

量应根据管道内的水压及消火栓出口要求的水压算定，低压给水管道上公称直径为 100mm、150mm 的消火栓（工艺装置区、罐区宜设公称直径 150mm 的消火栓）的出水量可分别取 15L/s、30L/s。

19.2　排水管道工程

19.2.1　排水管网系统的组成

城市排水系统是指收集、输送、处理和排放（或综合利用）污水和雨水的设施系统。通常由排水管道系统、污水处理系统及污水排放系统组成，如图 19-17 所示。

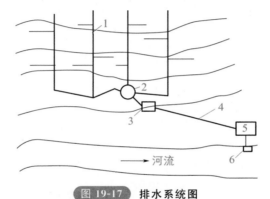

图 19-17　排水系统图

1—排水管道；2—水量调节池；3—提升泵站；4—输水管道；5—污水处理厂；6—出水口

排水管道系统的作用是收集、输送污水，由管（渠）及其附属构筑物（检查井、跌水井、倒虹管、溢流井等）、泵站等设施组成。

污水处理系统的作用是将管（渠）系统中收集的污水处理达标后排放至水体或加以综合利用，由各种处理构筑物组成。污水处理系统主要设置在污水厂（站）内，包括各种采用物理、化学、生物等方法的净化水质的设备和构筑物。由于污水的水质差异大，采用的污水处理工艺各不相同，常用的物理处理工艺有沉淀、过滤等；常用化学处理工艺有中和氧化还原、化学沉淀等；常用生物化学处理工艺有活性污泥法、生物滤池、氧化沟、稳定塘等。

污水排放系统包括废水受纳体（如自然水体、土壤等）和最终处置设施，如出水口、稀释扩散设施、隔离设施等。

19.2.2　排水管网系统的布置

19.2.2.1　排水管道系统布置原则

① 按照城市总体规划，结合当地实际情况布置排水管道，并对多方案进行技

术经济比较。

② 首先确定排水区界、排水流域和排水体制，然后布置排水管道，应按从主干管、干管、支管的顺序进行布置。

③ 充分利用地形，尽量采用重力流排出最大区域的污水和雨水，并力求使管线最短和埋深最浅。

④ 协调好与其他地下管线和道路等工程的关系，考虑好与小区或企业内部管网的衔接。

⑤ 规划时要考虑使管渠的施工运行和维护方便。

⑥ 规划布置时应远近期相结合，考虑分期建设的可能性，并留有充分的发展余地。

19.2.2.2 排水管道系统布置形式

在城市中，市政排水管道系统的平面布置，随着城市地形、城市规划、污水厂位置河流位置及水流情况、污水种类和污染程度及工程造价等因素而定。在这些影响因素中，地形是最关键的因素，按城市地形考虑可有以下六种布置形式。

（1）正交式布置

在地势向水体适当倾斜的地区，可采用正交式布置，这种形式是使各排水流域的干管与水体垂直相交，使干管的长度短、管径小、排水及时、造价低。但污水未经处理就直接排放，容易造成受纳水体的污染。这种布置形式多用于原老城市合流制排水系统。但由于污水未经处理就直接排放，会使水体遭受严重污染，影响环境。因此，在现代城镇中，这种布置形式仅用于排除雨水，如图 19-18 所示。

（2）截流式布置

为减轻水体的污染，保护和改善环境，在正交式布置的基础上，若沿排水流域的地势低边敷设主干管，将流域内各干

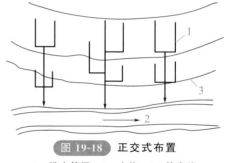

图 19-18 正交式布置
1—排水管网；2—水体；3—等高线

管的污水截流送至污水厂，就形成了截流式布置。截流式布置适用于分流制排水系统，以主干管将生活污水、工业废水和初期雨水或各排水区域的生活污水、工业废水截流至污水厂处理后排放，如图 19-19 所示。

（3）平行式布置

在地势向水体有较大倾斜的地区，可采用平行式布置，使排水流域的干管与水体或等高线基本平行，主干管与水体或等高线成一定斜角敷设。这样可避免干管坡度和管内水流速度过大而使干管受到严重冲刷，如图 19-20 所示。

（4）分区式布置

在地势高差很大的地区，可采用分区式布置。即在高地区和低地区分别敷设独

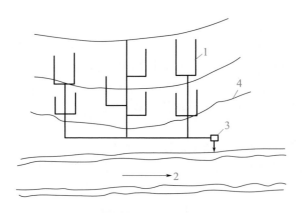

图 19-19　截流式布置

1—排水管网；2—水体；3—污水处理厂；4—等高线

立的管道系统，高地区的污水靠重力直接流入污水厂，而低地区的污水则靠泵站提升至高地区的污水厂。也可将污水厂建在低处，低地区的污水靠重力直接流入污水厂，而高地区的污水则跌水至低地区的污水厂。其优点是充分利用地形，节省电力，如图 19-21 所示。

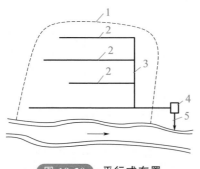

图 19-20　平行式布置

1—城市边界；2—干管；3—主干管；
4—污水厂；5—出水口

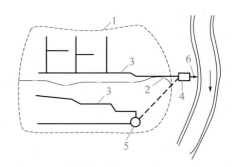

图 19-21　分区式布置

1—城市边界；2—排水流域分界线；3—干管；
4—污水厂；5—污水泵站；6—出水口

（5）辐射式布置形式

辐射式布置形式适宜于地势较高、排水量较大，或周围有河流分布的时候，由此可缩小干管长度，管径小、埋深小，有利于农田灌溉，但污水厂和泵站的数量会相对多一些，如图 19-22 所示。

（6）环绕式布置形式

环绕式布置形式是指在辐射式基础上，沿四周布置成一条主干管，将各干管的污水截至污水厂处理后排放的形式，如图 19-23 所示。

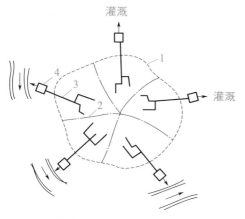

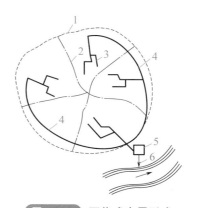

19.2.3 排水管渠材料

排水管渠材料

扫码观看视频

19.2.3.1 对排水管渠的要求

① 排水管渠（图 19-24）必须具有足够的强度，以承受外部的荷载和内部的水压，并保证在运输和施工过程中不致破裂。

② 应具有抵抗污水中杂质的冲刷磨损和抗腐蚀的能力。

③ 必须密闭不透水，以防止污水渗出和地下水渗入。

④ 内壁应平整光滑，以尽量减小水流阻力。

⑤ 应就地取材，以降低管渠造价，加快进度，减少工程总投资。

建造大型排水渠道常用的建筑材料有砖、石、陶土块、混凝土块、钢筋混凝土块和钢筋混凝土等

图 19-24 排水管渠

19.2.3.2 常见的排水管渠

排水管材的选择应根据污水性质，管道承受的内、外压力，埋设地区的地质条件等因素确定。在市政中常见的排水管道有混凝土管、钢筋混凝土管、石棉水泥

465

管、陶土管、铸铁管、塑料管等。

（1）混凝土管

制作混凝土的原料充足，可就地取材，制造价格较低，其设备、制造工艺简单，因此被广泛采用。缺点是，抗腐蚀性能差，耐酸碱及抗渗性能差，同时抗沉降、抗震性能也差，管节短、接头多、自重大。混凝土管如图 19-25 所示。

是指用混凝土或钢筋混凝土制作的管子，用于输送水、油、气等流体

图 19-25　混凝土管

（2）塑料排水管

由于塑料管具有表面光滑、水力性能好、水力损失小、耐磨蚀、不易结垢、重量轻、加工接口搬运方便、漏水率低及价格低等优点，因此，在排水管道工程中已得到应用和普及。其中聚乙烯（PE）管、高密度聚乙烯（HDPE）管和硬聚氯乙烯（UPVC）管的应用较广。但塑料管管材强度低、易老化。塑料排水管如图 19-26 所示。

塑料管一般是以合成树脂，也就是聚酯为原料，加入稳定剂、润滑剂、增塑剂等，以"塑"的方法在制管机内经挤压加工而成

图 19-26　塑料排水管

（3）金属管

排水铸铁管：经久耐用，有较强的耐腐蚀性，缺点是质地较脆，不耐振动和弯折，重量较大。连接方式有承插式和法兰式两种。

钢管可以用无缝钢管，也可以用焊接钢管。钢管的特点是能耐高压、耐振动、重量较轻、单管的长度大和接口方便，但耐腐蚀性差，采用钢管时必须涂刷耐腐蚀的涂料并注意绝缘，以防锈蚀。金属管如图 19-27 所示。

钢管用焊接或法兰接口

图 19-27 金属管

合理选择排水管道，将直接影响工程造价和使用年限，因此排水管道的选择是排水系统设计中的重要问题。主要可从以下三个方面来考虑：一是看市场供应情况；二是从经济上考虑；三是满足技术方面的要求。

19.3 其他市政管线工程

19.3.1 燃气管道系统

19.3.1.1 燃气管道的分类

燃气管道（图 19-28）可以根据用途、敷设方式和输气压力分类。

① 根据用途分类：长距离输气管道、城市燃气管道、分配管道、用户引入管、室内燃气管道、工业企业燃气管道。

燃气管道是一种输送可燃气体的专用管道

图 19-28 燃气管道

② 根据敷设方式分类：地下燃气管道（图 19-29）、架空燃气管道。

③ 根据输气压力分类，如表 19-1 所示。

地下燃气管道是用于运输燃气的专用管道。管道是用管子、管子连接件和阀门等连接成的用于输送气体、液体或带固体颗粒的流体的装置

图 19-29　地下燃气管道

表 19-1　燃气管道根据输气压力的分类

名称		压力/MPa
高压燃气管道	A	$2.5 < P \leqslant 4.0$
	B	$1.6 < P \leqslant 2.5$
次高压燃气管道	A	$0.8 < P \leqslant 1.6$
	B	$0.4 < P \leqslant 0.8$
中压燃气管道	A	$0.2 < P \leqslant 0.4$
	B	$0.01 < P \leqslant 0.2$
低压燃气管道		$P \leqslant 0.01$

19.3.1.2　燃气管网系统及选择

（1）城市燃气输配系统的构成

燃气管网系统的组成如图 19-30 所示，其具体组成如下。

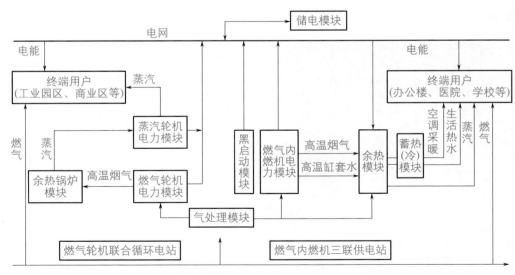

图 19-30　燃气管网系统的组成

① 低压、中压以及高压等不同压力的燃气管网；
② 城市燃气分配站或压送机站、调压计量站或区域调压站；
③ 储气站，如图 19-31 所示。

　　燃气储配站，接受气源来气并进行净化、加臭，储存，控制供气压力，气量分配，计量和气质检测。即城市燃气输配系统中储存和分配燃气的设施

图 19-31　储气站

（2）城市燃气管网系统

城市输配系统的主要部分是燃气管网，根据所采用的管网压力级制不同可分为：一级系统（低压一级、中压一级）、两级系统、三级系统、多级系统。

（3）采用不同压力级制的原因

管网采用不同的压力级制比较经济；各类用户所需要的燃气压力不同；未改建的老区和建筑物密集街道不宜敷设压力较高的管道。

（4）燃气管网系统的选择

规划城市在选择燃气管网系统（图 19-32）时，应考虑到许多因素，其中最主要的如下。

气源情况：燃气的性质，是人工燃气、天然气，还是液化石油气；供气量和供气压力；燃气的含湿量和露点；气源的发展或更换气源的规划。

城市规划、远景规划情况、街区和道路的现状和规划、建筑特点、人口密度、

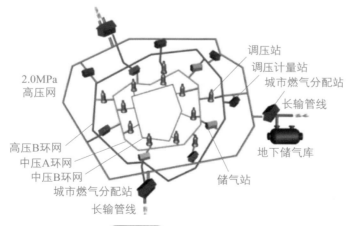

图 19-32　城市燃气管网

居民用户的分布情况。

设计城市燃气管网系统时，应全面考虑下述诸因素进行综合，从而提出数个方案做技术经济计算，选用经济合理的最佳方案。方案的比较必须在技术指标和工作可靠性相同的基础上进行。

① 原有的城市燃气供应设施情况；

② 用户情况及对燃气压力的要求；

③ 城市地理地形条件和地下管线、地下建筑物的分布情况；

④ 储气及调压方式。

设计城市燃气管网系统时，应全面考虑上述诸因素进行综合，从而提出数个方案做技术经济计算，选用经济合理的最佳方案。

19.3.2　热力管网系统

热力管道系统包括热水系统、蒸汽系统和凝结水系统。

热力管道系统根据热力管道的数目不同，又可分为单管、双管和多管系统。

热力管道系统又可以根据系统中的热媒的密封程度，分为开式系统和闭式系统。闭式系统中热媒是在完全封闭的系统中循环，热媒不被取出而只是放出热量。在开式系统中，热媒被部分或全部取出，直接用于生产或生活（淋浴）设施。

确定热力管道系统时，首先决定于热源的种类及热媒的选择。

以热电厂（图 19-33）、区域锅炉房及工厂自备锅炉房作为集中供热系统的热源，这是目前最常见的形式。

热电厂，是指在发电的同时，还利用汽轮机的抽汽或排汽为用户供热的火电厂

图 19-33　热电厂（一）

集中供热系统热媒的选择，主要取决于各用户热负荷的特点和参数要求，也取决于热源（热电厂或区域锅炉房）的种类。集中供热系统的热媒主要是水与蒸汽。

① 以水为热媒与蒸汽相比，有下列优点。

a. 热能利用效率高，可节约燃料 $20\% \sim 40\%$。

b. 能够远距离输送，供热半径大。

c. 在热电厂（图 19-34）供热情况下，可充分利用低压抽汽，提高热电厂的经济效果。

必须靠近热负荷中心，往往又是人口密集区的城镇中心，其用水、征地、拆迁、环保要求等均大大高于同容量火电厂，同时还需建热力管网

图 19-34　热电厂（二）

d. 蓄热能力大。因为热水系统中水的流量大，其比热容大，所以当热水系统中水力工况和热力工况发生短期失调的情况时，也不会影响整个热水系统的供热工况。

e. 便于水质调节。

② 以蒸汽为热媒与水比较有下列优点。

a. 蒸汽作为热媒，其适用面广，能满足各种用户的用热要求。

b. 蒸汽的放热系数大，可节约用户的散热器面积，即节约工程的初投资。

c. 与热水系统比较，可节约输送热媒的电能消耗。

d. 蒸汽密度小，在高层建筑物中或地形起伏不平的区域蒸汽系统中，不会产生像水那样大的静压力，因此用户人口连接方式简单。

20

市政管道开槽施工

20.1 施工降排水

（1）施工排水的目的

施工排水主要指地下水的排除，同时也包括地面水的排除。坑（槽）开挖，使坑（槽）内的水位低于原地下水位，导致地下水易于流入坑（槽）内，地面水也易于流入坑（槽）内。由于坑（槽）内有水，使施工条件恶化，严重时，会使坑（槽）壁土体坍落，地基土承载力下降，影响土的强度和稳定性，会导致给水排水管道、新建的构筑物或附近的已建构筑物破坏。因此，在施工时必须做好施工排水。

（2）施工排水的方法

施工排水有明沟排水和人工降低地下水位排水方法。不论采用哪种方法，都应将地下水位降到槽底以下一定深度［《给水排水管道工程施工及验收规范》（GB 50268—2008）规定不小于 0.5m］，以改善槽底的施工条件，稳定边坡，稳定槽底，防止地基土承载力下降。

20.1.1 明沟排水

明沟排水包括地面截水和坑内排水。

（1）地面截水

排除地表水和雨水，最简单的方法是在施工现场及基坑或沟槽周围筑堤截水。通常利用挖出的土沿四周或迎水一侧、两侧筑 0.5～0.8m 高的土堤。

施工时，应尽量保留、利用天然排水沟道，并进行必要的疏通。若无天然沟道，则在场地四周挖排水明沟排水，以拦截附近的地面水，并注意与已有建筑物保持一定的安全距离。

（2）坑内排水

在开挖不深或水量不大的基坑或沟槽时，通常采用坑内排水的方法。

坑（槽）开挖时，为排除渗入坑（槽）的地下水和流入坑（槽）内的地面水，一般可采用明沟排水。当基坑或沟槽开挖过程中遇到地下水或地表水时，在基坑的四周或迎水一侧、两侧，或在基坑中部设置排水明沟，在四角或每隔 30～40m 设一个集水井，使地下水汇流集于集水井内，再用水泵将地下水排除至基坑外。普通明沟排水方法如图 20-1 所示。

排水沟、集水井应设置在管道基础轮廓线以外，排水沟边缘应离坡脚不小于

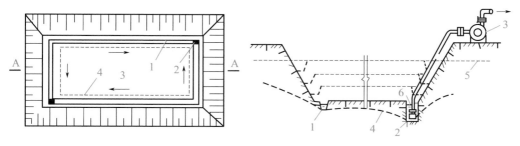

图 20-1 普通明沟排水方法

1—排水明沟；2—集水井；3—离心式水泵；4—构筑物基础边线；5—原地下水位；6—降低后的地下水位

0.3m。排水沟的断面尺寸，应根据地下水量及沟槽的大小来决定，一般断面不小于 0.3m×0.3m，沟底设有的 1‰~5‰ 的纵向坡度，且坡向集水井。

集水井一般设在沟槽一侧或设在低洼处，以减少集水井土方开挖量。集水井直径或边长一般为 0.7~0.8m。一般开挖过程中集水井底始终低于排水沟底 0.5~1.0m，或低于抽水泵的进水阀高度。当基坑或沟槽挖至设计标高后，集水井底应低于基坑或沟槽底 1~2m，并在井底铺垫约 0.3m 厚的卵石或碎石组成滤水层，以免抽水时将泥沙抽出，并防止井底的土被扰动。井壁应用木板、铁笼、混凝土滤水管等简易支撑加固。

排水沟、进水口需要经常疏通，集水井需要经常清除井底的积泥，保持必要的存水深度以保证水泵能正常工作。集水井排水常用的水泵有离心泵、潜水泥浆泵、活塞泵和隔膜泵。

明沟排水是一种常用的简易的降水方法，适用于除细砂、粉砂之外的各种土质。

如果基坑较深或开挖土层由多种土层组成，中部夹有透水性强的砂类土层时，为防止上层地下水冲刷基坑下部边坡，造成塌方，可设置分层明沟排水，即在基坑边坡上设置 2~3 层明沟及相应的集水井，分层阻截并排除上部土层中的地下水，如图 20-2 所示。

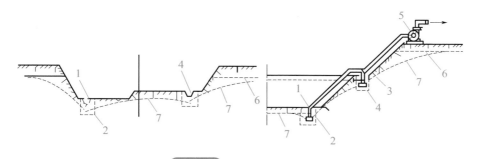

图 20-2 分层明沟排水法

1—底层排水沟；2—底层集水井；3—二层排水沟；4—二层集水井；
5—水泵；6—原地下水位；7—降低后的地下水位

排水沟与集水井的设置方法及尺寸，基本与普通明沟排水方法相同，但应注意防止上层排水沟的地下水溢流向下层排水沟，冲坏、掏空下部边坡，造成塌方。

本法可保持基坑边坡稳定，减少边坡高度和扬程，但土方开挖面积加大，土方量增加，适于深度较大、地下水位较高、且上部有透水性强土层的建筑物基坑排水。

20.1.2　人工降低地下水位

在基坑开挖深度较大、地下水位较高、土质较差（如细砂、粉砂等）的情况下，可采用人工降低地下水位的方法。

人工降低地下水位排水就是在基坑周围或一侧的埋入深于基底的井点滤水管或管井，以总管连接抽水，使地下水位下降后低于基坑底，以便在干燥状态下挖土、敷设管道，这不但防止流砂现象和增加边坡稳定，而且便于施工。

人工降低地下水位一般有轻型井点、喷射井点、电渗井点、管井井点、深井井点等方法。

本节主要阐述轻型井点降低地下水位。各类井点适用范围见表 20-1。

表 20-1　各种井点的适用范围

井点类型	参透系数 /(m/d)	降低水位深度/m	井点类型	参透系数 /(m/d)	降低水位深度/m
单层轻型井点	0.1～50	3～6	电渗井点	<0.1	视选用井点确定
多层轻型井点	0.1～50	6～12	管井井点	20～200	视选用井点确定
喷射井点	0.1～20	8～20	深井井点	10～250	>15

20.1.2.1　轻型井点

轻型井点系统适用于在粉砂、细砂、中砂、粗砂等土层中降低地下水位。轻型井点降水效果显著，应用广泛，并有成套设备可选用。

（1）轻型井点的组成

轻型井点由滤水管、井点管、弯联管、总管和抽水设备所组成。

（2）轻型井点施工

轻型井点降水工艺流程：井点布置→开沟→成孔→井点管布设→井点管与总管接通→开机抽水。

① 井点布置。根据现场情况，确定井点布置方位（根据井点降水平面布置图）。

当地下降水深度小于 6m 时，应采用一级轻型井点布置；当降水深度大于 6m、一级轻型井点不能满足降水深度时，可采用明沟排水和井点降水相结合的方法，将总管安装在原有地下水位线以下，以增加降水深度。当采用明沟排水和一级井点相结合的方法不能满足要求时，则应采用二级轻型井点降水方法，即先挖去一级井点排干的土方，然后再在坑内布置第二排井点。

② 开沟，深 1.5m。开沟的目的是排放冲孔用水。若表面是杂填土，必须清除

到原土，方便井点插入。开挖沟槽如图 20-3 所示。

图 20-3 开挖沟槽

③ 成孔。成孔用冲击式或回转式钻机成孔，井深比井点设计深 50cm；洗井用空压机或水泵将井内泥浆抽出。成孔施工如图 20-4 所示。

凿孔冲击管上下移动时应保持垂直，这样才能使井点降水井壁保持垂直，若在凿孔时遇到较大的石块和砖块，会出现倾斜现象，此时应采取措施使成孔的直径也尽量保持上下一致

图 20-4 成孔施工

④ 井点管布设。井点用机架吊起徐徐插入井孔中央，使之露出地面 200mm，再沿井点管四周均匀投放粗砂，上部 1.0m 深度内用黏土填实以防漏气。

a. 置管前的井管处理如图 20-5 所示。

1.下部吸水孔必须用土工布包裹，避免沙土吸入。
2.埋管前用水清洗井管

图 20-5 置管前的井管处理

b. 下管，如图 20-6 所示。

> 1.井管(点)垂直度检查要求：允许值为1%以内。
> 2.检查方法：插管时目测

图 20-6　下管

c. 填砂，如图 20-7 所示。

> 1.过滤砂砾填灌检查要求：与设计相比≤5mm。
> 2.检查方法：检查回填料用量

图 20-7　填砂

d. 支管铺设完毕，如图 20-8 所示。

> 1.井管(总)间距检查要求：与设计相比≤150%。
> 2.检查方法：用钢尺量

图 20-8　支管铺设完毕

⑤ 井点管与总管接通。井点管埋设完毕后应接通总管。总管设在井点管外侧50cm 处，铺前先挖沟槽，并将槽底整平，将配好的管子逐根放入沟内，在端头法

兰穿上螺栓，垫上橡胶密封圈，然后拧紧法兰螺栓，总管端部用法兰封牢。一旦井点干管铺好后，用吸水胶管将井点管与干管连接，并用 8 号铁丝绑牢。一组井点管部件连接完毕后，与抽水设备连通，接通电源，即可进行试抽水，检查有无漏气、淤塞情况，出水是否正常，如有异常情况，应检修后方可使用，如压力表读数在 0.15～0.20MPa，真空度在 93.3kPa 以上，表明各连接系统无问题，即可投入正常使用。降水管连接如图 20-9 所示。

集水总管标高应尽量接近地下水位线并且沿抽水水流方向有0.25%～0.5%的上仰坡度，一套抽水设备的总管长度一般不大于60～80m

图 20-9　**降水管连接图**

⑥ 开机抽水。正式抽水之前必须进行试抽，以检查抽水设备运转是否正常，管路是否存在漏气现象。井点管安装后，可进行单井、分组试抽水；根据试抽水的结果，可对井点设计做必要的调整。

先开动真空泵排气，再开动离心泵抽水，井点降水系统运行后，井点管系统运行应保证连续抽水，并准备双电源。抽水如图 20-10 所示。

1.井点运行后要连续抽水，一般在抽水2～5d后，水位漏斗基本稳定。
2.正常出水规律为"先大后小，先浑后清"，否则应进行检查，找出原因，并及时纠正

图 20-10　**抽水**

（3）轻型井点运行

① 可采用分次降水，即边抽水边进行土方开挖，以使水位缓缓平稳下降，因剧烈水位下降会增加沉降量，避免导致相邻建筑物及道路损坏。

② 严禁挖土机、吊车等设备撞击降水管、排水管线、电缆等。

③ 降水要保证昼夜连续运转，防止因停泵使水位上升，造成"涌槽"事故，

现场要配备备用电源（现场配备 2 台 300kW 发电机组）。

④ 设多个闸箱，单闸单箱单机。

⑤ 专人巡查，发现停泵，立即处理。

⑥ 降水结束需缓慢稳定抬升水位。结束降水必须具备两个条件：一是建筑物基础工程必须施工完毕；二是建筑物荷载大于地下水上顶托力，满足抗浮设计要求。

（4）轻型井点拆除

坑（槽）内的施工过程全部完毕并在回填土后，方可拆除井点系统，拆除工作在抽水设备停止工作后进行，井管常用起重机或吊链经井管拔出。当井管拔出困难时，可用高压水进行冲洗后再拔。拆除后的滤水管、井管等应及时进行保养检修，存放于指定地点以备下次使用。井孔应用砂或土填塞，应保证填土的最大干密度满足要求。

拆除多级轻型井点时应自底层开始，逐层向上进行，在下层井点拆除期间，上部各层井点应继续抽水。

冬季施工时，应对抽水机组及管路系统采取防冻措施，停泵后必须立即把内部积水放空，以防冻坏设备。

20.1.2.2　喷射井点

当基坑开挖较深，降水深度要求大于 6m 或采用多级轻型井点不经济时，可采用喷射井点系统。它适用于渗透系数为 0.1～50m/d 的砂性土或淤泥质土，降水深度可达 8～20m。

根据工作介质不同，喷射井点分为喷气井点和喷水井点两种，目前多采用喷水井点。

20.1.2.3　电渗井点

在渗透系数小于 0.1m/d 的黏土、粉土和淤泥等土质中，采用重力或真空作用的一般轻型井点排水效果很差，因此，宜采用电渗井点降水。此法一般与轻型井点或喷射井点结合使用。降深也因选用井点类型的不同而异。如降深小于 8m，可使用轻型井点与电渗井点配套；如降深大于 8m，可使用喷射井点与电渗井点配套。

20.1.2.4　管井井点降水

管井适用于中砂、粗砂、砾砂、砾石等渗透系数大、地下水丰富的土、砂层或轻型井点不易解决的地方。管井井点系统由滤水井管、吸水管、抽水机等组成。

管井井点排水量大、降水深，可以沿基坑外围或沟槽的一侧或两侧作直线布置。井中心距基坑边缘的距离为：采用冲击式钻孔用泥浆护壁时为 0.5～1m；采用套管护壁时不小于 3m。管井埋设的深度与间距，依据降水面积、深度以及含水层的渗透系数而定，最大埋设深度可达 10 余米，间距为 10～50m。

20.2　沟槽开挖

20.2.1　施工准备

沟槽开挖前应做好相应的准备工作，主要包括：拆除或搬迁施工区域内有碍施工的障碍物；修建排水防洪设施，在有地下水的区域，应有妥善的排水设施；修建运输道路和土方机械的运行道路；修建临时水、电、气等管线设施；做好挖土、运输车辆及各种辅助设备的维修检查、试运转和进场工作等。

20.2.2 沟槽断面形式

沟槽的开挖断面应考虑管道结构的施工方便，确保工程质量和施工作业安全，开挖断面应具有一定强度和稳定性。同时也应考虑少挖方、少占地、经济合理的原则。在了解开挖地段的土壤性质及地下水位情况后，可结合管径大小、埋管深度、施工季节、地下构筑物情况、施工现场及沟槽附近地上、地下构筑物的位置等因素，来选择开挖方法，合理确定沟槽开挖断面。常采用的沟槽断面形式有直槽、梯形槽、混合槽等；当有两条或多条管道共同埋设时，还需采用联合槽。沟槽断面种类如图 20-11 所示。

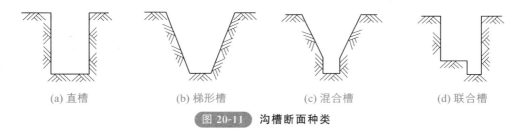

(a) 直槽　　　　　(b) 梯形槽　　　　　(c) 混合槽　　　　　(d) 联合槽

图 20-11 沟槽断面种类

20.2.3 沟槽及基坑的土方开挖

20.2.3.1 开挖方法

土方开挖方法分为人工开挖和机械开挖两种。为了减轻繁重的体力劳动，加快施工速度，提高劳动生产率，应尽量采用机械开挖。

沟槽、基坑开挖常用的施工机械有单斗挖土机和多斗挖土机两种。

（1）单斗挖土机

单斗挖土机在沟槽或基坑开挖施工中应用广泛，种类很多。按其工作装置不同，分为正铲、反铲、拉铲和抓铲等。按其操纵机构的不同，分为机械式和液压式两类，如图 20-12 所示。目前，多采用的是液压式挖土机，它的特点是能够比较准

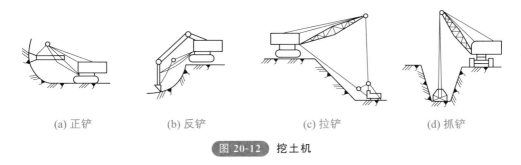

(a) 正铲　　　　　(b) 反铲　　　　　(c) 拉铲　　　　　(d) 抓铲

图 20-12 挖土机

确地控制挖土深度。

（2）多斗挖土机

多斗挖土机又称挖沟机、纵向多斗挖土机。多斗挖土机由工作装置、行走装置和动力操纵及传动装置等部分组成。

多斗挖土机与单斗挖土机相比，其优点为挖土作业是连续的，生产效率较高；沟槽断面整齐；开挖单位土方量所消耗的能量低；在挖土的同时能将土自动地卸在沟槽一侧。

多斗挖土机不宜开挖坚硬的土和含水量较大的土，宜于开挖黄土、亚黏土和亚砂土等。

多斗挖土机种类：按工作装置分，有链斗式和轮斗式两种；按卸土方法分，有装卸土皮带运输器和未装卸土皮带运输器两种。

20.2.3.2 沟槽、基坑土方工程机械化施工方案的选择

大型工程的土方工程施工中应合理地选择机械，使各种机械在施工中配合协调，充分发挥机械效率，保证工程质量、加快施工进度、降低工程成本。因此，在施工前要经过经济和技术分析比较，制定出合理的施工方案，用以指导施工。

（1）制定施工方案的依据

制定施工方案的依据有：工程类型及规模、施工现场的工程及水文地质情况、现有机械设备条件、工期要求。

（2）施工方案的选择

在大型管沟、基坑施工中，可根据管沟、基坑深度、土质、地下水及土方量等情况，结合现有机械设备的性能、适合条件，采取不同的施工方法。

开挖沟槽常优先考虑采用挖沟机，以保证施工质量，加快施工进度。也可以用反向挖土机挖土，根据管沟情况，采取沟端开挖或沟侧开挖。

大型基坑施工可以采用正铲挖土机挖土，自卸汽车运土；当基坑有地下水时，可先用正铲挖土机开挖地下水位以上的土，再用反向铲或拉铲或抓铲开挖地下水位以下的土。

采用机械挖土时，为了不使地基土遭到破坏，管沟或基坑底部应留 200～300mm 厚土层，由人工清理整平。

20.3 沟槽支撑

20.3.1 支撑的目的及要求

沟槽的支撑是防止施工过程中槽壁坍塌的一种临时有效的挡土结构，是一项临时性施工安全技术措施。一般由木材或钢材（型钢）制成。支撑的荷载是沟槽土的侧压力。一般情况下，如施工现场狭窄而沟槽土质较差、沟槽深度较大、地下水水位较高且沟槽又必须挖成直槽时，均应设支撑。支撑可减少挖方量，缩小施工占地面积，减少拆迁，又可保证施工安全。但支撑增加了材料消耗，有时甚至影响后续工序的操作。

支撑结构应满足下列要求。

① 牢固可靠，进行强度和稳定性计算和校核，要求支撑材料质地和尺寸合格。

② 在保证安全可靠的前提下，尽可能节约材料，宜采取工具式钢支撑。

③ 便于支设和拆除，不影响后续工序的操作。

20.3.2　支撑的种类及其使用的条件

支撑是用来防止沟槽土壁坍塌的一种临时性挡土结构，由木材或钢材做成。常见的支撑形式有横撑、竖撑和板桩撑等类型，其结构应牢固可靠，而且必须符合强度和稳定性要求，同时也应便于支设和拆除及后续工序的操作。支撑材料要求质地和尺寸合格，保证施工安全；应在保证安全的前提下，节约用料。

20.3.2.1　横撑

横撑式支撑多用于开挖较窄的沟槽，由挡土板、立柱和撑杠三部分组成。根据挡土板放置方式的不同，可分成水平撑板断续式和连续式两种。断续式横撑是撑板之间有间距；连续式横撑是各撑板间密接铺设。

断续式横撑适用于开挖湿度小的黏性土及挖土深度小于 3m 的沟槽，连续式横撑用于较潮湿的或散粒土及挖深不大于 5m 的沟槽。横撑如图 20-13 所示。

20.3.2.2　竖撑

竖撑式支撑多用于土质较差，地下水较多或有流砂的地方，挖土的深度可以不限。竖撑也由挡土板、立柱和撑杠组成，如图 20-14 所示。竖撑的挡土板多垂直立放，然后每侧上下各放置方木（横木），再用撑木顶牢。

20.3.2.3　板桩撑

在开挖深度较大的沟槽和基坑，当地下水很多且有带走土粒的危险时，如未降低地下水位，可采用打设钢板桩撑法。板桩撑如图 20-15 所示。

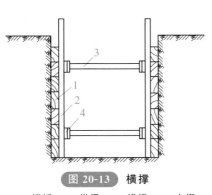

图 20-13　横撑

1—撑板；2—纵梁；3—横撑；4—木楔

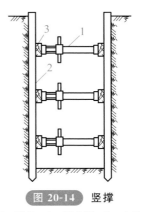

图 20-14　竖撑

1—撑杠；2—挡土板；3—立柱

板桩撑就是将板桩垂直打入槽底一定深度增加支撑强度，抵抗土压力，防止地下水及松土渗入，起到围护作用。板桩多用于地下水较多，并有流砂的情况。板桩根据所用材料可分为木板桩、钢板桩以及钢筋混凝土板桩。施工中，常用的钢板桩多由槽钢或工字钢组成，或用特制的钢桩板。

20.3.2.4 锚锭式支撑

在开挖较大基坑或使用机械挖土，而不能安装撑杠时，可改用锚锭式支撑，如图 20-16 所示。锚桩必须设置在土的破坏范围以外，挡土板水平钉在柱桩的内侧，柱桩一端打入土内，上端用拉杆与锚桩拉紧，挡土板内侧回填土。

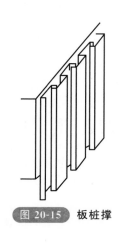

图 20-15 板桩撑

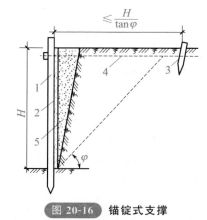

图 20-16 锚锭式支撑

1—柱桩；2—挡土板；3—锚桩；4—拉杆；5—回填土

20.3.3 支撑的材料要求

支撑材料的尺寸应满足设计的要求。一般取决于现场已有材料的规格，施工时常根据经验确定。

① 木撑板。一般木撑板长 2～4m、宽度为 20～30cm、厚 5cm。

② 横梁。截面尺寸为（10cm×15cm）～（20cm×20cm）。

③ 纵梁。截面尺寸为（10cm×15cm）～（20cm×20cm）。

④ 横撑。采用（10cm×10cm）～（15cm×15cm）的方木或采用直径大于 10cm 的圆木。为支撑方便尽可能采用工具式撑杆，如图 20-17 所示。横撑水平间距宜 1.5～3.0m，垂直间距不宜大于 1.5m。

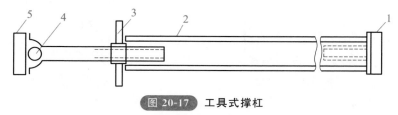

图 20-17 工具式撑杠

1—撑头板；2—圆套管；3—带柄螺母；4—球铰；5—撑头板

也可采用金属撑板，如图 20-18 所示，金属撑板每块长度分 2m、4m、6m 几种类型；横梁和纵梁通常采用槽钢。

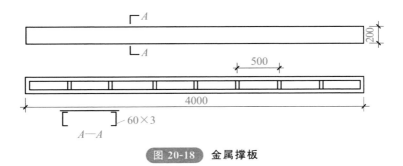

图 20-18　金属撑板

20.3.4　支撑的支设和拆除

20.3.4.1　支撑的支设

沟槽需支撑时，当沟槽开挖到一定深度后，铲平槽壁开始支撑，支撑前先校测沟槽开挖断面是否符合要求的宽度。将撑板均匀紧贴于槽壁，再将纵梁或横梁紧贴撑板，然后将横撑支设在纵梁或横梁上。撑板、横梁或纵梁、横撑必须彼此间相互垂直，紧贴靠实，并应用扒锯钉、木楔、木托等将其固定，保证相互间牢固可靠。

采用水平密撑时，若一次挖至沟底再支撑有危险，可挖至一半即先行初步支撑，见底后再行倒撑。撑板厚度一般为 4.5cm，支撑应稳固可靠，支撑材料应坚实，撑木不得有劈裂或腐烂等现象。

撑板支撑除了经计算确定撑板构件的规格尺寸，还应符合下列规定。

（1）木撑板构件规格

① 撑板厚度不宜小于 50mm，长度不宜小于 4m。

② 横梁或纵梁宜为方木，其断面不宜小于 150mm×150mm。

③ 横撑宜为圆木，其梢径不宜小于 100mm。

（2）撑板支撑的横梁、纵梁和横撑布置

① 每根横梁或纵梁不得少于两根横撑。

② 横撑的水平间距宜为 1.5～2.0m。

③ 横撑的垂直间距不宜大于 1.5m。

④ 横撑影响下管时，应有相应的替撑措施或采用其他有效的支撑结构。

（3）横排撑板支撑

在软土或其他不稳定土层中采用横排撑板支撑时，开始支撑的沟槽开挖深度不得超过 1.0m；开挖与支撑交替进行，每次交替的深度宜为 0.4～0.8m。

（4）横梁、纵梁和横撑的安装

① 横梁应水平，纵梁应垂直，且与撑板密贴，连接牢固。

② 横撑应水平，与横梁或纵梁垂直，且支紧、牢固。

③ 采用横排撑板支撑，遇有柔性管道横穿沟槽时，管道下面的撑板上缘应紧贴管道安装；管道上面的撑板下缘距管道顶面不宜小于 100mm。

④ 承托翻土板的横撑必须加固，翻土板的铺设应平整，与横撑的连接应牢固。

⑤ 撑板支撑的横梁、纵梁和横撑的布置应符合下列规定。

a. 横撑必须支撑横梁或纵梁。

b. 每根横梁或纵梁不得少于两根横撑。

c. 横撑的水平间距一般宜为 1.5～2.0m。当管节长度大于横撑的水平间距时，应安排下管的位置，并加强支撑。

d. 横撑的垂直间距一般不宜大于 1.5m。槽底横撑的垂直间距不宜超过 2.5m。

e. 横撑长度稍差时，可在两端或一端用木楔打紧或钉木垫板。立板密撑的撑木长度超过 4m 时，应考虑加斜撑。

⑥ 撑板的安装应符合下列规定。

a. 撑板应与沟槽槽壁紧贴。当有空隙时，宜用土填实。

b. 撑板垂直方向的下端应达到沟槽槽底。

c. 横排撑板应水平，立排撑板应垂直，撑板板端应整齐。

d. 密撑的撑板接缝应严密。

⑦ 雨期施工不得不加支撑空槽过夜，应随沟槽的开挖及时支撑。

⑧ 沟槽支撑在下列情况下应加强。

a. 距建筑物、地下管线或其他设施较近。

b. 施工便桥的桥台部位。

c. 地下水排除不彻底时。

d. 雨季施工。

沟槽土方开挖及后续各项施工过程中应经常检查支撑情况。如发现横撑有弯曲、松动、劈裂或位移等迹象时，必须及时加固或倒换横撑。雨季及春季解冻时期应加强检查。

人员上下沟槽，严禁攀登支撑。承托翻土板的横撑必须加固。翻土板的铺设应平整，并且与横撑的联结必须牢固。

打木板桩和钢板桩时均应带桩帽。打桩时若发现板桩入土过慢，桩锤回弹过大，应查明原因、进行处理后方可继续施工。

当板桩内的土方开挖后，一般应在基坑或沟槽内设横梁、横撑来加强支撑强度。若沟槽或基坑施工中不允许设横撑时，可在桩板顶端设横梁，用水平锚杆将其固定。

20.3.4.2　支撑的拆除

沟槽或基坑内的各项施工全部完成后，应将支撑拆除。拆除支撑作业的基本要求如下。

① 根据工程实际情况制定拆撑具体方法、步骤及安全措施等实施细则，并进行技术交底，以确保施工顺利进行。

②　拆除支撑前应对沟槽两侧的建筑物、构筑物、沟槽槽壁及两侧地面沉降、裂缝、支撑的位移、松动等情况进行检查。如果需要在拆除支撑前采取加固措施的，则必须在采取必要的措施之后，再进行拆除工作。

③　拆除支撑时，应继续排除地下水，对采用排水井排水的沟槽，应从两座排水井的分水岭向两端延伸拆除。

④　多层支撑的沟槽，应按自下而上的顺序逐层拆除，必须等下层槽拆撑还土完成后，再拆除其上层槽的支撑。当拆除尚感危险时，应考虑倒撑。用横撑将上半槽加固撑好，然后将下半槽横撑、撑板依次拆除。

⑤　立排撑板支撑和板桩拆除时，宜先填土夯实至下层横撑底面，再将下层横撑拆除，而后回填至半槽后再拆除上层横撑和撑板。最后用倒链或吊车将撑板或板桩间隔拔出，所遗留孔洞及时用砂灌实。

⑥　拆除单层密排撑板支撑时，应先回填至下层横撑底面，再拆除下层横撑，待回填至半槽以上，再拆除上层横撑。一次拆除有危险时，宜采取替换拆撑法拆除支撑。

⑦　拆除钢板桩应符合下列规定。

a. 在回填达到规定要求高度后，方可拔除钢板桩。

b. 钢板桩拔除后应及时回填桩孔。

c. 回填桩孔时应采取措施填实；采用砂灌回填时，非湿陷性黄土地区可冲水助沉；有地面沉降控制要求时，宜采取边拔桩边注浆等措施。

⑧　铺设柔性管道的沟槽，支撑的拆除应按设计要求进行。

20.4　管道的铺设与安装

管道铺设前，首先应检查管道沟槽开挖深度、沟槽断面、沟槽边坡、堆土位置是否符合规定，检查管道地基处理情况等。同时，还必须对管材、管件进行检验，质量要符合设计要求，确保不合格或已经损坏的管材及管件不下入沟槽。

20.4.1　下管与稳管

20.4.1.1　下管

管子经过检验、修补后，运至沟槽边。按设计进行排管，核对管节、管件位置无误可下管。

下管方法分人工下管和机械下管两类。可以采用集中下管法。

（1）人工下管

人工下管法适用于管径较小，管重较轻的管道，如陶土管、塑料管、直径400mm以下的铸铁管、直径600mm以下钢筋混凝土管等，并且施工现场狭窄、不便于机械操作、工程量小，或机械供应有困难的场合。

人工下管应以施工方便、操作安全为原则，可根据工人操作的熟练程度、管子重量，管子长短、施工条件、沟槽深浅等因素，考虑采用何种人工下管法。

（2）机械下管

机械下管速度快且安全，可以减轻工人的劳动强度。因此，有条件时应尽可能采用机械下管法。机械下管视管子重量选择起重机械，一般采用履带起重机或汽车式起重机。

下管时，机械沿沟槽移动，因此沟槽开挖应一侧堆土，另一侧作为下管机械工作面、运输道路以及管材堆放地。管子堆放在下管机械的臂长范围之内，以减少管材的二次搬运。若必须双侧堆土时，其一侧的土方与沟槽之间应有足够的机械行走距离和保证沟槽不致塌方的距离。若采用集中下管，也可以在堆土时每隔一定距离留设豁口，起重机在堆土豁口处进行下管操作。

在起吊作业区内，禁止无关人员停留或通过。在吊钩和被吊起的重物下面，严禁任何人通过或站立。应设专人统一指挥，驾驶员必须听从指挥信号进行操作。

机械下管不应一点起吊，采用两点起吊时绳应找好重心，平吊轻放。

起重机禁止在斜坡地方吊着管子回转，轮胎式起重机作业前应将支腿撑好，轮胎不应承担起吊的重量。支腿距沟边要有 2.0m 以上距离，必要时应垫木板。

起吊及搬运管材、配件时，对于法兰盘面，非金属管材承插口工作面，金属管防腐层等，均应采取保护措施，以防损伤。吊装闸阀等配件，不得将钢丝绳捆绑在操作轮及螺栓孔上。

起吊作业不应在带电的架空线路下作业，在架空线路同侧作业时，起重机臂杆距架空线保持一定安全距离，并有专人看管。最小安全距离如下：电压≤1kV，$L=2.0m$；35kV<电压<110kV，$L=3.0\sim4.0m$。

20.4.1.2　稳管

稳管是将管道按设计的高程和平面位置稳定在地基或基础上。压力流管道对高程和平面位置的要求精度可低些，一般由上游向下游进行稳管；重力流管道的高程和平面位置应严格符合设计要求，一般由下游向上游进行稳管。

管道应稳贴地安放在管沟中，管下不得有悬空现象，以防管道承受附加应力，这就需要加大对管道位置的控制，管道位置控制对保证管道功能的正常发挥以及设计要求的实现具有重要意义。管道位置控制，不仅包括管道轴线位置控制和管道高程控制，还应包括管道承插接口的排列方向、间隙以及管道的转角。重力流管道的水力要素与管道铺设的坡度更有直接的关系，稳管通常包括对中和高程控制两个环节。

（1）对中

管道对中，即使管道中心线与设计中心线在同一平面上重合。对中质量在排水管道中要求在±15mm 范围内，如果中心线偏离较大，则应调整管子，直至符合要求为止。通常可按下述两种方法进行。

① 中心线法。该法借助坡度板上的中心钉进行，如图 20-19（a）所示。在连接两块坡度板的中心钉之间的中线上挂一垂球，当垂球线通过水平尺中心时，表示管

子已对中。这种对中方法较准确，采用较多。

②边线法。采用边线法进行对中作业时，就是将坡度板上的定位钉钉在管道外皮的垂直面上，如图20-19（b）所示。操作时，只要管子向左或向右稍稍移动，管道的外皮恰好应碰到两坡度板间定位钉之间连线的垂线。

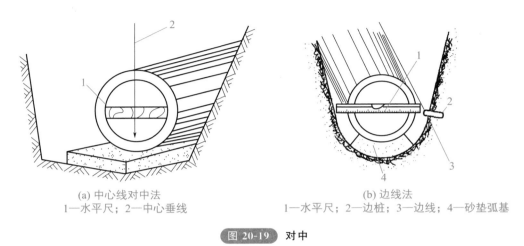

(a) 中心线对中法
1—水平尺；2—中心垂线

(b) 边线法
1—水平尺；2—边桩；3—边线；4—砂垫弧基

图 20-19 对中

（2）高程控制

高程控制，就是控制管道的高程，使其与设计高程相同，如图20-20所示。在坡度板上标出高程钉，相邻两块坡度板的高程钉到管内底的垂直距离相等，则两高程钉之间连线的坡度就等于管内底坡度。该连线称为坡度线。坡度线上任意一点到管内底的垂直距离为一个常数，称为对高数。一般利用高程板上的不同下反数控制其各部分的高程。

此外，还应注意在进行对高作业时，使用丁字形对高尺，尺上刻有坡度线与管底之间距离的标记，即为对高读数。将高程尺垂直放在管内底中心位置（当以管顶高程为基础选择常数时，高程尺应放在管顶），调整管子高程，当高程尺上的刻度与坡度线重合时，表明管内底高程正确，否则须采取挖填沟底的方法予以调整。

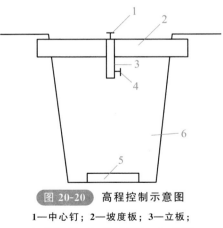

图 20-20 高程控制示意图
1—中心钉；2—坡度板；3—立板；
4—高程钉；5—管道基础；6—沟槽

值得注意的是坡度线不宜太长，应防止坡度线下垂，影响管道高程。

稳管作业应达到平、直、稳、实的要求，其管内底标高允许偏差为±10mm，管中心线允许偏差为10mm。

20.4.2　排水管道的铺设

排水管道铺设的方法较多，常用的方法有平基法、垫块法、"四合一"施工法。应根据管道种类、管径大小、管座形式、管道基础及接口方式等，来合理选择排水管道铺设的方法。

20.4.2.1　平基法

排水管道平基法施工，是首先浇筑平基混凝土，待平基达到一定强度再下管、安管（稳管）、浇筑管座及抹带接口的施工方法。这种方法常用于雨水管道，尤其适合于地基不良或雨期施工的场合。

平基法施工程序为：支平基模板→浇筑平基混凝土→下管→安管（稳管）→支管座模板→浇筑管座混凝土→抹带接口→养护。

（1）平基法施工操作要点

① 浇筑混凝土平基顶面高程不能高于设计高程，低于设计高程不超过 10mm。

② 平基混凝土强度达到 5MPa 以上时，方可直接下管。

③ 下管前可直接在平基面上弹线，以控制安管中心线。

④ 安管的对口间隙，管径≥700mm 时，按 10mm 控制，管径＜700mm 时可不留间隙，安较大的管子，宜进入管内检查对口，减少错口现象。稳管以达到管内底高程偏差在±10mm 之内，中心线偏差不超过 10mm，相邻管内底错口不大于3mm 为合格。

⑤ 管子安好后，应及时用干净石子或碎石卡牢，并立即浇筑混凝土管座。

（2）管座浇筑要点

① 浇筑管座前，平基应凿毛或刷毛，并冲洗干净。

② 对平基与管子接触的三角部分，要选用同强度等级混凝土中的软灰，先行振捣密实。

③ 浇筑混凝土时，应两侧同时进行，防止挤偏管子。

④ 对于直径较大的管子，浇筑时宜同时进入管内配合勾捻内缝；直径小于700mm 的管子，可用麻袋球或其他工具在管内来回拖动，将流入管内的灰浆拉平。

20.4.2.2　垫块法

排水管道施工，把在预制混凝土垫块上安管（稳管），然后再浇筑混凝土基础和接口的施工方法，称为垫块法。采用这种方法可避免平基、管座分开浇筑，是污水管道常用的施工方法。

垫块法施工程序为：预制垫块→安垫块→下管→在垫块上安管→支模→浇筑混凝土基础→接口→养护。

预制混凝土垫块强度等级同混凝土基础。垫块的几何尺寸：长为管径的 70%，高等于平基厚度，允许偏差±10mm，宽≥高。每节管垫块一般为两个，一般放在管两端。

垫块法施工操作要点如下。

① 垫块应放置平稳，高程符合设计要求。

② 安管时，管子两侧应立保险杠，防止管子从垫块上滚下来伤到人。

③ 安管的对口间隙：管径≥700mm 的管子按 10mm 左右控制；安较大的管子时，宜进入管内检查对口，减少错口现象。

④ 管子安好后一定要用干净石子或碎石将管卡牢，并及时浇筑混凝土管座。

20.4.2.3 "四合一"施工法

排水管道施工，将混凝土平基、稳管、管座抹带四道工艺合在一起施工的做法，称为"四合一"施工法。这种方法速度快、质量好，是 $DN \leqslant 600$mm 管道通常采用的施工方法，此法具有减少混凝土养护时间和避免混凝土浇筑施工缝的优点。

(1) 施工程序

验槽→支模→下管→排管→"四合一"施工→养护。

① 支模、排管施工。根据操作需要，第一次支模为略高于平基或 90°基础高度。模板材料一般采用 15cm×15cm 的方木，方木高程不够时可用木板补平，木板与方木用铁钉钉牢；模板内侧用支杆临时支撑，方木外侧钉铁钉，以免安管时模板滑动，如图 20-21 所示。

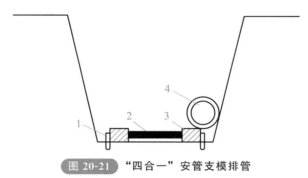

图 20-21 "四合一"安管支模排管

1—铁钉；2—临时撑杆；3—15cm×15cm 方木底模；4—排管

② 管子下至沟内，利用模板作为导木，在槽内滚运至安管地点，然后将管子顺排在一侧方木模板上，使管子重心落在模板上，倚在槽壁上，要比较容易滚入模板内，并将管口洗刷干净。

③ 若为 135°及 180°管座基础，模板宜分两次支设，上部模板待管子铺设合格后再支设。

(2) "四合一"施工做法

① 平基。浇筑平基混凝土时，一般应使平基面高出设计平基面 20～40mm（视管径大小而定），并进行捣固。管径 400mm 以下者，可将管座混凝土与平基一次灌齐，并将平基面做成弧形以利稳管。

② 稳管。将管子从模板上滚至平基弧形内，前后揉动，将管子揉至设计高程（一般高于设计高程 1～2mm，以备接下一节时又稍有下沉），同时控制管子中心线

位置的准确。

③ 管座。完成稳管后，立即支设管座模板，浇筑两侧管座混凝土，捣固管座两侧三角区，补填对口砂浆，抹平管座两肩。如管道接口采用钢丝网水泥砂浆抹带接口时，混凝土的捣固应注意钢丝网位置的正确。为了配合管内缝勾捻，管径在600mm 以下时，可用麻袋球或其他工具在管内来回拖动，将管口内溢出的砂浆抹平。

④ 抹带。管座混凝土浇筑后马上进行抹带，随后勾捻内缝，抹带与稳管至少相隔 2～3 节管，以免稳管时不小心碰撞管子，影响接口质量。

20.4.3　压力管道铺设与布置

特种设备工艺装置的布置和压力管道的管线敷设，是根据设计规范和安全技术规程，在满足自然条件与外部条件的前提下，使管道与设备布置、操作规范、施工自然环境、安全保障、检查以及维修等多方面的要求相适应。

20.4.3.1　压力管道敷设方式

压力管道敷设方式可分为架空敷设和地面以下敷设，其中地面以下敷设又分为埋地敷设和管沟敷设。

① 架空敷设。经济适用、施工快捷、方便检修等优点使其成为管道敷设的主要方式。具体的设计过程中应综合考虑介质的物理以及化学性质（比如易燃易爆、耐腐蚀等）。

② 埋地敷设。其优点是地面以上空间宽阔并且无任何支撑，但是在检查和维修时由于地下空间受限，费工费时，所以一般在架空敷设不易实现时才采用。

③ 管沟敷设。管沟敷设可以利用地下空间有效节约地上面积，还有利于有隔热层的管道、腐蚀性介质管道的敷设。不过经济代价较高且需设排水沟等，这些不利因素制约着管沟敷设的广泛应用。

特别指出，在分期建设的项目中，为了避免重复投资建设，管道在专用的管廊内敷设，即在管廊内分别设置各类管道，能有效地节约空间，并且便于检修管理。

20.4.3.2　压力管线综合布置的原则

① 压力管道布置首先要满足安全要求。

② 应在生产流程、操作检修、维修便利的前提下，结合设备布置与工业企业总平面布置，管线与建筑物、构筑物、道路、铁路等之间的情况综合考虑管道布置。

③ 压力管道布置，在必须满足工艺以及仪表流程图要求的前提下，首先考虑采用架空方式敷设，以方便安装、操作、检修等。如果必需，也可埋地或者管沟内敷设。

④ 与界区道路等平行敷设是管道敷设优先选用的原则，在管道应力条件许可范围内，尽量避免拐弯交叉等，走直线能够使配管整齐美观。

⑤ 热胀冷缩的柔性是压力管道布置中必须考虑的。在设计中，应该对照柔性

计算结果，在温度和压力耦合最严重情况下进行管道布置。自然补偿能力无法符合要求时，应在管系适当的位置安装补偿元件，如 U 形管、波纹膨胀节等，同时固定架、导向架、防振动管架等也必须按标准要求设置。

⑥ 压力管道不能与窗户相碰，也不能妨碍设备、管件、人孔、阀门的操作以及检修，尽量不要在设备电机、配电盘、仪表盘的上部穿过。

⑦ 压力管道集中敷设可以有效利用管支架，节约空间，取得经济效益。特别是在穿墙或者楼板时，为了避免楼面开孔过多，应尽可能地把设备预留口利用掉。另外在穿过安全隔离墙或者铁路轨道时管道应该加套管，并且套管的空隙必须采用特殊材料填充。

⑧ 运输易燃易爆、有毒、有腐蚀性介质的管道不适宜敷设在车间的地下，也不能敷在楼梯间、生活间、过道等处，安全阀、阻火器、放空管等应该设置在合适的位置。

⑨ 压力管道的支架和吊架在管道敷设与布置时尤为重要，支吊架间距应严格按照国家现行标准最大许用间距执行。在管道敷设时，支架范围内不允许有焊缝，需要保温或者保冷的管道必须加设管托才能放在管架上。

⑩ 压力管道组成件的选用需满足以下要求：管道组成件必须按照管道等级表和特殊件表选用。为了施工检修方便，应把一定的活接头配置在螺纹管上。与平焊法兰焊接时，弯头、异径管、三通等成型无缝管件要加一段直管段，直管段的长度需符合国家标准要求，一般不小于其公称直径。

另外，压力管道布置还应考虑工程所在地区的自然条件，力求节能降噪，尽量协调统一、美观大方等。特别指出管道布置更要有前瞻性，符合现今组建节约社会的原则。

20.4.4 管道压力试验及严密性试验

20.4.4.1 压力管道水压试验

（1）水压试验内容

① 后背及堵板的设计。

② 进水管路、排气孔及排水孔的设计。

③ 加压设备、压力计的选择及安装的设计。

④ 排水疏导措施。

⑤ 升压分级的划分及观测制度的规定。

⑥ 试验管段的稳定措施和安全措施。

（2）水压试验采用设备

① 采用弹簧压力计时，精度不低于 1.5 级，最大量程宜为试验压力的 1.3～1.5 倍，表壳的公称直径不宜小于 150mm，使用前经校正并具有符合规定的鉴定证书。

② 水泵、压力计应安装在试验段的两端部与管道轴线相垂直的支管上。

（3）开槽施工管道试验前附属设备安装

① 非隐蔽管道的固定设施已按设计要求安装合格。

② 管道附属设备已按要求紧固、锚固合格。

③ 管件的支墩、锚固设施混凝土强度已达到设计强度。

④ 未设置支墩、锚固设施的管件，应采取加固措施并检查合格。

（4）水压试验前准备

① 试验管段的后背应符合下列规定。

a. 后背应设在原状土或人工后背上，土质松软时应采取加固措施。

b. 后背墙面应平整并与管道轴线垂直。

② 采用钢管、化学建材管的压力管道，管道中最后一个焊接接口焊接完毕 1h 以上方可进行水压试验。

③ 水压试验管道内径大于或等于 600mm 时，试验管段端部的第一个接口应采用柔性接口，或采用特制的柔性接口堵板。

④ 水压试验前，管道回填土应符合下列规定。

a. 管道安装检查合格后，应按有关的规定回填土。

b. 管道顶部回填土宜留出接口位置以便检查渗漏处。

⑤ 水压试验前准备工作应符合下列规定。

a. 试验管段所有敞口应封闭，不得有渗漏水现象。

b. 试验管段不得用闸阀做堵板，不得含有消火栓、水锤消除器、安全阀等附件。

c. 水压试验前应清除管道内的杂物。

（5）水压试验规定

① 试验管段注满水后，宜在不大于工作压力的条件下充分浸泡后再进行水压试验，浸泡时间应符合表 20-2 的规定。

表 20-2　压力管道水压试验前浸泡时间

管材种类	管道内径 D_i/mm	浸泡时间/h
环墨铸铁管(有水泥砂浆衬里)	D_i	≥24
钢管(有水泥砂浆衬里)	D_i	≥24
化学建材管	D_i	≥24
现浇钢筋混凝土管渠	$D_i \leqslant 1000$	≥48
	$D_i > 1000$	≥72
预(自)应力混凝土管、预应力钢筒混凝土管	$D_i \leqslant 1000$	≥48
	$D_i > 1000$	≥72

② 水压试验应符合的规定如下。

a. 压力管道水压试验的试验压力应按表 20-3 选择确定。

| | 表 20-3 压力管道水压试验的试验压力 | 单位：MPa |

管材种类		工作压力 P	试验压力
钢管		P	$P+0.5$，且不小于 0.9
球墨铸铁管		≤0.5	$2P$
		>0.5	$P+0.5$
预（自）应力混凝土管、预应力钢筒混凝土管		≤0.6	$1.5P$
		>0.6	$P+0.3$
现浇钢筋混凝土管渠		≥0.1	$1.5P$
化学建材管		≥0.1	$1.5P$，且不小于 0.8

b. 预试验阶段：将管道内水压缓缓地升至试验压力并稳压 30min，期间如有压力下降可注水补压，但不得高于试验压力；检查管道接口、配件等处有无漏水、损坏现象；有漏水、损坏现象时应及时停止试压，查明原因并采取相应措施后重新试压。

③ 聚乙烯管、聚丙烯管及其复合管的水压试验除应符合上述 ② 下 b 的相关规定外，其预试验、主试验阶段应按下列规定执行。

a. 预试验阶段：按上述 ② 下 b. 的规定完成后，应停止注水补压并稳定 30min；当 30min 后压力下降不超过试验压力的 70%，则预试验结束；否则重新注水补压并稳定 30min 再进行观测，直至 30min 后压力下降不超过试验压力的 70%。

b. 主试验阶段应符合下列规定：在预试验阶段结束后，迅速将管道泄水降压，降压量为试验压力的 10%～15%；期间应准确计量降压所泄出的水量（ΔV），并按下式计算允许泄出的最大水量 $\Delta V_{\max}$：

$$\Delta V_{\max} = 1.2V\Delta P\left(\frac{1}{E_w} + \frac{D_i}{e_n E_p}\right) \tag{20-1}$$

式中　V——试压管段总容积，L；

　　　ΔP——降压量，MPa；

　　　E_w——水的体积模量，不同水温时 E_w 值可按表 20-4 采用；

　　　E_p——管材弹性模量，MPa，与水温及试压时间有关；

　　　D_i——管材内径，mm；

　　　e_n——管材公称壁厚，mm。

| | 表 20-4 温度与体积模量关系 | | |

温度/℃	体积模量/MPa	温度/℃	体积模量/MPa
5	2080	20	2170
10	2110	25	2210
15	2140	30	2230

每隔 3min 记录一次管道剩余压力，应记录 30min；30min 内管道剩余压力有

上升趋势时，则水压试验结果合格；30min 内管道剩余压力无上升趋势时，则应持续观察 60min；整个 90min 内压力下降不超过 0.02MPa，则水压试验结果合格。

主试验阶段上述两条均不能满足时，则水压试验结果不合格，应查明原因并采取相应措施后再重新组织试压。

④ 大口径球墨铸铁管、玻璃钢管及预应力钢筒混凝土管道的接口单口水压试验应符合下列规定。

a. 安装时应注意将单口水压试验用的进水口（管材出厂时已加工）置于管道顶部。

b. 管道接口连接完毕后进行单口水压试验，试验压力为管道设计压力的两倍，且不得小于 0.2MPa。

c. 试压采用手提式打压泵，管道连接后将试压嘴固定在管道承口的试压孔上，连接试压泵，将压力升至试验压力，恒压 2min，无压力降为合格。

d. 试压合格后，取下试压嘴，在试压孔上拧上 M10×20mm 不锈钢螺栓并拧紧。

e. 水压试验时应先排净水压腔内的空气。

f. 单口试压不合格且确认是接口漏水时，应马上拔出管节，找出原因，重新安装，直至符合要求为止。

⑤ 主试验阶段：停止注水补压，稳定 15min；当 15min 后压力下降不超过表 20-5 中所列允许压力降数值时，将试验压力降至工作压力并保持恒压 30min，进行外观检查。若无漏水现象，则水压试验合格。

表 20-5　压力管道水压试验的允许压力降　　单位：MPa

管材种类	试验压力	允许压力降
钢管	$P+0.5$，且不小于 0.9	0
球墨铸铁管	$2P$	
	$P+0.5$	
预（自）应力混凝土管、预应力钢筒混凝土管	$1.5P$	0.03
	$P+0.3$	
现浇钢筋混凝土管渠	$1.5P$	
化学建材管	$1.5P$，且不小于 0.8	0.02

⑥ 管道升压时，管道的气体应排除；升压过程中，发现弹簧压力计表针摆动、不稳，且升压较慢时，应重新排气后再升压。

⑦ 应分级升压，每升一级应检查后背、支墩、管身及接口，无异常现象时再继续升压。

⑧ 水压试验过程中，后背顶撑、管道两端严禁站人。

⑨ 水压试验时，严禁修补缺陷；遇有缺陷时，应做出标记，卸压后修补。

⑩ 压力管道采用允许渗水量进行最终合格判定依据时，实测渗水量应小于或等于表 20-6 的规定及下列公式规定的允许渗水量。

表 20-6 压力管道水压试验的允许渗水量

管道内径 D_i/mm	允许渗水量/[L/(min·km)]		
	焊接接口钢管	球墨铸铁管、玻璃钢管	预（自）应力混凝土管、预应力钢筒混凝土管
100	0.28	0.70	1.40
150	0.42	1.05	1.72
200	0.56	1.40	1.98
300	0.85	1.70	2.42
400	1.00	1.95	2.80
600	1.20	2.40	3.14
800	1.35	2.70	3.96
900	1.45	2.90	4.20
1000	1.50	3.00	4.42
1200	1.65	3.30	4.70
1400	1.75	—	5.00

a. 当管道内径大于表 20-7 规定时，实测渗水量应小于或等于按下列公式计算的允许渗水量。

钢管的允许渗水量为：

$$q = 0.05\sqrt{D_i} \tag{20-2}$$

球墨铸铁管（玻璃钢管）的允许渗水量为：

$$q = 0.1\sqrt{D_i} \tag{20-3}$$

预（自）应力混凝土管、预应力钢筒混凝土管的允许渗水量为：

$$q = 0.14\sqrt{D_i} \tag{20-4}$$

b. 现浇钢筋混凝土管渠实测渗水量应小于或等于按式（20-5）计算的允许渗水量：

$$q = 0.014\sqrt{D_i} \tag{20-5}$$

c. 硬聚氯乙烯管实测渗水量应小于或等于按式（20-6）计算的允许渗量：

$$q = 3 \times \frac{D_i}{25} \times \frac{P}{0.3\alpha} \times \frac{1}{1440} \tag{20-6}$$

式中　q——允许渗水量，L/（min·km）；

　　　D_i——管道内径，mm；

　　　P——压力管道的工作压力，MPa；

　　　α——温度-压力折减系数；当试验水温为 0～25℃时，α 取 1；25～35℃时，α 取 0.8；35～45℃时，α 取 0.63。

　　20.4.4.2　无压管道闭水试验

　　(1) 试验管段要求

　　① 管道及检查井外观质量已验收合格。

　　② 管道未回填土且沟槽内无积水。

　　③ 全部预留孔应封堵，不得渗水。

　　④ 管道两端堵板承载力经核算应大于水压力的合力；除预留进出水管外，应封堵坚固，不得渗水。

　　⑤ 顶管施工，其注浆孔封堵且管口按设计要求处理完毕，地下水位于管底以下。

　　(2) 管道闭水试验

　　① 试验段上游设计水头不超过管顶内壁时，试验水头应以试验段上游管顶内壁加 2m 计。

　　② 试验段上游设计水头超过管顶内壁时，试验水头应以试验段上游设计水头加 2m 计。

　　③ 计算出的试验水头小于 10m，但已超过上游检查井井口时，试验水头应以上游检查井井口高度为准。

　　④ 管道闭水试验应按有关规定进行。

　　⑤ 管道闭水试验时，应进行外观检查，不得有漏水现象，且符合下列规定时，管道闭水试验为合格。

　　a. 实测渗水量小于或等于表 20-7 规定的允许渗水量。

　　b. 管道内径大于表 20-7 规定时，实测渗水量应小于或等于按式(20-7) 计算的允许渗水量：

$$q = 1.25\sqrt{D_i} \tag{20-7}$$

　　c. 异形截面管道的允许渗水量可按周长折算为圆形管道计。

　　d. 化学建材管道的实测渗水量应小于或等于按式(20-8) 计算的允许渗水量。

$$q = 0.0046\sqrt{D_i} \tag{20-8}$$

式中　　q——允许渗水量，$m^3/(24h \cdot km)$；

　　　　D_i——管道内径，mm。

　　⑥ 管道内径大于 700mm 时，可按管道井段数量抽样选取 1/3 进行试验；试验不合格时，抽样井段数量应在原抽样基础上加倍进行试验。

　　⑦ 不开槽施工的内径大于或等于 1500mm 的钢筋混凝土管道，设计无要求且地下水位高于管道顶部时，可采用内渗法测渗水量；渗漏水量测方法按有关规定进行，符合下列规定时，则管道抗渗性能满足要求，不必再进行闭水试验：

　　a. 管壁不得有线流、滴漏现象；

　　b. 对有水珠、渗水的部位进行过抗渗处理；

　　c. 管道内渗水量允许值 $q \leqslant 2L/(m^2 \cdot d)$。

表 20-7 无压钢筋混凝土管道闭水试验允许渗水量

管道内径 D_i/mm	允许渗水量/[m³/(24h·km)]
200	17.60
300	21.62
400	25.00
500	27.95
600	30.60
700	33.00
800	35.35
900	37.50
1000	39.52
1100	41.45
1200	43.30
1300	45.00
1400	46.70
1500	48.40
1600	50.00
1700	51.50
1800	53.00
1900	54.48
2000	55.90

20.4.4.3 无压管道闭气试验

① 闭气试验适用于混凝土类的无压管道在回填土前进行的严密性试验。

② 闭气试验时，地下水位应低于管外底 150mm，环境温度为 -15~50℃。

③ 下雨时不得进行闭气试验。

④ 闭气试验合格标准应符合下列规定。

a. 规定标准闭气试验时间符合表 20-8 的规定，管内实测气体压力 $P \geqslant 1500Pa$ 则管道闭气试验合格。

b. 被检测管道内径大于或等于 1600mm 时，应记录测试时管内气体温度（℃）的起始值 T_1 及终止值 T_2，并记录达到标准闭气时间时膜盒表显示的管内压力值 P，用式（20-9）加以修正，修正后管内气体压降值 ΔP 为：

$$\Delta P = 103300 - \frac{(P+101300)(273+T_1)}{273+T_2} \tag{20-9}$$

ΔP 如果小于 500Pa，管道闭气试验合格。

c. 管道闭气试验不合格时，应进行漏气检查、修补后复检。

表 20-8 钢筋混凝土无压管道闭气检验规定标准闭气时间

管道 DN/mm	管内气体压力/Pa		规定标准闭气时间
	起点压力	终点压力	
300	—	—	1′45″
400			2′30″
500			3′15″
600	2000	≥1500	4′45″
700			6′15″
800			7′15″
900			8′30″
1000			10′30″
1100			12′15″
1200			15′
1300			16′45″
1400			19′
1500	2000	≥1500	20′45″
1600			22′30″
1700			24′
1800			25′45″
1900			28′
2000			30′
2100			32′30″
2200			35′

20.5　沟槽回填

城镇给排水管道施工完毕并经检验合格后，应及时进行土方回填，以保证管道的正常位置，避免沟槽（基坑）坍塌，且尽可能早日恢复地面交通。

回填施工包括返土、摊平、夯实、检查等施工过程。其中关键是夯实，应符合设计所规定的密实度要求。依据《给水排水管道工程施工及验收规范》（GB 50268—2008）的要求，管道沟槽位于路基范围内时，管顶以上 25cm 范围内回填土表层的压实度不应小于 87%，其他部位回填土的压实度见表 20-9，管道两侧回填土的压实度不应小于 90%；当年没有修路计划的回填土，在管道顶部以上高为 50cm，管道结构两侧压实度不应大于 85%，其余部位，当设计文件没有规定时，不应小于 90%。也可以根据经验，沟槽各部位回填土压实度，如图 20-22 所示。

表 20-9 沟槽回填作为路基的最小压实度

由路槽底算起的深度范围 h/cm	道路类别	最低压实度/%	
		重型击实标准	轻型击实标准
h≤80	快速路及主干路	95	98
	次干路	93	95
	支干路	90	92
80<h≤150	快速路及主干路	93	95
	次干路	90	92
	支干路	87	90
h>150	快速路及主干路	87	90
	次干路	87	90
	支干路	87	90

注：1. 表中重型击实标准的密实度和轻型击实标准的密实度，分别以相应的标准击实实验法求得的最大干密度为 100%。

2. 回填土的要求密实度，除注明者外，均为轻型击实标准的密实度（以下同）。

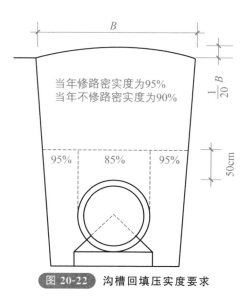

图 20-22 沟槽回填压实度要求

（1）回填土方夯实

沟槽回填土夯实通常采用人工夯实和机械夯实两种方法。管顶 50cm 以下部分返土的夯实，应采用轻夯，夯击力不应过大，防止损坏管壁与接口，可采用人工夯实。管顶 50cm 以上部分返土的夯实，应采用机械夯实。

常用的夯实机械有蛙式夯、内燃打夯机、履带式打夯机及轻型压路机等几种。

（2）土方回填施工

沟槽回填前，应建立回填制度。根据不同的夯实机具、土质、压实度要求、夯击遍数、走夯形式等确定返土厚度和夯实后厚度。

① 槽回填前期要求如下。

a. 预制管铺设管道的现场浇筑混凝土基础强度、接口抹带或预制构件现场装配的接缝水泥砂浆强度不应小于 $5N/mm^2$。

b. 城镇给排水管道沟槽的回填应在闭水试验合格后及时进行。

c. 现浇混凝土管渠的强度达到设计规定。

d. 混合结构的矩形管渠或拱形管渠，其砖石砌体水泥砂浆强度应达到设计规定；当管渠顶板为预制盖板时，并应装好盖板。

e. 现场浇筑或预制构件现场装配的钢筋混凝土管渠或其他拱形管渠应采取措施，防止回填时发生位移或损伤。

② 沟槽回填具体要求

a. 沟槽回填顺序，应按沟槽排水方向由高向低分层进行。回填时，槽内不得有积水，不得回填淤泥、腐殖土及有机质。

b. 沟槽的回填材料，除设计文件另有规定外，应符合下列两条规定。

第一，回填采用沟槽原土时，槽底到管顶以上 50cm 范围内，不得含有机物、冻土以及大于 50mm 的砖、石等硬块；在抹带接口处、防腐绝缘层或电缆周围，应采用细粒土回填；冬季回填时在此范围以外可均匀掺入冻土，其数量不得超过填土总体积的 15%，并且冻块尺寸不得超过 100mm。

第二，采用石灰土、砂、砂砾等材料回填时，其质量要求应按设计规定执行。

c. 回填土的含水量，宜按土类和采用的压实工具控制在最佳含水量附近。

d. 回填土的每层虚铺厚度，应按采用的压实工具和要求的压实度确定。对一般压实工具，铺土厚度可按表 20-10 的数值选用。

表 20-10　回填土每层虚铺厚度

压实工具	虚铺厚度/cm	压实工具	虚铺厚度/cm
木夯、铁夯	≤20	压路机	20～30
蛙式夯、火力夯	20～25	振动压路机	≤40

e. 回填土每层的压实遍数，应按要求的压实度、压实工具、虚铺厚度和含水量，经现场试验确定。

f. 当采用重型压实机械压实或较重车辆在回填土上行驶时，管道顶部以上应用一定厚度的压实回填土，其最小厚度应按压实机械的规格和管道的设计承载力，通过计算确定。

g. 沟槽回填时，应符合下列规定。

ⅰ.砖、石、木等杂物应清除干净。

ⅱ.对混凝土、钢筋混凝土和铸铁圆形管道,其压实度不应小于90%。

ⅲ.当管道覆土厚度较小,管道的承载力较低,压实工具的荷载较大,或原土回填达不到要求的压实度时,可与设计单位协商采用石灰土、砂、砂砾等具有结构强度或可以达到要求的其他材料回填。

ⅳ.管道沟槽回填土,当原土含水量高、不具备降低含水量条件而不能达到要求压实度时,管道两侧及沟槽位于路基范围内的管道顶部以上,应回填石灰土、砂、砂砾或其他可以达到要求压实度的材料。

ⅴ.沟槽两侧应同时回填夯实,以防管道位移。回填土时不得将土直接砸在抹带接口和防腐绝缘层上。

ⅵ.夯实时,管道胸腔和管顶上50cm内,夯击力过大,将会使管壁和接口或管沟壁开裂,因此,应根据管道线管沟强度确定夯实方法,管道两侧和管顶以上50cm范围内,应采用轻夯压实,两侧压实面的高度不应超过30cm。

ⅶ.每层土夯实后,应检测压实度。测定的方法有环刀法和贯入法两种。采用环刀法时,应确定取样的数目和地点。由于表面土常易夯碎,每个土样应在每层夯实土的中间部分切取。土样切取后,根据自然密度、含水量、干密度等数值,即可算出压实度。

ⅷ.回填应使槽上土面略呈拱形,以免日久因土沉陷而造成地面下凹。拱高一般为槽宽的1/20,常取15cm。

21

市政管道不开槽施工

21.1 掘进顶管法

21.1.1 人工掘进顶管

21.1.1.1 工作坑及其选择

顶管工作坑是顶管施工时在现场设置的临时性设施,工作坑内包括后背、导轨和基础等。工作坑是人、机械、材料较集中的活动场所,因此,工作坑的选择应考虑以下原则:

① 尽量选择在管线上的附属构筑物位置上,如闸门井、检查井处;

② 有可利用的坑壁原状土作为后背;

③ 单向顶进时工作坑宜设置在管线下游。

工作坑尺寸如图 21-1 所示。

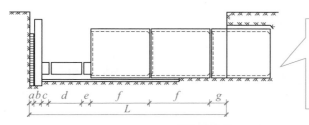

> 工作坑的尺寸是指工作坑底的平面尺寸,它与管径大小、管节长度、覆土深度、顶进形式、施工方法有关,并受土质、地下水等条件影响,还要考虑各种设备的布置位置、操作空间、工期长短、垂直运输条件等多种因素

图 21-1 工作坑尺寸示意图

a—后背宽度;*b*—立铁宽度;*c*—横铁宽度;*d*—千斤顶长度;*e*—顺铁长度;

f—单节管长度;*g*—已顶入管节的余长;*L*—工作坑宽度

21.1.1.2 顶进设备

顶进设备种类很多,一般采用液压千斤顶。液压千斤顶的构造形式分活塞式和柱塞式两种。为了减少缸体长度而又要增加行程长度,宜采用多行程和长行程千斤顶,以减少搬放顶铁的时间,提高顶管速度。

21.1.1.3 管前人工挖土与运土

(1) 挖土

顶进管节的方向和高程的控制,主要取决于挖土操作。工作面上挖土不当不但影响顶进效率,更重要的是影响质量控制。对工作面挖土操作的要求:根据工作面土质及地下水位高低来决定挖土的方法;必须在操作规程规定的范围内超挖;不得扰动管底地基土；及时顶进和测量，及时将管前挖出的土运出管外。人工每次掘进深度，一般等于千斤顶的行程。土质松散或有流砂时，为了保证安全和便于施工，可设管檐或工具管。施工时，先将管檐或工具管顶入土中，工人在管檐或工具管内挖土。

（2）运土

从工作面挖下来的土，通过管内水平运输和工作坑的垂直提升送至地面。除保留一部分土方用作工作坑的回填外，其余都要运走弃掉。管内水平运输可用卷扬机牵引或电动、内燃的运土小车在管内进行有轨或无轨运土，也可用带式运输机运土。管前人工运土如图 21-2 所示。

土运到工作坑后，由地面装置的卷扬机、门式起重机或其他垂直运输机械吊运到工作坑外运走

图 21-2 管前人工运土

21.1.2 机械掘进顶管

21.1.2.1 螺旋掘进机

螺旋掘进机（图 21-3）主要用于管径小于 800mm 的顶管。管按设计方向和坡度放在导向架上，管前由旋转切削式钻头切土，并由螺旋输送机运土。螺旋式水平钻机安装方便，但是顶进过程中易产生较大的下沉误差。而且，误差产生后不易纠正，故适用于短距离顶进；一般最大顶进长度为 70～80m。

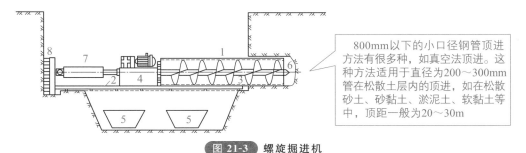

800mm 以下的小口径钢管顶进方法有很多种，如真空法顶进。这种方法适用于直径为 200～300mm 管在松散土层内的顶进，如在松散砂土、砂黏土、淤泥土、软黏土等中，顶距一般为 20～30m

图 21-3 螺旋掘进机

1—管节；2—导轨机架；3—螺旋输送器；4—传动机构；5—土斗；6—钻头；7—千斤顶；8—后背

21.1.2.2 "机械手"掘进机

在任何一种工具管的外壳内，安装一台小型挖掘机，便成为一台机械挖掘式工

具管。该机械挖掘式工具管的管端一般是敞开的，便于挖掘和排除障碍。挖掘臂就像一支"机械手"，可以绕竖轴转动，挖掘臂分为内外两节，可以前后伸缩，操作起来非常方便，而且开挖面无死角。挖掘下来的弃土由皮带运输机或螺旋输送机向外运输，并装上小车，运送至地面。当施工的管道直径大于 $DN1400$ 时，"机械手"掘进机配备的挖掘工具也可以是移动式的，在同一底盘上，既可以安装挖掘机械，如图 21-4(a) 所示，又可以安装掏槽机械，如图 21-4(b) 所示。可以根据施工地层的不同，来合理选择挖掘工具，从而得到较好的挖掘效果。

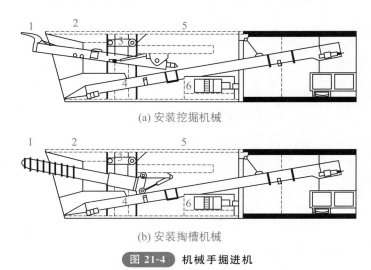

(a) 安装挖掘机械

(b) 安装掏槽机械

图 21-4　机械手掘进机

1—挖掘装置；2—工具管；3—导向油缸；4—输土装置；5—盾尾；6—电动机

　　"机械手"掘进机可以应用于无地下水或水量不大能明排的土层，如黏性土、砂性土、砂砾层、杂填土，可以应用于中、大管径，顶距一般为 $300\sim1000\mathrm{m}$。

21.1.2.3　水力掘进机

　　水力掘进机利用高压水枪射流将切入工作管管口的土冲碎，水和土混合成泥浆状态输送出工作坑。

　　水力掘进的特点是机械化水平较高、施工进度快、工程造价低，适用于高地下水位的弱土层、流砂层或穿越水下（河底、海底）饱和土层。水力掘进法仅限于钢管，因钢管焊接口密封性好。另外，水力破土和水力运土时的泥浆排放有污染河道、造成淤泥沉积的问题，因而限制了其使用范围。

21.1.2.4　全断面掘进机

　　全断面挖掘机主要用于 $800\mathrm{mm}$ 以上大管内，是顶进机械中最常见的形式。挖掘机由电动机通过减速机构直接带动主轴，主轴上装有切削盘或切削臂，根据不同土质安装不同形式的刀齿于盘面或臂杆上，由主轴带动刀盘或刀臂旋转切土，再由提升环的铲斗将土铲起、提升、倾卸于带运输机上运走。全断面挖掘机如图 21-5所示。

典型的伞式掘进机的结构一般由工具管、切削机构、驱动机构、动力设施、装卸机构及校正机构组成。伞式挖掘机适用于在黏土、亚黏土、亚砂土和砂土中钻进，不适合在弱土层或含水土层内钻进

图 21-5 全断面掘进机

21.1.3 管节顶进时的连接

顶进时的管节连接，分永久性连接和临时性连接，钢管采取永久性的焊接。永久性连接顶进过程中，管子的整体顶进长度越长，管道位置偏移越小。一旦产生顶进位置误差积累，校正就比较困难。所以，整体焊接钢管的开始顶进阶段，应随时进行测量，避免积累误差。

钢筋混凝土管采用钢板卷制的整体式内套环临时连接，在水平直径以上的套环与管壁间楔入木楔，如图 21-6 所示。

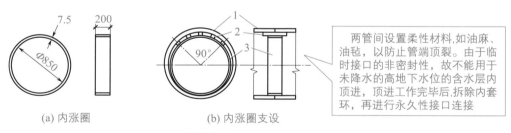

两管间设置柔性材料,如油麻、油毡,以防止管端顶裂。由于临时接口的非密封性,故不能用于未降水的高地下水位的含水层内顶进,顶进工作完毕后,拆除内套环,再进行永久性接口连接

(a) 内涨圈　　　　　　　　(b) 内涨圈支设

图 21-6 钢内套环临时连接

1—管子；2—木楔；3—内涨圈

21.1.4 延长顶进技术

在最佳施工条件下，普通顶管法的一次顶进长度为百米左右。当铺设长距离管线时，为了减少工作坑，加快施工进度，可采取延长顶进技术。延长顶进技术可分为中继间顶进、泥浆套顶进和蜡覆顶进。

21.1.4.1 中继间顶进

距离较长的管道，因管道四周的摩阻力愈来愈大，单凭主顶工作站的油缸顶推是不够的，一方面主站的顶力有限，另一方面主站顶推力受到管道允许顶力和后背允许顶力的制约。中继间的作用是分散主站的顶力，延长管道顶进的距离。在顶进过程中，先由若干个中继间按先后顺序把管子向前推进油缸行程距离以后，再由主顶油缸推进最后一个区间的管道，直到把管道从工作坑顶到接受坑。管子接通后，中继间需按先后程序拆除其内部油缸以后再合龙。中继间剖面如图 21-7 所示。

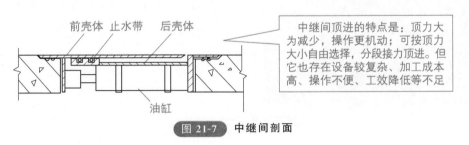

图 21-7　中继间剖面

21.1.4.2　泥浆套顶进

在管壁与坑壁间注入触变泥浆，形成泥浆套，可减少管壁与土壁之间的摩擦阻力，一次顶进长度可较非泥浆套增加 2～3 倍。长距离顶管时，经常采用中继间-泥浆套顶进。触变泥浆作为顶管施工中主要的润滑材料，使用的历史较久，泥浆在输送和灌注过程中应具有良好的流动性、可泵性和一定的承载力，经过一定的固结时间，产生强度。

触变泥浆在泥浆拌制机内采取机械或压缩空气拌制；拌制均匀后的泥浆储于泥浆池；经泵加压，通过输浆管输送到前工具管的泥浆封闭环，经由封闭环上开设的注浆孔注入坑壁与管壁间的孔隙，形成泥浆套，如图 21-8 所示。

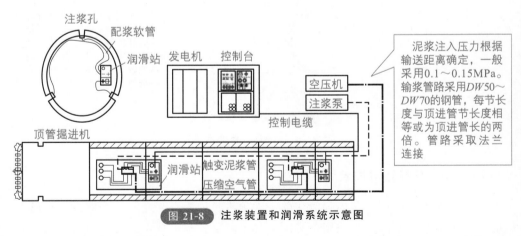

图 21-8　注浆装置和润滑系统示意图

为了在管外壁形成泥浆层，管前挖土直径要大于首节管节的外径，以便灌注泥浆。泥浆套的厚度由工具管的尺寸而定，一般厚度为 15～20mm。第一组注浆孔要靠近顶管机的工具管，为防止灌浆后泥浆自刃脚处溢入管内，一般离刃脚 4～5m 处设注浆孔。为了保证整个管道周壁泥浆层均匀，实际施工中，注浆孔一般一组三个，均匀排布在管道周围。为了弥补第一组注浆孔的不足并补充流失的泥浆量，第二组注浆孔应该设置在距离 15～20m 处，此后每隔 30～40m 设置注浆孔，以保证泥浆充满管线外壁。

21.1.4.3　蜡覆顶进

蜡覆顶进也是延长顶距技术之一。蜡覆是用喷灯在管外壁熔蜡覆盖。蜡覆既减少了管顶进中的摩擦力，又提高了管表面的平整度。该方法一般可减少 20% 的摩擦阻力，且设备简单、操作方便。但熔蜡散布不均匀时，会导致新的"粗糙"，减阻效果降低。

21.1.5　顶管测量和误差校正

顶管施工时，为了使管节按规定的方向前进，在顶进前要求按设计的高程和方向精确地安装导轨、修筑后背及布置顶铁。这些工作要通过测量来保证规定的精度。

21.1.5.1　顶管测量

普通测量分为中心水平测量和高程测量。中心水平测量是用经纬仪测量或垂线检查。高程测量是用水准仪在工作坑内测量。上述方法测量并不精确。由于观察所需时间长，影响施工进度，且测量定时间隔进行，易造成误差累积，目前已很少使用。

激光测量是采用激光经纬仪和激光水准仪进行顶管中心和高程测量的先进测量方法，属于目前顶管施工中广泛应用的测量方法。激光法的可测顶距为 100～200m，光束射点直径为 10～20mm，基本能满足顶管测量精度的要求。顶管自动化测量如图 21-9 所示。

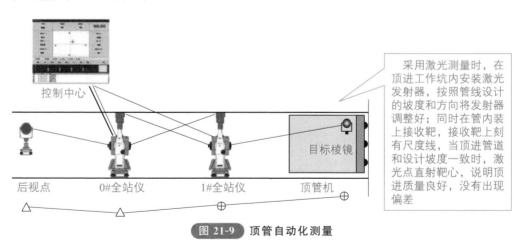

采用激光测量时，在顶进工作坑内安装激光发射器，按照管线设计的坡度和方向将发射器调整好；同时在管内装上接收靶，接收靶上刻有尺度线，当顶进管道和设计坡度一致时，激光点直射靶心，说明顶进质量良好，没有出现偏差

控制中心　　后视点　　0#全站仪　　1#全站仪　　顶管机　　目标棱镜

图 21-9　顶管自动化测量

21.1.5.2　顶管校正

对于顶管敷设的重力流管道，中心水平允许误差在 ±30mm，高程误差 +10mm

和—20mm，超过允许误差值，就必须校正管道位置。

产生顶管误差的原因很多，分主观原因和客观原因两种。主观原因是由施工准备工作中设备加工、安装、操作不当产生的误差。其中管前端坑道开挖形状不正确是管道误差产生的重要原因。客观原因是土层内土质的不同所造成的。如在坚实土体内顶进时，管节容易产生向上误差，反之在松散土层顶进时，又易出现向下误差。一般来说，主观原因在事先加以重视，并采取严格的检查措施，是完全可以防止的。事先无法预知的客观原因，应在顶进前做好地质分析，多估计一些可能出现的土层变化，并准备好相应采取的措施。

（1）普通校正法

① 挖土校正。这种方法消除误差的效果比较缓慢，适用于误差值不大于 10mm 的范围。挖土校正多用于土质较软的黏性土，或用于地下水位以上的砂土中。

② 强制校正。采用强制措施造成局部阻力，迫使管子向正确方向偏移，可支设斜撑校正。

如果需要消除永久性高程误差，可采取图 21-10 所示的方法。先在管道的弯折段和正常段之间用千斤顶顶离 20～30cm 的距离，并用硬木撑住。前段用普通校正法将首节管校正到正确位置，后段管经过前段弯折处时，采用多挖土或卵石填高的方法把管节调整至正确位置后再顶进。

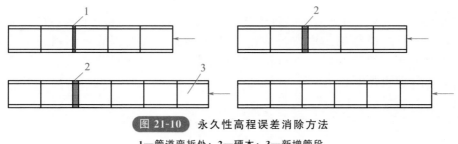

图 21-10　永久性高程误差消除方法

1—管道弯折处；2—硬木；3—新增管段

（2）工具管校正

校正工具管是顶管施工的一项专用设备。根据不同管径采用不同直径的校正工具管。校正工具管主要由工具管、刃脚、校正千斤顶、后管等部分组成，如图 21-11

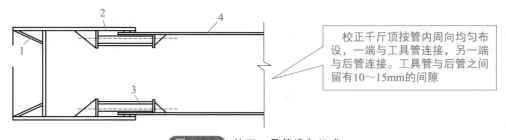

校正千斤顶按管内周向均匀布设，一端与工具管连接，另一端与后管连接。工具管与后管之间留有 10～15mm 的间隙。

图 21-11　校正工具管设备组成

1—刃脚；2—工具管；3—校正千斤顶；4—后管

所示。

当发现首节工具管位置误差时，启动各方向千斤顶的伸缩，调整工具管刃脚的走向，从而达到校正的目的。

21.1.6　掘进顶管的内接口

管顶进完毕，将临时连接拆除，进行内接口。接口方法根据现场施工条件、管道使用要求、管口形式等选择。

平接口是钢筋混凝土管最常用的接口形式。平接口的连接方法较多。图 21-12 所示为平口钢筋混凝土管油麻石棉水泥内接口。施工时，在内涨圈连接前把麻辫填入两管口之间。顶进完毕，拆除内涨圈，在管口缝隙处填打石棉水泥或填塞膨胀水泥砂浆。这种内接口防渗性较好，还可采取油毡垫接口。

此种接口方法简单,施工方便,用于无地下水处。油毡垫可以使顶力均匀分布到管节端面上。一般采用3～4层油毡垫于管节间,在顶进中越压越紧。顶管完毕后在两管间用水泥砂浆勾内缝

图 21-12　平口钢筋混凝土管石棉水泥内接口

1—麻辫或塑料或绑扎绳；2—石棉水泥

企口钢筋混凝土管的接口有油麻石棉水泥或膨胀水泥内接口，管壁外侧油毡为缓压层。还有一种聚氯乙烯胶泥膨胀水泥砂浆内接口，这种接口的抗渗性优于前一种。此外，还可采取麻辫沥青冷油膏接口。该接口施工方便，管接口具有一定的柔性，利于顶进中校正方向和高程，密封效果较好。

21.2　挤压土顶管和管道牵引不开槽铺设

21.2.1　挤压土顶管

挤压土顶管一般分为两种：出土挤压顶管和不出土挤压顶管。挤压土顶管技术的应用主要取决于土质，其次为覆土深度、顶进距离、施工环境等。

21.2.1.1　出土挤压顶管

顶进前的准备工作与普通顶管法施工基本相同，只是增加了一项斗车的固定工作。应事先将割土的钢丝绳用卡子夹好，固定在挤压口周围，将斗车推送到挤压口的前面对好挤压口；再将斗车两侧的螺杆与工具管上的螺杆连接，插上销钉，紧固螺栓，将车身固定，将槽钢式钢轨铺至管外即可顶进。顶进时应连续顶进，直到土柱装满斗车为止。顶力中心布置在 $\frac{2}{5}D$ 处，较一般顶管法 $[(\frac{1}{5}～\frac{1}{4})D]$ 稍高，以防止工具管抬头。顶进完毕，即可开动工作坑内的卷扬机，牵引钢丝绳将土柱割断装于斗车。挤压工具管如图 21-13 所示。

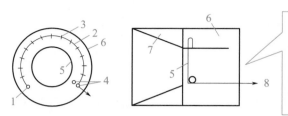

图 21-13　挤压工具管

1—钢丝绳固定点；2—钢丝绳；3—R 形卡子；4—定滑轮；5—挤压口；
6—工具管；7—刃脚；8—钢丝绳与卷扬机连接

挤压工具管与机械掘进所使用的工具管外形结构大致相同，不同者为挤压工具管内部设有挤压口工具管切口。直径大于挤压口直径，两者呈偏心布置。偏心距增大，使被挤压土柱与管底的间距增大，便于土柱装载。所以，合理而正确地确定挤压口的尺寸是采用出土挤压顶管的关键

　　输土斗车装满土后，松开紧固螺栓，拔出插销使斗车与工具管分离，再将钢丝绳挂在斗车的牵引环上，即可开动卷扬机将斗车拉到工作坑，再由地面起重设备将斗车吊至地面。

　　测量采用激光测量导向，能保证上下左右的误差在 10～20mm 以内。

21.2.1.2　不出土挤压顶管

　　不出土挤压顶管，大多在小口径管顶进时采用。顶管时，利用千斤顶将管子直接顶入土内，管周围的土被挤密。采用不出土挤压顶管的条件，主要取决于土质，最好是天然含水量的黏性土，其次是粉土；砂砾土则不能顶进。管材以钢管为主，也可用于铸铁管。管径一般要小于 300mm，管径越小效果越好。不出土挤压顶管的主要设备是挤密土层的管尖和挤压切土的管帽，如图 21-14 所示。

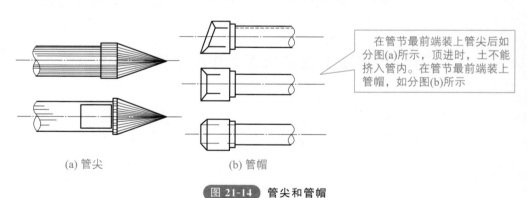

(a) 管尖　　　　　　　　(b) 管帽

在管节最前端装上管尖后如分图(a)所示，顶进时，土不能挤入管内。在管节最前端装上管帽，如分图(b)所示

图 21-14　管尖和管帽

　　顶进时，管前端土被挤入管帽内，当挤进长度到 4～6 倍管径时，由于土与管壁间的摩阻力超过了挤压力，土就不再挤入管帽内，而在管前形成一个坚硬的土塞。继续顶进时以坚硬的土塞为顶尖，管前进时土顶尖挤压前面的土，土沿管壁挤入邻近土的空隙内，使管壁周围形成密实挤压层、挤压层和原状土层三种压实度不同的土层。

21.2.2　管道牵引施工

牵引管道施工时，先在埋管段前方修建两座工作坑，在工作坑间用水平钻机钻成略大于穿过钢丝绳直径的通孔。在后方工作坑内安管、挖土、出土等操作与普通顶管法相同，但不需要后背设施。在前方工作坑内安装张拉千斤顶，通过张拉千斤顶牵引钢丝绳拉着管节前进，直到将全部管节牵引入土达到设计要求为止，如图 21-15 所示。

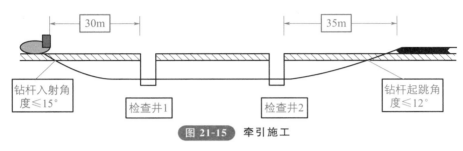

图 21-15 牵引施工

连接管道和钻头，并在成孔后的 4h 内进行牵引施工。施工时要注意钻机的拉力数据表，对管道均匀进行牵拉施工。

21.3　盾构法施工

21.3.1　盾构的组成及工作原理

盾构即盾构机，全名叫盾构隧道掘进机，是一种隧道掘进的专用工程机械，它是一个横断面外形与隧道横断面外形相同，尺寸稍大，利用回旋刀具开挖，内藏排土机具，自身设有保护外壳用于暗挖隧道的机械。盾构通常由盾构壳体、推进系统、拼装系统、出土系统四大部分组成，如图 21-16 所示。

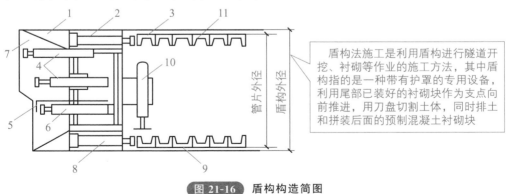

图 21-16 盾构构造简图

1—切削环；2—支撑环；3—盾尾部分；4—支撑千斤顶；5—活动平台；6—活动平台千斤顶；
7—切口；8—盾构推进千斤顶；9—盾尾空隙；10—管片拼装管；11—管片

盾构机的基本工作原理就是一个圆柱体的钢组件沿隧洞轴线边向前推进边对土壤进行挖掘。该圆柱体组件的壳体即护盾，它对挖掘出的还未衬砌的隧洞段起着临时支撑的作用，承受周围土层的压力，有时还承受地下水压以及将地下水挡在外面。挖掘、排土、衬砌等作业在护盾的掩护下进行。

21.3.2　盾构的形式及特点

21.3.2.1　盾构的形式

盾构的分类较多，可按盾构切削面的形状，盾构自身构造的特征，尺寸的大小、功能、挖掘土体的方式、掘削面的挡土形式、稳定掘削面的加压方式、施工方法、适用土质的状况多种方式分类。

根据挖掘形式，可分为手工挖掘盾构、半机械盾构和机械化盾构。根据切削环与工作面的关系，可分为开放式或密闭式。当土质较差，应在工作面上进行全断面或部分断面的支撑。当土质为松散的粉砂、细砂、液化土等，为了保持工作面稳定，应采用密闭式盾构。当需要对工作面进行支撑时，可采用气压盾构或泥水压力盾构。

（1）手掘式盾构机

手工掘削盾构机的前面是敞开的，所以盾构的顶部装有防止掘削面顶端坍塌的活动前檐和使其伸缩的千斤顶。掘削面上每隔 2～3m 设有一道工作平台，即分割间隔为 2～3m。另外，在支撑环柱上安装有正面支撑千斤顶。掘削面从上往下，掘削时按顺序调换正面支撑千斤顶，掘削下来的原土从下部通过皮带传输机输给出土台车。掘削工具多为鹤嘴锄、风镐、铁锹等。有衬砌机的手掘式盾构如图 21-17 所示。

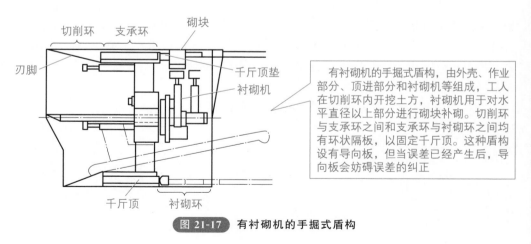

图 21-17　有衬砌机的手掘式盾构

（2）机械、半机械盾构

半机械盾构是用反铲挖土机或螺旋切削机代替人工掘进。当盾构直径大于 5m 时，也可设工作平台，分层开挖。半机械化盾构适宜于较好土层的掘进。这种盾构的制造费较机械化盾构低得多，又可减轻工人劳动强度。

机械化盾构的种类很多，旋转切削刀盘由液压或电力机械带动，可作正、反双向转动切削。大刀盘可分为刀架间有封板和无封板两种。前者可支撑开挖面，后者只宜在地质条件较好的情况下掘进。

（3）密闭式盾构

密闭式盾构又称挤压式盾构，如图 21-18 所示，是在盾构的开挖面上用钢制胸板密闭。按工作面分有全断面密闭和非全断面密闭。全断面密闭盾构又称闭腔挤压盾构，由于采用不出土挤压土层掘进，可能导致地面隆起，因此，一般只适用于高液化黏土层掘进，如海底和深水河底淤泥层中掘进。开孔放土的非全断面密闭的局部挤压盾构，如出土控制较好，可在建筑物下掘进。但出土一般较难控制，从而会导致地层扰动和地形变化，因此，也不宜在建筑物下面或毗邻地段施工。

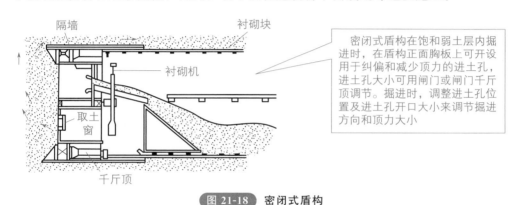

图 21-18　密闭式盾构

21.3.2.2　盾构的特点

用盾构机进行隧洞施工具有自动化程度高、节省人力、施工速度快、一次成洞、不受气候影响、开挖时可控制地面沉降、减少对地面建筑物的影响和在水下开挖时不影响水面交通等特点，在隧洞洞线较长、埋深较大的情况下，用盾构机施工更为经济合理。现代盾构掘进机集光、机、电、液、传感、信息技术于一体，具有开挖切削土体、输送土渣、拼装隧道衬砌、测量导向纠偏等功能，而且要按照不同的地质进行"量体裁衣"式的设计制造，可靠性要求极高。广泛应用于地铁、铁路、公路、市政、水电等隧道工程。

21.3.3　盾构施工的勘察和准备工作

21.3.3.1　勘察工作

为了安全、迅速、经济地进行盾构施工，应该在盾构施工前进行勘察工作。勘察的内容有：用地条件勘察、障碍物勘察、地形及地质勘察等。

① 用地条件勘察包括：施工地区的情况；工作坑、仓库、料场的占地可能性，道路条件和运输情况，水、电供应条件等。

② 障碍物勘察包括：地上和地下障碍物的调查。

③ 地形及地质勘察的内容包括：地形、地层柱状图，土质，地下水等。

根据勘察结果，编制盾构施工方案。

21.3.3.2　施工的准备工作

盾构施工的准备工作包括：测量定线、工作坑开挖、衬砌块准备、盾构机的组装和试运转、降低地下水位和土层加固等。

测量定线有工作坑上测量和工作坑下测量。工作坑上测量包括：导线测量和水准测量、确定工作坑的中心线和地面高程，设置中心线桩和水准点。工作坑下测量是从地面基点向坑内引入中心线和水准点，测量方法和顶管工作坑的测量方法相同。

工作坑可用大开槽方法建成。根据情况，也可用沉井或连续壁修建。如果需要在工作坑内拼装盾构，工作坑面积应保证拼装的要求。

砌块在混凝土预制构件厂或施工现场准备。衬砌块环应在坑上地面预装配。因盾构在含水层内掘进，如果不采用水力开挖，应在施工前降低地下水位或冻结加固。降水可用井点系统。盾构在弱土层内掘进，如果不采用气压盾构或泥水加压盾构，应在施工前采用药液或冻结加固方法加固土层。

21.3.4　盾构的下放与始顶

盾构开始顶进时的工作坑内称起点井。施工完毕，盾构从地下取出，也需开挖工作坑，称终点井。如果盾构的掘进长度很长，开设中间井以减少土方和材料的地下运输距离。起点井和中间井间距以及各中间井间距，取 150～300mm。起点井土壁的局部加固如图 21-19 所示。

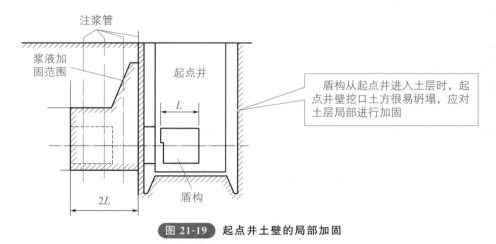

图 21-19　起点井土壁的局部加固

整体盾构可用起重设备下放到起点井，类似顶管施工时下管。大直径盾构难以进行整体搬运时，可在现场组装。如果难以将盾构从地面运入坑内，则需要在工作坑内装配。

大盾构安放在导轨上顶进。盾构自起点井开始至其完全没入土中前这一段距离，借另外的千斤顶顶进，如图 21-20 所示。

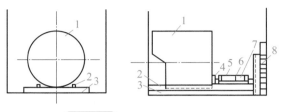

图 21-20 盾构在导轨上始顶

1—盾构；2—导轨；3—基础；4—横铁；5—顺铁；6—千斤顶；7—立铁；8—方木

盾构千斤顶以已砌好的砌块环作为支承结构推进。在一般情况下，砌块环长度需 30~50m，才足以支承盾构千斤顶。在此之前，应设立临时支承结构。通常做法是：盾构已经没入土中后，在起点井后背与盾构衬砌环内，各设置一个其外径和内径均与砌块环的外径与内径相同的圆形木环。在两木环之间干砌半圆形的砌块环，而在木环水平直径以上用圆木支撑，作为始顶段的盾构千斤顶的支承结构，如图 21-21 所示。随着盾构的推进，第一圈永久性砌块环用黏结料紧贴木材砌筑。

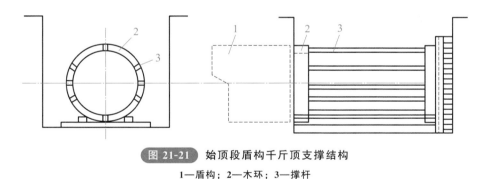

图 21-21 始顶段盾构千斤顶支撑结构

1—盾构；2—木环；3—撑杆

21.3.5 盾构掘进的挖土及顶进

盾构掘进挖土是在切削环保护罩内进行的，挖土应依次进行到全部挖掘面，工作面挖成锅底形，一次挖深一般等于砌块的宽度。为了保证坑道形状正确，减少与砌块间的空隙，贴近盾壳的土应由切环切下，厚度为 10~15cm。在工作面不能直立的松散土层中掘进时，先将盾构刃脚切入工作面，然后工人在保护罩切削环内挖土。手挖盾构的工作面支撑如图 21-22 所示。

盾构顶进应在砌块衬砌后立即进行。盾构顶进时，应保证工作面稳定不被破坏。顶进速度常为 50mm/min。顶进过程中一般应对工作面支撑、挤紧。顶进时，千斤顶实际最大顶力不能使砌块等后部结构遭到破坏。弯道、变坡掘进和校正误差

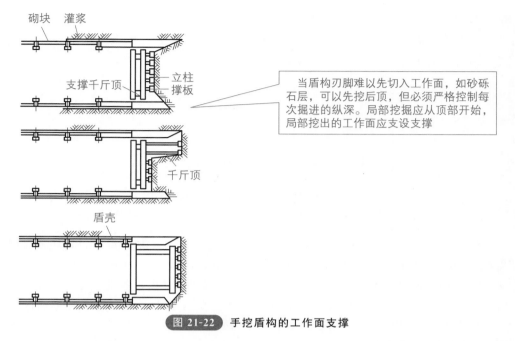

当盾构刃脚难以先切入工作面，如砂砾石层，可以先挖后顶，但必须严格控制每次掘进的纵深。局部挖掘应从顶部开始，局部挖出的工作面应支设支撑

图 21-22　手挖盾构的工作面支撑

时，应使用部分千斤顶顶进，还要防止误差和转动。当盾构穿越地段土质不匀，即使估计可能在全部千斤顶开动情况不产生误差，也应使用部分千斤顶。如盾构可能发生转动，应在顶进过程中采取偏心堆载措施。

黏性土的工作面虽然能够直立，但工作面停放时间过长，土面会向外胀鼓，造成坍方，导致地基下沉。因此，在黏性土层掘进时，也应支撑。在砂土与黏土交错层、壤土与岩石交错层等复杂地层，都应注意选定相应的挖掘方法和支撑方法。

21.3.6　盾构的砌块及衬砌方法

盾构顶进后，新的开挖断面应及时进行衬砌。衬砌的目的是：砌体作为盾构千斤顶的后背，承受顶力，在掘进施工过程中作为支撑；盾构施工结束后作为永久性承载结构。

通常采用钢筋混凝土或预应力钢筋混凝土砌块。砌块形状有矩形、梯形、中缺形等。矩形砌块如图 21-23 所示，根据施工条件和盾构直径，确定每环的分割数。

矩形砌块形状简单，容易砌筑，产生误差时容易纠正，但整体性差

图 21-23　矩形砌块

梯形砌块的衬砌环的整体性较矩形砌块为好。为了提高砌块环的整体性，可采用图 21-24 所示的中缺形砌块。但安装技术水平要求高，而且产生误差后不易调整。

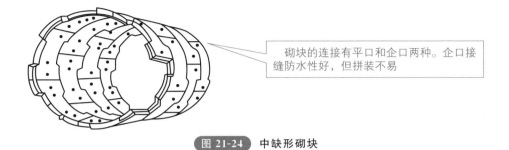

砌块的连接有平口和企口两种。企口接缝防水性好，但拼装不易

图 21-24　中缺形砌块

砌块用黏结剂连接。黏结剂要有足够的黏着力、良好的不透水性，涂抹容易，砌筑后黏结料不易流失，连接厚度不致因千斤顶顶压而过多地减薄，并且成本低廉。常用黏结剂有沥青胶或环氧胶泥等。

22

其他市政管线工程施工

22.1 城市供热管道工程施工

22.1.1 供热管道的分类及施工基本要求

22.1.1.1 供热管道的分类

供热管网是指由热源向热用户输送和分配供热介质的管线系统，包括一级管网、热力站和二级管网。

（1）按热媒种类分类

供热管道按照热媒不同分为蒸汽管网和热水管网，如图 22-1 所示。车间和公共建筑场所等可采用蒸汽管网；对室内温度要求较为恒定舒适的民用及公共建筑多采用热水管网。

(a) 蒸汽管网　　　　　　　　　　　　(b) 热水管网

图 22-1　蒸汽管网和热水管网

① 蒸汽管网，可分为高压、中压、低压蒸汽管网。

② 热水管网，可分为高温热水管网和低温热水管网。

具体技术参数如下：

① 蒸汽管网，工作压力小于或等于 1.6MPa，介质温度小于或等于 350℃；

② 热水管网，工作压力小于或等于 2.5MPa，介质温度小于或等于 200℃。

（2）按所处位置分类

一级管网：由热源至热力站的供热管道。

二级管网：由热力站至热用户的供热管道。一级、二级管网示意图如图 22-2所示。

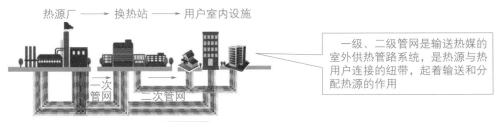

图 22-2 一级、二级管网示意图

一级、二级管网是输送热媒的室外供热管路系统，是热源与热用户连接的纽带，起着输送和分配热源的作用

（3）按敷设方式分类

按敷设方式分类可分为管沟敷设、架空敷设、直埋敷设，如图 22-3 所示。敷设方式的选择应考虑当地气象、水文地质、地形、交通、施工技术、维修方便、投资等方面的因素。

① 管沟敷设：可分为通行、半通行、不通行管沟。

② 架空敷设：可分为高支架、中支架、地支架。

③ 直埋敷设：管道直接埋设在地下，无管沟。

(a) 管沟敷设

(b) 架空敷设

(c) 直埋敷设

图 22-3 敷设方式的分类

（4）按体统形式分类

① 闭式系统：一次热网与二次热网采用换热器连接，热网的循环水仅作为热媒供给热用户热量而不从热网中取出使用，中间设备多，实际使用较广泛。

② 开式系统：热网的循环水部分或全部从热网中取出，直接用于生产或供应热用户。中间设备极少，但一次补充量大。

（5）按供回分类

① 供水管（汽网时为蒸汽管）：向热力站或热用户供给热水（汽网时为热蒸汽）的管道。

② 回水管（汽网时为凝水管）：从热用户或热力站回送热水（汽网时为冷凝水）的管道。

22.1.1.2 供热管道施工基本要求

（1）供热管网与建筑物的最小距离

热力网管沟的外表面、直埋敷设热水管道离建筑物、构筑物、道路、铁路、电缆、架空电线和其他管线都有最小水平净距、垂直净距的要求。供热管道对于植物生长也有一定的影响，因此，不同的管道对其距离也有相应的要求。不同标准对净距的要求有所差异，在实际施工过程中，尚应符合相关专业设施、管道的标准要求，同时应尊重其产权单位的意见，当保证净距确有困难时，可以采取必要的措施，经设计单位同意后，按设计文件的要求执行。热力网管沟内不得穿过燃气管道，当热力管沟与燃气管道交叉的垂直净距小于 300mm，必须采取可靠措施，防止燃气泄漏进入管沟。管沟敷设的热力网管道进入建筑物或穿过构筑物时，管道穿墙处应封堵严密，如图 22-4 所示。

管道穿墙处用材料封堵严密，能够有效地防止热量散发

图 22-4　**管道穿墙处封堵严密**

地上敷设的供热管道同架空输电线路或电气化铁路交叉时，管道的金属部分，包括交叉点 5m 范围内钢筋混凝土结构的钢筋应接地，接地电阻不大于 10Ω。

（2）管道材料与连接要求

供热管网管道应采用无缝钢管、电弧焊或高频焊焊接钢管。管道的规格和钢材的质量应符合设计和规范要求。管道的连接应采用焊接，管道与设备、阀门等连接宜采用焊接，当设备、阀门需要拆卸时，应采用法兰连接。法兰如图 22-5 所示。

法兰又叫法兰凸缘盘或突缘，法兰是轴与轴之间相互连接的零件，用于管端之间的连接

图 22-5　**法兰**

保证供热安全是管道的基本要求，需要从材料质量、焊接检验和设备检测等方面进行严格控制，保证施工质量。

为了保证管道安装工程质量，焊接施工单位应符合下列规定。

① 应有负责焊接工艺的焊接技术人员、检查人员和检验人员。

② 应有符合焊接工艺要求的焊接设备且性能应稳定可靠。

③ 应有保证焊接工程质量达到标准的措施。施工单位首次使用的钢材、焊接材料、焊接方法，应在焊接前进行焊接工艺试验，编制焊接工艺方案。公称直径大于或等于400mm的钢管和现场制作的管件，焊缝根部应进行封底焊接，封底焊接宜采用氩气保护焊，如图22-6所示，必要时也可采用双面焊接方法。

氩气保护焊就是在焊接的周围通上氩气保护气体，将空气隔离在焊区之外，防止焊区的氧化

图 22-6 氩气保护焊

22. 1. 1. 3 管道焊接质量检验

在施工过程中，焊接质量检验依次为：对口质量检验、表面质量检验、无损探伤检验、强度和严密性试验。管道的无损检验标准应符合设计要求和规范规定。焊缝无损探伤检验必须由具备资质的检验单位完成，应对每位焊工至少检验一个转动焊口和一个固定焊口。转动焊口经无损检验不合格时，应取消该焊工对本工程的焊接资格；固定焊口经无损检验不合格时，应对该焊工焊接的焊口按规定的检验比例加倍抽检，仍有不合格时，取消该焊工焊接资格。对取消焊接资格的焊工所焊的全部焊缝应进行无损探伤检验，无损探伤检验如图22-7所示。

无损探伤检验就是利用声、光、磁和电等特性，在不损害或不影响被检对象使用性能的前提下，检测被检对象中是否存在缺陷或不均匀性

图 22-7 无损探伤检验

钢管与设备、管件连接处的焊缝应进行100%无损探伤检验；管线折点处现场焊接的焊缝，应进行100%的无损探伤检验；焊缝返修后应进行表面质量及100%的无损探伤检验，其检验数量不计在规定检验数中；现场制作的各种管件，数量按

100%进行，其合格标准不得低于管道无损检验标准。

22.1.2　供热管道施工与安装要求

22.1.2.1　施工前的准备工作

（1）技术准备

① 组织有关技术人员熟悉施工图纸，搞好各专业施工图纸的会审，参加设计交底，领会设计意图，掌握工程的特点、重点、难点，符合相关专业工种之间的配合要求。组织编制施工组织设计和施工方案，履行相关的审批手续。编制危险性较大的分部分项工程安全专项施工方案，按要求组织专家论证、修改完善，履行相关的审批手续。

② 做好施工所涉及的相关专业施工及验收规范、质量检查验收、资料整理等标准的准备工作，收集国家、行业、部委和地方对供热管网施工相关管理规定。

③ 开工前详细了解项目所在地区的气象自然条件情况、场地条件和水文地质情况，有针对性地做好施工平面布置，确保施工顺利进行。需要降水时，应执行当地水务和建设主管部门的规定，必要时应将降水方案报相关部门审批，组织专家进行经济技术和可行性等论证。降水应事先进行，同时做好降水监测、环境影响检测和防治工作，保护地下水资源。降水监测仪如图 22-8 所示。

降水检测仪能有效地监测雨水里的有害物质，为分析和控制空气污染提供依据

图 22-8　降水检测仪

④ 根据建设单位提供的地下管线及建筑物资料，组织技术及测量人员对施工影响范围内的建筑物、地下管线等设施状况进行探查，确定与热力管道的位置关系，制定相应的保护措施。各种保护措施应取得所属单位的同意和配合，给水、排水、燃气、电缆等地下管线及其构筑物应能正常使用，加固后的线杆、树木等应稳固，各相邻建筑物和地上设施在施工中和施工后，不得发生沉降、倾斜或塌陷。

（2）物资准备

① 全面熟悉标书、承包合同等有关文件，按照计划落实好主要材料的货源，做好订货采购、催交和验货工作，并根据施工进度，组织好材料、设备、施工机具的进场接收和检验工作。钢管的材质、规格和壁厚等应符合设计规定和现行国家标

准要求，材料的合格证书、质量证明书及复验报告齐全、完整。属于特种设备的压力管道元件，制造厂家还应有相应的特种设备制造资质，其质量证明文件、验收文件还应符合特种设备安全监察机构的相关规定。实物、标识应与质量证明文件相符。钢外护管真空复合保温管和管件应逐件进行外观检验和电火花检测。电火花检测仪如图 22-9 所示。

该仪器主要用来检测金属基材上的厚的非导电基体是否存在针孔、砂眼等缺陷

图 22-9　电火花检测仪

② 供热管网中所用的阀门等附件，必须有制造厂的产品合格证。一级管网主干线所用阀门及与一级管网主干线直接相连通的阀门，支干线首端和供热站入口处起关闭、保护作用的阀门及其他重要阀门，应由工程所在地有资质的检测部门进行强度和严密性试验，合格后方可使用。

22.1.2.2　施工技术及要求

① 管道沟槽到底后，地基应由施工、监理、建设、勘察和设计等单位共同验收。对不符合要求的地基，由设计或勘察单位提出地基处理意见。

② 管道安装前，应完成支、吊架的安装及防腐处理。支架的制作质量应符合设计和使用要求，支、吊架的位置应准确、平整、牢固，标高和坡度符合设计规定。管件制作和可预组装的部分宜在管道安装前完成，并经检验合格。

③ 管道对接时，管道应平直，在距接口中心 200mm 处测量，允许偏差 0～1mm，对接管道的全长范围内，最大偏差值应不超过 10mm。管道对接测量如图 22-10 所示。对口焊接前，应重点检验坡口质量、对口间隙、错边量、纵焊缝位置等。坡口表面应整

管道对接测量的目的是检查管道的设计尺寸、标高是否与实际相等，埋件及留孔位置是否正确，管道与设备、仪表安装及管道交叉点是否矛盾

图 22-10　管道对接测量

齐、光洁，不得有裂纹、锈皮、熔渣和其他影响焊接质量的杂物。不合格的管口应进行修整。

④ 电焊连接有坡口的钢管和管件时，焊接层数不得少于两层。管道的焊接顺序和方法，不得产生附加力，每层焊完后，清除熔渣、飞溅物，并进行外观检查，发现缺陷，铲除重焊。不合格的焊接部位应采取措施返修，同一部位焊缝的返修不得超过两次。

⑤ 采用偏心异径管时，蒸汽管道的变径应管底相平安装在水平管路上，以便于排除管内冷凝水；热水管道变径应管底相平安装在水平管路上，以利于排除出管内空气。

⑥ 施工间断时，管口应用堵板封闭，雨期施工时应有防止管道漂浮、防止泥浆进入管腔的措施，直埋蒸汽管道应有防止工作管和保温层进水的措施。

⑦ 直埋保温管安装过程中，出现折角或管道折角大于设计值时，应经设计确认。距补偿器 12m 范围内管段不应有边坡或转角。两个固定支座之间的直埋蒸汽管道不宜有折角。已安装完毕的直埋保温管道末端必须按设计要求进行密封处理。

⑧ 直埋蒸汽管道的工作管，应采用有补偿的敷设方式，钢质外护管宜采用无补偿方式敷设。钢质外护管必须进行外防腐，必须设置排潮管。排潮管如图 22-11 所示。外护管防腐层应进行全面在线电火花检漏及施工安装后的电火花检漏，耐击穿电压应符合国家现行标准的要求，对检漏中发现的损伤处须进行修补，并进行电火花检测，合格后方可进行回填。

排潮管的作用主要是排出潮湿空气，保护保温层；还可以作为钢套钢保温管的报警装置

图 22-11　排潮管

⑨ 管道穿过基础、墙壁、楼板处，应安装套管或预留孔洞，且焊口不得置于套管中、孔洞内以及隐蔽的地方，穿墙套管每侧应出墙 20mm；穿过楼板的套管应高出板面 50mm；套管与管道之间的空隙可用柔性材料填塞；套管直径应比保温管道外径大 50mm；套管中心的允许偏差为 0～10mm，预留孔洞中心的允许偏差为 0～25mm。

22.1.2.3　管道附件安装要求

（1）补偿器安装

目前常用的补偿器主要有：L 形补偿器、Z 形补偿器、Π 形补偿器、波形补偿器、球形补偿器和填料式补偿器等几种形式。

有补偿器装置的管段，补偿器安装前，管道和固定支架之间不得进行固定。补偿器的临时固定装置在管道安装、试压、保温完毕后，应将紧固件松开，保证在使用中可自由伸缩。直管段设置补偿器的最大距离和补偿器弯头的弯曲半径应符合设计要求。在靠近补偿器两端，应设置导向支架，保证运行时管道沿轴线自由伸缩。安装后的补偿器如图 22-12 所示。

补偿器所有活动元件不得被外部构件卡死或限制其活动范围，应保证各活动部位的正常动作

图 22-12 安装后的补偿器

当安装时的管径温度低于补偿零点时，应对补偿器进行预拉伸，拉伸的具体数值应符合设计文件的规定，经过预拉伸的补偿器，在安装及保温过程中应采取措施保证预拉伸不被释放。

L 形、Z 形、Ⅱ形补偿器一般在施工现场制作，制作应采用优质碳素钢无缝钢管。通常Ⅱ形补偿器应水平安装，平行臂应与管线坡度及坡向相同，垂直臂应呈水平。垂直安装时，不得在弯管上开孔安装放风管和排水管。

波形补偿器或填料补偿器安装时，补偿器应与管道保持同轴，不得偏斜，有流向标记的补偿器，流向标记与介质流向一致。填料式补偿器芯管的外露长度应大于设计规定的变形量。球形补偿器安装时，与球形补偿器相连接的两垂直臂的倾斜角度应符合设计要求，外伸部分应与管道坡度保持一致。采用直埋补偿器时，在回填后其固定端应可靠锚固，活动端应能自由变形。

（2）管道支架安装

管道的支承结构称为支架，作用是支承管道并限制管道的变形和位移，承受从管道传来的内压力、外载荷及温度变形的弹性力，通过它将这些力传递到支承结构。根据支架对管道的约束作用不同，可分为活动支架和固定支架；按结构形式可分为托架、吊架和管卡三种，如图 22-13 所示。除埋地管道外，管道支架制作与安装是管道安装中的第一道工序。

① 固定支架。固定支架主要用于固定管道，均匀分配补偿器之间管道的伸缩量，保证补偿器正常工作，多设置在补偿器和附件旁。固定支架承受的作用力较为复杂，不仅承受管道、附件、管内介质及保温结构的重量，同时还承受管道因温

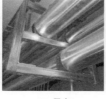

固定在建筑结构上的支、吊架不得影响结构的安全；固定支架和管道应紧密连接，固定要牢固

(a) 托架　　　　　(b) 吊架　　　　　(c) 管卡

图 22-13　管道支架的结构形式

度、压力的影响而产生的轴向伸缩推力和变形应力，并将作用力传递到支承结构。所以固定支架必须有足够的强度。固定支架主要分为卡环式和挡板式。在直埋敷设或不通行管沟中，固定支座也可采用钢筋混凝土固定墩的形式。直埋供热管道的折点处应按设计的位置和要求设置钢筋混凝土固定墩，如图 22-14 所示，以保证管道系统的稳定性。

钢筋混凝土固定墩的作用：可以在钢管敷设中保持结构牢靠、定位稳固、不变形

图 22-14　钢筋混凝土固定墩

② 活动支架。活动支架的作用是直接承受管道及保温结构的重量，并允许管道在温度作用下，沿管轴线自由伸缩。活动支架可分为滑动支架、导向支架、滚动支架和悬吊支架四种形式。

管沟敷设时，在距沟口 0.5m 处应设滑动、导向支架。无热位移的管道滑托、吊架的吊杆应垂直于管道轴线安装；有热位移的管道滑拖、吊架的吊杆中心应处于与管道位移方向相反的一侧，其位移量应按设计要求进行安装，设计无要求时应为计算位移量的 1/2。具有不同位移量或位移方向不同的管道，不得共用同一吊杆或滑托。弹簧支、吊架的安装高度应按设计要求进行调整。弹簧的临时固定件，应在管道安装、试压、保温完毕后拆除。

（3）阀门安装

安装前应核对阀门的型号、规格是否与设计相符。查看阀门是否有损坏，阀杆是否歪斜、灵活，指示是否正确等。阀门搬运时严禁随手抛，应分类摆放。阀门吊装搬运时，钢丝绳应拴在法兰处，不得拴在手轮或阀杆上。阀门应清理干净，并严格按指示标记及介质流向确定其安装方向，采用自然连接，严禁强力对口。阀门如图 22-15 所示。

阀门主要起启闭作用，装在管道上易于维修，如果后面的表出现问题需要拆卸，关掉阀门即可

图 22-15　阀门

22.1.2.4　管道回填

按照设计要求材料和标准进行分层回填。直埋管回填时土中不得含有碎砖、石块、大于 100mm 的冻土块及其他杂物，防止损坏防腐保护层。管沟回填执行给排水管道回填标准。当管道回填至管顶 0.3m 以上时，在管道正上方连续平敷黄色聚乙烯警示带，警示带不得撕裂或扭曲，相互搭接处不少于 0.2m，警示带如图 22-16 所示。管道的竣工图上除标注坐标外，还应标出栓桩位置。

平敷警示带在施工与埋管同时进行，埋覆于地面与管道中间，起到标志警示、探测管位等作用，用以避免误挖损坏管道

图 22-16　警示带

22.1.3　供热管网附件及供热站设施安装要点

22.1.3.1　供热管网附件及安装要点

（1）补偿器

① 补偿器的作用。任何材料随温度变化，其几何尺寸将发生变化，变化量的大小取决于某一方向的线膨胀系数和该物体的总长度。线膨胀系数是指物体单位长

度温度每升高 1℃后物体的相对伸长。当该物体两端被相对固定，则会因尺寸变化产生内应力。

② 补偿器类型及特点。供热管道采用的补偿器种类很多，主要有自然补偿器、方形补偿器、波纹管补偿器、套筒式补偿器、球形补偿器等，如图 22-17 所示。

(a) L 形自然补偿器　(b) Z 形自然补偿器　(c) 方形补偿器

(d) 波纹管补偿器　(e) 套筒式补偿器　(f) 球形补偿器

图 22-17　补偿器种类

a. 自然补偿器：自然补偿，是利用管路几何形状所具有的弹性来吸收热变形。最常见的是将管道两端以任意角度相接，多为两管道垂直相交。自然补偿的缺点是管道变形时会产生横向的位移，而且补偿的管段不能很大。自然补偿器分为 L 形（管段中设 90°～150°弯管）和 Z 形（管段中设两个相反方向 90°弯管），安装时应正确确定弯管两端固定支架的位置。

b. 方形补偿器：方形补偿器，由管子弯制或由弯头组焊而成，利用刚性较小的回折管挠性变形来消除热应力及补偿两端直管部分的热伸长量。其优点是制造方便、补偿量大、轴向推力小、维修方便、运行可靠；缺点是占地面积较大。

c. 波纹管补偿器：波纹管补偿器，是靠波形管壁的弹性变形来吸收热胀量或冷缩量，按波数的不同分为一波、二波、三波和四波，按内部结构的不同分为带套筒和不带套筒两种。它的优点是结构紧凑，只发生轴向变形，与方形补偿器相比占据空间位置小；缺点是制造比较困难、耐压低、补偿能力小、轴向推力大。

d. 套筒式补偿器：套筒式补偿器，又称填料式补偿器，主要由三部分组成：带底脚的套筒、插管和填料。内外管的间隙用填料密封，内插管可以随温度变化自由活动，从而起到补偿作用。填料式补偿器安装方便、占地面积小、流体阻力较小、抗失稳性好、补偿能力较大；缺点是轴向推力较大、易漏水漏气、需经常检修和更换填料、对管道横向变形要求严格。

e. 球形补偿器：球形补偿器，由外壳、球体、密封圈压紧法兰组成，它是利用球体管接头转动来补偿管道的热伸长而消除热应力的，适用于三向位移的热力管道。其优点是占用空间小、节省材料、不产生推力；但易漏水、漏气，要加强维修。

上述补偿器中，自然补偿器、方形补偿器和波纹管补偿器是利用补偿材料的变形来吸收热伸长的，而套筒式补偿器和球形补偿器则是利用管道的位移来吸收热伸长的。

③ 补偿器安装要点如下。

a. 有补偿器装置的管段，补偿器安装前，管道和固定支架之间不得进行固定。补偿器的临时固定装置在管道安装、试压、保温完毕后，应将紧固件松开，保证在使用中可自由伸缩。

b. 直管段设置补偿器的最大距离和补偿器弯头的弯曲半径应符合设计要求。在靠近补偿器的两端，应设置导向支架，保证运行时管道沿轴线自由伸缩。

c. 当安装时的环境温度低于补偿零点（设计的最高温度与最低温度差值的1/2）时，应对补偿器进行预拉伸，拉伸的具体数值应符合设计文件的规定。经过预拉伸的补偿器，在安装及保温过程中应采取措施保证预拉伸不被释放。

d. L形、Z形、Ⅱ形补偿器一般在施工现场制作，制作应采用优质碳素钢无缝钢管。方形补偿器应水平安装，平行臂应与管线坡度及坡向相同，垂直臂应呈水平。垂直安装时，不得在弯管上开孔安装放风管和排水管。放风管如图22-18所示。

放风管是工业与民用建筑的通风与空调工程用金属或复合管道，是以使空气流通，降低有害气体浓度为目的的一种市政基础设施

图22-18 放风管

e. 波纹管补偿器或套筒式补偿器安装时，补偿器应与管道保持同轴，不得偏斜，有流向标记（箭头）的补偿器，流向标记与介质流向一致。填料式补偿器芯管的外露长度应大于设计规定的变形量。

f. 球形补偿器安装时，与球形补偿器相连接的两垂直臂的倾斜角度应符合设计要求，外伸部分应与管道坡度保持一致。

g. 采用直埋补偿器时，在回填后其固定端应可靠锚固，活动端应能自由变形。

（2）阀门

① 阀门的作用。阀门是用来启闭管路，调节被输送介质流向、压力、流量，

以达到控制介质流动、满足使用要求目的的重要管道部件。

② 阀门的类型和特点。供热管道工程中常用的阀门有：闸阀、截止阀、柱塞阀、止回阀、蝶阀、球阀、安全阀、减压阀、疏水阀及平衡阀等。

a. 闸阀如图 22-19 所示。闸阀是用于一般汽、水管路作全启或全闭操作的阀门。按阀杆所处的状况可分为明杆式和暗杆式；按闸板结构特点可分为平行式和楔式。闸阀的特点是安装长度小，无方向性；全开启时介质流动阻力小；密封性能好；加工较为复杂，密封面磨损后不易修理。当管径 $DN>50mm$ 时宜选用闸阀。

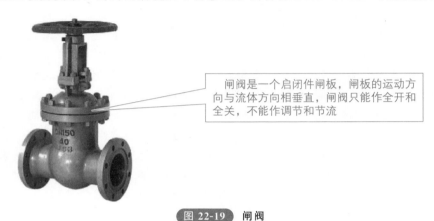

闸阀是一个启闭件闸板，闸板的运动方向与流体方向相垂直，闸阀只能作全开和全关，不能作调节和节流

图 22-19　闸阀

b. 截止阀。截止阀主要用来切断介质通路，也可调节流量和压力。截止阀可分为直通式、直角式、直流式。直通式适用于直线管路，便于操作，但阀门流阻较大；直角式用于管路转弯处；直流式流阻很小，与闸阀接近，但因阀杆倾斜，不便操作。截止阀的特点是制造简单、价格较低、调节性能好；安装长度大，流阻较大；密封性较闸阀差，密封面易磨损，但维修容易；安装时应注意方向性，即低进高出，不得装反。

c. 柱塞阀。柱塞阀主要用于密封要求较高的地方，使用在水、蒸汽等介质上。柱塞阀的特点是密封性好，结构紧凑，启门灵活，寿命长，维修方便；但价格相对较高。

d. 止回阀。止回阀如图 22-20 所示。止回阀是利用本身结构和阀前阀后介质

止回阀是指启闭件为圆形阀瓣并靠自身重量及介质压力产生动作来阻断介质倒流的一种阀门

图 22-20　止回阀

的压力差来自动启闭的阀门，它的作用是使介质只做一个方向的流动，而阻止其逆向流动。按结构可分为升降式和旋启式，前者适用于小口径水平管道，后者适用于大口径水平或垂直管道。止回阀常设在水泵的出口、疏水器的出口管道以及其他不允许流体反向流动的地方。

e. 蝶阀。蝶阀主要用于低压介质管路或设备上进行全开全闭操作。按传动方式可分为手动、涡轮传动、气动和电动。手动蝶阀可以安装在管道任何位置。带传动机构的蝶阀必须垂直安装，保证传动机构处于铅垂位置。蝶阀的特点是体积小，结构简单，启闭方便、迅速且较省力，密封可靠，调节性能好。

f. 球阀。球阀主要用于管路的快速切断。主要特点是流体阻力小，启闭迅速，结构简单，密封性能好。球阀适用于低温（不大于 150℃）、高压及黏度较大的介质以及要求开关迅速的管道部位。

g. 安全阀。安全阀是一种安全保护性的阀门，主要用于管道和各种承压设备上，当介质工作压力超过允许压力数值时，安全阀自动打开向外排放介质，随着介质压力的降低，安全阀重新关闭，从而防止管道和设备的超压危险。安全阀分为杠杆式、弹簧式、脉冲式。安全阀适用于锅炉房管道以及不同压力级别管道系统中的低压侧。

h. 减压阀。减压阀如图 22-21 所示。减压阀主要用于蒸汽管路，靠开启阀孔的大小对介质进行节流而达到减压目的，它能以自力作用将阀后的压力维持在一定范围内。减压阀可分为活塞式、杠杆式、弹簧薄膜式、气动薄膜式。

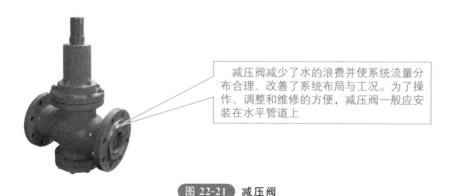

减压阀减少了水的浪费并使系统流量分布合理、改善了系统布局与工况。为了操作、调整和维修的方便，减压阀一般应安装在水平管道上

图 22-21　减压阀

i. 疏水阀。疏水阀安装在蒸汽管道的末端或低处，主要用于自动排放蒸汽管路中的凝结水，阻止蒸汽逸漏和排除空气等非凝性气体，对保证系统正常工作，防止凝结水对设备的腐蚀以及汽水混合物对系统的水击等均有重要作用。常用的疏水阀有浮桶式、热动力式及波纹管式等几种。

j. 平衡阀。平衡阀如图 22-22 所示。平衡阀对供热系统管网的阻力和压差等参数加以调节和控制，从而使管网系统按预定要求正常、高效运行。

③ 阀门安装要点如下。

平衡阀是一种具有数字锁定特殊功能的调节型阀门，采用直流型阀体结构，具有更好的等百分比流量特性，能够合理地分配流量

图 22-22　平衡阀

a. 安装前应核对阀门的型号、规格是否与设计相符。查看阀门是否有损坏，阀杆是否歪斜，开关是否灵活，指示是否正确等。阀门搬运时严禁随手抛掷，应分类摆放。阀门吊装搬运时，钢丝绳应拴在法兰处，不得拴在手轮或阀杆上。阀门应清理干净，并严格按指示标记及介质流向确定其安装方向，采用自然连接，严禁强力对口。

b. 阀门的开关手轮应放在便于操作的位置，水平安装的闸阀、截止阀的阀杆应处于上半周范围内。

c. 当阀门与管道以法兰或螺纹方式连接时，阀门应在关闭状态下安装，以防止异物进入阀门密封座。当阀门与管道以焊接方式连接时，宜采用氩弧焊打底，这是因为氩弧焊所引起的变形小，飞溅少，背面透度均匀，表面光洁、整齐，很少产生缺陷；另外，焊接时阀门不得关闭，以防止受热变形和因焊接而造成密封面损伤，焊机地线应搭在同侧焊口的钢管上，严禁搭在阀体上。对于承插式阀门，如图 22-23 所示，还应在承插端头留有 1.5mm 的间隙，以防止焊接时或操作中承受附加外力。

承插式阀门的启闭件是闸板，闸板的运动方向与流体方向相垂直，闸阀只能作全开和全关，不能作调节和节流

图 22-23　承插式阀门

d. 集群安装的阀门应按整齐、美观、便于操作的原则进行排列。

22.1.3.2 供热站设施及安装要点

（1）供热站作用

供热站是供热管网的重要附属设施，是供热网路与热用户的连接场所。它的作用是根据热网工况和不同的条件，采用不同的连接方式，将热网输送的热媒加以调节、转换，向热用户系统分配热量以满足用户需要；并根据需要，进行集中计量、检测供热热媒的参数和数量。

（2）供热站设备的安装要点

① 供热站房设备间的门应向外开。当热水热力站站房长度大于 12m 时应设两个出口，热力网设计水温小于 100℃ 时可只设一个出口。蒸汽热力站不论站房尺寸如何，都应设置两个出口。安装孔或门的大小应保证站内需检修更换的最大设备出入。多层站房应考虑用于设备垂直搬运的安装孔。供热站房设备间如图 22-24 所示。

供热站房设备间把由热电厂产生的高温热水或者蒸汽传输到各个居民小区里，将热量传送到小区管网中

图 22-24 供热站房设备间

② 设备基础施工应符合设计和规范要求，并按设计采取相应的隔震、防沉降的措施。设备进场应对设备数量、包装、型号、规格、外观质量和技术文件进行开箱检查，填写相关记录，合格后方可安装。

③ 管道及设备安装前，土建施工单位、工艺安装单位及监理单位应对预埋吊点的数量及位置，设备基础位置，表面质量，几何尺寸，标高及混凝土质量，预留孔洞的位置、尺寸及标高等共同复核检查，并办理书面交验手续。

④ 各种设备应根据系统总体平面布置按照适宜的顺序进行安装，并与土建施工结合起来。设备的平面位置应按设计要求测设，精度应符合设计和规范要求，地脚螺栓（图 22-25）安装位置正确，埋设牢固，垫铁高程符合要求，与设备密贴，设备底座与基础之间进行必要的灌浆处理。机械设备与基础装配紧密，连接牢固。

⑤ 设备基础地脚螺栓底部锚固环钩的外缘与预留孔壁及孔底的距离不得小于 15mm；拧紧螺母后，螺栓外露长度应为 2～5 倍螺距；灌筑地脚螺栓用的细石混凝土（或水泥砂浆）应比基础混凝土的强度等级提高一级；拧紧地脚螺栓时，灌筑混凝土的强度应不小于设计强度的 75%。

⑥ 供热站内管道安装在主要设备安装完成、支吊架以及土建结构完成后进行。

地脚螺栓，就是为了把设备等紧固在混凝土基础上用的螺丝杆件，拥有较强的稳固性

图 22-25　地脚螺栓

管道支吊架位置及数量应满足设计及安装要求。管道安装前，应按施工图和相关建（构）筑物的轴线、边缘线、标高线划定安装的基准线。仔细核对一次水系统供回水管道方向与外网的对应关系，切忌接反。

⑦ 供热站内管道的材质、规格、型号、接口形式以及附件设备选型均应符合设计图纸要求。钢管焊接应严格执行焊接工艺评定和作业指导书技术参数，焊接人员应持证上岗，并经现场考试合格方可作业。

⑧ 供热站内管道安装过程中的敞口应进行临时封闭。管道穿越基础、建筑楼板和墙体等结构应在土建施工中预埋套管，如图 22-26 所示。管道焊缝等接口不得留置在套管中。管道应排列整齐、美观，并排安装的管道，直线部分应相互平行，曲线部分应保持与直线部分相等的间距。管道的支、吊、托架安装应符合设计要求，位置准确，埋设牢固。管道阀门、安全阀等附件设备安装应方便操作和维修，管道上同类型的温度表和压力表规格应一致，且排列整齐、美观，并经计量检定合格。

预埋套管的目的就是方便管道供热与线路的铺设，避免日后管道接入时不必要的破路等问题

图 22-26　预埋套管

⑨ 供热站内管道与设备连接时，设备不得承受附加外力，进入管内的杂物及时清理干净。泵的吸入管道和输出管道应有各自独立、牢固的支架，泵不得直接承受系统管道、阀门等的重量和附加力矩。管道与泵连接后，不应在其上进行焊接和气割；当需焊接和气割时，应拆下管道或采取必要的措施，并应防止焊渣进入泵内。

⑩ 蒸汽管道和设备上的安全阀应有通向室外的排气管，热水管道和设备上的安全阀应有接到安全地点的排水管，并应有足够的截面积和防冻措施确保排放通畅。在排汽管和排水管上不得装设阀门。排放管应固定牢固。

⑪ 管道焊接完成，应进行外观质量检查和无损检测，无损检测的标准、数量应符合设计和相关规范要求。合格后按照系统分别进行强度和严密性试验，严密性试验如图 22-27 所示。强度和严密性试验合格后进行除锈、防腐、保温。

进行严密性试验的目的是试验管道本身与安装时焊口的强度；检验管道和设备是否完全严密

图 22-27　严密性试验

⑫ 泵的试运转应在其各附属系统单独试运转正常后进行，且应在有介质情况下进行试运转，试运转的介质或代用介质均应符合设计的要求。泵在额定工况下连续试运转时间不应少于 2h。

22.1.4　供热管道功能性试验的规定

22.1.4.1　强度和严密性试验的规定

（1）一级管网及二级管网应进行强度试验和严密性试验

强度试验的试验压力为 1.5 倍的设计压力，其目的是试验管道本身与安装时焊口的强度；严密性试验的试验压力为 1.25 倍的设计压力，且不得低于 0.6MPa，它是在各管段强度试验合格的基础上进行的，且应该是管道安装内容全部完成后进行，如零件、法兰等以及施焊工序全部完成后进行。这种试验是对管道的一次全面检验。

（2）换热站内的管道和设备的试验应符合的规定

① 站内所有系统均应进行严密性试验。试验前，管道各种支吊架已安装调整完毕，安全阀、爆破片及仪表组件等已拆除或加盲板隔离，盲板如图 22-28 所示。加盲板处有明显的标记并做记录，安全阀全开，填料密实，试验管道与无关系统应采用盲板或采取其他措施隔开，不得影响其他系统的安全。试验压力为 1.25 倍的设计压力，且不得低于 0.6MPa。

盲板起隔离、切断作用，和封头、管帽、焊接堵头所起的作用是一样的。由于其密封性能好，对于需要完全隔离的系统，一般都作为可靠的隔离手段

图 22-28　盲板

② 站内设备应按设计要求进行试验。当设备有特殊要求时，试验压力应按产品说明书或根据设备性质确定。

③ 开式设备只做满水试验，以无渗漏为合格。满水试验如图 22-29 所示。

满水试验的前提是池体的混凝土或砖、石砌体的砂浆已达到设计强度要求；池内清理洁净，池内外缺陷修补完毕

图 22-29　满水试验

22.1.4.2　试运行的规定

① 换热站在试运行前，站内所有系统和设备须经有关各方预验收合格，供热管网与热用户系统已具备试运行条件。

② 试运行前，应编制试运行方案。在环境温度低于 5℃ 进行试运行时，应制定可靠的防冻措施。试运行方案应由建设单位、设计单位进行审查同意并进行交底。

③ 试运行应符合要求。

22.2 城市燃气管道工程施工

22.2.1 燃气管道的分类

22.2.1.1 燃气分类

燃气是以可燃气体为主要组分的混合气体燃料。城镇燃气是指符合国家规范要求的，供给居民生活、公共建筑和工业企业生产作燃料用的公用性质的燃气，主要有人工煤气（简称煤气）、天然气和液化石油气。

22.2.1.2 燃气管道分类

（1）根据用途分类

① 长距离输气管道，其干管及支管的末端连接城市或大型工业企业，作为供应区气源点。长距离输气管道如图 22-30 所示。

> 长距离输气管道管径大、压力高，距离可达数千千米，大口径干线的年输气量高达数百亿立方米

图 22-30 长距离输气管道

② 城市燃气管道

a. 分配管道：在供气地区将燃气分配给工业企业用户、公共建筑用户和居民用户。分配管道包括街区和庭院的分配管道。

b. 用户引入管：将燃气从分配管道引到用户室内管道引入口处的总阀门和管道，如图 22-31 所示。

> 用户引入管段上一般设有燃气表、阀门等附件。用户引入燃气管不应设置在地下室

图 22-31 用户引入管

c. 室内燃气管道：通过用户管道引入口的总阀门将燃气引向室内，并分配到

每个燃气用具。

（2）根据敷设方式分类

① 地下燃气管道，一般在城市中常采用地下敷设。

② 架空燃气管道，在管道通过障碍时或在工厂区时，为了管理维修方便，采用架空敷设。

（3）根据输气压力分类

① 燃气管道设计压力不同，对其安装质量和检验要求也不尽相同，燃气管道按压力分为不同的等级，见表 22-1。

表 22-1　燃气管道的压力等级　　　　　单位：MPa

低压	中压		次高压		高压	
$P<0.01$	B 级，$0.01\leqslant P\leqslant 0.2$	A 级，$0.2< P\leqslant 0.4$	B 级，$0.4< P\leqslant 0.8$	A 级，$0.8< P\leqslant 1.6$	B 级，$1.6< P\leqslant 2.5$	A 级，$2.5< P\leqslant 4.0$
聚乙烯管	钢管或铸铁管	钢管或铸铁管	钢管	钢管	钢管	钢管
—	中低压管、工厂企业、大型用户		—	—	城市主动脉	跨省跨城市

② 次高压燃气管道应采用钢管；中压燃气管道宜采用钢管或铸铁管。低压地下燃气管道采用聚乙烯管材时，应符合有关标准的规定。燃气管道材质种类如图 22-32 所示。

(a) 钢管

(b) 铸铁管

(c) 聚乙烯管

燃气管道用钢除必须满足强度要求(力学性能)和焊接性能外，还需考虑环境温度、管径大小、输送压力及输送介质的腐蚀性等条件

图 22-32　燃气管道材质种类

③ 燃气管道之所以要根据输气压力来分级，是因为燃气管道的严密性与其他管道相比，有特别严格的要求，漏气可能导致火灾、爆炸、中毒或其他事故。燃气管道中的压力越高，管道接头脱开或管道本身出现裂缝的可能性和危险性也越大。当管道内燃气的压力不同时，对管道材质、安装质量、检验标准和运行管理的要求也不同。

④ 中压 B 级管道和中压 A 级管道必须通过区域调压站、用户专用调压站才能给城市分配管网中的低压和中压管道供气，或给工厂企业、大型公共建筑用户以及锅炉房供气。区域调压站如图 22-33 所示。一般由城市高压 B 级燃气管道构成大城市输配管网系统的外环网。高压 B 级燃气管道也是给大城市供气的主动脉。高压燃气必须通过调压站才能送入中压管道、高压储气罐以及工艺需要高压燃气的大型工厂企业。

燃气区域调压站可以设置在露天、地上的单独构筑物中、地下小室、建筑物的一个房间或地下室内，也可以设置在屋顶平台上

图 22-33 区域调压站

⑤ 高压 A 级输气管通常是贯穿省、地区或连接城市的长输管线，它有时构成了大型城市输配管网系统的外环网。城市燃气管网系统中各级压力的干管，特别是中压以上压力较高的管道，应连成环网，初建时也可以是半环形或枝状管道，但应逐步构成环网。

⑥ 城市、工厂区和居民点可由长距离输气管线供气，个别距离城市燃气管道较远的大型用户，经论证确系经济合理和安全可靠时，可自设调压站与长输管线连接。除了一些允许设专用调压器（图 22-34）的，与长输管线相连接的管道检查站用气外，单个的居民用户不得与长输管线连接。在确有充分必要的理由和安全措施可靠的情况下，并经有关上级批准之后，城市里采用高压燃气管道也是可以的。同时，随着科学技术的发展，有可能改进管道和燃气专用设备的质量，提高施工管理的质量和运行管理的水平，在新建的城市燃气管网系统和改建旧有的系统时，燃气管道可采用较高的压力，这样能降低管网的总造价或提高管道的输气能力。

调压器是燃气管路上的一种特殊阀门，无论气体的流量和上游压力如何变化，都能保持下游压力稳定

图 22-34 调压器

22.2.2　燃气管道施工与安装要求

22.2.2.1　工程基本规定

① 燃气管道对接安装引起的误差不得大于 3°，否则应设置弯管，次高压燃气管道的弯管应考虑盲板力。

② 管道与建筑物、构筑物、基础或相邻管道之间的水平和垂直净距规定如下。

a. 无法满足安全距离时，应将管道设于管道沟或刚性套管的保护设施中，套管两端应用柔性密封材料封堵。

b. 保护设施两端应伸出障碍物且与被跨越障碍物间的距离不应小于 0.5m。对有伸缩要求的管道，保护套管或地沟不得妨碍管道伸缩且不得损坏绝热层外部的保护壳。燃气保护套管如图 22-35 所示。

燃气保护套管需要考虑伸缩，要有活动量，不能全固定，有了套管可以避免建筑物对燃气管的摩擦损坏

图 22-35　**燃气保护套管**

③ 地下燃气管道埋设的最小覆土厚度（路面至管顶）应符合下列要求：埋设在车行道下时，不得小于 0.9m；埋设在非车行道下时，不得小于 0.6m；埋设在机动车不能到达的地方时，不得小于 0.3m；埋设在水田下时，不得小于 0.8m（不能满足上述规定时应采取有效的保护措施）。

④ 地下燃气管道不宜与其他管道或电缆同沟敷设。当需要同沟敷设时，必须采取防护措施。

22.2.2.2　燃气管道穿越（构）建筑物

① 不得穿越的规定如下。

a. 地下燃气管道不得从建筑物和大型构筑物的下面穿越。

b. 地下燃气管道不得在堆积易燃、易爆材料和具有腐蚀性液体的场地下面穿越。

② 地下燃气管道穿过排水管、热力管沟、联合地沟、隧道及其他各种用途沟槽时，应将燃气管道敷设于套管内，如图 22-36 所示。套管两端的密封材料应采用柔性的防腐、防水材料密封。

地下燃气管道敷设于套管内能够有效地防腐蚀，以及防止防水套管的氧化

图 22-36　**将燃气管道敷设于套管内**

③ 燃气管道穿越铁路、高速公路、电车轨道和城镇主要干道时应符合下列要求。

a. 穿越铁路和高速公路的燃气管道，其外应加套管，并提高绝缘、防腐等措施。

b. 穿越铁路的燃气管道的套管，应符合下列要求。

套管埋设的深度：铁路轨道至套管顶不应小于 1.20m，并应符合铁路管理部门的要求；套管宜采用钢管或钢筋混凝土管；套管内径应比燃气管道外径大100mm 以上；套管两端与燃气管的间隙应采用柔性的防腐、防水材料密封，其一端应装设检漏管；套管端部距路堤坡脚外距离不应小于 2.0m。

c. 燃气管道穿越电车轨道和城镇主要干道时宜敷设在套管或地沟内；穿越高速公路的燃气管道的套管、穿越电车轨道和城镇主要干道的燃气管道的套管或地沟，应符合下列要求。

套管内径应比燃气管道外径大 100mm 以上，套管或地沟两端应密封，在重要地段的套管或地沟端部宜安装检漏管；套管端部距电车边轨不应小于 2.0m；距道路边缘不应小于 1.0m；燃气管道宜垂直穿越铁路、高速公路、电车轨道和城镇主要干道。

22.2.2.3　燃气管道通过河流

燃气管道通过河流时，可采用穿越河底或采用管桥跨越的形式。管桥跨越如图 22-37 所示。

> 管桥跨越是以桥梁形式跨越河道、湖泊、海域、铁路、公路、山谷等天然或人工障碍专用的构筑物

图 22-37　管桥跨越

① 当条件允许时，可利用道路、桥梁跨越河流，并应符合下列要求。

a. 利用道路、桥梁跨越河流的燃气管道，其管道的输送压力不应大于0.4MPa。

b. 当燃气管道随桥梁敷设或采用管桥跨越河流时，必须采取安全防护措施。

c. 燃气管道随桥梁敷设，宜采取如下安全防护措施。

敷设于桥梁上的燃气管道应采用加厚的无缝钢管或焊接钢管，焊接钢管如图 22-38 所示，尽量减少焊缝，对焊缝进行 100% 无损探伤；跨越通航河流的燃气管道管底标高，应符合通航净空的要求，管架外侧应设置护桩；在确定管道位置时，应与随桥敷设的其他可燃的管道保持一定间距并符合有关规定；管道应设置必要的补偿和减震措施；过河架空的燃气管道向下弯曲时，向下弯曲部分与水平管夹角宜采用 45°形式；对管道应做较高等级的防腐保护。对于采用阴极保护的埋地钢管与随桥管道之间应设置绝缘装置。

焊接钢管是指用钢带或钢板弯曲变形为圆形、方形等形状后再焊接成的、表面有接缝的钢管，焊接钢管采用的坯料是钢板或带钢

图 22-38 **焊接钢管**

② 燃气管道穿越河底时，应符合下列要求。

a. 燃气管道宜采用钢管。

b. 燃气管道至规划河底的覆土厚度，应根据水流冲刷条件确定，对不通航河流不应小于 0.5m；对通航的河流不应小于 1.0m，还应考虑疏浚和投锚深度。

c. 稳管措施应根据计算确定。

d. 在埋设燃气管道位置的河流两岸上、下游应设立标志。

22.2.3　燃气管网附属设备安装要点

为了保证管网的安全运行，并考虑到检修、接线的需要，在管道的适当地点设置必要的附属设备。这些设备包括阀门、补偿器、排水器、放散管等，如图 22-39 所示。这些附属设备选定的安装位置，应尽可能方便操作维修，同时还要考虑到组装外形美观。

(a) 阀门　　　　　(b) 补偿器　　　　　(c) 凝水缸　　　　　(d) 放散管

图 22-39 **燃气管网附属设备**

（1）阀门

安装前应按产品标准要求进行强度和严密性试验，经试验合格的阀门应做好标记，不合格者不得安装。焊接阀门与管道连接焊缝宜采用氩弧焊打底，以保证内部

清洁。

（2）补偿器

补偿器作为消除管段胀缩应力的设备，常用于架空管道和需要进行蒸汽吹扫的管道上。

（3）排水器（凝水器、凝水缸）

为排除燃气管道中的冷凝水和石油伴生气管道中的轻质油，管道敷设时应有一定坡度，以便在最低处设排水器，将汇集的水或油排出。

（4）放散管

放散管是一种专门用来排放管道内部的空气或燃气的装置。

22.2.4　燃气管道功能性试验的规定

管道安装完毕后应依次进行管道吹扫、强度试验和严密性试验。

22.2.4.1　管道吹扫

（1）管道吹扫方式的选择

管道吹扫应按下列要求选择气体吹扫或清管球清扫。

① 球墨铸铁管道、聚乙烯管道、钢骨架聚乙烯复合管道和公称直径小于100mm或长度小于100m的钢制管道，可采用气体吹扫，如图22-40所示。

> 气体吹扫的顺序应按主管、支管、疏排管的顺序依次进行，吹出的脏物不得进入已吹扫合格的管道

图 22-40　气体吹扫

② 公称直径大于或等于100mm的钢制管道，宜采用清管球进行清扫。

（2）管道吹扫的要求

① 按主管、支管、庭院管的顺序进行吹扫，吹扫出的脏物不得进入已吹扫合格的管道。

② 吹扫管段内的调压器、阀门、孔板、过滤网、燃气表等设备不应参与吹扫，待吹扫合格后再安装复位。

③ 吹扫口应设在开阔地段并加固，吹扫时应设安全区域，吹扫出口前严禁站人。

④ 吹扫压力不得大于管道的设计压力，且应不大于0.3MPa。

⑤ 吹扫介质宜采用压缩空气，严禁采用氧气和可燃性气体。

⑥ 吹扫合格设备复位后，不得再进行影响管内清洁的其他作业。

（3）气体吹扫的要求

① 吹扫气体流速不宜小于20m/s。

② 每次吹扫管道的长度不宜超过500m；当管道长度超过500m时，宜分段吹扫。

③ 当目测排气无烟尘时，应在排气口设置白布或涂白漆木靶板检验，5min内靶上无铁锈、尘土等其他杂物为合格。

（4）清管球清扫的要求

① 管道直径必须是同一规格，不同管径的管道应断开分别进行清扫。

② 对影响清管球通过的管件、设施，在清管前应采取必要措施。

③ 清管球清扫完成后，应进行检验，如不合格可采用气体再清扫，直至合格。清管球清扫如图22-41所示。

安装清管球前要检查清管球是否完好，并测量其过盈量是否符合要求

图 22-41 清管球清扫

22.2.4.2 强度试验

强度试验前，埋地管道回填土宜回填至管上方0.5m以上，并留出焊接口。

（1）试验压力

一般情况下试验压力为设计输气压力的1.5倍，但钢管和聚乙烯管（SDR11）不得低于0.4MPa，聚乙烯管（SDR17.6）不得低于0.2MPa。

（2）试验要求

① 水压试验时，当压力达到规定值后，应稳压1h，观察压力计应不少于30min，无压力降为合格。水压试验合格后，应及时将管道中的水放（抽）净，并按要求进行吹扫。

② 气压试验时采用泡沫水检测焊口，当发现有漏气点时，及时标出漏洞的准确位置，待全部接口检查完毕后，将管内的介质放掉，方可进行补修，补修后重新进行强度试验。气压试验如图22-42所示。

22.2.4.3 严密性试验

① 严密性试验应在强度试验合格、管线全线回填后进行。

② 严密性试验压力根据管道设计输气压力而定，当设计输气压力 $P < 5kPa$

气压试验的主要作用是检验管道及管件的母材、焊缝的强度及严密性是否满足要求，管道及管件和焊缝的缺陷是否在可接受范围内

图 22-42 气压试验

时，试验压力为 20kPa；当设计输气压力 $P \geqslant 5$kPa 时，试验压力为设计压力的 1.15 倍，但不得低于 0.1MPa。

③ 严密性试验前应向管道内充气至试验压力，燃气管道的严密性试验稳压的持续时间一般不少于 24h，每小时记录不应少于 1 次，修正压力小于 133Pa 为合格。

附属构筑物施工及管道维护

23.1 附属构筑物施工及阀件安装

23.1.1 检查井施工

检查井一般分为现浇钢筋混凝土砖砌、石砌、混凝土或钢筋混凝土预制拼装等结构形式，其中以砖（或石）砌检查井居多。

23.1.1.1 砌筑检查井施工

① 检查井基础施工。在开槽时应计算好检查井的位置，挖出足够的肥槽。浇筑管道混凝土平基时，应将检查井基础宽度一次浇够，不能采用先浇筑管道平基，再加宽的办法做井基。

② 排水管道检查井内的流槽及井壁应同时进行浇筑，当采用砌块砌筑时，表面应用水泥砂浆分层压实抹光，流槽与上、下游管道接顺。

③ 砌筑时管口应与井内壁平齐，必要时可伸入井内，但不宜超过30mm。不准将截断的管端放入井内；预留管的管口应封堵严密，并便于拆除。检查井砌筑施工如图23-1所示。

④ 检查井内壁应用原浆勾缝，有抹面要求时，内壁用水泥砂浆抹面并分层压实，外壁用水泥砂浆搓缝严实。抹面和搓缝高度应高出原地下水位以上0.5m。

检查井的井壁厚度常为240mm，用水泥砂浆砌筑。圆形砖砌检查井采用全丁式砌筑，收口时，如为四面收口则每次收进不超过30mm；如为三面收口则每次收进不超过50mm。矩形砖砌检查井采用一顺一丁式砌筑。检查井内的踏步应随砌随安，安装前应刷防锈漆，砌筑时用水泥砂浆埋固，在砂浆未凝固前不得踩踏

图 23-1 检查井砌筑施工

⑤ 井盖安装前，井室最上一皮砖必须是丁砖，其上用1：2水泥砂浆坐浆，厚度为25mm，然后安放盖座和井盖。

⑥ 检查井接入较大管径的混凝土管道时，应按规定砌砖券。管径大于800mm时砖券高度为240mm；小于800mm时砖券高度为120mm。砌砖券时应由两边向

顶部合拢砌筑。

⑦ 有闭水试验要求的检查井，应在闭水试验合格后再回填土。

23.1.1.2 预制检查井安装

应根据设计的井位桩号和井内底标高，确定垫层顶面标高、井口标高及管内底标高等参数，作为安装的依据。按设计文件核对检查井构件的类型、编号、数量及构件的重量。垫层施工不得扰动井室地基，垫层厚度和顶面标高应符合设计规定，长度和宽度要比预制混凝土底板的长、宽各大 100mm，夯实后用水平尺校平，必要时应预留沉降量。如图 23-2 所示。

标示出预制底板、井筒等构件的吊装轴线，先用专用吊具将底板水平就位，并复核轴线及高程，底板轴线允许偏差±20mm，高程允许偏差位±10mm。底板安装合格后再安装井筒，安装前应清除底板上的灰尘和杂物，并按标示的轴线进行安装。井筒安装合格后再安装盖板

图 23-2 预制检查井施工示意图

当底板、井筒与盖板安装就位后，再连接预埋连接件，并做好防腐。然后将边缝润湿，用 1:2 水泥砂浆填充密实，做成 45° 抹角。当检查井预制件全部就位后，用 1:2 水泥砂浆对所有接缝进行里、外勾平缝。最后将底板与井筒、井筒与盖板的拼缝，用 1:2 水泥砂浆填满密实，抹角应光滑平整，水泥砂浆标号应符合设计要求。当检查井与刚性管道连接时，其环形间隙要均匀、砂浆应填满密实；与柔性管道连接时，胶圈应就位准确、压缩均匀。

23.1.1.3 现浇检查井施工

按设计要求确定井位，井底标高、井顶标高、预留管的位置与尺寸。按要求支设模板。按要求拌制并浇筑混凝土。先浇底板混凝土、再浇井壁混凝土、最后浇顶板混凝土。井壁与管道连接处应预留孔洞，不得现场开凿。井底基础应与管道基础同时浇筑。现浇检查井施工如图 23-3 所示。

混凝土应振捣密实，表面平整、光滑，不得有漏振，裂缝、蜂窝和麻面等缺陷；振捣完毕后进行养护，达到规定的强度后方可拆模

图 23-3 现浇检查井施工

23.1.2　雨水口施工

雨水口一般采用砖、石砌筑施工，砌筑工艺与检查井相同，要点如下。

① 按道路设计边线及支管位置，定出雨水口中心线桩，使雨水口的长边与道路边线重合（弯道部分除外）。

② 根据雨水口的中心线桩挖槽，挖槽时应留出足够的肥槽，如雨水口位置有误差，应以支管为准进行核对，平行于路边修正位置，并挖至设计深度。

③ 夯实槽底。有地下水时应排除并浇筑 100mm 的细石混凝土基础；为松软土时应夯筑 3：7 灰土基础，然后砌筑井墙。

④ 砌筑井墙。按井墙位置挂线，先干砌一层井墙，并校对方正。一般井墙内口为 680mm×380mm 时，对角线长 779mm；内口尺寸为 680mm×410mm 时，对角线 794mm；内口尺寸为 680mm×415mm 时，对角线长 797mm。砌筑井墙如图 23-4 所示。

雨水口井墙厚度一般为240mm，用MIJ10砖和M10水泥砂浆按一顺一丁的形式组砌，随砌随刮平缝，每砌高300mm应将墙外肥槽及时填土夯实。井底用C10细石混凝土抹出向雨水口连接管集水的泛水坡

图 23-4　砌筑井墙

砌至雨水口连接管或支管处应满卧砂浆，砌砖已包满管道时应将管口周围用砂浆抹严抹平，不能有缝隙，管顶砌半圆砖券，管口应与井墙面平齐。当雨水连接管或支管与井墙必须斜交时，允许管口进入井墙 20mm，另一侧凸出 20mm，超过此限时必须调整雨水口位置。

井口应与路面施工配合同时升高，当砌至设计标高后再安装雨水箅。雨水箅安装好后，应用木板或铁板盖住，以免在道路面层施工时，被压路机压坏。

⑤ 安装井箅。井箅内侧应与道牙或路边成一条直线，满铺砂浆，找平坐稳，井箅顶与路面平齐或稍低，但不得凸出。现浇井箅时，模板支设应牢固、尺寸准确，浇筑后应立即养护。

23.1.3　阀门井施工

阀门井一般采用砖、石砌筑施工，砌筑工艺与检查井相同，要点如下。

① 井底施工要点。用 C10 混凝土浇筑底板，下铺 150mm 厚碎石（或砾石）垫层，无论有无地下水，井底均应设置集水坑；管道穿过井壁或井底，须预留 50～

100mm 的环缝,用油麻填塞并捣实或用灰土填实,再用水泥砂浆抹面。

② 井室的砌筑要点。井室应在管道铺设完毕、阀门装好之后着手砌筑,阀门与井壁、井底的距离不得小于 0.25m;雨天砌筑井室,须在铺设管道时一并砌好,以防雨水汇入井室而堵塞管道。阀门井井室砌筑如图 23-5 所示。

井壁厚度为240mm,通常采用MU10砖、M5水泥砂浆砌筑,砌筑方法同检查井。砌筑井壁内外均需用1:2水泥砂浆抹面,厚20mm,抹面高度应高于地下水最高水位0.5m

图 23-5 阀门井井室砌筑

③ 爬梯通常采用 φ16 钢筋制作,并做防腐处理,水泥砂浆未达到设计强度的 75% 以前,切勿脚踏爬梯。

④ 井盖应轻便、牢固、型号统一、标志明显;井盖上配备提盖与撬棍槽;当室外温度低于等于 −21℃ 时,应设置为保温井口,增设木制保温井盖板。安装方法同检查井井盖。

⑤ 盖板顶面标高应与路面标高一致,误差不超过 ±50mm,当在非铺装路面上时,井口须略高于路面,但不得超过 50mm,并有 2% 的坡度做护坡。

23.1.4 支墩施工

支墩施工主要工艺如下。

平整夯实地基后,用 MU7.5 砖、M10 水泥砂浆进行砌筑。遇到地下水时,支墩底部应铺 100mm 厚的卵石或碎石垫层。水平支墩后背土的最小厚度不应小于墩底到设计地面深度的 3 倍。支墩与后背的原状土应紧密靠紧,若采用砖砌支墩,原状土与支墩间的缝隙应用砂浆填实。混凝土支墩施工如图 23-6 所示。

对水平支墩,为防止管件与支墩发生不均匀沉陷,应在支墩与管件间设置沉降缝,缝间垫一层油毡。垂直向下弯管支墩内的直管段,应包玻璃布一层,缠草绳两层,再包玻璃布一层

图 23-6 混凝土支墩施工

为保证弯管与支墩的整体性，向下弯管的支墩，可将管件上箍连接，钢箍用钢筋引出，与支墩浇筑在一起，钢箍的钢筋应指向弯管的弯曲中心，钢筋露在支墩外面的部分，应有不小于 50mm 厚的 1∶3 水泥砂浆做保护层；向上弯管应嵌入支墩内，嵌进部分中心角不宜小于 135°。

23.1.5　阀件安装

23.1.5.1　水表的安装

水表设置位置应尽量与主管道靠近，以减少进水管长度，并便于抄读、安拆，必要时应考虑防冻与卫生条件。注意水表安装方向，使进水方向与表上标志方向一致。旋翼式水表应水平安装，切勿垂直安装；螺翼式水表可水平、倾斜、垂直安装，但倾斜、垂直安装时，须保证水流流向自上而下。水表管段安装顺序如图 23-7 所示。

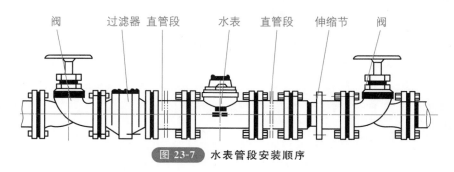

图 23-7　水表管段安装顺序

为使水流稳定地流经水表，使其计量准确，表前阀门与水表之间的稳流段长度应大于或等于 8～10 倍管径。

小口径水表在水表与阀门之间应装设活接头，以使拆卸更换水表；大口径水表前后采用伸缩节相连，或者水表两侧法兰采用双层胶垫，以便于拆卸水表。大口径水表安装时应加旁通管，以使当水表出现故障时，不影响通水。

23.1.5.2　安全阀安装

安装方向应使管内水由阀盘底向上流出。安装弹簧式安全阀时，应调节螺母位置，使阀板在规定的工作压力下可以自动开启。安装杠杆式安全阀时，须保持杠杆水平，根据工作压力将重锤的重量与力臂调整好，并用罩盖住，以免重锤移动。安全阀应垂直安装，当发现倾斜时，应予纠正。在管道试运行时，应及时调校安全阀。安全阀安装示意图如图 23-8 所示。

23.1.5.3　排气阀安装

排气阀应设在管线的最高点处，一般管线隆起处均应设排气阀。在长距离输水管线上，每隔 50～100m 应设置一个排气阀。排气阀应垂直安装，不得倾斜。

地下管道的排气阀应安装在排气阀门井内，安装处应环境清洁，寒冷地区应采取保温措施。管道施工完毕试运行时，应对排气阀进行调校。

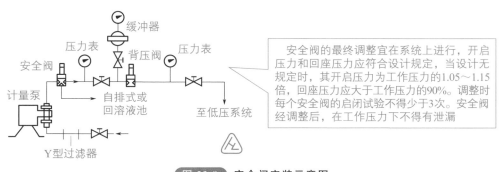

安全阀的最终调整宜在系统上进行，开启压力和回座压力应符合设计规定，当设计无规定时，其开启压力为工作压力的1.05~1.15倍，回座压力应大于工作压力的90%。调整时每个安全阀的启闭试验不得少于3次。安全阀经调整后，在工作压力下不得有泄漏

图 23-8 安全阀安装示意图

23.1.5.4　泄水阀安装

泄水阀应安装在管线最低处，用来放空管道及排除管内污水，一般常与排泥管合用。泄水阀放出的水，可直接排入附近水体；若条件不允许则设湿井，将水排入湿井内，再用水泵抽送到附近水体。安装完毕后应及时关闭泄水阀。泄水阀安装示意图如图 23-9 所示。

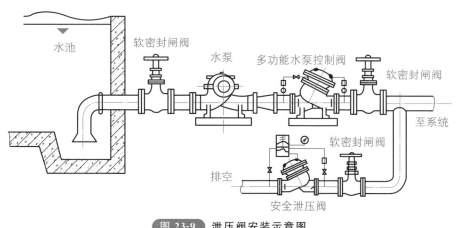

图 23-9 泄压阀安装示意图

23.2　市政管道维护管理

23.2.1　室外给水管道的维护

23.2.1.1　常用的检漏方法

室外给水管道维护与检修的主要内容是管道漏水问题，明设给水管道比较容易查出漏水部位，而埋地给水管道则不易查出。市政埋地给水管道出现明漏时，可根据一些迹象进行判断，如地面有水渗出；管道上部土泥泞或湿润；杂草生长比周围茂盛，冬天雪地有反常的融雪；用户水压突然降低；管道上部地面突然发生沉陷；

排水管道内出现清水等。通过对上述现象的详细观察，就能判断出漏水点。市政埋地给水管道出现暗漏时，检查的手段主要是听漏法。

听漏法是通过漏水时产生声响的振动来确定漏水点，一般在夜间进行听漏，以免受其他噪声的干扰。常用的听漏工具有听漏器和电子检漏仪。

（1）听漏器的工作原理

当漏水冲击土壤或漏水从漏孔中喷出使管道本身发生振动时，其振动的频率传至地面。将听漏器放在地面上，通过共振由空气传至操作者耳中，即可听到漏水声，判断漏水点。

（2）电子检漏仪的工作原理

漏水声波由漏口处产生并通过管道向远处传播，同时也通过土壤从不同的方向传播到地面。电子检漏仪是专门探测管道泄漏噪声的仪器，其构造是一个简单的高频放大器，利用拾音器接收传到地面的声波振动信号，再把该振动信号通过放大系统以声音信号传至耳机及仪表中，从而可判断漏水点。

23.2.1.2　常用的堵漏方法

（1）承插口漏水的堵漏方法

先把管内水压降至无压状态，然后将承口内的填料剔除，再重新打口。如管内有水，应用快硬、早强的水泥填料（如氯化钙水泥和银粉水泥等）。对水泥接口的管道，当承口局部漏水时，可不必把整个承口的水泥全部剔除，只需在漏水处局部修补即可。如青铅接口漏水，可重新打实接口或将部分青铅剔除，再用铅条填口打实。

（2）管壁小孔漏水的堵漏方法

管道由于腐蚀或砂眼造成的漏水，可采用管卡堵漏、丝堵堵漏、铅塞堵漏和焊接堵漏等方法。

管卡堵漏时，如水压较大则应停水堵漏，如水压不大可带水堵漏。堵漏时将锥形硬木塞轻轻敲打进孔内堵塞漏水处，紧贴管外皮锯掉木塞外露部分，然后在漏水处垫上厚度为3mm的橡胶板，用管卡将橡胶板卡紧即可。丝堵堵漏时，以漏水点为中心钻一孔径稍大于漏水孔径的小孔，攻丝后用丝堵拧紧即可。

铅塞堵漏时，先用尖凿把漏水孔凿深，塞进铅块并用手锤轻打，直到不漏水为止。焊接堵漏时，把管道降至无压状态后，将小孔焊实即可。

23.2.2　排水管道的维护

排水管道维护的主要内容为管道堵漏和清淤。排水管道漏水时，可根据漏水量的大小和管道的材质，采用打卡子或混凝土加固等方法进行维修，必要时应更换新管。排水管道为重力流，发生淤积和堵塞的可能性非常大，常用的清淤方法有以下三种。

（1）水力清通法

将上游检查井临时封堵，上游管道憋水，下游管道排空，当上游检查井中水位提高到一定程度后突然松堵，借助水头将管道内淤积物冲至下游检查井中。为提高水冲效果，可借助"冲牛"进行水冲，必要时可采用水力冲洗车进行冲洗。

（2）竹劈清通法

当水力清通不能奏效时，可采用竹劈清通法。即将竹劈从上游检查井插入，从下游检查井抽出，将管道内淤物带出，如一根竹劈长度不够，可连接多根竹劈。

（3）机械清通法

当竹劈清通不能奏效时，可采用机械清通法。即在需清淤管段两端的检查井处支设绞车，用钢丝绳将管道专用清通工具从上游检查井放入，用绞车反复抽拉，使清通工具从下游检查井被抽出，从而将管道内淤物带出。根据管道堵塞程度的不同，可选择不同的清通工具进行清通。常用的清通工具有骨骼形松土器、弹簧刀式清通器、锚式清通器、钢丝刷、铁牛等。

清通后的污泥可用吸泥车等工具吸走，以保证排水管道畅通。我国目前常用的吸泥车主要有真空吸泥车、射流泵式吸泥车等，因排水管道中污泥的含水率相当高，现在一些城市已采用了泥水分离吸泥车。

23.2.3　地下燃气管道的维护

由于燃气是易燃、易爆、易使人中毒的气体，为确保燃气管道及其附件处于安全运行状态，必须对地下燃气管道进行周密的检查和维护。检查和维护的内容如下。

23.2.3.1　燃气管道的检查

① 管道安全保护距离内不应有土壤塌陷、滑坡、下沉、人工取土、堆积垃圾或重物、管道裸露、深根植物及建（构）筑物等；

② 管道沿线不应有燃气异味、水面冒泡、树草枯萎和积雪表面有黄斑等异常现象或燃气泄出声响等；

③ 施工单位应向城镇燃气主管部门申请现场安全监护，不应因其他工程施工而造成燃气管道的损坏、悬空等事故；

④ 不应有燃气管道附件损坏或丢失现象；

⑤ 应定期向周围单位和住户询问有无异常情况，发现问题应及时上报并采取有效的处理措施。

23.2.3.2　阀门的运行、维护

① 阀门应定期检查，应无泄漏、损坏等现象，阀门井应无积水、塌陷，无影响阀门操作的堆积物等。

② 阀门应定期进行启闭操作和维护保养（一般半年一次）。

③ 无法启动或关闭不严的阀门，应及时维修或更换。

23.2.3.3　凝水器的运行、维护

① 凝水器应定期排放积水，排放时不得空放燃气；在道路上作业时，应设作业标志。

② 应定期检查凝水器护盖和排水装置，应无泄漏、腐蚀和堵塞情况，无妨碍排水作业的堆积物。

③ 凝水器排出的污水应收集处理，不得随意排放。补偿器接口应定期进行严密性检查及补偿量调整。

23.2.4　热力管网的维护

（1）热力管道的维护

热力管道在运行期间通常不需要维护，只要保证管道的保温层和保护层完好即可，并要防止保温层受潮。

（2）热力管网中压力表的维护

热力管网中安装有压力表时，应经常进行维护并按时校验，保持压力表准确无误。热力管网的压力表一般只在需要测定管内压力时才与管内介质相通，测定完毕后应立即关闭压力表阀门，否则压力表长时间受到管内水、汽压力的作用，会引起弹簧或膜片松弛，使其失去准确性。

压力表也可测定管道内的堵塞情况。如果管段两端的压力表指示的压力相差过大，表明管内可能堵塞。压力表还可反映管网中是否存有空气，如果管网中有空气，压力表的指针会剧烈跳动。

（3）热力管网中阀门的维护

热力管网运行期间应做好阀门的维修工作，使阀门始终处于灵活状态。阀杆应定期进行润滑，填料的填装要松紧适度，密封面来回研磨，阀门外表面应经常清扫，保持清洁。所有法兰连接部位都应保持严密，不得漏水、漏气，螺栓、螺母要齐全。管网运行期间最好用加有石墨粉的油脂涂抹螺栓的螺纹，以防止螺纹的腐蚀。

套筒式伸缩器的填料盒漏水时要用扳手用力均匀地拧紧所有螺栓上的螺母，压紧填料。但填料也不宜压得过紧，以免影响内筒的正常移动。

第4篇

城市地下空间工程

城市综合管廊工程

24.1 管廊的定义与分类

（1）管廊的定义

综合管廊是指在城市道路、厂区等地下建造的一个隧道空间，将电力、通信、燃气、给水、热力、排水等市政公用管线集中敷设在同一个构筑物内，并通过设置专门的投料口、通风口、检修口和监测系统保证其正常运营，实施市政公用管线的"统一规划、统一建设、统一管理"，以做到城市道路地下空间的综合开发利用和市政公用管线的集约化建设和管理，避免产生"拉链路"。

（2）管廊的分类

综合管廊按照容纳的管线及舱室特点，可分为干线综合管廊、支线综合管廊以及线缆管廊三种结构形式。

① 干线综合管廊：一般设置于机动车道或者道路中央下方，主要用于连接原站，如发电厂、自来水厂、热力厂等。干线综合管廊内主要容纳高压电力电缆、给水主干道、热力主干道及信息主干电缆或者光缆等。管廊内设置有用于监测管廊内环境质量的传感器，通风、排水等附属设施设备，可供人员进出巡查。干线综合管廊示意图如图 24-1 所示。

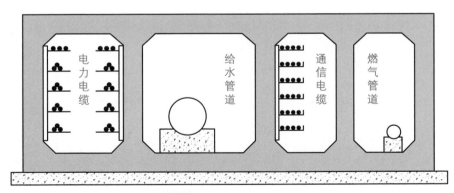

图 24-1 干线综合管廊示意图

干线综合管廊的断面通常为圆形或多格箱形，综合管廊内一般要求设置工作通道及照明、通风等设备。

② 支线综合管廊：一般设置在道路的两旁，主要用于容纳城市配给工程管线，

采用单舱或双舱方式建设。管廊内设置有用于监测管廊内环境质量的传感器，通风、排水等附属设施设备，可供人员进出巡查。支线综合管廊示意图如图 24-2 所示。

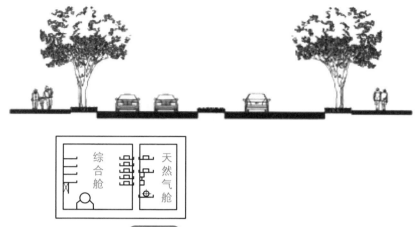

图 24-2 支线综合管廊示意图

③ 缆线综合管廊：主要负责将市区架空的电力、通信、有线电视、道路照明等电缆收容至埋地的管道。缆线综合管廊一般设置在道路的人行道下面，其埋深较浅，一般在 1.5m 左右。缆线综合管廊的断面以矩形断面较为常见，一般不要求设置工作通道及照明、通风等设备，仅增设供维修时用的工作手孔即可，如图 24-3 所示。

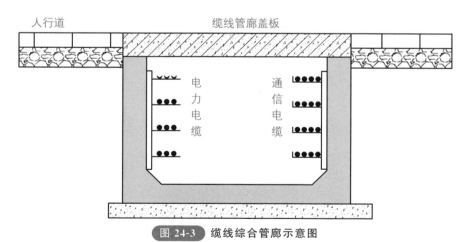

图 24-3 缆线综合管廊示意图

24.2 综合管廊的组成

（1）综合管廊的土建结构

综合管廊土建结构包括管廊主体结构、监控中心、供配电室以及地面设施等。

① 管廊主体结构。管廊的主体结构包括埋设于地面下方的标准段与节点部位。管廊节点部位通常包括保证管廊正常运行所需要的人员出入口、逃生口、吊装口、进风口、排风口、管线分支口等。

② 监控中心。监控中心是运维人员办公与活动的场所，监控中心内部一般设有监控室、资料室、备件库房等。

③ 供配电室。一般情况下，综合管廊供配电室和监控中心合建，供配电室内安装有变压器、高压柜、低压柜等供配电设备。

④ 地面设施。地面设施包括露出地面的通风口、人员出入口、投料口等设施。

⑤ 其他设施。其他设施包括管廊内部的管线支架与桥架、支墩、内部的爬梯、栏杆等。

（2）综合管廊的附属设施

综合管廊的附属设施包括供配电系统、照明系统、消防系统、通风系统、排水系统、监控与报警系统和标识系统等设施。

① 供配电系统。综合管廊的供配电系统主要包括中心变配电站、现场配电站、低压配电系统、电力电缆线路和防雷与接地系统。根据管廊内用电设备的电压及配电范围、负荷大小和分布情况等，管廊供电采用 10kV/0.4kV 变配电系统供电，主变电所的供电半径一般为 7000m，分变电所供电半径一般为 600～700m。主变电所一般为室内布置，分变电所为箱式变电站或地埋式变压器。

② 照明系统。综合管廊内的照明系统主要包括：正常照明和应急照明。综合舱、电力舱的照明设备为普通节能型产品，天然气舱的照明设备均为防爆型产品。

a. 正常照明：由分区照明配电箱供电，为综合管廊内的日常巡检、维护、监控、办公等提供照明，主要采用的灯具为条形灯具。

b. 应急照明：在综合管廊内的正常照明无法工作时，在特殊的区域内还需要保持最低的照明要求，以确保安全操作和人身安全。

③ 消防系统

a. 防火分隔。现行国家标准《城市综合管廊工程技术规范》（GB 50838—2015）规定，综合管廊按照不同的舱室设置防火分隔。天然气管道舱及容纳电力电缆的舱室应每隔 200m 采用耐火极限不低于 3.0h 的不燃性墙体进行防火分隔。防火分隔处的门应采用甲级防火门，管线穿越防火隔断部位采用阻火包等防火封堵措施进行严密封堵。

b. 灭火系统。现行国家标准《城市综合管廊工程技术规范》（GB 50838—2015）规定，干线综合管廊中容纳电力电缆的舱室，支线综合管廊中容纳 6 根及以上电力电缆的舱室应设置自动灭火系统，其他容纳电力电缆的舱室宜设置自动灭火系统。综合管廊内的灭火系统按照启动方式可以分为手提式灭火系统和自动灭火系统。

④ 通风系统。综合管廊通风系统主要包括机械排风系统、机械进风系统、自然进风系统。其中天然气舱内的通风系统采用机械送风与机械排风方式相结合的方

式，其他舱室的通风方式采用机械排风与自然进风相结合的方式。

⑤ 排水系统。综合管廊的人员出入口、逃生口、吊装口、进风口、排风口等节点处存在雨水淋入或流入的可能，综合管廊内部会发生结构渗漏水、表面凝结水等现象，管廊内部灾害事故也会造成给水排水管道的泄漏。因此，管廊内应设置必要的排水设施，以排除廊内的积水。排水区间长度不宜大于 200m，区间内设置排水边沟，并在排水区间的低点设置集水坑及排水泵。每个集水坑内一般设置两台潜水排水泵和一套浮球开关，根据集水坑内水位自动启、停排水泵。

⑥ 标识系统。综合管廊标识系统安装应符合设计要求。标识应设置在便于观察的部位，挂（贴）牢固、内容完整。采用喷漆或粘贴方式进行标识时，管道表面应清理干净、干燥。采用自喷漆时，喷涂应防止污染，周围应保护到位。喷涂或粘贴要牢固、清晰，喷涂无流坠，粘贴无翘边。

24.3　管廊施工准备

（1）一般要求

施工前测量人员应收集设计和测绘资料，并应根据施工方法和现场测量控制点状况制订施工测量方案。施工测量前应对接收的测绘资料进行复核，对各类控制点进行检测，并应在施工过程中妥善保护测量标志。

施工放样应依据卫星定位点、精密导线点、线路中线控制点及二等水准点等测量控制点进行。地下平面和高程起算点应直接从地面通过联系测量传递到地下的近井点。地下起算方位边不应少于 2 条，起算高程点不应少于 2 个。地下平面和高程控制点标志，应根据施工方法和管廊结构形状确定，并宜埋设在管廊底板、顶板或两侧边墙上。

施工期间应进行线路结构和邻近主要建筑物的变形测量。应根据国家有关规定，定期对测量仪器和工具进行检定。作业时应消除作业环境对仪器的影响。

（2）施工机械准备

施工机械应根据综合管廊实施性施工组织设计的要求配备。为确保正常施工，应保证施工机械情况良好，零配件、附件及履历书齐全，施工机械的准备应适应施工进度的要求，迅速而及时地分期完成。施工机械的安装与调试应符合下列要求。

① 施工机械的安装不得在松软地段、危岩塌方、滑坡或可能受洪水、飞石、车辆冲击等处所进行。特殊情况下应有可靠的防护措施，并确保安全。

② 机械设备的安装技术要求，应参照机械说明书的有关规定，底座必须稳固。安装完毕后应进行安全检查及性能试验，并经试运转合格后，方可投入使用。

③ 机械调试方法和步骤必须按照技术说明书等资料要求进行。

（3）施工场地与临时工程

① 施工场地布置应符合的要求如下。

a. 有利于生产、文明施工、节约用地和保护环境；

b. 事先统筹规划，分期安排，便于各项施工活动有序进行，避免相互干扰。

② 临时工程施工应符合的要求如下。

a. 运输道路应满足运量和行车安全的要求。引入线在不影响洞口边坡、仰坡安全的情况下宜引至洞口，并应避免与卸渣线等相互干扰，使用中应加强养护维修，确保畅通。

b. 高压、低压电力线路及变压器和通信线路应按规定统一布置、及早建成。

c. 临时房屋应本着有利生产、方便生活及勤俭节约的原则，或租或建，就近解决。

d. 严禁将住房等临时设施布置在受洪水、泥石流、落石、雪崩、滑坡等自然灾害威胁的地点。洞口段为不良地质时，不应在其洞顶修建房屋、高压水池和其他建筑。

e. 各种房屋按其使用性质应遵守相应的安全消防规定。爆破器材库、油库的位置应符合有关规定。房屋区内应有通畅的给水排水系统，并避开高压电线。

f. 弃渣应选择合适的地点，弃渣不得堵塞沟槽和挤压河道，亦不得挤压桥梁墩台及其他建筑物。弃渣堆的边坡应做防护，防止水土流失。

g. 临时工程及场地布置应采取措施保护自然环境。

24.4　管廊施工测量

24.4.1　地下平面控制测量

从综合管廊掘进起始点开始，直线综合管廊每掘进 200m 或曲线综合管廊每掘进 100m 时，应布设地下平面控制点，并进行地下平面控制测量。控制点间平均边长宜为 150m。曲线综合管廊控制点间距不应小于 60m。控制点应避开强光源、热源、淋水等地方，控制点间视线距综合管廊壁应大于 0.5m。平面控制测量应采用导线测量等方法。导线测量应使用不低于Ⅱ级的全站仪施测，左右角各观测两测回，左右角平均值之和与 360° 较差应小于 4″；边长往返观测各两测回，往返平均值较差应小于 4mm。测角中误差为 ±2.5″，测距中误差为 ±3mm。

控制点点位横向中误差宜符合下式要求：

$$m_u \leqslant m_\phi \frac{0.8d}{D} \tag{24-1}$$

式中　m_u——导线点横向中误差，mm；

m_ϕ——贯通中误差，mm；

d——控制导线长度，m；

D——贯通距离，m。

每次延伸控制导线前，应对已有的控制导线点进行检测，并从稳定的控制点进行延伸测量。控制导线点在综合管廊贯通前应至少测量三次，并应与竖井定向同步进行。

综合管廊长度超过 1500m 时，除满足现行国家标准《工程测量规范》（GB 50026—2007）的要求外，还宜将控制导线布设成网或边角锁等。相邻竖井间或相邻车站间综合管廊贯通后，地下平面控制点应构成附合导线（网）。

24.4.2 地下高程控制测量

高程控制测量应采用二等水准测量方法，并应起算于地下近井水准点。高程控制点可利用地下导线点，单独埋设时宜每 200m 埋设一个。地下高程控制测量的水准线路往返较差、附合或闭合差为 $\pm 8\sqrt{L}$ mm。

水准测量应在管廊贯通前进行三次，并应与传递高程测量同步进行。重复测量的高程点间的高程较差应小于 5mm。满足要求时，应取逐次平均值作为控制点的最终成果指导管廊的掘进。相邻竖井间管廊贯通后，地下高程控制点应构成附合水准路线。

24.4.3 基坑围护结构施工测量

（1）采用地下连续墙围护基坑时施工测量的技术要求

① 连续墙的中心线放样中误差应小于等于 ± 10mm；

② 内外导墙应平行于地下连续墙中线，其放样允许误差应为 ± 5mm；

③ 连续墙槽施工中应测量其深度、宽度和铅垂度；

④ 连续墙竣工后，应测定其实际中心位置与设计中心线的偏差，偏差值应小于 30mm。

（2）采用护坡桩围护基坑时其施工测量的技术要求

① 护坡桩地面位置放样，应依据线路中线控制点或导线点进行，放样允许误差纵向不应大于 100mm、横向为 $0 \sim +50$mm；

② 桩成孔过程中，应测量孔深、孔径及其铅垂度；

③ 采用预制桩施工过程中应监测桩的铅垂度；

④ 护坡桩竣工后，应测定各桩位置及与轴线的偏差，其横向允许偏差值为 $0 \sim +50$mm。

24.4.4 基坑开挖施工测量

采用自然边坡的基坑，其边坡线位置应根据线路的中线控制点进行放样，其放样允许误差为 ± 50mm。基坑开挖过程中，应使用坡度尺或采用其他方法检测边坡坡度，坡脚距管廊结构的距离应满足设计要求。

基坑开挖至底部后，应采用附合导线将线路中线引测到基坑底部。基坑底部线路中线纵向允许误差为 ± 10mm，横向允许误差为 ± 5mm。高程传入基坑底部可采用水准测量方法或光电测距三角高程测量方法。光电测距三角高程测量应对向观测，垂直角观测、距离往返测距各两测回，仪器高和觇标高精确至毫米。水准测量和光电测距三角高程测量精度要求应符合国家现行相关规范的规定。

24.4.5　结构施工测量

结构底板绑扎钢筋前，应依据线路中线，在底板垫层上标定出钢筋摆放位置，放线允许误差应为±10mm。

底板混凝土模板、预埋件和变形缝的位置放样后，必须在混凝土浇筑前进行检核测量。结构边墙、中墙模板支立前，应按设计要求，依据线路中线放样边墙内侧和中墙两侧线，放样允许偏差为0～+5mm。顶板模板安装过程中，应将线路中线点和顶板宽度测设在模板上，并应测量模板高程，其高程测量允许误差为0～+10mm，中线测量允许误差为±10mm，宽度测量允许误差为-1～+15mm。

相邻结构贯通后，应进行贯通误差测量。贯通误差测量的内容和方法应参照现行国家标准《工程测量规范》（GB 50026—2007）的有关规定执行。结构施工完成后，应对设置在底板上的线路中线点和高程控制点进行复测，测量方法和精度要求应参照现行国家标准《工程测量规范》（GB 50026—2007）的有关规定执行。

24.4.6　贯通误差测量

综合管廊贯通后应利用贯通面两侧平面和高程控制点进行贯通误差测量。贯通误差测量应包括综合管廊的纵向、横向和方位角贯通误差测量以及高程贯通误差测量。

综合管廊的纵向、横向贯通误差，可根据两侧控制点测定贯通面上同一临时点的坐标闭合差，并应分别投影到线路和线路的法线方向上确定；也可利用两侧中线延伸到贯通面上同一里程处的各自临时点的间距确定。方位角贯通误差可利用测定两侧控制点与贯通面相邻的同一导线边的方位角的较差确定。高程贯通误差应由两侧地下高程控制点测定贯通面附近同一水准点的高程较差确定。

24.4.7　竣工测量

综合管廊竣工时，为了检查主要结构物位置是否符合设计要求和提供竣工资料以及为将来运营中的检修工程和设备安装等提供测量控制点，最后须进行竣工测量。

在进行竣工测量时首先要检测中线点，从一端入口测至另一端入口。在检测时，建议直线地段每50m、曲线地段每20m以及需要加测断面处（例如综合管廊断面变换处）打临时中线桩或加以标记。遇到已设好的中线点即加以检测。在检测时要核对其里程及偏离中线的程度，核对综合管廊变换断面处的里程以及衬砌变换处的里程。在中线直线地段每200m埋设一个永久中线点；曲线地段则应在ZH、HY、QZ、YH、HZ点埋设永久中线点（ZH为直线与缓和曲线的交点，HY为缓和曲线与圆曲线的交点，QZ为道路平曲线中的曲中点，YH是圆曲线与缓和曲线的交点，HZ是缓和曲线与直线的交点），这些点都是一条曲线上的连续的几个交点。

永久中线点、水准点应检测，检测后列出实测成果表，注明里程，作为竣工资料之一。

竣工测量的另一项主要内容是测绘综合管廊的实际净空。建议直线地段每50m，曲线地段每20mm或需要加测断面处测绘综合管廊的实际净空。在测量以前，先根据设立的水准点将各50m、20m或有临时中线桩处的高程测设出来，即可进行净空测量。

24.5 综合管廊工程施工方法选择

24.5.1 明挖法施工

基坑明挖施工采用"纵向分段、竖向分层、左右对称、先支后挖"的方法。放坡明挖法基本流程如下。

第一步：从开挖起点分段开挖，开挖至地面下 2～3m 处，并在两侧边坡处留设短台阶，施作土钉墙，如图 24-4 所示。

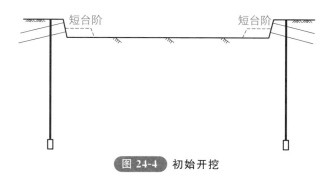

图 24-4 初始开挖

第二步：在施作第一层边坡土钉墙同时，从开挖起点分段进行中间拉槽开挖（含两侧预留短台阶的土方开挖），开挖至放坡中间平台高程。

第三步：第一层土钉墙施工完毕后，从开挖起点分段开挖两侧土方，土方直接装车运走，并在两侧边坡处留设短台阶，施作土钉墙（如图 24-5 所示）。

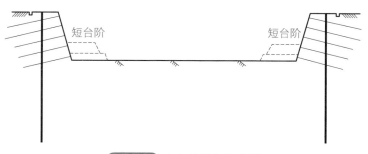

图 24-5 土钉墙施作示意图

第四步：最后循环以上步骤开挖至基底，基底以上 30cm 土方人工检底。

24.5.2　暗挖法施工

24.5.2.1　标准断面暗挖法地下管廊施工

（1）施工方法概述

台阶法有多种开挖方式，根据地层条件、断面大小和机械配备情况可分上、下两步，上、中、下三步开挖及弧形导坑预留核心土法等，一般多采用两步开挖。台阶法是实现其他施工方法的重要手段，标准断面隧道的初衬开挖形式主要是采用短台阶法、带临时仰拱的长台阶法。

当开挖断面较高时可进行多台阶施工，每层台阶的高度常为 3.5～4.5m，或以人站立方便操作选择台阶高度。根据土质情况及沉降要求，可设置临时仰拱，以增加隧道初衬结构的整体刚度。标准断面举例如图 24-6 所示。

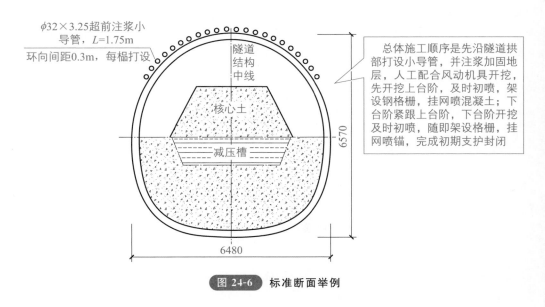

图 24-6　标准断面举例

（2）施工工艺流程

标准断面暗挖施工一般采用上下台阶法，严格按照暗挖"十八字方针"（管超前、严注浆、短开挖、强支护、快封闭、勤测量）进行组织施工，其基本的施工工艺流程如下。

第一步：施工拱部小导管注浆超前支护，预注浆加固底层，打设锁脚锚管，如图 24-7 所示。

第二步：开挖上半断面土体，施作初期支护，如图 24-8 所示。

第三步：开挖下半断面土体，施作初期支护，如图 24-9 所示。

第四步：分段敷设防水层，浇筑二衬混凝土，如图 24-10 所示。

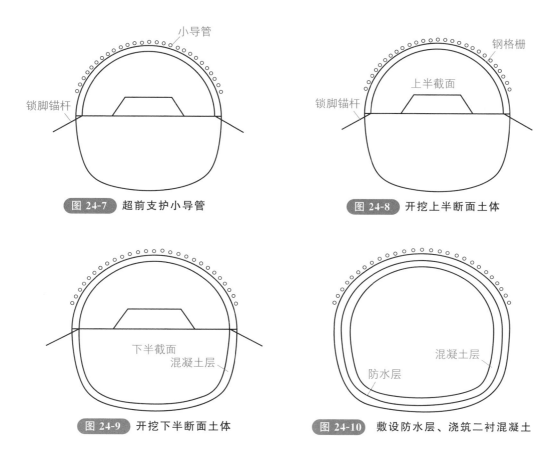

图 24-7 超前支护小导管

图 24-8 开挖上半断面土体

图 24-9 开挖下半断面土体

图 24-10 敷设防水层、浇筑二衬混凝土

24.5.2.2 大断面暗挖法地下管廊施工

大断面暗挖隧道是采用大洞化小洞的方式进行开挖，根据小导洞的组合、布设形式及开挖顺序不同，大断面暗挖又分为中隔壁法（CD 法）、交叉中隔壁法（CRD 法）、中洞法、双侧壁导坑法等多种形式。

（1）中隔壁法（CD 法）、交叉中隔壁法（CRD 法）

中隔壁法也称 CD 工法，主要适用于地层较差和不稳定岩体，且地面沉降要求严格的地下工程施工。当 CD 工法不能满足要求时，可在 CD 工法基础上加设临时仰拱，即所谓的交叉中隔壁法（CRD 工法）。CD 法和 CRD 法以台阶法为基础，将隧道断面从中间分成 4～6 个部分，使上下台阶左右各分成 2～3 个部分，每一部分开挖并支护后形成独立的闭合单元。CD 工法和 CRD 工法在大跨度隧道施工中应用普遍，在施工中应严格遵守正台阶法的施工要点，尤其要考虑时空效应，每一步开挖必须快速，必须及时步步成环，工作面留核心土或用喷混凝土封闭，消除由于工作面应力松弛而增大沉降的影响。CD 法和 CRD 法施工横断面示意图如图 24-11、图 24-12 所示。

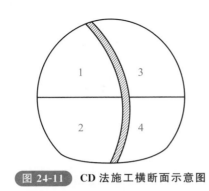

图 24-11　CD 法施工横断面示意图

图 24-12　CRD 法施工横断面示意图

（2）中洞法

中洞法施工就是先开挖中间部分（中洞），在中洞内施作梁、柱结构，然后再开挖两侧部分（侧洞），并逐渐将侧洞顶部荷载通过中洞初期支护转移到梁、柱结构上。由于中洞的跨度较大，施工中一般采用 CD 法、CRD 法或双侧壁导坑法进行施工。中洞法施工工序复杂，但两侧洞对称施工，比较容易解决侧压力从中洞初期支护转移到梁柱上时的不平衡侧压力问题，施工引起的地面沉降较易控制。中洞法的特点是初期支护自上而下，每一步封闭成环，环环相扣，二次衬砌自下而上施工，施工质量容易得到保证。中洞法施工横断面示意图如图 24-13 所示。

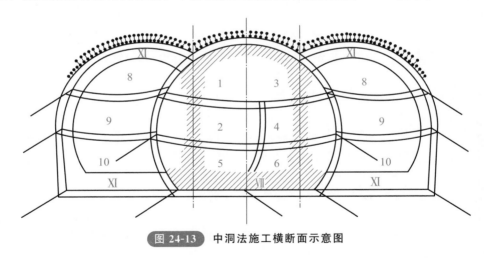

图 24-13　中洞法施工横断面示意图

（3）双侧壁导坑法

双侧壁导坑法又称眼镜工法。当隧道跨度很大，地表沉陷要求严格，围岩条件特别差，单侧壁导坑法难以控制围岩变形时，可采用双侧壁导坑法。

施工顺序：开挖一侧导坑，并及时地将其初期支护闭合。相隔适当距离后开挖另一侧导坑，并建造初期支护。开挖上部核心土，建造拱部初期支护，拱脚支承在两侧壁导坑的初期支护上。开挖下台阶，建造底部的初期支护，使初期支护全断面闭合。拆除导坑临空部分的初期支护，施作内层衬砌。双侧壁导坑法横断面示意图如图 24-14 所示。

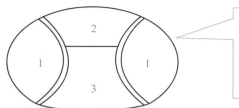

双侧壁导坑法一般是将断面分成四块：左、右侧壁导坑、上部核心土(图中的2)、下台阶(图中的3)。导坑尺寸拟定的原则同前，但宽度不宜超过断面最大跨度的1/3。左、右侧导坑错开的距离，应根据"开挖一侧导坑所引起的围岩应力重分布的影响不致波及另一侧已成导坑"的原则确定

图 24-14 双侧壁导坑法横断面示意图

24.5.3 盾构法施工

24.5.3.1 盾构掘进

（1）盾构始发

始发掘进前，应对洞门经改良后的土体进行质量检查，合格后方可始发掘进；应制订洞门围护结构破除方案，采取适当的密封措施，保证始发安全。土体加固质量检查主要内容包括土体加固范围、加固体的止水效果和强度，土体强度提高值和止水效果应达到设计要求，防止地层发生坍塌或涌水。

始发掘进时应对盾构姿态进行复核，负环管片定位时，管片环面应与隧道轴线垂直。对盾构姿态做检查，采取措施使其稳定和负环管片定位正确。这样做是为了确保盾构始发进入地层沿设计的轴线水平掘进。当盾构进入软土时，应考虑到盾构可能下沉，水平标高可按预计下沉量抬高。始发掘进过程中应保护盾构的各种管线，及时跟进后配套台车，并对管片拼装、壁后注浆、出土及材料运输等作业工序进行妥善管理。

（2）土压平衡盾构掘进

应根据工程地质和水文地质条件、埋深、线路平面与坡度、地表环境、施工监测结果、盾构姿态以及盾构初始掘进阶段的经验，设定盾构滚转角、俯仰角、偏角、刀盘转速、推力、扭矩、螺旋输送机转速、土仓压力、排土量等掘进参数。可从盾构掘进两环以上的状态测量资料分析出盾构掘进趋势，并通过地表变形量测数据判定预设土仓压力的准确程度，从而调整施工参数，制订出当班的盾构掘进指令。盾构掘进指令一般包括以下内容：每环掘进时的盾构姿态纠偏值、注浆压力与每环的注浆量、管片类型、最大掘进速度和推进油缸行程差、最大扭矩、螺旋输送机的最大转速等。

（3）泥水平衡盾构掘进

根据地层条件的变化以及泥水分离效果，需要对循环泥浆质量进行调整，使其保持在最佳状态。调整方法主要是向泥水中添加分散剂、增黏剂、黏土颗粒等添加剂进行调整，必要时须舍弃劣质泥浆，制作新浆。应设定和保持泥浆压力与开挖面

的水土压力，并使排出渣土量与开挖渣土量相平衡，根据掘进状况进行调整和控制。泥水平衡盾构掘进施工的特征是循环泥浆，用泥浆维持开挖面的稳定，又使开挖渣土成为泥浆，用管道输送出地面。要根据开挖面地层条件、地下水状态、隧道埋深条件等对排土量、泥浆质量、送排泥流量、排泥流速进行设定和管理。

（4）盾构姿态控制

盾构掘进过程中应随时监测和控制盾构姿态，使隧道轴线控制在设计允许偏差范围内。在竖轴线与平曲线段施工时，应考虑已成环衬砌环竖向、横向位移对隧道轴线控制的影响。应对盾构姿态及管片状态进行测量和人工复核，并详细记录。当发现偏差时，应及时采取措施纠偏。

（5）盾构接收

盾构到达接收工作井 10m 内，应控制盾构掘进速度、开挖面压力等。为防止由于盾构推力过大以及盾构切口正面土体挤压而损坏工作井洞门结构，当切口离洞口 10cm 起应保证出土量，切口离洞门结构 30～50cm 时盾构应停止掘进，并使切口正面土压力降到最低值，以确保洞门破除施工安全。应按预定的破除方法破除洞门。

盾构主机进入接收工作井后，应及时密封管片环与洞门间隙。盾构到达接收工作井前，应采取适当措施，使拼装管片环缝挤压密实，确保密封防水效果。

24.5.3.2 壁后注浆

为控制地层变形，盾构掘进过程中必须对成环管片与土体之间的建筑空隙进行充填注浆；充填注浆一般分为同步注浆、即时注浆和二次补强注浆；注浆可一次或多次完成。注浆压力应根据地质条件、注浆方式、管片强度、设备性能、浆液特性和管廊埋深综合因素确定。

同步注浆或即时注浆的注浆量，根据地层条件、施工状态和环境要求，其充填系数一般取 1.30～2.50。注浆控制有压力控制和注浆量控制，不宜单纯采用一种控制方式。

当管片拼装成型后，根据管廊稳定、周边环境保护要求可进行二次补强注浆，二次补强注浆的注浆量和注浆速度应根据环境条件和沉降监测等确定。

24.5.3.3 防水

盾构法施工的管廊一般采用预制拼装式钢筋混凝土管片，其防水包括管片自身防水、管片接缝防水、螺栓孔防水、注浆孔防水等；盾构管廊防水以管片自防水为基础，以接缝防水为重点，辅以对特殊部位的防水处理，以保证管廊内面平均漏水量满足设计要求。

24.5.4 顶管法施工

顶管施工方法大致可以分为三种：土压平衡式、泥水平衡式、气压平衡式。

顶管施工最突出的特点就是适应性问题。针对不同的地质情况、施工条件和设计要求，选用与之适应的顶管施工方式，如何正确地选择顶管机和配套辅助设备，对于顶管施工来说是非常关键的。

主要机械设备：吊装设备、高压油泵、大吨位千斤顶、后背桩及后背梁、导轨及出土工具、经纬仪、水平仪。机具功能及数量根据被顶进管节的直径长度及重量而定。施工要点如下。

（1）顶管工作坑开挖

要依照施工方案及具体环境进行，坑的长宽要视土质，被顶管节的直径、长度，机具设备，下管及出土方法而定。工作坑除安装顶管的机具设备后背、导轨、顶进管节以外，还要有利于向坑外出土和作业人员的操作。一般要求，工作坑上口前缘距路缘≥2m，安放管节后每侧要有1m的工作面，管节后侧与千斤顶之间要有利于出土的空间，在有水的环境中要设置水坑及排水设施，工作坑壁的放坡系数根据土质情况应符合要求，坑底要夯实。

（2）导轨

由四根钢轨和若干枕木组成，枕木置在工作坑底下1/2枕木高的基土上，枕木间距800～1000mm，钢轨的长度等于工作坑底面的长度减去钢轨桩所占的位置，钢轨的间距要视被顶管节的外径而定，一般要保证管节安放后下皮高出枕木上皮20mm，千斤顶安装后要与管节的横截面有最大的接触面，钢轨安装要平直，前端抬头要有0.5%～1.0%的坡度。

（3）顶进后背

后背的坚固与否直接影响顶管的效果，所以，后背所具有的能力必须能满足最大顶力的需要，后背由后背桩、后背梁和后背桩后面的夯实土所组成，后背桩一般以钢轨代替，埋入坑底以下1.5m左右，桩后填土分层夯实，后背桩平面垂直于顶进方向的轴线，钢制后背梁放在桩前的导轨上。顶进后背的其他组成形式有砌筑毛石的，有预制钢筋混凝土块组合的。

（4）安装顶进设备和管节

顶进设备由一台高压油泵和两台200～500t千斤顶组成，千斤顶安在后背梁与管节之间，管节后端和千斤顶之间有专用钢护圈及麻辫或橡胶垫对混凝土管端保护，管外壁涂石蜡做润滑剂，减少顶进摩阻力，千斤顶通过传力柱将管节顶入路基。

（5）挖土、顶进、测量及纠偏（土压平衡式）

设备安装后经试运转无异常即可掏土顶进，掏土视土质及管顶上部覆土厚度而掌握进尺深度，土质较密而且覆土较厚，有利于形成卸力拱，可以适当多挖，土质松散或覆土厚度较小，则要少挖，勤挖勤顶，挖土直径不可超过管节的外径。

顶进过程要时刻测量，每一顶程过后，要对管的高程及左右偏差测量一次，发现问题及时纠偏，纠正左右偏及抬头扎头的措施，可以在管的前端设一斜撑支于管前的土壁上，结合一侧超挖土方，随顶随纠偏。前两节的衔接处，用钢板焊制的钢胀圈加固，作为防止偏差的一项措施。

24.6 防水工程施工

24.6.1 防水混凝土施工

防水混凝土的抗渗能力不应小于 0.6MPa。防水混凝土的环境温度不得高于 100℃；处于侵蚀性介质中的防水混凝土的耐侵蚀系数，不应小于 0.8。防水混凝土结构的混凝土垫层，其抗压强度等级不应小于 10MPa，厚度不应小于 100mm。

拌制混凝土所用的水，应采用不含有害物质的洁净水。防水混凝土可根据工程需要掺入引气剂、减水剂、密实剂等外加剂，其掺量和品种应经试验确定。

防水混凝土可掺入一定数量的磨细粉煤灰或磨细砂、石粉等，粉煤灰掺量不应大于 20%，磨细砂、石粉的掺量不宜大于 5%。粉细料应全部通过 0.15mm 筛孔。

严重化学腐蚀环境下的混凝土结构构件，应结合当地环境和对既有建筑物的调查，必要时可在混凝土表面施加环氧树脂涂层、设置水溶性树脂砂浆抹面层或铺设其他防腐蚀面层，也可加大混凝土构件的界面尺寸。化学腐蚀环境下的混凝土不宜单独使用硅酸盐水泥或普通硅酸盐水泥作为胶凝材料，其原材料组成应根据环境类别和作用等级确定。水、土中的化学腐蚀环境、大气污染环境和含盐大气环境中的素混凝土结构构件，其混凝土的最低强度等级和最大水胶比应与配筋混凝土结构构件相同。

使用减水剂时，减水剂宜预溶成一定浓度的溶液。防水混凝土拌合物，必须采用机械搅拌，搅拌的时间不应小于 2min。掺外加剂时，应根据外加剂的技术要求确定搅拌时间。防水混凝土拌合物在运输后如出现离析，必须进行二次搅拌。当坍落度有损失时，应加入原水灰比的水泥浆。防水混凝土必须采用机械振捣密实，振捣时间宜为 10~30s，以混凝土开始泛浆和不冒气泡为准，并应避免漏振、欠振和超振。

24.6.2 涂膜防水层施工

24.6.2.1 涂膜保护层的施工

涂膜施工完毕，经检查合格后，应立即进行保护层的施工，及时保护防水层免受损伤。保护层材料的选择应根据设计要求及所用防水涂料的特性而定。

24.6.2.2 水乳型氯丁橡胶沥青防水涂料的施工

氯丁橡胶沥青防水涂料有溶剂型和水乳型之分，目前国内多为阳离子水乳型产品。该涂料产品兼有橡胶和沥青的双重优点，与溶剂型的同类产品相比，二者的主要成膜物质均为氯丁橡胶和石油沥青，其良好的性能亦相似，但阳离子水乳型沥青防水涂料则以水取代了甲苯等有机溶剂，不但使综合管廊成本降低，而且具有无毒、不燃、施工时无污染等特点，水乳型氯丁橡胶沥青防水涂料产品适用于地下混凝土工程的防潮防渗。

24.6.2.3　聚氨酯涂膜防水的施工

聚氨酯涂膜防水工程施工的注意事项如下。

① 清扫基层的时候把基层表面的尘土杂物认真清扫干净。

② 涂刷基层处理剂的注意事项如下。

a. 此工序相当于沥青防水施工冷涂刷冷底子油，其目的是隔断基层潮气，防止防水涂膜起鼓脱落；加固基层，提高基层与涂膜层的黏结强度，防止涂层出现针眼气孔等缺陷。

b. 聚氨酯底胶的配制将聚氨酯甲料与专供底涂用的乙料按（1∶3）～（1∶4）（质量比）的比例配合，搅拌均匀，即可使用。

c. 在正式涂刷聚氨酯涂抹之前，先在立墙与平面交界处用密纹玻璃网布或聚酯纤维无纺布做附加过渡处理。附加层施工，应先将密纹玻璃网布或聚酯纤维无纺布用聚氯酸涂膜粘铺在拐角平面（宽 300～500mm），平面部位必须用聚氯酯涂膜与垫层混凝土基层紧密粘牢，然后由上而下铺贴玻璃网布或聚氨酯纤维无纺布，并使网布紧贴阴角，避免吊空。在永久性保护墙（模板墙）上不刷底油，也不涂刷聚氨酯涂膜，仅将网布空铺或点粘密贴永久砖墙身，在临时保护墙上需用聚氨酯涂膜粘铺密纹玻璃网布或聚酯纤维无纺布并将它固定在临时保护墙上，随后进行大面积涂膜防水层施工。

d. 垫层混凝土平面与模板墙立面聚氨酯涂膜防水操作：用长把滚刷蘸取配制好的混料，顺序均匀地涂刷在基层处理剂已干燥的基层表面上，涂刷时要求厚薄均匀，对平面基层以涂刷 3～4 遍为宜，每遍涂刷量为 0.6～0.8kg/m^2；对立面模板墙基层以涂刷 4～5 遍为宜，每遍涂刷量为 0.5～0.6kg/m^2，防水涂膜的总厚度不宜大于 2mm。

e. 涂完第一遍涂膜后一般需固化 12h 以上，直至指触综合管廊不粘时，再按上述方法涂刷第二遍至第五遍涂膜。对平面的涂刷方向，后一遍应与前一遍的涂刷方向垂直，凡遇到底板与立墙相连接的阴角，均应铺设密纹玻璃网布或聚酯纤维无纺布进行附加增强处理。

24.6.2.4　接槎和立墙涂膜防水施工

清理工作面，拆除临时保护墙；清除白灰砂浆层，使槎头显现出来。

边墙混凝土施工缝防水处理：清理混凝土凸块、浮浆等杂物，以高强度等级的防水砂浆或聚合物砂浆局部找平施工缝（上、下各 10～15cm 范围），然后涂刷 3 道聚合物水泥砂浆，厚约 1.5mm。

边墙施工缝处理好后即可按正常墙体防水施工法有关规定进行操作，操作工艺与平面基层相同。

24.6.2.5　立面粘贴聚乙烯泡沫塑料保护层的施工

在立墙涂刷的第四遍涂膜完全固化，经检查验收合格后，再均匀涂刷第五遍涂膜，在该涂膜固化前，应立即粘贴 6mm 厚的聚乙烯泡沫塑料片作软保护层。粘贴时要求泡沫塑料片拼缝严密，以防回填土时损伤防水涂膜。

24.6.2.6　丙烯酸酯防水涂料施工

丙烯酸酯防水涂料施工注意事项如下。

① 要求基层表面平整、干净，以免影响涂料的附着力和污染涂料。

② 构件接缝、刚性防水层分仓缝等宜用聚氯乙烯油膏或胶泥嵌填，并沿接缝表面粘贴玻璃纤维布（150～300mm 宽）。不宜使用石油沥青质油漆或油毡，否则会影响该部位涂料的黏结力。

③ 防水层必须干燥充分后才能施工。施工温度应在 5℃以上，应避免涂料在零下的温度条件下成膜。涂料的成膜时间为 4～8h，在此期间不得有雨水冲淋。

④ 不宜在大风天气进行喷涂施工，夏季中午由于太阳光直射，温度较高，成膜速度快，当涂层内水分迅速蒸发时，易造成涂膜起泡，因而不宜施工。

24.6.2.7　涂膜施工

（1）手工涂刷

首先将涂料搅拌均匀，然后倒入小桶中，用毛毡漆刷在黑色防水涂层上均匀地滚涂两遍。每遍涂料的时间间隔为 4～8h。对于无法滚涂的部位应用毛刷涂刷。涂料用量为 0.55kg/m² 左右。要求涂膜薄厚均匀、不堆积、不漏涂，无明显接槎。

（2）机械喷涂施工

一般由 3 人配合操作，1 人配合移动管道，1 人配合搅拌涂料和给贮料罐加料。涂料加入贮料罐前应采用手提式电动搅拌器充分搅拌，并用筛网过滤。施工前，应由下风端朝上风端的顺序后退喷涂，喷枪口离地面 300～500mm。喷涂时，贮料罐压力应稳定在 0.2MPa 左右，喷嘴口空气压力为 0.4MPa 左右。这两项压力应严格控制，否则会影响涂膜质量。喷涂时尽可能连续作业，以避免涂料在管道中停留时间过长，引起凝聚结膜，堵塞管道。当喷涂施工时，若中途需停顿 1h 以上，应将管道和贮料罐内冲洗干净。一般应喷涂两遍，涂料用量约为 0.55kg/m²。

24.6.2.8　渗透结晶型防水材料的施工

（1）基层处理

① 将新、旧混凝土基层表面的尘土、杂物彻底清扫干净，必要时还需要将基层表面作凿毛处理，并用水冲洗干净。

② 由于水泥基渗透结晶型防水材料在混凝土中结晶形成过程的前提条件是需要湿润，所以无论新浇筑的或原有的混凝土，都要用水浸透，但不能有明水。

③ 新浇的混凝土表面在浇筑 20h 后方可使用该类防水涂料。

④ 混凝土浇筑后的 24～72h 为使用该类涂料的最佳时段，因为新浇的混凝土仍然潮湿，所以基面仅需少量的预喷水。

⑤ 混凝土基面应当粗糙干净，以提供充分开放的毛细管系统以利于渗透。

（2）施工工艺

① 将水泥基渗透结晶型防水涂料或防水剂与水按规定的比例进行配比，搅拌均匀，使涂料配制成膏浆状材料，然后按顺序涂刷或喷涂在干净、潮湿而无明水的基层表面上，涂层的厚度以控制在 1.5～2.0mm 为宜。

② 施工刷涂、喷涂时需用半硬的尼龙刷或专用喷枪，不宜用抹子、滚筒、油漆刷或油漆喷枪。涂层要求均匀，各处都要涂刷，一层的厚度应小于 1.2mm，如果太厚则养护困难。涂刷时应注意用力，来回纵横地刷，以保证凹凸处都能涂上并均匀。喷涂时喷嘴距涂层要近些，以保证灰浆能喷进表面微孔或微裂纹中。

③ 当需涂第二层（浓缩剂或增效剂）时，一定要等第一层初凝后仍呈潮湿状态时（即 48h 内）进行，如太干则应先喷洒些水。

④ 在热天露天施工时，建议在早、晚或夜间进行，防止涂层过快干燥，造成表面起皮，影响渗透。

⑤ 对水平地面或台阶阴阳角必须注意将涂料涂匀，阳角要刷到，阴角及凹陷处不能有涂料的过厚沉积，否则在堆积处可能开裂。

⑥ 对于水泥类材料的后涂层，在前涂层初凝后（8～48h）即可使用。

（3）养护

当涂层凝固到不会被洒水损伤时，即可及时喷洒水或覆盖潮湿麻袋、草帘等进行保湿养护，养护时间不得少于 3 天。渗透结晶型防水涂层的养护注意事项如下。

① 在养护过程中必须用净水，必须在初凝后使用喷雾式洒水，以免涂层被破坏。一般每天需喷洒水 3 次，连续 2～3 天，在热天或干燥天气要多喷几次，防止涂层过早干燥。

② 在养护过程中，必须在施工后 48h 内避免雨淋、霜冻，烈日曝晒、污水及 2℃ 以下的低温。在空气流通很差的情况下，需用风扇或鼓风机帮助养护。露天施工用湿草袋覆盖较好，不能覆盖不透气的塑料薄膜。如果使用塑料薄膜作为保护层，必须注意架开，以保证涂层的"呼吸"及通风。

③ 对盛装液体的混凝土结构必须养护 3 天之后，再放置 12 天，才能灌进液体。对盛装特别热的或腐蚀性液体的混凝土结构，需放 18 天才能灌装。

（4）回填

在涂层施工 36h 后可回填湿土，7 天内均不可回填干土，以防止其向涂层吸水。

24.6.3　密封防水施工

24.6.3.1　施工前的准备

综合管廊工程常用的嵌缝防水密封材料主要有改性沥青防水密封材料和合成高分子防水密封材料两大类。它们的性能差异较大，施工方法亦应根据具体材料而定，常用的施工方法有冷嵌法和热灌法两种。

防水密封材料的施工一般都是在工程临近竣工之前进行，此时工期要求紧，各种误差集中，施工条件特殊，如不精心施工，就会降低密封材料的性能，增加漏水的概率。为了满足接缝的水密、气密要求，在正确的接缝设计和施工环境下完成任务，就需要充分做好施工准备，各道工序认真施工，并加强施工管理，才能达到要求。

24.6.3.2　接缝的表面处理和清理

需要填充密封胶的施工部位，必须将有碍于密封胶黏结性能的水分、油、涂料、锈迹、杂物和灰尘等清洗干净，并对基层做必要的表面处理，这些工作是保证密封材料黏结性的重要条件。基层材料的表面处理方法一般可分为机械物理方法和化学方法两大类型。常用的砂纸打磨、喷砂、机械加工等属于机械物理方法；而酸碱腐蚀、溶剂、洗涤剂等处理属于化学方法。这些方法可以单独使用，但联合使用能达到更好的效果。

24.7　安全文明施工

为了严格有序地管理，防止意外事件的发生，施工现场出入口应当设置门卫值班室，对人员进出场地进行登记。出入施工现场的施工人员一律实行证件管理制度，由各出入口警卫人员严格认真检查，无证者和证件不符者，一律不准进入。出入现场的车辆必须具备两证：车辆行驶证和驾驶员施工证。同时根据公司对一级项目部的要求，配备远程监控系统有效防止安全隐患的发生，第一时间发现危险源。除在主要出入口设置摄像探头外，在主要施工区域及临近飞行区一侧均应设置不同数量的探头，达到项目乃至公司对工地的可控状态。

（1）文明施工管理措施

① 根据工程特点，编制文明施工实施方案，在开工前 5 日内，将文明施工实施方案报市安全监督部门备案。

② 建设工程施工需要停水、停电、停气等，可能影响到施工现场周围地区单位和居民的工作、生活时，应当依法报请有关行政主管部门批准，并按照规定事先通告可能受影响的单位和居民。因施工导致突发性停水、停电、停气，施工单位应当立即向相关行政管理部门报告，同时采取补救措施。

③ 建设工程需夜间施工的，应当按照当地规定申领夜间作业证明。

④ 项目部、施工队设文明施工负责人，每周召开一次关于文明施工的例会，定期与不定期检查文明施工措施落实情况，组织班组开展"创文明班组竞赛"活动，经常征求建设单位和项目监理对工地文明施工的建议和意见。

⑤ 所有现场作业人员统一着装，衣服后背印刷施工企业名称，夜间施工穿着反光背心，涉水施工穿戴救生衣。

（2）施工现场的管理

① 施工现场实行封闭管理制度，强化警卫力量，出入口应当设置门卫值班室，对人员进出场进行登记。

② 房屋建筑工程施工现场的出入口、场内主要通道、加工场地及材料堆放区域应当采用混凝土硬化处理。一般场内主要通道宽度不小于 3.5m，消防通道度不小于 4m，并保持平坦、整洁；其他空旷场地应当进行绿化布置或者采用其他形式固化。

③ 建设工程施工现场应当定期清扫、喷淋或者喷洒粉尘覆盖剂。发布大气重污染一级预警时，裸露场地应当保持湿化。

④ 建设工程施工现场出入口应当设置车辆冲洗设施和排水、废浆沉淀设施，运输车辆应当冲洗干净后出场。不具备设置沉淀池条件的市政基础设施工程、城市绿化工程、线路管道工程施工现场，应当派专人在冲洗后清扫废水。发布大气重污染一级预警时，应当停止渣土运输。

⑤ 施工现场进行电焊作业或者夜间施工使用强光照明的，应当采取有效遮蔽措施，避免光照直射居民住宅。

⑥ 建设工程施工现场禁止焚烧建筑垃圾、生活垃圾以及其他产生有毒有害气体的物质；在城市市区范围内的建设工程施工现场，不得使用烟煤、木竹料等污染严重的燃料。

⑦ 建设工程施工现场办公、生活用房不得设置在施工作业区内。办公、生活用房与施工作业区之间应当设置隔离设施。不得在尚未竣工的建筑物内设置生活用房。

⑧ 建设工程施工现场设置食堂的，应当依法办理餐饮服务行政许可手续，从业人员应当持有有效健康证明。食堂应当距离厕所、垃圾容器等污染源25m以上，并设置在粉尘、有害气体、放射性物质和其他扩散性污染源的影响范围之外。

⑨ 对施工区域的交通管理。建立平坦畅通、视野开阔、标识清晰的现场施工道路，人车分流，设立大型物资进场道路线路，确保环场道路畅通，各种施工车辆能正常安全行驶。

⑩ 施工现场按卫生标准和环境卫生、通风照明的要求，设置相应的厕所、化粪池、简易浴室、更衣室、生活垃圾容器等职工生活设施，落实专人管理。厕所便池贴瓷砖，必须有冲洗设备，并保持清洁卫生。落实各项除"四害"措施，控制"四害"滋生。

⑪ 严格依照《中华人民共和国消防条例》的规定，在工地建立和执行防火管理制度，重点部位设置符合消防要求的消防设施，并保持完好的备用状态。

城市轨道交通工程

25.1 城市轨道交通工程结构与特点

25.1.1 地铁车站结构与施工方法

25.1.1.1 地铁车站分类

地铁车站根据其与地面相对位置、运营性质、结构横断面、站台形式等进行分类，具体如表 25-1 所示。

表 25-1 地铁（轻轨交通）车站的分类

分类方式	分类情况	备 注
车站与地面相对位置	高架车站	车站位于地面高架结构上，分为路中设置和路侧设置两种
	地面车站	车站位于地面，采用岛式或侧式均可，路堑式为其特殊形式
	地下车站	车站结构位于地面以下，分为浅埋车站、深埋车站
运营性质	中间站	仅供乘客上、下乘降用，是最常用、数量最多的车站形式
	区域站域	在一条轨道交通线中，由于各区段客流的不均匀性，行车组织往往采取长、短交路（大、小交路）的运营模式。设于两种不同行车密度交界处的车站（即中间折返站，短交路列车在此折返）即区域车站
	换乘站	位于两条及两条以上线路交叉点上的车站，除具有中间站的功能外，还可让乘客在不同线上换乘
	枢纽站	枢纽站是由此站分出另一条线路的车站。该站可接、送两条线路上的列车
	联运站	指车站内设有两种不同性质的列车线路进行联运及客流换乘。联运站具有中间站及换乘站的双重功能
	终点站	设在线路两端的车站。就列车上、下行而言，终点站也是起点站（或称始发站）。终点站设有可供列车全部折返的折返线和设备，也可供列车临时停留检修
结构横断面	矩形	矩形断面是车站中常选用的形式。一般用于浅埋、明挖车站。车站可设计成单层、双层或多层，跨度可选用单跨、双跨、三跨及多跨形式
	拱形	拱形断面多用于深埋或浅埋暗挖车站，有单拱和多跨连拱等形式。单拱断面由于中部起拱较高，而两侧拱脚相对较低，中间无柱，因此建筑空间显得高大宽阔。如建筑处理得当，常会得到理想的建筑艺术效果。明挖车站采用单跨结构时也有的采用拱形断面
	圆形	为盾构法施工时常见的形式
	其他	如马蹄形、椭圆形等

续表

分类方式	分类情况	备　注
站台形式	岛式站台	站台位于上、下行线路之间。具有站台面积利用率高、提升设施共用,能灵活调剂客流、使用方便、管理较集中等优点。常用于较大客流量的车站。其派生形式有曲线式、双鱼腹式、单鱼腹式、梯形式和双岛式等
	侧式站台	见于客流不大的地下站和高架的中间站。其派生形式有曲线式、单端喇叭式、双端喇叭式、平行错开式和上、下错开式等形式
	岛侧混合式	岛式站台及侧式站台同设在一个车站内。常见的有一岛一侧、一岛两侧形式。此种车站可同时在两侧的站台上、下车。共线车站往往会出现此种形式

25.1.1.2　施工方法（工艺）与选择条件

地铁工程通常是在城镇中修建的,其施工方法选择会受到环境保护、道路、施工机具、资金条件、地面建筑物、城市交通（环道机金建交）等因素的影响。因此,施工方法的决定,不仅要从技术、经济、修建地区具体条件考虑,而且还要考虑施工方法对城市生活的影响。

（1）明挖法施工

① 明挖法先从地表面向下开挖基坑至设计标高,然后在基坑内的预定位置由下而上地建造主体结构及其防水措施,最后回填土并恢复路面。

② 明挖法是修建地铁车站的常用施工方法,具有施工作业面多、速度快、工期短、易保证工程质量、工程造价低等优点,因此,在地面交通和环境条件允许的地方,应尽可能采用。

③ 围护结构及其支撑体系关系到明挖法实施的成败。常见的基坑内支撑结构形式有:现浇混凝土支撑、钢管支撑和 H 型钢支撑等。根据支撑方向的不同,可将支撑分为对撑、角撑和斜撑等,在特殊情况下,也有设置成环形梁的。地铁车站基坑支撑的典型布置形式如图 25-1 所示。当内支撑跨度较大时,需在坑内设临时立柱,当临时立柱构造和位置恰当时,以后就将其变为结构的永久立柱,如图 25-2 所示是钢支撑和立柱常见连接节点构造。

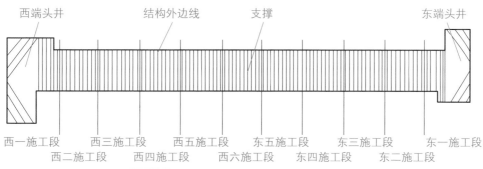

图 25-1　地铁车站基坑支撑的典型布置形式

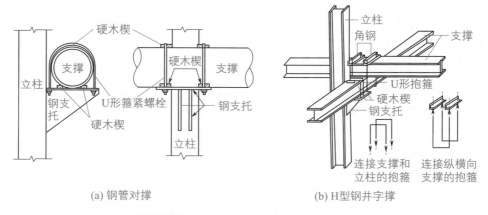

(a) 钢管对撑　　　　　　　　　　　　(b) H型钢井字撑

图 25-2 钢支撑和立柱常见连接节点构造

④ 明挖法施工工序如下：围护结构施工→降水（或基坑底土体加固）→第一层开挖→设置第一层支撑→第 n 层开挖→设置第 n 层支撑→最底层开挖→底板混凝土浇筑→自下而上逐步拆支撑（局部支撑可能保留在结构完成后拆除）→随支撑拆除逐步完成结构侧墙和中板→顶板混凝土浇筑。明挖法车站施工工序如图 25-3 所示。

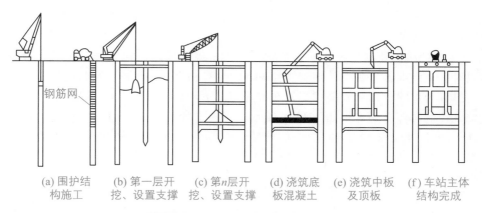

(a) 围护结　　(b) 第一层开　　(c) 第n层开　　(d) 浇筑底　　(e) 浇筑中板　　(f) 车站主体
构施工　　挖、设置支撑　　挖、设置支撑　　板混凝土　　及顶板　　结构完成

图 25-3 地铁车站支撑的典型布置形式

⑤ 明挖法基坑支护结构选择时，应综合考虑基坑周边环境和地质条件的复杂程度，首先确定基坑安全等级，然后根据等级选用基坑支护结构。《建筑基坑支护技术规程》（JGJ 120—2012）的基坑支护结构安全等级划分见表 25-2；对于同一基坑的不同位置，可采用不同的安全等级。依据该等级，基坑支护结构的适用条件如表 25-3 所示。地铁车站基坑形式与建筑基坑有所差异，但可参考《建筑基坑支护技术规程》（JGJ 120—2012）进行基坑设计和施工。

表 25-2 基坑支护结构的安全等级

安全等级	破坏后果
一级	支护结构失效、土体过大变形对基坑周边环境或主体结构施工安全的影响很严重
二级	支护结构失效、土体过大变形对基坑周边环境或主体结构施工安全的影响严重
三级	支护结构失效、土体过大变形对基坑周边环境或主体结构施工安全的影响不严重

表 25-3 基坑支护结构的适用条件

结构类型		适用条件	
		安全等级	基坑深度、环境条件、土类和地下水条件
支挡式结构	拉锚式结构	一级、二级、三级	适用于较深基坑	1. 排桩适用于可采用降水或截水帷幕的基坑 2. 地下连续墙可同时用于截水 3. 锚杆不宜用在软土层和高水位的碎石土、砂土中 4. 当邻近基坑有建筑物地下室、地下构筑物等，锚杆的有效长度不足时，不应采用锚杆 5. 当锚杆施工会造成基坑周边建(构)筑物的损害或违反城市地下空间规划等规定时，不应采用锚杆
	支撑式结构		适用于较深基坑	
	悬臂式结构		适用于较浅基坑	
	双排桩		当拉锚式、支撑式和悬臂式结构不适用时，可考虑采用双排桩	
土钉墙	单一土钉墙	二级、三级	适用于地下水位以上或降水的非软土基坑，且基坑深度不宜大于 12m	当基坑潜在滑动面内有建筑物、重要地下管线时，不宜采用土钉墙
	预应力锚杆复合土钉墙		适用于地下水位以上或降水的非软土基坑，且基坑深度不宜大于 15m	
	水泥土桩复合土钉墙		适用于非软土基坑，且基坑深度不宜大于 12m；用于淤泥质土基坑时，基坑深度不宜大于 6m；不宜用在高水位的碎石土、砂土层中	
	微型桩复合土钉墙		适用于地下水位以上或降水的基坑，用于非软土基坑时，基坑深度不宜大于 12m；用于淤泥质土基坑时，基坑深度不宜大于 6m	
重力式水泥土墙		二级、三级	适用于淤泥质土、淤泥基坑，且基坑深度不宜大于 7m	
放坡		三级	施工场地满足放坡条件，放坡与上述支护结构形式结合	

（2）盖挖法施工

①盖挖法施工也是明挖施工的一种形式，与常见的明挖法施工的主要区别在于施工方法和顺序不同：盖挖法是先盖后挖，即先以临时路面或结构顶板维持地面畅通，再向下支护的基坑施工。施工基本流程：在现有道路上按所需宽度，以定型标准的预制棚盖结构（包括纵、横梁和路面板）或现浇混凝土顶（盖）板结构置于桩（或墙）柱结构上维持地面交通，在棚盖结构支护下进行开挖和施作主体结构、防水结构。然后回填土并恢复管、线、路或埋设新的管、线、路。最后恢复道路结构。

② 盖挖法可分为盖挖顺作法、盖挖逆作法及盖挖半逆作法。目前，城市中施工采用最多的是盖挖逆作法。

a. 盖挖顺作法：盖挖顺作法的具体施工流程如图 25-4 所示。

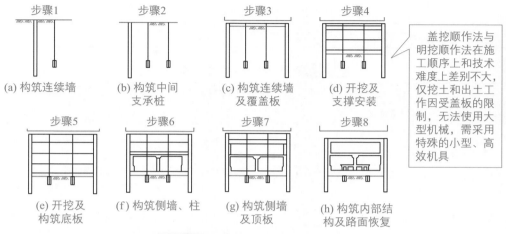

图 25-4　盖挖顺作法的具体施工流程

b. 盖挖逆作法：盖挖逆作法施工时，先施作车站周边围护结构和结构主体桩柱，然后将结构盖板置于围护桩（墙）、柱（钢管柱或混凝土柱）上，自上而下完成土方开挖和边墙、中板及底板衬砌的施工，其具体施工流程如图 25-5 所示。盖挖逆作法是在明挖内支撑基坑基础上发展起来的，施工过程中不需设置临时支撑，而是借助结构顶板、中板自身的水平刚度和抗压强度实现对基坑围护桩（墙）的支撑作用。

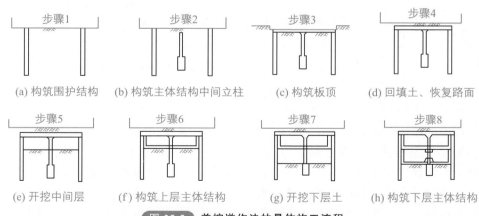

图 25-5　盖挖逆作法的具体施工流程

c. 盖挖半逆作法：类似逆作法，其区别仅在于顶板完成及恢复路面过程，在半逆作法施工中，一般都必须设置横撑并施加预应力。

（3）喷锚暗挖法

喷锚暗挖法对地层的适应性较广，适用于结构埋置较浅、地面建筑物密集、交通运输繁忙、地下管线密布、对地面沉降要求严格的城镇地区地下构筑物施工。

① 新奥法。"新奥法"是以维护和利用围岩的自承能力为基点，使围岩成为支护体系的组成部分，支护在与围岩共同变形中承受的是形变应力。因此，要求初期支护有一定柔度，以利用和充分发挥围岩的自承能力。

② 浅埋暗挖法。采用浅埋暗挖法时要注意其适用条件。首先，浅埋暗挖法不允许带水作业。第二，采用浅埋暗挖法要求开挖面具有一定的自立性和稳定性。

常用单跨隧道浅埋暗挖方法的选择（根据开挖断面大小）如图 25-6 所示。

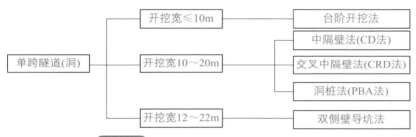

图 25-6 常用单跨隧道浅埋暗挖方法选择

25.1.2　地铁区间隧道结构与施工方法

25.1.2.1　明挖法施工隧道

① 在场地开阔、建筑物稀少、交通及环境允许的地区，应优先采用施工速度快、造价较低的明挖法施工。明挖法施工的地下铁道区间隧道结构通常采用矩形断面，一般为整体浇筑或装配式结构，其优点是其内轮廓与地下铁道建筑限界接近，内部净空可以得到充分利用，结构受力合理，顶板上便于敷设城市地下管网和设施。

② 整体式衬砌结构。明挖现浇隧道结构断面分单跨、双跨等形式，由于结构整体性好，防水性能容易得到保证，可适用于各种工程地质和水文地质条件；但是，施工工序较多，速度较慢。

③ 预制装配式衬砌。预制装配式衬砌的结构形式应根据工业化生产水平、施工方法、起重运输条件、场地条件等因地制宜地选择，目前以单跨和双跨较为通用。关于装配式衬砌各构件之间的接头构造，除了要考虑强度、刚度、防水性等方面的要求外，还要求构造简单、施工方便。装配式衬砌整体性较差，对于有特殊要求（如防护、抗震等）的地段要慎重选用。

25.1.2.2　喷锚暗挖（矿山）法施工隧道

在城市区域、交通要道及地上地下构筑物复杂地区，隧道施工喷锚暗挖法常是一种较好的选择；隧道施工时，一般采用拱形结构，其基本断面形式为单拱、双拱和多跨连拱。前者多用于单线或双线的区间隧道或联络通道，后两者多用在停车线、折返线或喇叭口岔线上。采用喷锚暗挖法隧道衬砌又称为支护结构，其作用是加固围岩并与围岩一起组成一个有足够安全度的隧道结构体系，共同承受可能出现的各种荷载，保持隧道断面的使用净空，防止地表下沉，提供空气流通的光滑表面，堵截或引排地下水。根据对隧道衬砌结构的基本要求以及隧道所处的围岩条件、地下水状况、地表下沉的控制、断面大小和施工方法等，可以采用基本结构类型及其变化方案。

① 衬砌的基本结构类型——复合式衬砌。这种衬砌结构是由初期支护、防水隔离层和二次衬砌所组成的。复合式衬砌外层为初期支护，其作用是加固围岩，控制围岩变形，防止围岩松动失稳，是衬砌结构中的主要承载单元。一般应在开挖后立即施作，并应与围岩密贴。所以，最适宜采用喷锚支护。根据具体情况，选用锚杆、喷混凝土、钢筋网和钢支撑等单一或并用而成。

② 衬砌结构的变化方案。在干燥无水的坚硬围岩中，区间隧道衬砌亦可采用单层的喷锚支护，不做防水隔离层和二次衬砌，但此时对喷混凝土的施工工艺和抗风化性能都应有较高的要求，衬砌表面要平整，不允许出现大量的裂缝。

在防水要求不高，围岩有一定的自稳能力时，区间隧道亦可采用单层的模注混凝土衬砌，不做初期支护和防水隔离层。施工时如有需要可设置用木料、钢材或喷锚做成的临时支撑。不同于受力单元，一般情况下，在浇注混凝土时需将临时支撑拆除，以供下次使用。单层模注衬砌又称为整体式衬砌，为适应不同的围岩条件，整体式衬砌可做成等截面直墙式和等截面或变截面曲墙式，前者适用于坚硬围岩，后者适用于软弱围岩。

25.1.2.3 盾构法隧道

① 管片类型。管片按材质分为钢筋混凝土管片、钢管片、铸铁管片、钢纤维混凝土管片和复合材料管片。钢筋混凝土管片是盾构法隧道衬砌中最常用的管片类型。

② 按管片螺栓手孔大小，可将管片分为箱型和平板型两类。因截面削弱较多，在盾构千斤顶推力作用下容易开裂，故只有强度较大的金属管片才采用箱型结构。直径和厚度较大的钢筋混凝土管片也有采用箱型结构的。在箱型管片中纵向加劲肋是传递千斤顶推力的关键部位，一般沿衬砌环向等距离布置，加劲肋的数量应大于盾构千斤顶的台数，其形状应根据管片拼装和是否需要浇注二次衬砌的施工要求而定。钢筋混凝土箱型管片示意图如图 25-7 所示。平板型管片是指螺栓手孔较小或无手孔而呈曲板型结构的管片，由于管片截面削弱少或无削弱，故对盾构千斤顶推具有较大的承载力，对通风的阻力也较小。无手孔的管片也称为砌块，现在的钢筋混凝土管片多采用平板型结构，如图 25-8 所示。

③ 管环构成。盾构隧道衬砌的主体是管片拼装组成的管环，管环通常由 A 型管片（标准环）、B 型管片（邻接块）和 K 型管片（封顶块）构成，管片之间一般

采用螺栓连接，如图 25-9（a）所示。封顶块 K 型管片根据管片拼装方式的不同，有从隧道内侧向半径方向插入的径向插入型［图 25-9（b）］和从隧道轴向插入的轴向插入型［图 25-9（c）］以及两者并用的类型。半径方向插入型为传统插入型，早期的施工实例很多，该类型的 K 管片很容易落入隧道内侧。随着隧道埋深的增加，不易脱落的轴向插入型 K 管片被越来越多地使用。使用轴向插入型 K 管片的情况下，需要推进油缸的行程要长些，因而盾尾长度要长些。两种插入型 K 管片同时使用的情况较少见。

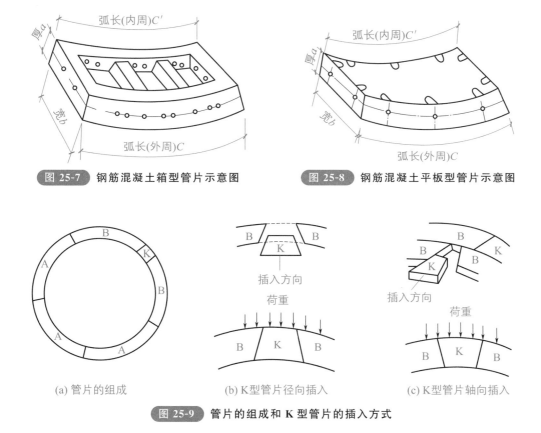

图 25-7 钢筋混凝土箱型管片示意图

图 25-8 钢筋混凝土平板型管片示意图

(a) 管片的组成

(b) K 型管片径向插入

(c) K 型管片轴向插入

图 25-9 管片的组成和 K 型管片的插入方式

25.1.3 轻轨交通高架桥梁结构

轻轨交通常与地铁交通组合，形成城市轨道交通体系。轻轨交通一般位于城区或郊区，与地铁交通工程相比，具有施工速度快、投资相对少等优点；但对线路景观要求高，施工工期及环保要求也有所不同。

25.1.3.1 高架桥结构与运行特点

① 轻轨交通列车的运行速度快，运行频率高，维修时间短。

② 桥上多铺设无缝线路无砟轨道结构，因而对结构形式的选择及上、下部结

构的设计造成特别的影响。

③ 高架桥应考虑管线设置或通过要求，并设有紧急进出通道和防止列车倾覆的安全措施，在必要地段设置防噪屏障，还应设有防水、排水措施。以上措施简称通管、急道、翻车、屏障、防排水。

④ 高架桥大都采用预应力或部分预应力混凝土结构，构造简单，结构标准，安全经济，耐久适用，同时满足城镇景观要求，力求与周围环境相协调。

⑤ 高架桥墩位布置应符合城镇规划要求，跨越铁路、公路、城市道路和河流时的桥下净空应满足有关规范的限界规定；上部结构优先采用预应力混凝土结构，其次才是钢结构，须有足够的竖向和横向刚度。

⑥ 高架桥应设有降低振动和噪声（设置声屏障）、消除对楼房的遮挡和防止电磁波干扰等系统。

25.1.3.2 高架桥的基本结构

（1）高架桥墩台和基础

高架桥墩除应有足够的强度和稳定性外，还应结合上部结构的选型使上下部结构协调一致、轻巧美观，与城市景观和谐，尺度匀称，尽量少占地，透空好，保证桥下行车有较好的视线，给行人愉快感。常用的桥墩形式有以下几种。

① 倒梯形桥墩，如图 25-10（a）所示。倒梯形桥墩构造简单，施工方便，受力合理，具有较大的强度、刚度和稳定性，对于单箱单室箱梁和脊梁来说，选用倒梯形桥墩在外观和受力上均较合理。

② T 形桥墩，如图 25-10（b）所示。T 形桥墩占地面积小，是城镇轻轨高架桥最常用的桥墩形式。这种桥墩既为桥下交通提供最大的空间，又能减轻墩身重量，节约圬工材料，特别适用于高架桥和地面道路斜交的情况。墩身一般为普通钢筋混凝土结构，圆形、矩形或六角形，具有较大的强度和刚度，与上部结构的轮廓线过渡平顺，受力合理。大伸臂盖梁，承受较大的弯矩和剪力，可采用预应力混凝土结构。墩身高度一般不超过 8～10m。

③ 双柱式桥墩，如图 25-10（c）所示。双柱式墩在横向形成钢筋混凝土刚架，受力情况清晰，稳定性好，其盖梁的工作条件比 T 形桥墩的盖梁有利，无须施加预应力，其使用高度一般在 30m 以内。

④ Y 形桥墩，如图 25-10（d）所示。Y 形桥墩结合了 T 形桥墩和双柱式墩的优点，下部成单柱式，占地少，有利于桥下交通，透空性好，而上部成双柱式，对盖梁工作条件有利，无须施加预应力，造型轻巧，比较美观。

（2）高架桥的上部结构

站间高架桥可以分为一般地段的桥梁和主要工程节点的桥梁。跨越主要道路、河流及其他市内交通设施的主要工程节点可以采用任何一种适用于城市桥梁的大跨度桥梁结构体系。采用最多的是连续梁、连续刚构、系杆拱。

一般地段的桥梁虽然结构形式简单，然而就工程数量和土建工程造价而言，却可能占据全线高架桥的大部分份额。对于城市景观和道路交通功能的影响不可轻

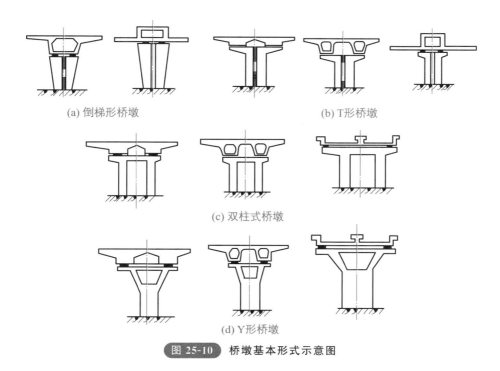

(a) 倒梯形桥墩   (b) T形桥墩

(c) 双柱式桥墩

(d) Y形桥墩

图 25-10 桥墩基本形式示意图

视。因此，其结构形式的选择必须慎重，多方比较。从城市景观和道路交通功能考虑，宜选用较大的桥梁跨径，给人空透舒适感。按桥梁经济跨径的要求，当桥跨结构的造价和下部结构（墩台、基础）造价接近相等时最为经济；从加快施工进度着眼，宜大量采用预制预应力混凝土梁。桥梁形式的选定往往是因地制宜、综合考虑的结果。

在建筑高度不受限制，或刻意压低建筑高度得不偿失的场合，一般适用于城市桥或公路桥的正常高度桥跨结构均可用于城市轨道交通的高架桥中。

25.1.4 城市轨道交通的轨道结构

轨道（通称为线上）结构是由钢轨、轨枕、连接零件、道床、道岔和其他附属设备等组成的构筑物。

25.1.4.1 轨道组成

（1）轨道结构

① 要求组成轨道部件材料的力学性质差异极大，通过科学而可靠的方式把它们组合在一起，用以导向列车的运行、承受高速行驶列车的荷载，并把荷载传递给支撑轨道结构的基础。

② 轨道结构应具有足够的强度、稳定性、耐久性和适量弹性，以确保列车安全、平稳、快速运行和乘客舒适。轨道结构应采用成熟、先进的技术和施工工艺。

（2）轨道结构特点

城市轨道交通的轨道结构由于线路一般穿过居民区（地下、地面或高架），还要另外考虑以下一些问题。

① 为保护城市环境，对噪声控制要求较高，除了车辆结构采取减振措施，必要时修筑声屏障外，轨道也应采用相应的减振轨道结构。

② 轨道交通行车密度大，运营时间长，留给轨道维修作业的时间很短，因而一般采用较强的轨道部件。近年新建轨道交通系统的浅埋隧道和高架桥结构，基本采用无碴道床（无碎石）等少轨道结构的维修作业。

③ 轨道交通车辆一般采用电力牵引，以走行轨作为供电回路。为减小因漏泄电流而造成周围金属设施的腐蚀，要求钢轨与轨下基础有较高的绝缘性能。

④ 受原有街道和建筑物所限，城市轨道交通曲线区段占很大比例，曲线半径一般比常规铁路小得多。在正线半径小于400m的曲线地段，应采用全长淬火钢轨或耐磨钢轨。钢轨铺设前应进行预弯，运营时钢轨应进行涂油以减少磨耗。

25.1.4.2　轨道形式与选择

（1）轨道形式及扣件、轨枕

① 地铁正线及辅助线钢轨应依据近、远期客流量，并经技术经济综合比较确定，宜采用60kg/m钢轨，也可采用50kg/m钢轨。车场线宜采用50kg/m钢轨。钢轮-钢轨系统轨道的标准轨距应采用1435mm。

钢轮-钢轨系统正线曲线应根据列车运行速度设置超高。

轨道尽端应设置车挡。设在正线、折返线和车辆试车线的车挡应能承受以15km/h速度撞击时的冲击荷载。

② 不同道床形式的扣件宜符合表25-4的规定。

表 25-4　扣件类型

道床形式	类型	扣压件	与轨枕连接方式
一般整体道床	弹性分开式	有螺栓弹条、无螺栓弹条	在轨枕预埋套管
高架桥上整体道床		有螺栓弹条、小阻力	
混凝土枕碎石道床	弹性不分开式	有螺栓弹条、无螺栓弹条	在轨枕内预埋螺栓或铁座
木枕碎石道床			采用螺纹道钉
车场库内整体道床、检查坑	弹性分开式	有螺栓弹条、无螺栓弹条	在轨枕或立柱内预埋套管

（2）道床与轨枕

① 长度大于100m的隧道内和隧道外U形结构地段及高架桥和大于50m的单体桥地段，宜采用短枕式或长枕式整体道床。

② 地面正线宜采用混凝土枕碎石道床，基底坚实、稳定，排水良好的地面车

站地段可采用整体道床。

③ 车场库内线应采用短枕式整体道床，地面出入线、试车线和库外线宜采用混凝土枕碎石道床或木枕碎石道床。

（3）减振结构

① 一般减振轨道结构可采用无缝线路、弹性分开式扣件和整体道床或碎石道床。

② 线路中心距离住宅区、宾馆、机关等建筑物小于20m及穿越地段，宜采用具有较高减振性能的轨道结构，即在一般减振轨道结构的基础上，采用轨道减振器扣件或弹性短枕式整体道床或其他具有较高减振性能的轨道结构形式。

③ 线路中心距离医院、学校、音乐厅、精密仪器厂、文物保护和高级宾馆等建筑物小于20m及穿越地段，宜采用特殊减振轨道结构，即在一般减振轨道结构的基础上，采用浮置板整体道床或其他特殊减振轨道结构形式。

25.2　明挖基坑施工

25.2.1　地下工程降水排水方法

25.2.1.1　降水方法选择

① 当地下水位高于基坑开挖面，需要采用降低地下水位的方法疏干坑内土层中的水。疏干水有增加坑内土体强度的作用，有利于控制基坑围护结构变形。在软土地区，基坑开挖深度超过3m，一般就要用井点降水。开挖深度浅时，亦可边开挖边用排水沟和集水井进行集水明排。

② 当基坑底为隔水层且层底作用有承压水时，应进行坑底突涌验算，必要时可采取水平封底隔渗或钻孔减压措施，保证坑底土层稳定。当坑底含承压水层上部土体压重不足以抵抗承压水水头时，应布置降压井降低承压水水头压力，防止承压水突涌，确保基坑开挖施工安全。

③ 当降水会对基坑周边建（构）筑物、地下管线、道路等造成危害或对环境造成长期不利影响时，应采取截水方法控制地下水。采用悬挂式帷幕时，应同时采用坑内降水，并宜根据水文地质条件采取坑外回灌措施。

25.2.1.2　工程降水方法的选用

工程降水有多种技术方法，可根据土层情况、渗透性、降水深度、周围环境、支护结构种类按表25-5选择和设计。

表 25-5　工程降水方法的选用

降水方法	适用地层	渗透系数 /(m/d)	降水深度 /m	水文地质特征
集水明排	黏性土、砂土	—	<2	潜水或地表水

续表

降水方法		适用地层	渗透系数/(m/d)	降水深度/m	水文地质特征
轻型井点	一级	砂土、粉土、含薄层粉砂的淤泥质(粉质)黏土	0.1～20	3～6	潜水
	二级			6～9	
	三级			9～12	
喷射井点				<20	潜水、承压水
管井	疏干	砂性土、粉土、粉质黏土	0.02～0.1	不限	潜水
	减压	砂性土、粉土	>0.1	不限	承压水

25.2.1.3　常见降水方法

（1）明沟、集水井排水

① 当基坑开挖不很深，基坑涌水量不大时，集水明排法是应用最广泛，亦是最简单、经济的方法。明沟、集水井排水多是在基坑的两侧或四周设置排水明沟，在基坑四角或每隔30～40m设置集水井，使基坑渗出的地下水通过排水明沟汇集于集水井内，然后用水泵将其排出基坑外，如图25-11所示。

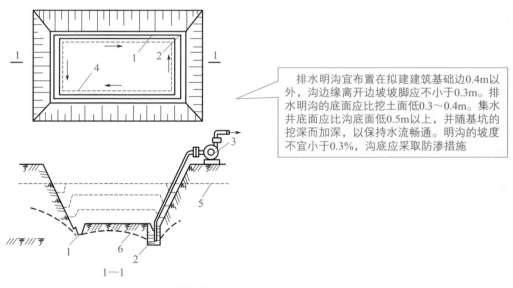

排水明沟宜布置在拟建建筑基础边0.4m以外，沟边缘离开边坡坡脚应不小于0.3m。排水明沟的底面应比挖土面低0.3～0.4m。集水井底面应比沟底面低0.5m以上，并随基坑的挖深而加深，以保持水流畅通。明沟的坡度不宜小于0.3%，沟底应采取防渗措施

图 25-11　明沟、集水井排水方法

1—排水明沟；2—集水井；3—离心式水泵；4—设备基础或建筑物基础边线；
5—原地下水位线；6—降低后的地下水位线

② 集水井的净截面尺寸应根据排水流量确定。集水井应采取防渗措施。明沟、集水井排水，视水量多少连续或间断抽水，直至基础施工完毕、回填土为止。

③ 明沟排水设施与市政管网连接口之间应设置沉淀池。明沟、集水井、沉淀

池使用时应排水畅通并应随时清理淤积物。

④ 当基坑开挖的土层由多种土组成、中部夹有透水性能的砂类土、基坑侧壁出现分层渗水时，可在基坑边坡上按不同高程分层设置明沟和集水井，构成明排水系统，分层阻截和排除上部土层中的地下水，避免上层地下水冲刷基坑下部边坡造成塌方。

（2）井点降水

① 当基坑开挖较深，基坑涌水量大，且有围护结构时，应选择井点降水方法。即用真空（轻型）井点、喷射井点或管井深入含水层内，用不断抽水的方式使地下水位下降至坑底以下，同时使土体产生固结以方便土方开挖。

② 井点布置应根据基坑平面形状与大小、地质和水文情况、工程性质、降水深度等而定。当基坑（槽）宽度＜6m 且降水深度≤6m 时，可采用单排井点，布置在地下水上游一侧；当基坑（槽）宽度大于 6m 或土质不良，渗透系数较大时，宜采用双排井点，布置在基坑（槽）的两侧，当基坑面积较大时，宜采用环形井点。挖土运输设备出入道可不封闭，间距可达 4m，一般留在地下水下游方向。

③ 井点管距坑壁不应小于 1.0～1.5m，距离太小，易漏气。井点间距一般为0.8～1.6m。集水总管标高宜尽量接近地下水位线并沿抽水水流方向有 0.25%～0.5%的上仰坡度，水泵轴心与总管齐平。井点管的入土深度应根据降水深度及储水层所有位置决定，但必须将滤水管埋入含水层内，并且比挖基坑（沟、槽）底深0.9～1.2m，井点管的埋置深度应经计算确定。

④ 真空井点和喷射井点可选用清水或泥浆钻进、高压水套管冲击工艺（钻孔法、冲孔法或射水法），对不易塌孔、缩颈地层也可选用长螺旋钻机成孔；成孔深度宜大于降水井设计深度 0.5～1.0m。钻进到设计深度后，应注水冲洗钻孔、稀释孔内泥浆。孔壁与井管之间的滤料应填充密实、均匀，宜采用中粗砂，滤料上方宜使用黏土封堵，封堵至地面的厚度应大于 1m。

⑤ 管井的滤管可采用无砂混凝土滤管、钢筋笼、钢管或铸铁管。成孔工艺应适合地层特点，对不易塌孔、缩径地层宜采用清水钻进；采用泥浆护壁钻孔时，应在钻进到孔底后清除孔底沉渣并立即置入井管、注入清水，当泥浆相对密度不大于1.05 时，方可投入滤料。滤管内径应按满足单井设计流量要求的水泵的规格确定，管井成孔直径应满足填充滤料的要求；井管与孔壁之间填充的滤料宜选用磨圆度好的硬质岩石成分的圆砾，不宜采用棱角形石渣料、风化料或其他黏质岩石成分的砾石。井管底部应设置沉砂段。

25.2.1.4　隔（截）水帷幕与降水井布置

（1）隔水帷幕隔断降水含水层

基坑隔水帷幕深入降水含水层的隔水底板中，井点降水以疏干基坑内的地下水为目的，如图 25-12 所示。

（2）隔水帷幕底位于承压水含水层隔水顶板中

隔水帷幕位于承压水含水层顶板中，井点降水以降低基坑下部承压含水层的水头，防止基坑底板隆起或承压水突涌为目的，如图 25-13 所示。这类隔水帷幕未将基坑内、外承压含水层分隔开。

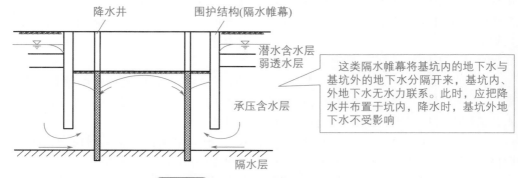

降水井　围护结构(隔水帷幕)

潜水含水层
弱透水层

这类隔水帷幕将基坑内的地下水与基坑外的地下水分隔开来，基坑内、外地下水无水力联系。此时，应把降水井布置于坑内，降水时，基坑外地下水不受影响

承压含水层

隔水层

图 25-12　隔水帷幕底位于承压含水层中

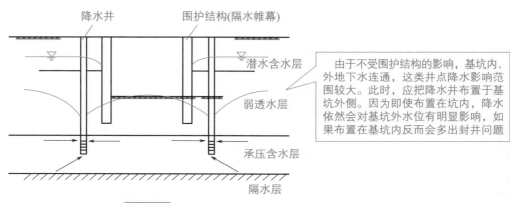

降水井　围护结构(隔水帷幕)

潜水含水层

弱透水层

由于不受围护结构的影响，基坑内、外地下水连通，这类井点降水影响范围较大。此时，应把降水井布置于基坑外侧。因为即使布置在坑内，降水依然会对基坑外水位有明显影响，如果布置在基坑内反而会多出封井问题

承压含水层

隔水层

图 25-13　隔水帷幕底位于承压水含水层隔水顶板中

（3）隔水帷幕底位于承压水含水层中

隔水帷幕底位于承压水含水层中，如果基坑开挖较浅，坑底未进入承压水含水层，井点降水以降低承压水水头为目的；如果基坑开挖较深，坑底已经进入承压水含水层，井点降水前期以降低承压水水头为目的，后期以疏干承压含水层为目的，如图 25-14 所示。随着基坑内水位降深的加大，基坑内、外水位相差较大。在这类情况时，应把降水井布置于坑内侧，这样可以明显减少降水对环境的影响，而且隔水帷幕插入承压含水层越深，这种优势越明显。

25.2.2　深基坑支护结构与边坡防护

基坑工程是由地面向下开挖一个地下空间，深基坑四周一般设置垂直的挡土围护结构，围护结构一般是在开挖面基底下有一定插入深度的板（桩）墙结构；板（桩）墙有悬臂式、单撑式、多撑式。支撑结构是为了减小围护结构的变形，控制

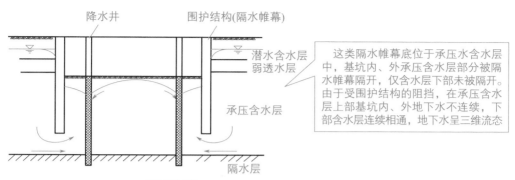

这类隔水帷幕底位于承压水含水层中,基坑内、外承压含水层部分被隔水帷幕隔开,仅含水层下部未被隔开。由于受围护结构的阻挡,在承压含水层上部基坑内、外地下水不连续,下部含水层连续相通,地下水呈三维流态

图 25-14 隔水帷幕底位于承压水含水层中

墙体的弯矩;分为内撑和外锚两种。

以下主要以地铁车站为主介绍基坑开挖支护与变形控制。

25.2.2.1　基坑围护结构类型

① 在我国应用较多的有排桩、地连墙、重力式挡墙、土钉墙以及这些结构的组合形式等。

② 不同类型围护结构的特点见表 25-6。

表 25-6 不同类型围护结构的特点

类型		特点
排桩	型钢桩	1. H钢的间距在 1.2～1.5m; 2. 造价低,施工简单,有障碍物时可改变间距; 3. 止水性差,地下水位高的地方不适用,坑壁不稳的地方不适用
	预制混凝土式桩	1. 施工简便,但施工有噪声; 2. 需辅以止水措施; 3. 自重大,受起吊设备限制,不适合大深度基坑
	钢板桩	1. 成品制作,可反复使用; 2. 施工简便,但施工有噪声; 3. 刚度小,变形大,与多道支撑结合,在软弱土层中也可采用; 4. 新的时候止水性尚好,如有漏水现象,需增加防水措施
	钢管桩	1. 截面刚度大于钢板桩,在软弱土层中开挖深度可大; 2. 需有防水措施相配合
	灌注桩	1. 刚度大,可用在深大基坑; 2. 施工对周边地层、环境影响小; 3. 需降水或和止水措施配合使用,如搅拌桩、旋喷桩等
	SMW 工法桩	1. 强度大,止水性好; 2. 内插的型钢可拔出反复使用,经济性好; 3. 具有较好发展前景,国内上海等城市已有工程实践; 4. 用于软土地层时,一般变形较大

旋喷桩施工工艺

扫码观看视频

类型	特点
地下连续墙	1. 刚度大，开挖深度大，可适用于所有地层； 2. 强度大、变位小，隔水性好，同时可兼作主体结构的一部分； 3. 可邻近建筑物、构筑物使用，环境影响小； 4. 造价高
重力式水泥土挡墙/ 水泥土搅拌桩挡墙	1. 无支撑，墙体止水性好，造价低； 2. 墙体变位大
土钉墙	1. 可采用单一土钉墙，也可与水泥土桩或微型桩等结合形成复合土钉墙； 2. 材料用量和工程量较少，施工速度快； 3. 施工设备轻便，操作方法简单； 4. 结构轻巧，较为经济

25.2.2.2　内支撑体系的施工

① 内支撑结构的施工与拆除顺序应与设计工况一致，必须坚持先支撑后开挖的原则。

② 围檩与挡土结构之间有紧密接触，不得留有缝隙。如有间隙应用强度不低于 C30 的细石混凝土填充密实或采用其他可靠连接措施。

③ 钢支撑应按设计要求施加预压力，当监测到支撑压力出现损失时，应再次施加预压力。

④ 支撑拆除应在替换支撑的结构构件达到换撑要求的承载力后进行。当主体结构的底板和楼板分块浇筑或设置后浇带时，应在分块部位或后浇带处设置可靠的传力构件。支撑拆除应根据支撑材料、形式、尺寸等具体情况采用人工、机械和爆破等方法。

25.2.2.3　护坡措施

① 基坑土方开挖时，应按设计要求开挖土方，不得超挖，不得在坡顶随意堆放土方、材料和设备。在整个基坑开挖和地下工程施工期间，应严密监测坡顶位移，随时分析观测数据。当边坡有失稳迹象时，应及时采取削坡、坡顶卸荷、坡脚压载或其他有效措施。

② 放坡开挖时应及时做好坡脚、坡面的保护措施。常用的保护措施有：叠放砂包或土袋、水泥砂浆或细石混凝土抹面、挂网喷浆或混凝土、锚杆喷射混凝土护面、塑料膜或土工织物覆盖坡面。

③ 水泥抹面。在人工修平坡面后，用水泥砂浆或细石混凝土抹面，厚度宜为 30～50mm，并用水泥砂浆砌筑砖石护坡脚，同时，将坡面水引入基坑排水沟。抹面应预留泄水孔，泄水孔间距不宜大于 3～4m。

④ 挂网喷浆或混凝土。在人工修平坡面后，沿坡面挂钢筋网或铁丝网，然后喷射水泥砂浆或细石混凝土，厚度宜为 50～60mm，坡脚同样需要处理。

⑤ 其他措施。包括锚杆喷射混凝土护面、塑料膜或土工织物覆盖坡面等。

25.2.3　基槽土方开挖及基坑变形控制

25.2.3.1　基槽土方开挖

（1）开挖方法

根据不同的开挖深度采用不同的施工方法，主要开挖方法包括以下两种。

① 浅层土方开挖。第一层土方一般采用短臂挖掘机及长臂挖掘机直接开挖、出土，自卸运输车运输。在条件具备的情况下，采用两台长臂液压挖掘机在基坑的两侧同时挖土，一起分段向前推进，可以极大提高挖土速度，为及时安装支撑提供条件，图 25-15 为表层土方开挖示意图。

图 25-15 表层土方开挖示意图

② 深层土方开挖。当长臂挖机不能开挖时，应采用小型挖掘机，将开挖后的土方转运至围护墙边，用吊车提升出土，自卸车辆运土。坑底以上 0.3m 的土方采用人工开挖。图 25-16 为深层抓斗吊配合小型挖机挖土示意图。

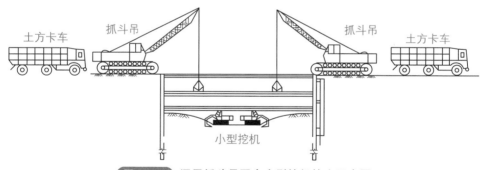

图 25-16 深层抓斗吊配合小型挖机挖土示意图

上述开挖方法是典型的地铁车站基坑开挖方法，其长处在于水平挖掘或运输和垂直运输分离，可以多点垂直运输，缓解了纵坡问题、支撑延迟安装问题，极大地提高了挖土速度，可以有效保证基坑的安全。

（2）基坑分块开挖顺序

地铁车站的长条形基坑开挖应遵循"分段分层、由上而下先支撑后开挖"的原则，兼作盾构始发井的车站，一般从两端或一端向中间开挖，以方便端头井的盾构始发。对于地铁车站端头井，开挖顺序如图 25-17 所示。图中序号为土方分块开挖顺序。

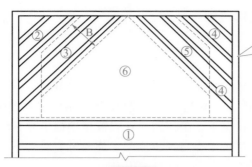

首先撑好标准段内的对撑，再挖斜撑范围内的土方，最后挖除坑内的其余土方。斜撑范围内的土方，应自基坑角点沿垂直于斜撑方向向基坑内分层、分段、限时地开挖并架设支撑

图 25-17　地铁车站端头井基坑的分块开挖方法

25.2.3.2　基坑的变形控制

① 当基坑邻近建（构）筑物时，必须控制基坑的变形以保证邻近建（构）筑物的安全。

② 控制基坑变形的主要方法有如下。

a. 增加围护结构和支撑的刚度。

b. 增加围护结构的入土深度。

c. 加固基坑内被动区土体。加固方法有抽条加固、裙边加固及二者相结合的形式。

d. 减小每次开挖围护结构处土体的尺寸和开挖支撑时间，这一点在软土地区施工时尤其有效；例如，上海地铁就要求在地铁车站基坑开挖时，按设计要求分段开挖和浇筑底板，每段开挖中又分层、分小段，并限时完成每小段的开挖和支撑，具体如图 25-18 所示。

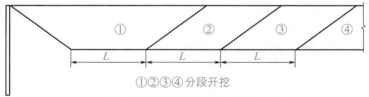

开挖参数应由设计规定，通常取值范围为：分段长度：$L \leqslant$ 25m每小段宽度；$B_r =$ 3～6m

①②③④ 分段开挖

(a) 车站基坑开挖及浇筑底板分段示意图

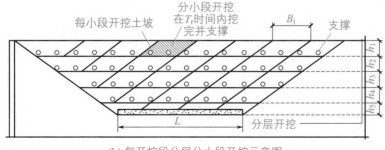

每层厚度：$h_f \leqslant 3 \sim$ 4m每小段开挖支撑时限：$T_f = 8 \sim 24h$，L、B_r、h_f、T_f 在施工时可根据监测数据进行适当调整

(b) 每开挖段分层分小段开挖示意图

图 25-18　软土地区地铁条形基坑的土方开挖及支撑施工要求

e. 通过调整围护结构深度和降水井布置来控制降水对环境变形的影响。

25.2.4　地基加固处理方法

常用方法与技术要点如下。

25.2.4.1　注浆法

① 注浆法是利用液压、气压或电化学原理，通过注浆管把浆液均匀地注入地层中，浆液以填充、渗透和挤密等方式，赶走土颗粒间或岩石裂隙中的水分和空气后占据其位置，经人工控制一定时间后，浆液将原来松散的土粒或裂隙胶结成一个整体，形成一个结构新、强度大、防水性能好和化学稳定性良好的"结石体"。

② 在地基处理中，注浆工艺所依据的理论主要可分为渗透注浆、劈裂注浆、压密注浆和电动化学注浆四类，其应用条件见表 25-7。

表 25-7　不同注浆法的适用范围

注浆方法	适用范围
渗透注浆	只适用于中砂以上的砂性土和有裂隙的岩石（中砂、岩石）
劈裂注浆	适用于低渗透性的土层（砂土、黏土）
压（挤）密注浆	常用于中砂地基，黏土地基中若有适宜的排水条件也可采用。如遇排水困难而可能在土体中引起高孔隙水压力时，必须采用很低的注浆速率。挤密注浆可用于非饱和的土体，以调整不均匀沉降以及在大开挖或隧道开挖时对邻近土进行加固
电动化学注浆	地基土的渗透系数 $k<10^{-4}$cm/s，只靠一般静压力难以使浆液注入土的孔隙的地层

注：渗透注浆法适用于碎石土、砂卵土填料的路基。

25.2.4.2　水泥土搅拌法

① 水泥土搅拌法加固软土技术具有其独特优点。

a. 最大限度地利用了原土。

b. 搅拌时无振动、无噪声和无污染，可在密集建筑群中进行施工，对周围原有建筑物及地下沟管影响很小。

c. 根据上部结构的需要，可灵活地采用柱状、壁状、格栅状和块状等加固形式。

d. 与钢筋混凝土桩基相比，可节约钢材并降低造价。

② 水泥土搅拌法施工步骤由于湿法和干法的施工设备不同而略有差异，具体如图 25-19、图 25-20 所示，其主要步骤如下：

a. 搅拌机械就位、调平；

b. 预搅下沉至设计加固深度；

c. 边喷浆（粉）、边搅拌提升直至预定的停浆（灰）面；

d. 重复搅拌下沉至设计加固深度；

e. 根据设计要求，喷浆（粉）或仅搅拌提升直至预定的停浆（灰）面；

f. 关闭搅拌机械。

在预（复）搅下沉时，也可采用喷浆（粉）的施工工艺，但必须确保全桩长上下至少再重复搅拌一次。

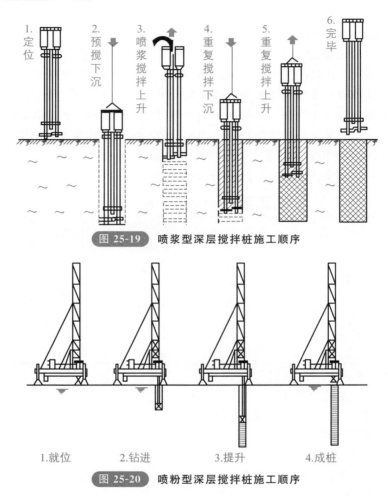

图 25-19　喷浆型深层搅拌桩施工顺序

1.就位　　2.钻进　　3.提升　　4.成桩

图 25-20　喷粉型深层搅拌桩施工顺序

25.3　喷锚暗挖（矿山）法施工

25.3.1　喷锚暗挖法的掘进方式选择

市政公用地下工程，因地下障碍物和周围环境限制通常采用喷锚暗挖（矿山）法施工。

虽然掘进方式不同，但各种具体施工方法都有其优点和缺点（施工注意事项），选择前必须经过现场条件调研分析，在技术经济综合比较的基础上选择较适宜的施工方法。

喷锚暗挖（矿山）法开挖方式与选择条件见表 25-8。

表 25-8 喷锚暗挖（矿山）法开挖方式与选择条件

施工方法	示意图	选择条件比较					
		结构与适用地层	沉降	工期	防水	初期支护拆除量	造价
全断面法		土质稳定地层,断面较小,跨度≤8m	一般	最短	好	无	低
正台阶法		土质较好地层,软弱围岩,第四季沉积地层,跨度≤10m	一般	短	好	无	低
环形开挖预留核心土法		土质一般地层,易坍塌软弱围岩,断面较大,跨度≤12m	一般	短	好	无	低
单侧壁导坑法		断面跨度大、地表沉陷难于控制的软弱松散围岩,跨度≤14m	较大	较短	好	小	低
双侧壁法（眼镜工法）		跨度大、沉陷要求严、围岩条件特别差、单侧导坑难控制,小跨度,连续使用可扩大跨度	较大	长	效果差	大	高
中隔壁法（CD工法）		跨度大,较差地层、不稳定岩体,地面沉降要求严,跨度≤18m	较大	较短	好	小	偏高
交叉中隔法（中隔壁＋临时仰拱）（CRD法）		跨度大,较差地层、不稳定岩体,地面沉降要求严,跨度≤20m	较小	长	好	大	高
中洞法		跨度特大,地层条件差,小跨度时连续使用可扩大跨度	小	长	效果差	大	较高
侧洞法		跨度特大,地层条件差,小跨度时连续使用可扩大跨度	大	长	效果差	大	高
柱洞法		跨度特大,地层条件差,多层多跨	大	长	效果差	大	高

续表

施工方法	示意图	选择条件比较					
		结构与适用地层	沉降	工期	防水	初期支护拆除量	造价
洞桩法		跨度特大,地层条件差,多层多跨	较大	长	效果差	较大	高

25.3.2　喷锚加固支护施工

本节以浅埋暗挖法为主,简要介绍喷锚支护技术和超前加固技术。

25.3.2.1　喷锚暗挖与初期支护

(1) 喷锚暗挖与支护加固

① 浅埋暗挖法施工地下结构需采用喷锚初期支护,主要包括钢筋网喷射混凝土、锚杆-钢筋网喷射混凝土、钢拱架-钢筋网喷射混凝土等支护结构形式;可根据围岩的稳定状况,采用一种或几种结构组合。

② 在浅埋软岩地段、自稳性差的软弱破碎围岩、断层破碎带、砂土层等不良地质条件下施工时,若围岩自稳时间短、不能保证安全地完成初次支护,为确保施工安全,加快施工进度,应采用各种辅助技术进行加固处理,使开挖作业面围岩保持稳定。

(2) 支护与加固技术措施

① 暗挖隧道内常用的技术措施有:超前锚杆或超前小导管支护、小导管周边注浆或围岩深孔注浆、设置临时仰拱。

② 暗挖隧道外常用的技术措施有:管棚超前支护、地表锚杆或地表注浆加固、冻结法固结地层、降低地下水位法。

25.3.2.2　暗挖隧道内加固支护技术

(1) 喷射混凝土前准备工作

① 喷射混凝土前,应检查开挖断面尺寸,清除开挖面、拱脚或墙脚处的土块等杂物,设置控制喷层厚度的标志。对基面有滴水、淌水、集中出水点的情况,采用埋管等方法进行引导疏干。

② 应根据工程地质及水文地质、喷射量等条件选择喷射方式,宜采用湿喷方式;喷射厚度宜为 50～100mm。

③ 钢架应在开挖或喷射混凝土后及时架设;超前锚杆、小导管支护宜与钢拱架、钢筋网配合使用;长度宜为 3.0～3.5m,并应大于循环进尺的 2 倍。

④ 超前锚杆、小导管支护是沿开挖轮廓线,以一定的外插角,向开挖面前方安装锚杆、导管,形成对前方围岩的预加固。

(2) 喷射混凝土

① 喷射混凝土应紧跟开挖工作面,应分段、分片、分层,由下而上顺序进行,当岩面有较大凹洼时,应先填平。分层喷射时,一次喷射厚度可根据喷射部位和设

计厚度确定。

② 钢拱架应与喷射混凝土形成一体，钢拱架与围岩间的间隙必须用喷射混凝土充填密实，钢拱架应全部被喷射混凝土覆盖，保护层厚度≥40mm。

③ 临时仰拱应根据围岩情况及量测数据确定设置区段，可采用型钢或格栅结合喷射混凝土修筑。

（3）隧道内锚杆注浆加固

锚杆施工应保证孔位的精度在允许偏差范围内，钻孔不宜平行于岩层层面，宜沿隧道周边径向钻孔。锚杆必须安装垫板，垫板应与喷射混凝土面密贴。钻孔安设锚杆前应先进行喷射混凝土施工，孔位、孔径、孔深要符合设计要求，锚杆露出岩面长不大于喷射混凝土的厚度，锚杆施工应符合质量要求。

25.3.2.3　暗挖隧道外的超前加固技术

（1）降低地下水位法

① 当浅埋暗挖施工地下结构处于富水地层中，且地层的渗透性较好，应首选降低地下水位法，达到稳定围岩、提高喷锚支护安全的目的。含水的松散破碎地层宜采用降低地下水位法，不宜采用集中宣泄排水的方法。

② 在城市地下工程中，采用降低地下水位法时，最重要的决策因素是确保降水引起的沉降不会对既有构筑物或拟建构筑物的结构安全构成危害。

③ 降低地下水位通常采用地面降水方法或隧道内辅助降水方法。

④ 当采用降水方案不能满足要求时，应在开挖前进行帷幕预注浆，加固地层等堵水处理。根据水文、地质钻孔和调查资料，预计有大量涌水或涌水量虽不大，但开挖后可能引起大规模塌方时，应在开挖前进行注浆堵水，加固围岩。

（2）地表锚杆（管）

① 地表锚杆（管）是一种地表预加固地层的措施，适用于浅埋暗挖、进出工作井地段和岩体松软破碎地段。

② 地面锚杆（管）按矩形或梅花形布置，其施工工序为：钻孔→吹净钻孔→用灌浆管灌浆→垂直插入锚杆杆体→孔口将杆体固定。地面锚杆（管）支护，是由普通水泥砂浆和全黏结型锚杆构成地表预加固地层或围岩深孔注浆加固地层。

③ 锚杆类型应根据地质条件、使用要求及锚固特性进行选择，可选用中空注浆锚杆、树脂锚杆、自钻式锚杆、砂浆锚杆和摩擦型锚杆。

25.3.3　衬砌及防水施工要求

喷锚暗挖（矿山）法施工隧道通常要求工程完工后做到不渗水、不漏水，以保证隧道结构的使用功能和运行安全。本节主要简要介绍防水结构施工要点。

25.3.3.1　施工方案选择

① 施工期间的防水措施主要是排和堵两类。

② 在衬砌背后设置排水盲管（沟）或暗沟和在隧底设置中心排水盲沟时，应根据隧道的渗漏水情况，配合衬砌一次施工。

③ 衬砌背后可采用注浆或喷涂防水层等方法止水。

25.3.3.2 复合式衬砌防水施工

① 复合式衬砌防水层施工应优先选用射钉铺设，结构组成如图 25-21 所示。

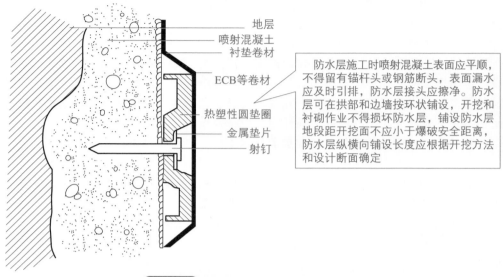

防水层施工时喷射混凝土表面应平顺，不得留有锚杆头或钢筋断头，表面漏水应及时引排，防水层接头应擦净。防水层可在拱部和边墙按环状铺设，开挖和衬砌作业不得损坏防水层，铺设防水层地段距开挖面不应小于爆破安全距离，防水层纵横向铺设长度应根据开挖方法和设计断面确定

图 25-21 复合式衬砌防水层结构示意图

② 衬砌施工缝和沉降缝的止水带不得有割伤、破裂，固定应牢固，防止偏移，提高止水带部位混凝土浇筑的质量。

③ 二衬混凝土施工的注意事项如下。

a. 二衬采用补偿收缩混凝土，具有良好的抗裂性能，主体结构防水混凝土在工程结构中不但承担防水作用，还要和钢筋一起承担结构受力作用。

b. 二衬混凝土浇筑应采用组合钢模板体系和模板台车两种模板体系。对模板及支撑结构进行验算，以保证其具有足够的强度、刚度和稳定性，防止发生变形和下沉。模板接缝要拼贴平密，避免漏浆。

c. 混凝土浇筑采用泵送模注，两侧边墙采用插入式振捣器振捣，底部采用附着式振动器振捣。混凝土浇筑应连续进行，两侧对称，水平浇筑，不得出现水平和倾斜接缝；如混凝土浇筑因故中断，则必须采取措施对两次浇筑混凝土界面进行处理，以满足防水要求。

25.3.4 小导管注浆加固

小导管注浆是喷锚暗挖法隧道施工时浅埋暗挖隧道的常规施工工序。本节简要介绍小导管注浆加固技术及其施工要点。

25.3.4.1 技术要点

（1）小导管布设

① 常用设计参数：钢管直径 30～50mm，钢管长 3～5m，焊接钢管或无缝钢

管；钢管钻设注浆孔间距为 100～150mm，钢管沿拱的环向布置间距为 300～500mm，钢管沿拱的环向外插角为 5°～15°，小导管是受力杆件，因此两排小导管在纵向应有一定搭接长度，钢管沿隧道纵向的搭接长度一般不小于 1m。

② 导管安装前应将工作面封闭严密、牢固，清理干净，并测放出钻设位置后方可施工。

（2）注浆材料

① 应具备良好的可注性，固结后应有一定强度、抗渗、稳定、耐久和收缩形变小，浆液须无毒。注浆材料可采用改性水玻璃浆、普通水泥单液浆、水泥-水玻璃双液浆、超细水泥四种注浆材料。一般情况下改性水玻璃浆适用于砂类土，水泥浆和水泥砂浆适用于卵石地层。

② 水泥浆或水泥砂浆主要成分为 P.O42.5 级及以上的硅酸盐水泥、水泥砂浆；水玻璃浓度应为 40～45°Bé，外加剂应视不同地层和注浆法工艺进行选择。

③ 注浆材料的选用和配比，应根据工程条件，经试验确定。

（3）注浆工艺

① 注浆工艺应简单、方便、安全，应根据土质条件选择注浆工艺（法）。

② 在砂卵石地层中宜采用渗入注浆法；在砂层中宜采用挤压、渗透注浆法；在黏土层中宜采用劈裂或电动硅化注浆法；在淤泥质软土层中宜采用高压喷射注浆法。

25.3.4.2 施工控制要点

（1）控制加固范围

① 按设计要求，严格控制小导管的长度、开孔率、安设角度和方向。

② 小导管的尾部必须设置封堵孔，防止漏浆。

（2）保证注浆效果

① 浆液必须配比准确，符合设计要求。

② 注浆时间和注浆压力应由试验确定，应严格控制注浆压力。一般条件下：改性水玻璃浆、水泥浆初压宜为 0.1～0.3MPa；砂质土终压应不大于 0.5MPa；黏质土终压不应大于 0.7MPa；水玻璃-水泥浆初压宜为 0.3～1.0MPa，终压宜为 1.2～1.5MPa。

③ 注浆施工期应进行监测，监测项目通常有地（路）面隆起、地下水污染等，特别是要采取必要措施防止注浆浆液溢出地面或超出注浆范围。

25.3.5 喷锚暗挖法辅助工法施工要点

辅助施工方法目前已经作为浅埋暗挖法施工的重要分支进行研究和应用。超前小导管注浆加固既是浅埋暗挖法的常规施工工序，同时也可作为浅埋暗挖法施工的一个重要辅助工法。除超前小导管注浆加固外，其他常用的辅助工法还有：降低地下水位法、地表锚杆或地表注浆加固、冻结法固结地层、管棚超前支护。

25.3.5.1 技术要点

（1）主要材料要求

① 管棚所用钢管一般选用直径 70～180mm、壁厚 4～8mm 的无缝钢管。管节

长度视工程具体情况而定，一般情况下短管棚采用的钢管每节长小于 10m，长管棚采用的钢管每节长大于 10m，或可采用出厂长度。

② 水泥砂浆主要成分为 P.O42.5 级及以上的硅酸盐水泥，水泥砂浆宜采用中砂或粗砂；外加剂应视不同地层选用；配比应根据工程土质条件，经试验确定。

（2）施工技术要点

① 施工工艺流程为：测放孔位→钻机就位→水平钻孔→压入钢管→注浆（向钢管内或管周围土体）→封口→开挖。

② 管棚一般沿地下工程断面周边的一部分或全部，以一定的间距环向布设，形成钢管棚护，沿周边布设的长度及形状主要取决于地形、地层、地中或地面及周围建筑物的状况，有帽形、方形、一字形及拱形等。

③ 管棚钢管环向布设间距对防止上方土体坍落及松弛有很大影响，施工中须根据结构埋深、地层情况、周围结构物状况等选择合理间距。一般采用的间距为 2.0～2.5 倍的钢管直径（小导管间距一般为 100～150mm，环向为 300～500mm）。纵向两组管棚搭接的长度应大于 3m（小导管纵向搭接 1m）。在铁路、公路正下方施工时，要采用刚度大的钢管连续布设。

25.3.5.2　施工质量控制要点

（1）钻孔精度控制

① 钻孔开始前应在管棚孔口位置埋置套管，把钢管放在标准拱架上，测定钻孔孔位和钻机的中心，使两点一致。为了防止钻孔中心振动，钢管应用 U 形螺栓与拱架稍加固定，以防止弯曲，并应每隔 5m（视情况可调整，一般为 2～6m）对正在钻进的钻孔及插入钢管的弯曲及其趋势进行孔弯曲测定检查。

② 在松软地层或不均匀地层中钻进时，管棚应设定外插角，角度一般不宜大于 3°（小导管 5°～15°）。避免管节下垂进入开挖面，应注意检测钻孔的偏斜度，发现偏斜度超出要求应及时纠正。

（2）钢管就位控制

① 钢管的打入随钻孔同步进行，并按设计要求接长，接头应采用厚壁管箍，上满丝扣，确保连接可靠。

② 钢管打入土体就位后，应及时隔（跳）孔向钢管内及周围压注水泥浆或水泥砂浆，使钢管与周围岩体密实，并增加钢管的刚度。

（3）注浆效果控制

① 严格控制管棚间距，防止管棚出现间距过大或出现偏离。

② 严格按试验参数控制注浆量，防止注浆效果不好、出现流砂等现象。

③ 必要时宜与小导管注浆相结合，开挖时可在管棚之间设置小导管。

第5篇

生活垃圾工程

26

生活垃圾填埋处理工程施工

26.1 生活垃圾填埋场填埋区结构特点

（1）生活垃圾卫生填埋场填埋区的结构要求

生活垃圾卫生填埋场是指用于处理、处置城市生活垃圾的，带有阻止垃圾渗沥液泄漏的人工防渗膜和渗沥液处理或预处理设施设备，且在运行、管理及维护直至最终封场关闭过程中符合卫生要求的垃圾处理场地。

填埋场总体设计中包含填埋区、场区道路、垃圾坝、渗沥液导流系统、渗沥液处理系统、填埋气体导排及处理系统、封场工程及监测设施等综合项目。填埋区的占地面积宜为总面积的70%～90%，不得小于60%。填埋场宜根据填埋场处理规模和建设条件做出分期和分区建设的安排和规划。填埋场必须进行防渗处理，防止对地下水和地表水的污染，同时还应防止地下水进入填埋区。

（2）生活垃圾卫生填埋场填埋区的结构形式

设置在垃圾卫生填埋场填埋区中的渗沥液防渗系统和收集导排系统，在垃圾卫生填埋场的使用期间和封场后的稳定期限内，起着将垃圾堆体产生的渗沥液屏蔽在防渗系统上部，并通过收集导排和导入处理系统实现达标排放的重要作用，其断面如图26-1所示。

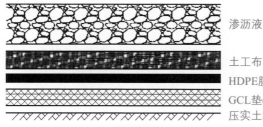

渗沥液收集导排系统

土工布
HDPE膜 ｝防渗系统
GCL垫(可选)
压实土壤保护层(基础层)

> 垃圾卫生填埋场填埋区工程的结构层次从上至下主要为：渗沥液收集导排系统、防渗系统和基础层

图 26-1 渗沥液防渗系统、收集导排系统断面示意图

26.2 生活垃圾卫生填埋场防渗层施工技术

26.2.1 防渗结构的要求及分类

26.2.1.1 防渗结构要求

防渗结构的要求主要包括以下几个方面。

① 天然黏土类衬里及改性黏土类衬里（如膨润土与黏土混合）的渗透系数不应大于 1.0×10^{-9} m/s，且压实土壤厚度不应小于 2m。

② 在填埋场场底及四壁铺设的高密度聚乙烯膜作为防渗衬里时，膜的厚度不应小于 1.5mm，并应满足填埋场防渗材料性能要求和国家现行相关标准。

③ 铺设高密度聚乙烯（HDPE）膜材料应焊接牢固，达到强度和防渗要求。局部不应产生下沉、拉断现象，膜的焊接处应通过试验检测。

④ 在相对较高的边坡铺设衬里时应设置锚固平台，平台高度应结合实际地形确定，不宜大于 10m，边坡坡度宜小于（1∶2）～（1∶1.5），最大不宜超过 1∶1。

26.2.1.2　防渗结构分类

防渗结构主要分为单层衬里防渗结构、双层衬里防渗结构和复合衬里防渗结构。

（1）单层衬里防渗结构

单层衬里防渗结构适用于地下水比较贫乏地区的填埋场底部防渗，其主要结构层（从下至上）为：基础层（基层）、地下水收集导排层（当库区有浅层地下水、泉水出露时应设置）、膜下保护层、防渗层、膜上保护层、渗滤液收集导排层、土工织物层、垃圾层。单层衬里防渗结构如图 26-2 所示。

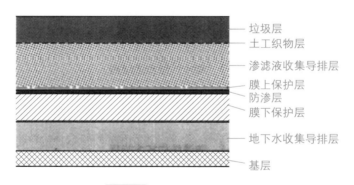

图 26-2　单层衬里防渗结构

（2）双层衬里防渗结构

双层衬里防渗结构适用于特殊地质或环境要求非常高的地区的填埋场底部防渗，其主要结构层（从下至上）为：基层、地下水收集导排层（当库区有浅层地下水、泉水出露时应设置）、膜下保护层、次防渗层、渗滤液导流检测层、膜下保护层、主防渗层、膜上保护层、渗滤液收集导排层、土工织物层、垃圾层。双层衬里防渗结构如图 26-3 所示。

（3）复合衬里防渗结构

人工合成衬里的防渗结构宜采用复合衬里，其主要结构层（从下至上）为：基层、地下水收集导排层（当库区有浅层地下水、泉水出露时应设置）、膜下保护层、防渗层、膜上保护层、渗滤液收集导排层、土工织物层、垃圾层。复合衬里防渗结构如图 26-4 所示。

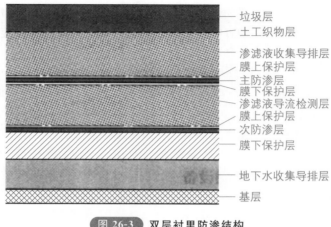

垃圾层
土工织物层
渗滤液收集导排层
膜上保护层
主防渗层
膜下保护层
渗滤液导流检测层
膜上保护层
次防渗层
膜下保护层
地下水收集导排层
基层

图 26-3　双层衬里防渗结构

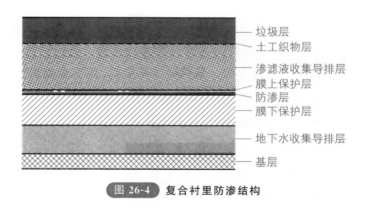

垃圾层
土工织物层
渗滤液收集导排层
膜上保护层
防渗层
膜下保护层
地下水收集导排层
基层

图 26-4　复合衬里防渗结构

26.2.2　施工准备

施工准备工作包括以下几个方面。

① 组建现场项目部，建立各职能机构，落实安排施工队，组织有关人员熟悉施工图，了解施工意图，进行施工交底。熟悉与本工程有关的施工规范及验收标准、质量标准及上级主管部门的有关规定。

② 对施工队伍进行专业技能再培训，使每个施工人员熟练掌握本工程施工有关的操作工艺；按规范进行三级安全教育和安全知识普及，提高职工的安全意识。

③ 搭建临时设施，整理施工现场及有关操作场所。组织订购施工材料进场，

进行材料复试检验，报请建设方和监理方认可、验收。落实调配施工机械设备进场。

26.2.3 土建工程施工

26.2.3.1 基层挖方、平整、压实

按废弃物填埋库容设计要求，对填埋区进行基层挖方，包括土石方的开挖、运输、场地平整、压实、清理等工作，具体施工应符合下列要求。

① 施工前查阅图纸和设计要求，了解土质种类、地下水水位等影响施工的因素，选择合适的开挖设备，合理安排人工和设备的工作节奏，保证工期。

② 挖方范围内和填方处应清除树木、石块、杂草等，填方处场底未清除的植物深根应人工拔除。

③ 开挖中应使场地纵横向保持一定的坡度，纵横向坡度均不小于2%，且坡面过渡平缓，保证地下水和渗滤液的导排要求。

④ 开挖后对场地进行平整、压实，使基层紧密、坚实、无松土、无裂缝。

⑤ 开挖出来的土方留待后道工序使用时，应集中堆放在事先选好的临时堆放区。堆放区的选择应考虑到减少运距、把好时间接点、避免重复运输等因素。土方外运时，应选择合适的运输工具，做到每天的土方不滞留在场内。

26.2.3.2 土壤层回填施工

回填的土壤层在填埋场为黏土保护层时，黏土层的施工应符合下列要求。

① 选用回填土壤的土质和含水率应达到设计要求。

② 回填之前和回填过程中应观察地表积水和地下水渗漏情况，必要时采取措施导排积水和地下水。

③ 大面积填土采用压路机进行碾压，拐角或坑洼、隐蔽部分采用人工进行夯实。

④ 土壤层应分层压实、平整，各层之间应紧密衔接。压实后表层平整度应达到每平方米误差不大于2cm。

⑤ 防渗层的膜下保护层，垂直深度2.5cm以内土壤层内不得含有粒径大于5mm的尖锐物料。

⑥ 位于场底的黏土层压实度不得小于93%，位于斜坡上的黏土层压实度不得小于90%。

⑦ 填方压实度标准应符合表26-1所示的规定。

表 26-1　填方压实度标准

项目	质量标准	检测频率		检测方法
		范围/m²	点数	
压实度	>90%	500	每组一层(3点)	环刀法

26.2.4　锚固沟施工

锚固沟是指开挖在填埋库区外边沿上口平地上的沟槽。锚固沟绕填埋库区一周，并与外边沿上口保持根据设计要求规定的尺寸以上的锚固平地，沟槽剖面呈长方形或梯形。锚固沟的施工应符合下列要求。

① 在测量放线过程中，将锚固沟的位置和尺寸线确定好并加以保护，开挖前，制定合理的开挖次序、确定堆土位置及选择开挖机械等，并对施工人员进行施工技术交底。

② 锚固沟的开挖可采用挖掘机或人工开挖，或以挖掘机开挖为主，人工配合修整。

③ 严格按照设计要求的宽度、深度和坡度开挖。开挖中挖机沿沟线后退式开挖，尽量减少侧移，防止履带过分压迫沟边引起塌陷。开挖过程中锚固沟底部和边坡至少要留 10cm 厚的虚状土留待后期压实作业。

④ 开挖所产生的多余土方在开挖过程中装车运至甲方指定的堆土区域，不得堆放在锚固沟边缘，影响作业。

⑤ 在防渗材料需要转折的地方，沟槽不得存在直角的刚性结构，均应做成弧形结构。

⑥ 开挖时，监测人员应随时测量，保证尺寸符合要求；管理人员也应在现场指挥并经常检查沟槽的净空尺寸和轴线位置，确保沟槽轴线偏移符合设计要求的范围。

⑦ 开挖完成后，采用人工用蛙式打夯机对锚固沟底部进行平整、夯实作业，对沟边采用人工平整、压实作业。

⑧ 锚固沟应及时回填，回填的土质或混凝土应符合国家相关规范及设计的强度要求，不得含有有害杂质。在回填土时应分层回填夯实，保证压实度；在回填混凝土时，应迅速及时，并保证足够的养护时间。

⑨ 锚固沟的允许偏差应符合表 26-2 所示的规定。

表 26-2　锚固沟的允许偏差

序号	项目	允许偏差/mm	检测频率		检测方法
			范围/m	点数	
1	沟底高程	±30	30	1	水准仪测量
2	沟底宽度	±30	30	1	尺量检查
3	沟面宽度	+50，-30	30	1	尺量检查

⑩ 回填土应采用小型夯实机分层夯实，夯实后的土方压实度应符合表 26-3 所示的规定。

表 26-3 锚固沟回填压实度标准

项目	质量标准	检测频率		检测方法
		范围/m²	点数	
压实度	设计值	300	每组一层(3 点)	环刀法

26.2.5 泥质防水层施工

泥质防水层施工技术的核心是掺加膨润土的拌合土层施工技术。理论上,土壤颗粒越细,含水量适当,压实度高,防渗性能就越好。膨润土是一种以蒙脱石为主要矿物成分的黏土岩。膨润土含量越高抗渗性能越好。但膨润土是一种比较昂贵的矿物,且土壤如果过分筛选,会增大投资成本,因此实际做法是:选好土源,检测土壤成分,通过做不同掺量的土样,优选最佳配合比;做好现场搅拌工作,严格控制含水率,保证压实度;分层施工、同步检验,严格执行验收标准,不符合要求的坚决返工。施工单位应根据上述内容安排施工程序和施工要点。一般情况下,泥质防水层施工程序如图 26-5 所示。膨润土垫的施工程序与泥质防水层施工程序相同。

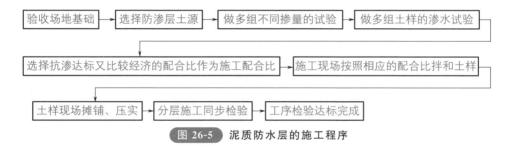

图 26-5 泥质防水层的施工程序

26.2.6 土木合成材料膨润土垫(GCL)施工

26.2.6.1 土工合成材料膨润土垫(GCL)

① 土工合成材料膨润土垫(GCL)是两层土工合成材料之间夹封膨润土粉末(或其他低渗透性材料),通过针刺、粘接或缝合而制成的一种复合材料,主要用于密封和防渗。

② GCL 施工必须在平整的土地上进行;但对铺设场地条件的要求比土工膜低。GCL 之间的连接以及 GCL 与结构物之间的连接都很简便,并且接缝处的密封性也容易得到保证。GCL 不能在有水的地面及下雨时施工,在施工完后要及时铺设其上层结构如 HDPE 膜等材料。大面积铺设采用搭接形式,不需要缝合,搭接缝应用膨润土防水浆封闭。对 GCL 出现破损之处可根据破损大小采用撒膨润土或者加铺 GCL 方法修补。

③ GCL 在坡面与地面拐角处的防水垫应设置附加层,先铺设 500mm 宽沿拐

角两面各 250mm 后，再铺大面积防水垫。坡面顶部应设置锚固沟固定坡面防水垫的端部。对于有排水管穿越防水垫部位，应加设 GCL 防水垫附加层，管周围膨润土妥善封闭。防水垫操作后当天要逐缝、逐点位进行细致检验验收，如有缺陷立即修补。

26.2.6.2　GCL 垫施工流程

GCL 垫施工主要包括 GCL 垫的摊铺、搭接宽度控制、搭接处两层 GCL 垫间撒膨润土。施工工艺流程如图 26-6 所示。

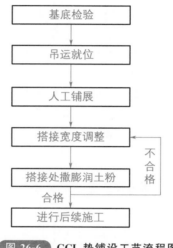

图 26-6　**GCL 垫铺设工艺流程图**

26.2.6.3　施工质量控制要点

① 填埋区基底检验合格，进行 GCL 垫铺设作业，每一工作面垫铺设工艺流程图施工前均要对基底进行修整和检验。

② 对铺开的 GCL 垫进行调整，调整搭接宽度，控制在（250±50）mm 范围内，拉平 GCL 垫，确保无褶皱、无悬空现象，与基础层贴实。

③ 掀开搭接处上层的 GCL 垫，在搭接处均匀撒膨润土粉，将两层垫间密封，然后将掀开的 GCL 垫铺回。

④ 依据填埋区基底的设计坡向，GCL 垫应尽量采用顺坡搭接，即采用上压下的搭接方式；注意避免出现十字搭接，应尽量采用品形分布。

⑤ GCL 垫需当日铺设、当日覆盖，遇有雨雪天气应停止施工，并将已铺设的GCL 垫覆盖好。

26.2.7　聚乙烯（HDPE）膜防渗层施工

高密度聚乙烯（HDPE）膜不易被破坏、寿命长且防渗效果极强。其自身质量及焊接质量是防渗层施工质量的关键。

26.2.7.1　施工流程

聚乙烯（HDPE）膜防渗层施工流程如图 26-7 所示。

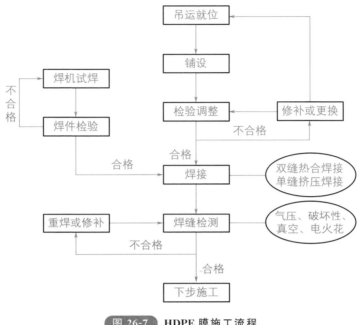

图 26-7　HDPE 膜施工流程

26.2.7.2　HDPE 膜施工

（1）HDPE 膜铺设

①《生活垃圾卫生填埋场防渗系统工程技术规范》（CJJ 113—2007）中的相关规定如下。

a. 在铺设 HDPE 膜之前，应检查其膜下保护层，每平方米的平整度误差不宜超过 20mm。

b. HDPE 膜铺设时应符合下列要求。

ⅰ. 铺设应一次展开到位，不宜展开后再拖动。

ⅱ. 应为材料热胀冷缩导致的尺寸变化留出伸缩量。

ⅲ. 应对膜下保护层采取适当的防水、排水措施。

ⅳ. 应采取措施防止 HDPE 膜受风力影响而破坏。

ⅴ. HDPE 膜铺设过程中必须进行搭接宽度和焊缝质量控制。监理必须全程监督膜的焊接和检验。

ⅵ. 施工中应注意保护 HDPE 膜不受破坏，车辆不得直接在 HDPE 膜上碾压。

② HDPE 膜铺设施工要点如下。

a. 施工前做好电源线路检修，保证畅通；施工机具检查合格就位；劳动力安排就绪等一切准备工作。

b. 铺膜要考虑工作面地形情况，对于凹凸不平的部分和场地拐角部位需要详细计算，减少十字焊缝以及应力集中。铺设表面应平整，没有废渣、棱角或锋利的岩石。完工地基的上部 15cm 之内不应有石头或碎屑，地基土不应产生压痕或受其他有害影响。

c. 按照斜坡上不出现横缝的原则确定铺膜方案，所用膜在边坡的顶部和底部延长不小于 1.5m，或根据设计要求。

d. 为保证填埋场基底构建面不被雨水冲坏，填埋场 HDPE 膜铺设总体顺序一般为"先边坡后场底"。在铺设时应将卷材自上而下滚铺，先边坡后场底，并确保贴铺平整。用于铺放 HDPE 膜的任何设备避免在已铺好的土工合成材料上面进行工作。

e. 铺设边坡 HDPE 膜时，为避免 HDPE 膜被风吹起和被拉出周边锚固沟，所有外露的 HDPE 膜边缘应及时用沙袋或者其他重物压上。

f. 施工中需要足够的临时压载物或地锚（沙袋或土工织物卷材）以防止铺设的 HDPE 膜被大风吹起，避免采用会对 HDPE 膜产生损坏的物品，在有大风的情况下，HDPE 膜须临时锚固，安装工作应停止进行。

g. 根据焊接能力合理安排每天铺设 HDPE 膜的数量，在恶劣天气来临前，减少展开 HDPE 膜的数量，做到能焊多少铺多少。冬期严禁铺设。

h. 禁止在铺设好的 HDPE 膜上吸烟；铺设 HDPE 膜的区域内禁止使用火柴、打火机和化学溶剂或类似的物品。

i. 检查铺设区域内的每片膜的编号与平面布置图的编号是否一致，确认无误后，按规定的位置，立即用沙袋进行临时锚固，然后检查膜片的搭接宽度是否符合要求，需要调整时及时调整，为下道工序做好充分准备。

j. 铺设后的 HDPE 膜在进行调整位置时不能损坏安装好的防渗膜，且在 HDPE 膜调整过程中使用专用的拉膜钳。

k. HDPE 膜铺设方式应保证不会引起 HDPE 膜的折叠或褶皱。HDPE 膜的拱起会造成 HDPE 膜的严重拉长，为了避免出现褶皱，可通过对 HDPE 膜的重新铺设或通过切割和修理来解决褶皱问题。

l. 应及时填写 HDPE 膜铺设施工记录表，经现场监理和技术负责人签字后存档。

m. 在铺焊完的土工膜上行走时，不得穿硬底鞋，鞋上不得有铁钉、铁掌之类能伤害土工膜的东西。

n. 在膜上运输时，人力车的金属支腿要用胶皮类柔软材料包覆；需要在膜上行车时，应根据膜下的基层情况采取必要的保护措施。

o. 在膜上卸料时，即使有土工布保护层，也不应使重、硬的物品从高处下落，直接冲击垫衬。

p. 防渗层验收合格后应及时进行下一工序的施工，以形成对防渗层的覆盖和保护。

q. 不允许施工机械在土工膜上行驶。

（2）HDPE 膜试验性焊接

① 每个焊接人员和焊接设备每天在进行生产焊接之前应进行试验性焊接。

② 在每班或每日工作之前，须对焊接设备进行清洁、重新设置和测试，以保证焊缝质量。

③ 在监理的监督下进行 HDPE 膜试验性焊接，检查焊接机器是否达到焊接要求。

④ 试焊接人员、设备、HDPE 膜材料和机器配备应与生产焊接相同。

⑤ 焊接设备和人员只有成功完成试验性焊接后，才能进行生产焊接。

⑥ 热熔焊接试焊样品规格为 300mm×2000mm，挤压焊接试焊样品规格为 300mm×1000mm。

⑦ 试验性焊接完成后，割下 3 块 25.4mm（1in）宽的试块，测试撕裂强度和抗剪强度。

⑧ 当任一试块没有通过撕裂和抗剪测试时，试验性焊接应全部重做。

⑨ 在试焊样品上标明样品编号、焊接人员编号、焊接设备编号、焊接温度、环境温度、预热温度、日期、时间和测试结果；并填写 HDPE 膜试样焊接记录表，经现场监理和技术负责人签字后存档。

（3）HDPE 膜生产焊接

① 通过试验性焊接后方可进行生产焊接。焊接过程中要将焊缝搭接范围内影响焊接质量的杂物清除干净。焊接中，要保持焊缝的搭接宽度，确保足以进行破坏性试验。

② 除了在修补和加帽的地方外，坡度大于 1∶10 处不可有横向的接缝。边坡底部焊缝应从坡脚向场底底部延伸至少 1.5m。

③ 操作人员要始终跟随焊接设备，观察焊机屏幕参数，如发生变化，要对焊接参数进行微调。

④ 每一片 HDPE 膜要在铺设的当天进行焊接，如果采取适当的保护措施可防止雨水进入下面的地表。底部接驳焊缝，可以例外。

⑤ 只可使用经准许的工具箱或工具袋；除非在使用中，否则设备和工具不可以放在 HDPE 膜的表面。

⑥ 所有焊缝做到从头到尾焊接和修补，唯一例外的是锚固沟的接缝可以在坡顶下 300mm 的地方停止焊接。

⑦ 在焊接过程中，如果搭接部位宽度达不到要求或出现漏焊的地方，应该在第一时间用记号笔标示，以便做出修补。

⑧ 在需要采用挤压焊接时，在 HDPE 膜焊接的地方要除去表面的氧化物，并严格限制只在焊接的地方进行，磨平工作在焊接前不超过 1h 进行。临时焊接不可使用溶剂或黏合剂。

⑨ 通常为了避免出现拱起，边坡与底部 HDPE 膜的焊接应在清晨或晚上气温

较低时进行。

⑩ 为防止大风将膜刮起、撕开，HDPE 膜焊接过程中如遇到下雨，在无法确保焊接质量的情况时，对已经铺设的膜应冒雨焊接完毕，等条件具备后再用单轨焊机进行修补；施工时尽可能创造条件，使焊缝的强度尽可能高。

⑪ 斜坡坡脚、拐弯和场底的边坡交会处铺膜时，要求地基在拐弯时圆滑顺接，不得出现负坡。铺膜时不得使膜出现悬空状态。

26.2.8　PE 管施工

26.2.8.1　PE 管的搬运与储存

（1）PE 管的搬运

PE 管的搬运应符合下列要求。

① 搬运管道时，不应与尖锐物接触，装卸时不得抛摔，不得在地面上拖行。

② PE 管在搬运和安装施工中应加以保护，不得施加外力，造成机械损伤。

（2）PE 管的储存

PE 管的储存应符合下列要求。

① 管道应存放在环境温度不超过 50℃、地面平整的库房内，远离热源。室外堆放，管道应水平整齐堆放，并应防晒，高度不得超过 1.5m。

② 材料应分类有序堆放，每排留有一定间隔，并在明显处标明类别。

③ 材料堆场应有专人看护，并明确其看护职责。

④ 管材应防止高温和化学物质侵害。

26.2.8.2　PE 管的焊接

（1）PE 管焊接前的准备工作

PE 管焊接前安装准备的内容如下。

① 施工前应检查管道、管件的外观质量，清除产品表面的油污、杂质。

② 应查验设计图纸及其他技术文件，按图纸和施工现场的情况确定管道连接的先后顺序，剪裁至需要长度。

③ 施工前，收集管道应按照图纸与相关技术要求进行打孔、加工。

④ 管材在安装前应会同现场监理对沟槽进行验槽，并把检验结果详细记录在册，应有现场监理的签字确认。

⑤ 排水沟内不得有积水，沟槽内不得有异物或有影响卵石渗透的杂质等存在。

（2）PE 管的铺设

PE 管的铺设包括以下几个方面。

① 管道安装应使用仪器控制铺设表面的坡度，应让相邻管材连接处断面中心处于同一点上，管顶离地面高度应在同一水平面上。

② PE 管在低温（0.5℃ 以下）施工时应使用锋利的刀具缓慢切割，防止脆裂。

③ 在铺设管道的过程中，应防止碎屑和其他异物进入管道，发现异物应及时清除。

（3）PE 管的焊接

PE 管的焊接方式包括热熔对接、电熔管件连接、法兰连接等。

① 热熔对接的焊接程序如下。

a. 切削管端头：用卡模把管材准确卡到焊机上，擦净管端，对正，用铣刀铣削管端至出现连续屑片为止。

b. 对正检查：取出铣刀后再合拢焊机，要求管端面间隙不超过 1mm，两管的管边错位不超过壁厚的 10%。

c. 接通电源，使加热板达到（210±10）℃，用净棉布擦净加热板表面，装入焊机。

d. 加温熔化：将两管端合拢，使焊机在一定压力下给管端加温，当出现 0.4～3mm 高的熔环时，即停止加温，进行无压保温，持续时间绝对值为壁厚（mm）的 10 倍。

e. 加压对接：当达到保温时间以后，打开焊机，小心取出加热板，并在 10s 之内重新合拢焊机，逐渐加压，使熔环高度达到 3～4mm，单边厚度达到 3.5～4.5mm。

f. 保压冷却：保压冷却时间为 20～30min（如环境温度较高，则需要较长冷却时间）。

② 电熔管件连接：电熔法兰套在 PE 管外后，加热固定连接。

③ 法兰连接：法兰片与法兰头通过螺丝、螺帽固定连接。

26.3 季节性施工

26.3.1 雨期施工

根据雨期施工的特点，不宜在雨期施工的工程应提早或延后安排；对必须在雨期施工的工程应制订有效的措施。HDPE 膜的铺设、焊接，PE 管的连接不宜在雨期施工。

26.3.1.1 施工现场排水

施工现场排水应符合下列要求。

① 根据施工总平面图、排水总平面图，利用自然地形确定排水方向，按规定挖好排水沟，确保施工工地排水畅通。必须按防汛要求，设置连续、通畅的排水设施和其他应急设施，防止泥浆、污水、废水堵塞下水道和排入河沟。

② 施工现场临近高地，应在高地的边缘（现场的上侧）挖好截水沟，防止洪水冲入现场。

③ 雨期前应做好傍山施工现场边缘的危石处理，防止滑坡、塌方威胁工地。

④ 设专人负责，及时疏浚排水系统，确保施工现场排水畅通。

26.3.1.2　整修现场作业道路

整修现场作业道路应符合下列要求。

① 临时道路应起拱 5%，路边宜设排水沟。

② 对路基易受冲刷部分，应铺石块、焦渣、砾石等渗水防滑材料或者设涵管排泄，保证路基的稳固。

③ 指定专人负责维修路面，对路面不平或积水处应及时修好。

④ 场区内主要道路宜采用混凝土路面。

26.3.1.3　临时设施及其他设施

雨季施工对临时设施及其他设施的要求如下。

① 施工现场的大型临时设施，在雨期前应整修加固完毕，保证不漏、不塌、不倒，周围不积水，严防水冲入设施内。选址要合理，避开滑坡、泥石流、山洪、坍塌等灾害地段。大风和大雨过后，应当检查临时设施地基和主体结构情况，发现问题应及时处理。

② 雨期前应清除沟边多余的弃土，减轻坡顶压力。

③ 雨后应及时对坑槽沟边坡和固壁支撑结构进行检查，对高边坡应当派专人进行认真测量、观察边坡情况，发现边坡有裂缝、疏松、支撑结构折断、滑动等危险征兆，应当立即采取措施。

④ 雨期施工中遇到气候突变，发生暴雨、山洪或因雨发生坡道打滑等情况时，应当停止土石方机械作业施工。

⑤ 雷雨天气不得露天进行电力爆破土石方，如中途遇到雷电时，应当迅速将雷管的脚线、电线主线两端连成短路。

⑥ 遇到大雨、大雾、高温、雷击和 6 级以上大风等恶劣天气时，应当停止脚手架的搭设和拆除作业。

⑦ 大风、大雨过后，要组织人员检查，脚手架应牢固，如有倾斜、下沉、松扣、崩扣和安全网脱落、开绳等现象，要及时进行处理。

26.3.2　夏季施工

进入高温天气之前，应对工作人员进行培训，部署具体施工方案，做好防暑降温工作。具体事项应符合下列要求。

① 应合理安排作息时间，实行工间休息制度。在每天早晚温度较低时作业，中午高温时段延长休息时间，在气温高于 40℃ 以上时可适当停止露天施工。

② 改革工艺，减少设备、材料等与热源直接长时间接触的机会，疏散和隔离热源。特别是对未施工的材料如 HDPE 膜、PE 管等的储存防温措施，应选择阴凉避光处存放并可加盖一些挡光的布和篷等。

③ 施工、生活应使用安全电压，露天作业设备不可长时间连续使用，应有断电冷却的时间，以防高温使设备负荷过重而损坏或烫伤人员。

④ 在工地附近阴凉通风的地方应设置临时休息间（棚），宜配备降温电器、饮料、食品、毛巾等，以供施工人员的临时休息。

26.3.3　冬季施工

26.3.3.1　冬季施工现场的准备

施工现场的准备的主要内容如下。

① 场地要在土方冻结前平整完工，道路应畅通，并有防止路面结冰的具体措施。

② 提前组织有关机具、外加剂、保温材料等实物进场。

③ 生产用水系统应采取防冻措施，并设专人管理；生产排水系统应畅通。

④ 搭设加热用的锅炉房、搅拌站，敷设管道；对锅炉房进行试压，对各种加热材料、设备进行检查，确保安全可靠；蒸汽管道应保温良好，保证管路系统不被冻坏。

⑤ 按照规划落实施工人员宿舍、办公室等临时设施的取暖保障。

26.3.3.2　冬季施工安全

冬季施工安全应注意以下几个方面。

① 机械挖掘时应当采取措施，做好行进和移动过程的防滑，在坡道和冰雪路面应当缓慢行驶，上坡时不得换挡，下坡时不得空挡滑行，冰雪路面行驶不得急刹车。发动机应当搞好防冻，防止水箱冻裂。在边坡附近使用并移动机械应注意边坡可承受的荷载，防止边坡坍塌。

② 土工材料应在每天晚上收工以后做好覆盖等保护措施。

③ 春融期间开工前，必须进行工程地质勘查，以取得地形、地貌、地物、水文及工程地质资料，确定地基的冻结深度和土的融沉类别。对有坑洼、沟槽、地物等特殊地貌的建筑场地应加点测定。开工后，对坑槽沟边坡和固壁支撑结构应当随时进行检查，高边坡应当派专人进行测量、观察边坡情况，发现边坡有裂缝、疏松、支撑结构折断、滑动等危险征兆，应当立即采取措施。

④ 脚手架、道路要有防滑措施，及时清理积雪，外脚手架要经常检查加固。

⑤ 现场使用的锅炉、火炕等用焦炭时，应有通风条件，防止煤气中毒。

⑥ 遇到大雪、轨道电缆结冰和6级以上大风等恶劣天气时，应当停止垂直运输作业，并将吊笼降到底层（或地面），切断电源。

⑦ 风雪过后的作业，应当检查安全保险装置并先进行试吊，确认无异后方可作业。

26.3.3.3　冬季施工防火要求

冬季施工防火要求具体如下。

① 冬季施工现场使用明火处较多，必须加强用火管理，防止发生火灾。

② 施工现场临时用火，要建立用火证制度，由工地安全负责人审批。用火证当日有效，用后收回。

③ 明火操作地点应有专人看管，清除火源附近的易燃、易爆物。施工作业完毕后，对用火地点详细检查，确保无死灰复燃，方可撤离岗位。

④ 易燃、可燃材料的使用及管理应符合下列要求。

a. PE 膜、土工布等应做好防火隔热等措施，严禁在材料堆放场地动火，环境温度高时，应对材料进行覆盖，避免阳光直射。

b. 加强对材料堆放场地的巡视和看护。

c. 应按国家相关标准的规定在材料堆放场地配备灭火器材，并定期检查，确保灭火器材的有效性。

d. 在使用过程中，热焊机等设备不得直接放置在 PE 膜等材料上，应用隔热材料将其与 PE 膜等隔开。

⑤ 冬季应做好室外消火栓、消防水池、泡沫灭火器等消防器材的保温防冻工作。

26.4　生活垃圾填埋场填埋区导排系统施工

渗沥液收集导排系统施工主要有导排层摊铺、收集花管连接、收集渠码砌等施工过程。

（1）卵石粒料的运送和布料

卵石粒料运送使用小吨位（载重 5t 以内）自卸汽车，将卵石粒料直接运送到已铺好的膜上。根据工作面宽度，事先计算好每一断面的卸料车数，按计算数量卸料，避免超卸或少卸。

在运料车行进路线的防渗层上，加铺不少于两层的同规格土工布，加强对防渗层的保护。运料车在防渗层上行驶时，缓慢行进，不得急停、急起；须直进、直退，严禁转弯；驾驶员要听从指挥人员的指挥。运料车驶入、驶出防渗层前，由专人将车辆行进方向上防渗层上溅落的卵石清扫干净，以免车轮碾压卵石，损坏防渗层。

（2）摊铺导排层、收集渠码砌

摊铺导排层、收集渠码砌均采用人工施工。导排层摊铺前，按设计厚度要求先下好平桩，按平桩刻度摊平卵石。按收集渠设计尺寸制作样架，每 10m 设一样架，中间挂线，按样架码砌收集渠。对于富余或缺少卵石的区域，采用人工运出或补齐卵石。施工中，使用的金属工具尽量避免与防渗层接触，以免造成防渗材料破损。

（3）HDPE 渗沥液收集花管连接

HDPE 渗沥液收集花管连接一般采用热熔焊接。热熔焊接连接一般分为五个阶段：预热阶段、加热阶段、加热板取出阶段、对接阶段、冷却阶段。施工工艺流程如图 26-8 所示。

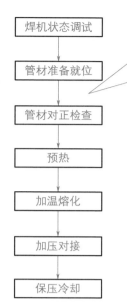

切削管端头：用卡具把管材准确卡到焊机上，擦净管端，对正，用铣刀铣削管端直至出现连续屑片为止。

对正检查：取出铣刀后再合拢焊机，要求管端面间隙不超过1mm，两管的管边错位不超过壁厚的10%。

接通电源：使加热板达到(210±10)℃，用净棉布擦净加热板表面，装入焊机。

加温熔化：将两管端合拢，使焊机在一定压力下给管端加温，当出现0.4～3mm高的熔环时，即停止加温，进行无压保温，持续时间为壁厚(mm)的10倍。

加压对接：达到保温时间以后，即打开焊机，小心取出加热板，并在10s之内重新合拢焊机，逐渐加压，使熔环高度达到(30%～40%)δ，单边厚度达到(35%～45%)δ，δ为HDPE膜厚度。

保压冷却：一般保压冷却时间为20～30min

图 26-8 **HDPE 管焊接施工工艺流程图**

主要参考文献

[1] 中华人民共和国住房和城乡建设部. 城市道路工程设计规范（2016 年版）（CJJ 37—2012）[S]. 北京：中国建筑工业出版社，2012.

[2] 中华人民共和国住房和城乡建设部. 城镇道路路面设计规范（CJJ 169—2012）[S]. 北京：中国建筑工业出版社，2012.

[3] 中华人民共和国住房和城乡建设部. 城市道路路基设计规范（CJJ 194—2013）[S]. 北京：中国建筑工业出版社，2013.

[4] 中华人民共和国住房和城乡建设部. 城市道路工程技术规范（GB 51286—2018）[S]. 北京：中国建筑工业出版社，2018.

[5] 中华人民共和国住房和城乡建设部. 城市桥梁设计规范（2019 年版）（CJJ 11—2011）[S]. 北京：中国建筑工业出版社，2012.

[6] 中华人民共和国住房和城乡建设部. 城市桥梁工程施工与质量验收规范（CJJ 2—2008）[S]. 北京：中国建筑工业出版社，2009.

[7] 中华人民共和国住房和城乡建设部. 给水排水管道工程施工及验收规范（GB 50268—2008）[S]. 北京：中国建筑工业出版社，2009.

[8] 中华人民共和国住房和城乡建设部. 城市地下空间规划标准（GB/T 51358—2019）[S]. 北京：中国计划出版社，2019.

[9] 中华人民共和国住房和城乡建设部. 城市综合管廊工程技术规范（GB 50838—2015）[S]. 北京：中国计划出版社，2015.

[10] 中华人民共和国住房和城乡建设部. 城市轨道交通桥梁工程施工及验收标准（CJJ/T 290—2019）[S]. 北京：中国建筑工业出版社，2019.

[11] 支天杰. 城镇道路工程施工工艺手册 [M]. 开封：河南大学出版社，2013.

[12] 王明远. 城镇道路工程施工工艺手册：测量 路基 基层 [M]. 北京：机械工业出版社，2009.

[13] 冯敬涛. 城镇道路工程施工工艺手册：面层 人行道 构筑物 [M]. 北京：机械工业出版社，2011.

[14] 张宝成. 城镇道路施工细节详解 [M]. 武汉：华中科技大学出版社，2012.

[15] 王立信. 城市桥梁工程施工文件手册 [M]. 北京：中国建筑工业出版社，2015.

[16] 王立信. 城市桥梁工程施工与质量验收手册 [M]. 北京：中国建筑工业出版社，2010.

[17] 王春武，于忠伟，吕铮. 新版城市桥梁工程施工与质量验收规范实施手册 [M]. 北京：化学工业出版社，2010.

[18] 郑庚学. 城市桥梁与道路工程 [M]. 沈阳：辽宁大学出版社，2017.

[19] 曲云霞. 城市管道工程 [M]. 徐州：中国矿业大学出版社，2019.

[20] 陈春光. 城市给水排水工程 [M]. 成都：西南交通大学出版社，2017.

[21] 张燕. 管道工程技术 [M]. 北京：中央广播电视大学出版社，2007.

[22] 雷升祥. 综合管廊与管道盾构 [M]. 北京：中国铁道出版社，2015.

[23] 王恒栋，葛春辉. 城市地下埋管与顶管 [M]. 上海：同济大学出版社，2018.

[24] 蒋雅君. 城市地下空间工程/地下工程专业实习工作手册 [M]. 北京：人民交通出版社，2017.

[25] 张彬，刘艳军，李德海. 地下工程施工 [M]. 人民交通出版社，2017.

[26] 中华人民共和国国家发展和改革委员会. 小城镇生活垃圾处理工程建设标准 [M]. 北京：中国计划出版社，2011.

[27] 刘建伟，李汉军，田洪钰. 生活垃圾综合处理与资源化利用技术 [M]. 北京：中国环境科学出版社，2018.

[28] 杨宏毅，卢英方. 城市生活垃圾的处理和处置 [M]. 北京：中国环境科学出版社，2006.